Bert Bielefeld | Mathias Wirths

Entwicklung und Durchführung von Bauprojekten im Bestand

Bert Bielefeld | Mathias Wirths

Entwicklung und Durchführung von Bauprojekten im Bestand

Analyse – Planung – Ausführung

Mit 170 Abbildungen und 22 Tabellen

PRAXIS

VIEWEG+
TEUBNER

Bibliografische Information der Deutschen Nationalbibliothek
Die Deutsche Nationalbibliothek verzeichnet diese Publikation in der
Deutschen Nationalbibliografie; detaillierte bibliografische Daten sind im Internet über
<http://dnb.d-nb.de> abrufbar.

1. Auflage 2010

Alle Rechte vorbehalten
© Vieweg+Teubner Verlag | Springer Fachmedien Wiesbaden GmbH 2010

Lektorat: Karina Danulat | Sabine Koch

Vieweg+Teubner Verlag ist eine Marke von Springer Fachmedien.
Springer Fachmedien ist Teil der Fachverlagsgruppe Springer Science+Business Media.
www.viewegteubner.de

Umschlaggestaltung: KünkelLopka Medienentwicklung, Heidelberg
Satz/Layout: Annette Prenzer
Druck und buchbinderische Verarbeitung: STRAUSS GMBH, Mörlenbach
Gedruckt auf säurefreiem und chlorfrei gebleichtem Papier.

ISBN 978-3-8348-0587-4

Vorwort

Die Idee zu diesem Buch entstand während unserer gemeinsamen Arbeit im *Interdisziplinären Kompetenzzentrums Altbau (InKA)* der Universität Siegen. Durch die Zusammenarbeit und Vernetzung vieler Kollegen aus unterschiedlichsten Lehr- und Fachgebieten bildete sich der Wunsch, einen Leitfaden für die Projektentwicklung und –durchführung im Bestand zu erarbeiten und unsere Erfahrungen aus Tätigkeiten von InKA und aus diversen privatwirtschaftlichen Projekten einfließen zu lassen. Auch wenn sich die Vorgehensweisen im Bestand von Projekt zu Projekt unterscheiden und immer wieder individuell festgelegt werden müssen, können generelle Strukturen für Bestandsprojekte abgeleitet werden, die sich stark von der herrschenden Neubausystematik unterscheiden. Wir hoffen, mit diesem Buch einen Beitrag zur Kompetenzbildung leisten zu können und eine praktische Anleitung für Projekte im Bestand zu geben.

Wir möchten uns bei unseren Kollegen und Projektpartnern von InKA für die lange und interessante Zusammenarbeit bedanken. Ein besonderer Dank geht an unsere Mitautoren, die dieses Buch durch ihre kompetenten Beiträge und ihr hohes Engagement entscheidend mitgeprägt haben. Zu nennen sind dabei:

Gerrit Schwalbach (Kap. 2.5.1)

Matthias Morkramer (Kap. 2.5.2)

Tim Wackermann (Kap. 3.6)

Hanns-Helge Janssen (Kap. 3.8)

Heike Kempf (Kap. 3.9)

Arne Semmler (Kap. 3.10)

Roland Schneider (Kap. 4.1)

Dr. Peter Wotschke (Kap. 4.3 und 4.4)

Ein weiterer Dank geht an *Verena Hilgenfeld* vom Lehrgebiet Bauökonomie und Baumanagement, die uns intensiv durch Korrekturen unserer Texte unterstützt hat, an *Karina Danulat*, die von Lektoratsseite mit Verständnis und Zuversicht das Projekt begleitet hat, und an unsere Familien für die Geduld während der Bearbeitungsphase.

Wir möchten zudem unsere Leser bitten, uns Hinweise, Anregungen und konstruktive Kritik mitzuteilen.

Dortmund, Januar 2010

Bert Bielefeld
Prof. Dr.-Ing. Architekt

Mathias Wirths
Dr.-Ing. Architekt

Inhaltsverzeichnis

1 Einleitung

Bild 1-1 Elisabethkirche, Berlin Mitte
(K. F. Schinkel 1833–1835, Sanierung: Klaus Block 1992–2005)

Die Investitionen auf dem Bausektor fließen in Deutschland mittlerweile zu einem großen Anteil in Baumaßnahmen im Bestand. Die Liste verschiedenartiger Baumaßnahmen beim Bauen im Bestand ist lang. Sie reicht von periodisch anfallenden Instandhaltungsmaßnahmen bis zur kompletten Umgestaltung und Ergänzung eines Quartiers mit Veränderung der Nutzung.

Eine Baumaßnahme im Bestand kann technische, gestalterische und wirtschaftliche Hintergründe haben. Gerade die großen Baubestände der Wiederaufbauphase in den 50er und 60er Jahren oder kontaminierte Bauten aus den 70er und 80er Jahren müssen technisch auf Grund ihres Alters, ihrer Bauteile oder ihrer Wärmeverluste umfassenden Sanierungen unterzogen werden. Oft sind es auch gestalterische oder wirtschaftliche Aspekte, die eine Baumaßnahme initiieren, wenn Objekte nicht mehr vermarktungsfähig sind oder z. B. nicht mehr die Unternehmensziele widerspiegeln.

Tabelle 1.1 Begriffe in der Denkmalpflege[1]

Instandhaltung	periodisch wiederkehrendes Erhalten des Bestehenden mit maßvollsten Mitteln
Instandsetzung	erforderliche Maßnahme bei Unterlassung der Instandhaltung
Renovierung	Wiederherstellung ästhetischer Eigenschaften
Sanierung	Technisch gründliche und tief greifende Gesamtmaßnahme
Restaurierung	Analyse aller erhaltenswerter Schichten, Zeigen der versch. „Schichten", technische Konsolidierung
Ergänzung	Ergänzung durch Angleichung oder Kontrast
Konservierung	Rettung des vorgefundenen Bestandes (z. B. Ruine)
Kopie	Kopie bei geschützter Weiterexistenz des Originals (häufig bei Plastiken), in der Baudenkmalpflege eher selten
Rekonstruktion und Wiederaufbau	Zerstörung, Abbruch und unmittelbare Neuerrichtung, Rekonstruktion: Neuauflage historischer Architektur
Anastylose	Wiedererrichtung mit originalem Baumaterial
Translozierung	Abbau und Wiedererrichtung an anderer Stelle

Auf dem Gebiet der Denkmalpflege wurden bereits früh etliche Termini definiert, die auch immer wieder im Zusammenhang mit Baumaßnahmen an nicht denkmalgeschützten Altbauten benutzt werden (vgl. Tab. 1.1). Der planerische Umgang mit alten Gebäuden sollte unabhängig von der Frage, ob das Gebäude ein Denkmal ist, von Respekt gegenüber dem Vorhandenen geprägt sein, denn die Bausubstanz hat sich als System in der Regel über viele Jahre bewiesen und stellt ein gebautes bautechnisches und baugeschichtliches Zeugnis dar.

Die Forderungen nach Bewahrung alter Substanz ist nicht allein eine Frage des Denkmalschutzes, sondern ist gerade unter bauökologischen und bauökonomischen Gesichtspunkten in vielen Fällen unabdingbar. Bauökologisch macht der Erhalt oft Sinn, weil das Bauen im Bestand aus Gründen wie z. B. Verlängerung der Nutzugsdauer von Baustoffen, geringere Flächenversiegelung gegenüber dem Neubau, Verringerung des CO_2-Ausstoßes erheblich zur Verbesserung der Nachhaltigkeit im Bausektor beiträgt. Unter bauökonomischen Gesichtspunkten müssen Bauteile oft erhalten bleiben, weil die vorhandene Substanz einen Wert darstellt, der in vielen Fällen höher ist als ein Abriss des Bestandes mit anschließendem Neubau. Viele Altbauten genießen zudem planungsrechtlich Bestandsschutz und können eventuell eine höhere Grundstücksausnutzung ermöglichen, als dies mit einem Neubau an gleicher Stelle genehmigungsfähig wäre.

Vorraussetzung für eine ökonomisch und ökologisch sinnvolle Baumaßnahme ist allerdings eine Planung, die das Potential der vorhandenen Konstruktion erkennt und nutzt. Dies bedeutet beispielsweise, dass die vorhandene Primärstruktur möglichst wenig verändert wird, die zukünftige Nutzung auf den Bestand Rücksicht nimmt.

Alle Baumaßnahmen im Bestand haben gemein, dass sich Planer zu Beginn ihrer Tätigkeit mit dem Vorhandenen auseinandersetzten müssen. Jeder Ort gibt durch seine Besonderheiten

---

[1] Vgl.: Mörsch, Georg.: *Grundsätzliche Leitvorstellungen, Methoden und Begriffe in der Denkmalpflege,* in: Dr. A. Gebeßler/Dr. W. Eberl (Hrsg.) *Schutz und Pflege von Baudenkmälern in der Bundesrepublik Deutschland*, Kohlhammer, Köln 1980, S. 70 ff

Randbedingungen vor. Es ist jedoch ein Unterschied, ob diese durch die Lage, den Zuschnitt des Baugrundstückes und den baurechtlichen Rahmenbedingungen herrühren oder zusätzlich durch vorhandene Gebäude gegeben werden.

Die Analyse des Altbaus verlangt zusätzliches Wissen bezüglich Untersuchungsmethoden, Bauschäden, Kenntnisse alter **und** neuer Bauweisen. Der Ablauf von Baumaßnahmen im Bestand wird durch Faktoren wie räumliche Enge, Bauen im laufenden Betrieb beeinträchtigt. Die Risiken, aber auch die Chancen im Bestand sind höher als im Neubau.

In diesem Buch werden insbesondere Abläufe und Besonderheiten besprochen, die sich vom Neubau unterscheiden. Da viele konzeptionelle und strukturelle Überlegungen sowohl in der Projektentwicklung wie auch später in der Planung und Umsetzung auf Basis der bestehenden Bausubstanz getätigt werden müssen, sind klassische Entwicklungs- und Planungsabläufe nur in stark modifizierter Form anwendbar.

So werden im Kapitel 2 die Projektentwicklung unter dem Blickwinkel des Lebenszyklus betrachtet und besondere Risiken in der gesetzlichen Grundlage und der Bausubstanz aufgezeigt. Vorgehensweisen zur Immobilienakquisition und die schrittweise Bearbeitung eines Projektes werden unter Aspekten der Wirtschaftlichkeit und Risikominimierung betrachtet.

Kapitel 3 ist der Bestandserfassung und -bewertung gewidmet. Hierbei werden praxisgerechte Verfahren zur geometrischen und technischen Analyse vorgestellt und die Besonderheiten bezüglich Tragwerk, Kontamination, Brandschutz, Energieeinsparung und Denkmalpflege besprochen. Die Kenntnis über die Eigenschaften und Eigenarten der Bausubstanz prägt neben den Zielen der Projektentwicklung den weiteren Prozess entscheidend mit.

In Kapitel 4 werden dann die Besonderheiten der Planungs- und Bauprozesse in der Umsetzung der Projektidee vorgestellt. Hierzu werden spezielle Planungsabläufe der beteiligten Planer auf Basis der Substanz und die im Bestand oft aufwändige Baustellenlogistik (z. B. Rückbau, Bauen im laufenden Betrieb) besprochen. Die Kosten- und Terminplanung wird grundlegend erläutert und auf das Bauen im Bestand adaptiert. Hierbei ist insbesondere das Thema der Bauzeitverzögerung typisch für Baumaßnahmen im Bestand.

Durch den prozessorientierten Aufbau im Buch wird eine ganzheitliche Darstellung der Projektabwicklung im Bestand erzielt, die allen Beteiligten auf Projektentwicklungs-, Auftraggeber-, Planer- und Bauausführendenseite eine gute Übersicht über die Besonderheiten im Bestand ermöglicht.

2 Bestandsprojektentwicklung

Die Projektentwicklung bei Bestandsgebäuden stellt gegenüber der Neubauentwicklung besondere Anforderungen an Projektentwickler und Planer. Vorhandene Gebäudestrukturen und Rahmenbedingungen beschränken die Möglichkeiten in der Nutzung und der Revitalisierung, bieten jedoch gleichzeitig räumliche und funktionale Potentiale, die in der Entwicklung von Neubauten wegen funktionaler und finanzieller Entscheidungen oft nicht möglich sind. Neben Kosteneinsparungen auf Grund vorhandener und weiterhin nutzbarer Bausubstanz birgt ein Altbau auch immer hohe Kostenrisiken, die den Projekterfolg gefährden können. In den folgenden Kapiteln werden neben allgemeinen Grundlagen zum Gebäudelebenszyklus und zur Projektentwicklung diese bestandsspezifischen Aspekte dargestellt.

2.1 Lebenszyklus von Gebäuden

Für die Projektentwicklung im Bestand ist es wichtig, ein Verständnis für den gesamten Lebenszyklus eines Gebäudes zu entwickeln. Ein Gebäude ist auch nach Errichtung in regelmäßigen Abständen zu „warten", es muss gepflegt und in Stand gesetzt werden, um seine Werthaltigkeit zu bewahren. Dies reicht von einfachen Schönheitsreparaturen wie dem Anstrich von Wänden bis hin zu umfangreichen Umbaumaßnahmen. Wie lange ein Gebäude genutzt werden kann, hängt neben den beschriebenen Nutzungs- und Wirtschaftlichkeitsparametern vom Zustand der Bau- und Ausbausubstanz ab. Ist ein Gebäude nach einer gewissen Nutzungsphase nicht mehr vermietbar, stellt sich die Frage, ob durch eine Sanierung eine weitere Nutzungsphase erzeugt werden kann und wie umfangreich diese Sanierung sein muss. Wenn nach der ersten oder vielen weiteren Nutzungsphasen das Gebäude nicht mehr sanierungs- bzw. adaptionsfähig und somit nicht nutzbar ist oder sich eine wirtschaftlichere Alternative zum Bestand bietet, wird das Gebäude rückgebaut und das Grundstück steht einer erneuten Bebauung offen (s. Bild 2-1).

Oft wird bereits bei Erstellung eines Gebäudes mit einer bestimmten Nutzungsdauer kalkuliert, die entweder über eigene Anforderungen eines Nutzers wie die Nutzung eines Eigenheims bis ins hohe Alter oder über wirtschaftliche Aspekte wie z. B. eine Abschreibungszeit begründet ist. Teilweise resultiert die Nutzungsdauer auch aus der Funktion selbst, wenn beispielsweise eine Industrieproduktion für eine definierte Absatzzeit ausgelegt wird oder eine temporäre Veranstaltungshalle für einige Jahre ein Musical aufnehmen soll. Dementsprechend werden Gebäude so konzipiert, dass sie die avisierte Nutzungszeit mit möglichst geringen Kosten überdauern.

Doch die Nutzungsdauer bezieht sich nicht nur auf das Gebäude als Gesamtes, auch die einzelnen Bauteile eines Gebäudes unterliegen verschiedenen Nutzungs- bzw. Verschleißzeiten. In der Regel ist eine massive Konstruktion sehr langlebig, wohingegen der täglichen Abnutzung ausgelieferte Oberflächen in kurzen Zeitabständen saniert werden müssen.

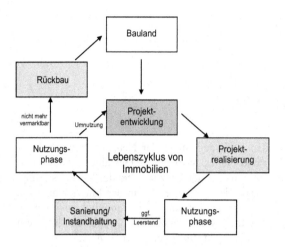

Bild 2-1   Lebenszyklus von Gebäuden

Die Haustechnik ist zudem ein sensibler Bereich, da sie auf Grund des technischen Fortschritts nur einer kurzen Aktualität unterworfen ist. Haustechnische Installationen und Trassen sind bei einer Sanierung oft der Auslöser, warum noch intakte Oberflächen zerstört werden müssen und somit die Investitionskosten stark ansteigen. Im Idealfall sind Installationen so angeordnet (z. B. auf Putz oder in Installationsschächten), dass sie zerstörungsfrei ausgetauscht werden können.

Durch die verschiedenen Investitions- und Sanierungszyklen der Bauteile sind während des Lebenszyklus eines Gebäudes immer wieder größere und kleinere Investitionen notwendig (s. Bild 2-2). Wenn diese Investitionszyklen bereits in der Planungs- und Bauphase z. B. über beschädigungsfreien Zugang zu Installationstrassen oder die Trennbarkeit von Baustoffschichten berücksichtigt werden, lassen sich hohe Kosten in der späteren Instandhaltung vermeiden.

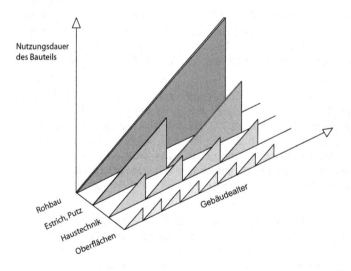

Bild 2-2   Lebenszyklus von Bauteilen

Die **Instandhaltung** unterteilt sich in verschiedene Stufen.[2] Neben der reinen **Inspektion**, also der Begehung und Beurteilung eines Objektes, werden **Wartungen** (z. B. Ersatz von Leuchtstoffen) durchgeführt. Darüber hinaus versetzt die **Instandsetzung** schadhafte Bauteile wieder in einen funktionsfähigen Zustand. Werden Teile erneuert oder modernisiert, ohne dass ihre technische Funktion verändert wird, spricht man von **Modernisierung** oder **Verbesserung.**

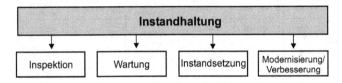

Bild 2-3   Begriffe der Instandhaltung

In der Instandhaltung können verschiedene Strategien angewendet werden – je nachdem wie stark die Auswirkungen auf die Funktionsfähigkeit und eventuelle Schäden an der Bausubstanz sind.[3] Hierzu gehören:

- **Ausfallstrategie**: Schadensbeseitigung erst nach Ausfall, keinerlei vorbeugende Maßnahmen
- **Präventive Inspektionsstrategie**: Schadensvorbeugung, bei Inspektionen festgestellte Mängel oder Problemfelder werden präventiv beseitigt
- **Vorrausschauende Instandsetzungsstrategie**: Wartung und Austausch nach bestimmten Zeitabständen bzw. Lebensdauern von Bauteilen auch ohne Mängel
- **Vorhalten von Ersatz**: Absicherung durch Vorhalten von Ersatzbauteilen bzw. Austauschgeräten, insbesondere bei Bauteilen, die bei Ausfall z. B. einen Produktionsprozess in einem Industriegebäude stoppen können

Mit der Gebäudeunterhaltung in einem gesamtheitlichen Sinn beschäftigt sich das **Facility Management (FM)**. Das Facility Management umfasst *„die permanente Analyse und Optimierung der kostenrelevanten Vorgänge rund um bauliche und technische Anlagen, Einrichtungen und im Unternehmen erbrachte (Dienst-) Leistungen, die nicht zum Kerngeschäft gehören."* [4]

Im Bereich der operativen Gebäudenutzung spricht man von Gebäudemanagement. Es unterteilt sich in folgende Bereiche:

- **Technisches Gebäudemanagement** (Wartung, Inspektion, Instandsetzung)
- **Infrastrukturelles Gebäudemanagement** (Hausmeisterdienste, Reinigungsdienste, Sicherheitsdienste)
- **Kaufmännisches Gebäudemanagement** (Objektbuchhaltung, Beschaffung, Vermarktung)

---

[2]   Vgl. DIN 31051: Grundlagen der Instandhaltung

[3]   Vgl. Nagel, Ulrich: *Facility Management*, 2007, Birkhäuser Verlag, S. 143 ff

[4]   Quelle: GEFMA 100-1: 2004, S. 3

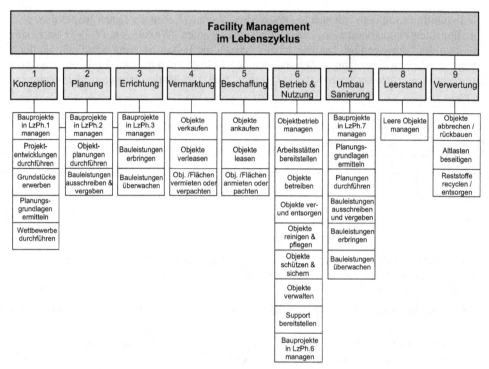

Bild 2-4   Gebäudelebenszyklus nach GEFMA[5]

In Ergänzung übernimmt das **Flächenmanagement** das operative Nutzergeschäft mit Mieterabrechnungen, Umzugsmanagement etc.

Grundsätzlich sollte bei der Entwicklung von Neubau- und Bestandsprojekten eine ganzheitliche Betrachtung vorgenommen werden. Nur wenn die Substanz und die Nutzung eines Gebäudes langfristig gesichert sind, lässt sich auch der Wert eines Gebäudes langfristig erhalten. Neben den Errichtungskosten ist es vor allem die Höhe der Betriebs- und Bewirtschaftungskosten, die die Rentabilität einer Immobilie in seinem Lebenszyklus ausmachen.

Gerade wenn sich Fixkosten in der Unterhaltung nicht flexibilisieren lassen oder die Verfügbarkeit von Ersatzteilen für technische Anlagen nicht gegeben ist, kann der Projekterfolg und die Projektamortisation trotz niedriger Investitionskosten zu Beginn gefährdet sein.

Beispiel

Die technischen Anlagen (Lüftung, Heizung) in große Wohnanlagen des sozialen Wohnungsbaus wurden in der Regel auf eine Vollauslastung dimensioniert. Eine deutliche Leerstandsquote führt durch die Unflexibilität der Anlage zu hohen Nebenkosten, die wiederum auf Grund des entspannten Wohnungsmarkts weiteren Leerstand produzieren, sofern sie auf die verbleibende Mieterschaft umgelegt werden. Bei hohem Leerstand lässt sich eine Kompletterneuerung der Anlagen dann oft wirtschaftlich nicht mehr abbilden.

---

[5] in Anlehnung an GEFMA 100-1:2004, Bild 4, S. 7

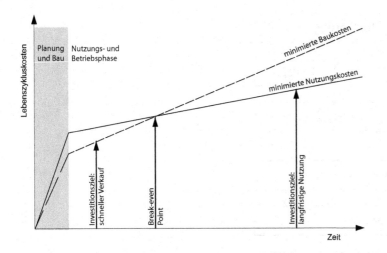

Bild 2-5   Planung der Lebenszykluskosten in Relation zum Investitionsziel

In der Bestandsprojektentwicklung sollte daher der bisherige Lebenszyklus des Gebäudes inkl. seiner Schwachstellen analysiert werden, um die Sanierung vor diesem Hintergrund zu planen. Des Weiteren helfen Best- und Worstcase-Szenarien, um die Entwicklung in der Zukunft einschätzen zu können (s. Kap. 2.5.4).

2.2 Grundlagen der Projektentwicklung

Die Entwicklung von Immobilienprojekten folgt in Grundzügen den betriebswirtschaftlichen Abläufen von der Beschaffung über die Produktion bis zum Absatz (s. Bild 2-6). Da es sich bei

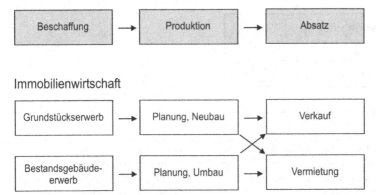

Bild 2-6   Zusammenhang zwischen Projektentwicklung und Betriebswirtschaftslehre[6]

---

[6]   In Anlehnung an Brauer, Kerry-U.: *Grundlagen der Immobilienwirtschaft*, 4. Auflage, Gabler, S. 6 f

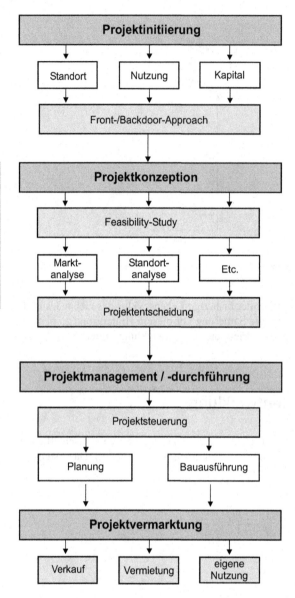

Bild 2-7   Ablauf der Projektentwicklung[7]

Immobilien in der Regel nicht um standardisierte und reproduzierte Massenware, sondern um
individuell auf den jeweiligen Nutzertyp und die gegebenen Rahmenbedingungen zugeschnit-
tene Objekte handelt, lassen sich rein betriebswirtschaftlich orientierte Verfahren nur bedingt
anwenden. Vielmehr durchläuft eine Projektentwicklung im Immobilienbereich typische Pha-

---

[7]   in Anlehnung an Schulte, Karl-Werner/Bone-Winkel, Stephan: *Handbuch Immobilien-Projekt-
      entwicklung*, 2. Auflage 2002, Rudolf-Müller-Verlag, S. 40

sen, in denen eine individuelle Projektidee entwickelt, ausgearbeitet und in die Tat umgesetzt wird.

Man unterscheidet dabei in Projektinitiierung, Projektkonzeption, Projektdurchführung bzw. Projektmanagement und die Projektvermarktung, die in den folgenden Kapiteln vorgestellt werden (s. Bild 2-7).

2.2.1 Projektinitiierung

Am Anfang jeder Projektentwicklung steht die **Projektidee**. Sie umfasst drei Faktoren: **Standort** (bzw. Grundstück), **Nutzung** und **Kapital** (z. B. Investoren, Kreditgeber). Obwohl generell die Entwicklung eines Projektes bei allen drei Faktoren beginnen kann, geht die Bestandsprojektentwicklung in den meisten Fällen von einem fixen Standort aus.

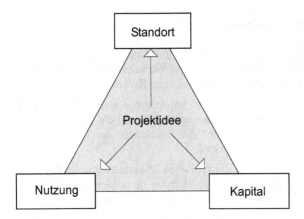

Bild 2-8   Zusammenhang Standort – Kapital – Idee[8]

2.2.1.1 Standort sucht Nutzung und Kapital

Wenn Bestandsgebäude wie z. B. bei Industriebrachen von ihrer bisherigen Nutzung nicht mehr in Anspruch genommen werden oder die Substanz auf Grund von Bauschäden nicht mehr genutzt werden kann, entsteht Leerstand bzw. bei Rückbau Brachland. Um diese Objekte wieder einer wirtschaftlichen Nutzung zuzuführen, werden eine neue Nutzung und entsprechende Kapitalgeber gesucht.

2.2.1.2 Kapital sucht Nutzung und Standort

Ebenso ist es möglich, dass Investoren (z. B. Privatpersonen, gewerbliche Investoren oder Immobilienfonds) vorhandenes Geld möglichst gewinnbringend in Immobilien anlegen möch-

---

[8]   in Anlehnung an Schäfer, Jürgen/Conzen, Georg: *Praxishandbuch der Immobilien-Projektentwicklung*, 2. Auflage 2007, Verlag C.H. Beck, S. 6

ten und hierfür interessante Projektideen und Standorte suchen. Auch wenn oft eine Zurückhaltung vor Bestandsbauten zu spüren ist, sind bei einer schadensarmen Substanz des Gebäudes und einem günstigen Erwerb teilweise höhere Renditen zu erwarten als im Neubau.

2.2.1.3 Nutzung sucht Standort und Kapital

Auch eine Nutzung kann im Bestand der Ideengeber eines Projektes werden, wenn beispielsweise in alten Bunkern Musikproberäume oder in alten Speichergebäuden Loft-Wohnungen eingerichtet werden. Hierbei sucht oft eine ausgereifte Idee bzw. ein Nutzungskonzept Bestandsbauten, die großräumlich in guter Lage verortet sind, auf Grund ihrer Struktur bisher jedoch brach liegen. So entsteht der Fall, dass marktspezifische Konzepte wie z. B. Franchising-Unternehmen, Einkaufszentren, Supermärkte, Restaurantketten etc. in dicht besiedelten Räumen ihr standardisiertes Konzept in bestehende Bauten integrieren wollen.

2.2.1.4 Überprüfung der Projektbedingungen

Zu Beginn jedes Projektes ist die Suche nach diesen drei Faktoren ausschlaggebend für die Weiterverfolgung. Zunächst werden dabei die Machbarkeit und Wirtschaftlichkeit über einfache Rechnungen überprüft. Ein typisches Beispiel ist Frontdoor- und Backdoor-Approach.

Beim **Frontdoor-Approach** werden die voraussichtlichen Projektkosten grob kalkuliert und vor dem Hintergrund von wirtschaftlichen Vorgaben eine notwendige Miete für das Objekt ermittelt. Der Vergleich mit typischen Marktmieten und die Beurteilung der Marktchancen entscheiden dann über die Weiterbearbeitung des Projektes.

Beim **Backdoor-Approach** werden auf Grundlage der typischen Marktmieten die möglichen Gesamtkosten des Projekts ermittelt. Unter Abzug der geschätzten Investitionen bietet diese Summe einen möglichen Maximalpreis für den Erwerb eines Bestandsprojekts.

2.2.2 Projektkonzeption

Sind alle Beteiligen (Grundstücksbesitzer, Kapitalgeber und Nutzer) gefunden und die groben Projektkosten lassen sich wirtschaftlich abbilden, müssen die Projektentwicklung und die damit verbundene Investition im Detail konzipiert und überprüft werden. Für eine endgültige Projektentscheidung verlangen Investoren, Kapitalgeber oder zukünftige Nutzer eine dezidierte Aussage über die Projektparameter. Um hohe Risiken auszuschließen und die Wirtschaftlichkeit eines Projektes unter den gegebenen Bedingungen zu prüfen, werden verschiedene Analysen durchgeführt, die in ihrer Gesamtheit als **Feasibility Study** oder **Machbarkeitsstudie** bezeichnet werden.

Typische Analysen in dieser Phase sind:

- Standortanalyse
- Marktanalyse
- Nutzungsanalyse
- Bestandsanalyse der Gebäude (s. hierzu Kap. 3)
- Kostenanalyse (s. hierzu Kap. 4.2)

- Risikoanalyse (s. hierzu Kap. 2.4)
- Wettbewerbsanalyse

2.2.2.1 Standortanalyse

Ein wesentlicher und bestimmender Faktor in der Immobilienvermarktung ist die Qualität der Lage des Objektes. Liegt eine Wohnimmobilie in einer bevorzugten Lage, so lässt sich diese in der Regel auch bei mindernden Faktoren des Gebäudebestands vermarkten. Für gewerbliche Ansiedlungen sind wiederum Faktoren wie Verkehrsanschluss oder Kundennähe von Bedeutung.

Somit ist der Standort ein wichtiger Faktor für die Projektkonzeption und muss entsprechend der beabsichtigten Nutzung analysiert werden. Eine Standortanalyse soll im Ergebnis Bewertungen über die Vor- und Nachteile eines Standorts aufzeigen bzw. bei einer Auswahl an Standorten die optimale Positionierung des Projektes ermöglichen.

Dazu sind teilweise umfangreiche Expertisen notwendig, die einerseits die Auswirkungen auf die Unternehmung selbst, aber auch die Auswirkungen auf das Umfeld einbeziehen. Derartige Auswirkungsanalysen sind beispielsweise notwendig, wenn geprüft werden muss, ob durch die Ansiedlung eines neuen Einkaufszentrums in einer Stadt ein echter Funktionszuwachs erzielt wird oder ob hierdurch lediglich eine Verlagerung der bestehenden Unternehmen oder sogar deren Verdrängung stattfinden.

Betrachtet man eine unternehmensinterne Standortentscheidung, so sollten alle relevanten Standortfaktoren systematisch zusammengeführt werden. Dabei werden für das Projekt maßgebliche **Standortfaktoren** untersucht, wie z. B.:

- **Lage**: Innenstadt, Stadtrand, Land, „Ansehen" und Attraktivität der Lage, Potential
- **Verkehrsanbindung**: Autobahn-, Bahnhof-, Flugplatznähe, Parkplätze, Erreichbarkeit, ggf. Möglichkeit der Schwertransportanlieferung
- **Erschließung**: bestehende Stromversorgung, Wasserversorgung, Brunnenbohrungen, Abwasser, Klärwerksnähe, inkl. entsprechender Gebühren
- **Expansionsmöglichkeiten**: Gebäudeerweiterung, Flächen im Umfeld, ggf. externe Vermietung einzelner Gebäudeteile inkl. Erschließung
- **Behördliche Auflagen**: Auflagen in B-Plänen und Satzungen, Arbeitsstättenverordnung etc.
- **Kundennähe**: Nachbarschaft zu Großkunden und/oder Endkunden, Einzugsbereich des Standorts, Standortverknüpfungen mit Unternehmenstradition, Gewohnheit der Kunden
- **Konkurrenz**: Mitbewerber im gleichen Marktsegment im gleichen Einzugsbereich
- **Mitarbeiter**: Universitätsnähe, Qualifikationsgrad von Mitarbeitern, Arbeitslosigkeit
- **Soziale Faktoren**: angenehmes Umfeld, Einkaufsmöglichkeiten, Kulturangebote
- **Kosten**: Miete, Steuern, Umbau, Ausbau, Fahrtkosten

Je nachdem, ob sich Standortfaktoren über Kenngrößen definieren und bewerten lassen, unterscheidet man in „harte" und „weiche" Standortfaktoren. Bei einem Standortvergleich lassen sich **harte Standortfaktoren** direkt über monetäre oder andere Zahlenkennwerte vergleichen. Zu diesen Faktoren gehören z. B.:

- Infrastruktur (Verkehrsanbindung, Energie-, Kommunikations-, Versorgungsnetze)
- Kosten des Grundstücks und der Erschließung
- Kosten der Gebäudeerstellung
- Kosten in Relation mit staatlichen Einrichtungen (Gebühren, Steuern, Subventionen)
- Nähe, Größe und Zugang zu Märkten (Rohstoffe, Absatzmärkte, Arbeitskräfte etc.)
- Beschränkungen Umweltschutz, Grundstücksausnutzung, Markteintritt etc.

Weiche Standortfaktoren lassen sich generell in personenbezogene und unternehmensbezogene Einflussgrößen unterscheiden. Beide lassen sich nur bedingt über Kennwerte erfassen.

Zu den personenbezogenen Faktoren gehören z. B. das Freizeit- und Kulturangebot im Umfeld, die Verknüpfung zu Bildungseinrichtungen, die Attraktivität des Wohnumfelds, Einkaufsmöglichkeiten des primären Bedarfs und die Entfernung zu größeren Einkaufszentren.

Unternehmensbezogene Einflussfaktoren sind Faktoren, die sich indirekt auf eine positive Entwicklung der Unternehmung beziehen können. Hierzu gehören z. B. das Image des Standorts und der Region, die Investitionsbereitschaft der lokalen Politik oder bestehende regionale Netzwerke und Beziehungsgeflechte.

Zur Bewertung von harten Standortfaktoren lassen sich die Investitions- und Nutzungskosten ggf. im Vergleich zu entsprechenden Zugewinnen in einem für die Unternehmung relevanten Betrachtungszeitraum überschlagen. So können direkte Vergleiche vorgenommen werden.

Beispiel

Zwei Grundstücke stehen zur Auswahl. Grundstück 1 ist unerschlossen und kostet deutlich weniger als Grundstück 2, Grundstück 2 wiederum liegt an einer erschlossenen Hauptstraße und hat niedrigere Steuern und Abgaben an die städtische Versorgung. Eine Aufrechnung z. B. für die nächsten 10 Jahre zeigt die Vor- und Nachteile der beiden Grundstücke.

Weiche Standortfaktoren hingegen sind zunächst über Geldwerte oder Zahlen nicht darstellbar, so dass entweder auf Grund von Meinungsbildern oder über parametrisierende Hilfsmittel Entscheidungen herbeigeführt werden sollten.

Eine schnelle und relativ einfache Prüfung lässt sich mit der Nutzwertanalyse durchführen. Dazu werden Bewertungskriterien definiert und deren Relevanz für die Entscheidung in Prozentsätzen festgelegt. Anschließend werden die in der Auswahl stehenden Standorte anhand einer Skala bewertet und über die Prozentsätze in Relation zur Gewichtung gesetzt (s. Tab. 2.1). Zusätzlich werden für die Wertebereiche Grenzwerte festgelegt, bei deren Überschreitung ein Standort direkt aus der Bewertung ausscheidet, um eventuell nicht mehr tragfähige Parameter zu berücksichtigen. Die Nutzwertanalyse ist damit der Versuch, subjektive Entscheidungen durch Zahlen zu hinterlegen und so begründbar zu machen.

Tabelle 2.1 Beispiel einer Nutzwertanalyse

Nr.	Standortfaktor	Gewich-tung	Bewertung Standort 1	Bewertung Standort 2	Ergebnis Standort 1	Ergebnis Standort 2
1	Kundennähe	10	4	5	40	50
2	Konkurrenzdichte	5	4	2	20	10
3	Umfeld für Mitarbeiter	3	6	4	18	12
4	Expansionsmöglichkeiten	4	4	0	16	0
5	Verkehrsanbindung	6	2	5	12	30
6	Kontakte vor Ort	3	5	2	15	6
7	Ansehen der Lage	5	4	3	20	15
	Summe				**141**	**123**

2.2.2.2 Marktanalyse

Die Analyse des Marktes ist besonders für Projektentwicklungen ein wichtiger Faktor, die primär betriebswirtschaftliche Interessen verfolgen:

- Inwieweit sich ein späteres Produkt am Markt platzieren lässt und wir stark die Konkurrenz ist, hat entscheidenden Einfluss auf die Vorinvestition (z. B. Aufbau, Größe und Abschreibungszeitraum des Produktionsstandorts).

- In welchem Segment und an welchem Ort die Nachfrage nach primären und sekundären Wirtschaftsgütern größer ist als das Angebot, ist ebenso entscheidend für die Ansiedlung von Handel und Gewerbe.

- Wie gesättigt der Wohnungsmarkt im Umfeld ist, welche Wohnungsgröße die ortsübliche Mieterschaft bevorzugt, hat wesentlichen Einfluss auf die Entwicklung einer Wohnimmobilie.

Bei der Marktanalyse werden Informationen über die für eine Unternehmung relevanten Märkte gesammelt, um auf dieser Basis strategische und operative Maßnahmen ergreifen und Entscheidungen fällen zu können. Als Basis von Marktanalysen dienen interne Unternehmensdaten (z. B. bisherige Entwicklung der Absatzzahlen, Unternehmenskapazitäten, Kosten der Produktion bzw. Distribution) wie auch externe Marktdaten (z. B. Marktgröße, Konkurrenzanalyse, Wirtschaftsentwicklung, Prognosen). Diese Untersuchungen sind immer auf die relevanten Märkte zu beziehen, was unter anderem zu einer Unterteilung nach Regionen, Produktgruppen, Kundenarten oder Vertriebswegen führen kann.

In der Immobilienwirtschaft sind vor allem die Abhängigkeiten von Flächennachfrage und Flächenangebot sowie die Qualitäten der Mietverträge entscheidend. Gerade in Regionen, die über ein starkes Wirtschaftswachstum und somit eine große Sogwirkung verfügen, ist das Flächenangebot im Verhältnis zur Nachfrage in der Regel begrenzt, so dass Mietsuchende höhere Mieten zahlen und auch langfristigere Mietverträge abschließen als in Regionen mit einem Flächenüberangebot und großer Auswahl. Dadurch, dass die Immobilienerstellung und das Redevelopment auf Grund langer Planungs- und Bauzeiten nicht auf kurzfristige Veränderungen im Markt reagieren können, entstehen oft Ungleichgewichte, die sich erst nach Jahren wieder nivellieren.

Beispiel

Nach der Wiedervereinigung in Deutschland und dem beschlossenen Umzug der Bundesregierung von Bonn nach Berlin stieg die Nachfrage nach Büroflächen in Berlin stark an. Dadurch, dass der Immobilienmarkt die plötzliche Nachfrage nicht bedienen konnte, entstanden hohe Spitzenmieten. Nach 5–10 Jahren hatte sich das Verhältnis auf ein Normalmaß eingependelt, so dass Projektentwicklungen, die in der Kalkulation auf den hohen Spitzenmieten basierten, oft nicht mehr wirtschaftlich abgebildet werden konnten.

Die Qualität der späteren Mietverträge lässt sich vor allem durch folgende Eigenschaften definieren:

- Höhe der Mieterträge und Steigerungsmöglichkeiten
- Dauer der Mietverhältnisse
- Gute und dauerhafte Bonität der Mieter
- Branchenmix und Durchmischung verschiedener Mietstrukturen zur Abminderung von Mietrisiken
- Größe und Image der Ankermieter
- Wenig spezifische Ausrichtung des Mietobjekts aus Gründen der Fungibilität (Drittverwertung nach Beendigung des Mietverhältnisses)
- Umlagefähigkeit der Betriebskosten auf die Mieter

Durch die benannten Qualitäten wird gewährleistet, dass der Investor ein möglichst gutes Preis-Leistungsverhältnis seiner Immobilie erreichen und Risiken minimieren kann.

2.2.2.3 Nutzungsanalyse

Daher ist es wichtig, Flächen zu entwickeln, die der Marktnachfrage entsprechen und die von späteren Mietern akzeptiert werden. Hierzu wird eine Nutzungsanalyse durchgeführt und auf dieser Basis das Portfolio der Mieteinheiten konzipiert. Typische Abläufe sind:

1. Analyse des Angebots und der Nachfrage im nutzungsspezifischen Immobilienmarkt (Wohnungsmarkt, Gewerbe etc.) inkl. Untersuchung der Konkurrenzlage
2. Entwicklung von Nutzungsszenarien
3. Ermittlung der potentiellen Investitionskosten und möglichen Erträgen der jeweiligen Szenarien
4. Identifikation und Bewertung der Risiken und Gewinnchancen
5. Detaillierte Untersuchung, ob das favorisierte Nutzungsszenario sich im Bestand verwirklichen lässt (Statische Anforderungen, nutzungsbezogene Anforderungen an Belichtung, Belüftung etc.)
6. Überprüfung der Fungibilität – Kosten der Nutzungsumwandlung im Zuge eines Mieterwechsels

2.2.2.4 Wettbewerbsanalyse

Die Wettbewerbsanalyse ist schlussendlich eine Zusammenfassung der zuvor beschriebenen Analysen, da das Projekt in Konkurrenz zu vergleichbaren Projekten bewertet wird. Dazu müssen zunächst Objekte gefunden werden, die eine Konkurrenz zur eigenen Projektentwicklung darstellen. Auf Grundlage der eigenen Analysen werden die Konkurrenzprojekte inklusive der eigenen Projektentwicklung bewertet und so die Chancen des eigenen Projektes im Wettbewerb beurteilt. Hieraus können sich Maßnahmen ergeben, wie das eigene Projekt so modifiziert werden könnte, dass es wettbewerbsfähiger wird.

Bei einer Wettbewerbsanalyse ist es vorteilhaft, wenn in ihrer Nutzungsstruktur und Größe sowie in ihrer Standortsituation nach Möglichkeit ähnliche Projekte gefunden werden, so dass direkte Vergleiche möglich sind. Andernfalls müssen die Unterschiede bewertet werden und die Erkenntnisse in die Vergleiche einbezogen werden. Typische Untersuchungsschwerpunkte sind Lagebewertungen, Vermarktungspreise. Größe und Flächenangebote und die Ausstattung.

Bild 2-9 zeigt hierzu typische Nutzungsarten, die aus Sicht der Projektentwicklung von Interesse sind.

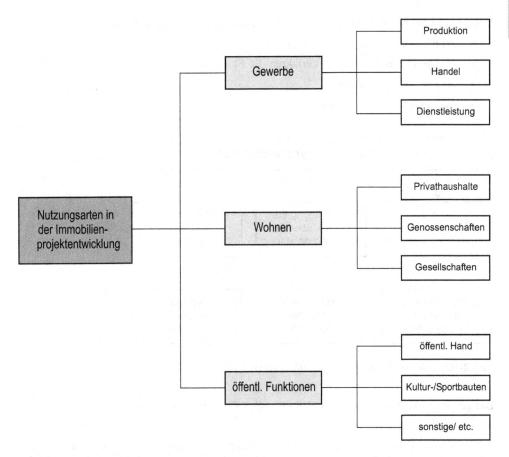

Bild 2-9 Typische Nutzungsarten im Hochbau

2.3 Wertermittlung von Bestandsgebäuden

In der Bestandsprojektentwicklung muss zunächst der Bestand auf seinen bestehenden Verkehrswert hin untersucht werden. Es stellt sich die Frage, wie hoch der Kaufspreis sein kann oder sollte, um ein Bestandsobjekt auf dem Markt zu platzieren bzw. zur Umnutzung zu erwerben. Neben der baulichen Untersuchung (s. Kap. 3) sind Berechnungsverfahren anzuwenden, die den ungefähren Marktwert ermitteln. Dabei versuchen alle üblichen Verfahren modellhaft die Entwicklung und die Faktoren der Preisbildung am Immobilienmarkt nachzuvollziehen.

Es gibt normierte und nicht normierte Verfahren. Die Wertermittlung von Grundstücken sind in der **Wertermittlungsverordnung (WertV)** und den zugehörigen **Wertermittlungsrichtlinien (WertR)** rechtlich normiert. In der WertV sind drei Wertermittlungsverfahren definiert (s. Bild 2-10):

- das **Vergleichswertverfahren** (§ 13–14 WertV, s. Kap. 2.3.1)
- das **Ertragswertverfahren** (§ 15–20 WertV, s. Kap. 2.3.2)
- das **Sachwertverfahren** (§ 21–25 WertV, s. Kap. 2.3.3)

Daneben existieren eine Reihe von nicht normierten Verfahren, beispielhaft genannt sind:

- das Residualwertverfahren (s. Kap. 2.3.4)
- das Discounted-Cash-Flow-Verfahren (DCF)
- das Investmentverfahren
- die Monte-Carlo-Simulation

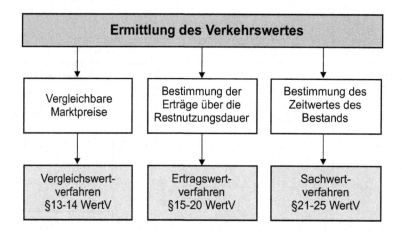

Bild 2-10   Wertermittlungsverfahren nach WertV

Die genannten Verfahren werden in den folgenden Kapiteln kurz dargestellt.[9]

---

[9] Die Wertermittlung von Grundstücken kann in diesem Kontext nur vom Grundsatz her und nicht umfassend in allen Facetten dargestellt werden. Die Verfahren sind jedoch Inhalt zahlreicher Fachpublikationen, die weiterführende Informationen bereitstellen.

2.3.1 Vergleichswertverfahren

Das Vergleichswertverfahren führt über den Vergleich mit Grundstücks- und Gebäudeverkäufen zum Verkehrswert des zu betrachtenden Objekts. Es ist somit eine praxisnahe und einfache Bewertungsmethode. Eine wichtige Voraussetzung ist jedoch eine ausreichende Anzahl an vergleichbaren Objekten bzw. Grundstücken, so dass das Vergleichswertverfahren vor allem bei weitgehend typisierten Gebäuden (insbesondere Wohnbauten) zur Anwendung kommt.

Vergleiche zu durchgeführten Verkäufen können einerseits für bebaute Grundstücke, andererseits aber auch für unbebaute oder fiktiv unbebaute Grundstücke durchgeführt werden, um beispielsweise den **Grundstückswert** unabhängig vom **Wert der baulichen Anlagen** zu ermitteln. Der Grundstückswert wird dabei durch viele Faktoren beeinflusst wie z. B.

- Lage
- Fläche
- Grundbuchstand
- Altlasten
- Topographie
- Bodenbeschaffenheit

Statt der Preise für individuelle Vergleichsgrundstücke können auch geeignete Bodenrichtwerte herangezogen werden.[10] Der **Bodenrichtwert** ist ein durchschnittlicher Lagewert, der aus Kaufpreisen von Grundstücken in der Umgebung gewonnen wird und ggf. nach seinem Entwicklungszustand bewertet wird. Zur statistischen Auswertung und Ermittlung der Bodenrichtwerte sind flächendeckend auf kommunaler Ebene Gutachterausschüsse eingesetzt, die die Bodenrichtwerte zur Verfügung stellen (s. Bild 2-11).

Der reale **Verkehrswert** kann vom Bodenrichtwert abweichen, da er wertbestimmende Eigenschaften enthält, z. B.:

- Art und Maß der baulichen Nutzbarkeit
- Abmessungen und Zuschnitt der Parzelle
- Bodenbeschaffenheit
- Erschließungszustand
- Grundstücksgestaltung

§ 194 Baugesetzbuch sagt zum Verkehrswert:

„Der Verkehrswert (Marktwert) wird durch den Preis bestimmt, der in dem Zeitpunkt, auf den sich die Ermittlung bezieht, im gewöhnlichen Geschäftsverkehr nach den rechtlichen Gegebenheiten und tatsächlichen Eigenschaften, der sonstigen Beschaffenheit und der Lage des Grundstücks oder des sonstigen Gegenstands der Wertermittlung ohne Rücksicht auf ungewöhnliche oder persönliche Verhältnisse zu erzielen wäre."

---

[10] Vgl. hierzu WertV § 13 Abs. 2

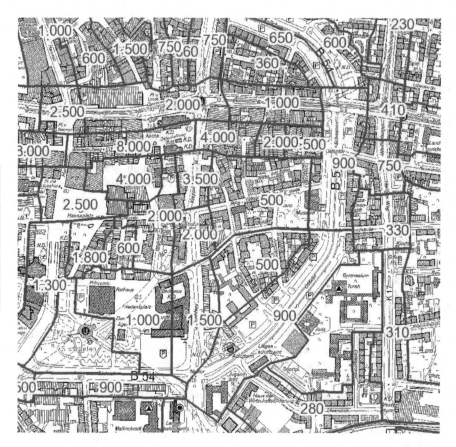

Bild 2-11   Beispiel einer Bodenrichtwertkarte[11]

Somit werden Zwangslagen, die Besitzer auch zu Verkäufen unter Wert drängen oder die Käufer zu überhöhten Preisen veranlassen, nicht berücksichtigt. Unabhängig davon ist der Immobilienmarkt von vielen erkennbaren und versteckten, objektiven und subjektiven Einflüssen bestimmt, so dass eine exakte Voraussage eines Verkaufspreises mit der Feststellung des Verkehrswerts nur bedingt möglich ist.

Da das Vergleichswertverfahren sich jedoch auf reale Verkäufe bezieht, sind bei Vorliegen ausreichender Vergleichsobjekte die Ergebnisse oft recht genau. Abweichungen der wertbeeinflussenden Merkmale der Vergleichsgrundstücke werden durch Zu- oder Abschläge berücksichtigt.[12] Vergleiche auch mit relativen Größen (Vergleichsfaktoren) sind möglich. Bei Vergleichsfaktoren, die sich nur auf das Gebäude beziehen, ist der Bodenwert gesondert zu berücksichtigen.

---

[11] Datenquelle: Gutachterausschuss NRW – www.boris.nrw.de

[12] Vgl. hierzu WertV § 14 und WertR 2006, Nr. 2.3.4

2.3.2 Ertragswertverfahren

Beim Ertragswertverfahren wird der Verkehrswert aus der Renditesicht ermittelt. Dies kommt vor allem bei Objekten in Betracht, bei denen der erzielbare Ertrag im Vordergrund einer Investition steht (z. B. bei Miet- und Geschäftsimmobilien).

Bodenwert und Wert der baulichen Anlage werden zunächst getrennt voneinander ermittelt und ergeben dann zusammen den Ertragswert des Grundstücks. Der Bodenwert ist dabei möglichst nach dem Vergleichswertverfahren zu ermitteln.

Zur Berechnung wird zunächst der Jahresrohertrag ermittelt, der alle bei ordnungsgemäßer Bewirtschaftung und zulässiger Nutzung nachhaltig erzielbare Einnahmen aus dem Grundstück, insbesondere Mieten und Pachten einschließlich Vergütungen, umfasst.[13] Mieten können

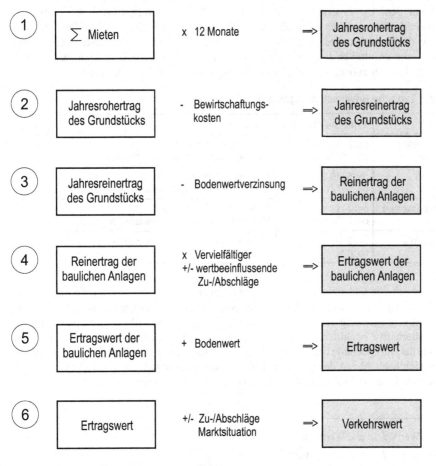

Bild 2-12   Ablauf des Ertragswertverfahrens

---

[13] Vgl. hierzu WertR 2006, Nr. 3.5.1

dabei nur als nachhaltige Mieten gemäß aktuellem und ortsspezifischem Mietpreisspiegel angesetzt werden. Ebenso ist bei hohem Leerstand im näheren Umkreis die Miete entsprechend anzupassen. Die pro Jahr erzielbare Summe aller Erträge ergibt den **Jahresrohertrag**.

Vom Jahresrohertrag abzuziehen ist der nicht umlegbare Anteil der Bewirtschaftungskosten (s. Tab. 2-2), um den **Jahresreinertrag des Grundstücks** zu erhalten. Abzuziehen sind z. B.:

- Betriebskosten
- Verwaltungskosten
- Instandhaltungskosten
- Mietausfallwagnis[14]

Aus dem Jahresreinertrag des Grundstücks muss der Bodenwert herausgerechnet werden, um nur den **Jahresreinertrag der baulichen Anlagen** zu erhalten.[15] Hierzu wird der ermittelte Bodenwert mit dem Liegenschaftszins multipliziert. Der **Liegenschaftszins** wird von den Gutachterausschüssen empirisch ermittelt und ist abhängig von der Lage (Region/Stadt/Straße) und Nutzung des Grundstückes. Das Ergebnis der Multiplikation ist die **Bodenwertverzinsung**, welche vom ermittelten Jahresreinertrag des gesamten Grundstücks abzuziehen ist. Daraus ergibt sich der **Reinertrag der baulichen Anlagen** oder auch Gebäudeertrag.

Tabelle 2.2   Typische Bewirtschaftungskosten

Kostenart	Typische Anteile	Hinweise
Verwaltungskosten je Wohneinheit	bis 240,37 €/WE bis 287,40 €/WE	Einfamilien – Wohnhäuser Mehrfamilienhäuser mit Eigentumswohnungen[16]
Betriebskosten	ca. 5–18 % ca. 5–12 %	Einfamilien – Wohnhäuser Mehrfamilienhäuser, Mischnutzungen, Geschäfte
Instandhaltungskosten	ca. 7–19 % ca. 5–26 %	Einfamilien – Wohnhäuser Mehrfamilienhäuser, Mischnutzungen, Geschäfte
Mietausfallwagnis	ca. 2 % ca. 4 %	Mietwohnungen und Mischnutzungen Geschäfte[17]

Da die Nutzbarkeit von Gebäuden endlich ist, gilt es zu ermitteln, wie lange das Gebäude wirtschaftlich (nicht technisch) noch nutzbar ist. Zur typischen Nutzungsdauer von Gebäuden gibt die Wertermittlungsrichtlinie Auskunft (s. Bild 2-13). Gegebenenfalls sind Nutzungsdauern jedoch über alternative Fachliteratur gegen zu prüfen, da z. B. eine Gesamtnutzungsdauer von 60–80 Jahren für Bürogebäude aus heutiger Sicht zu lang erscheint. Aus der Gesamtnutzungsdauer ergibt sich nach Abzug des Gebäudealters die **Restnutzungsdauer**. Im Falle von Sanierungen im Gebäudebestand kann die Restnutzungsdauer verlängert werden.[18]

---

[14] Vgl. hierzu WertV § 18 und WertR 2006, Nr. 3.5.2

[15] Vgl. hierzu WertV § 16 Abs. 2 und WertR 2006, Nr. 3.5.4 f

[16] Vgl. WertR 2006, Anlage 3.I, Stand 2005 (jährliche Anpassung über Verbraucherpreisindex)

[17] Vgl. WertR 2006, Anlage 3.III

[18] Weitere Hinweise in Metzger, Bernhard: *Wertermittlung von Immobilien und Grundstücken*, 2. Auflage 2006, Rudolf Haufe Verlag, S. 91 ff

DURCHSCHNITTLICHE WIRTSCHAFTLICHE GESAMTNUTZUNGSDAUER BEI ORDNUNGSGEMÄßER INSTANDHALTUNG (OHNE MODERNISIERUNG)

Einfamilienhäuser (entsprechend ihrer Qualität) einschließlich:	60 - 100 Jahre
- freistehender Einfamilienhäuser (auch mit Einliegerwohnung)	
- Zwei- und Dreifamilienhäuser	
Reihenhäuser (bei leichter Bauweise kürzer)	60 - 100 Jahre
Fertighaus in Massiv-, Fachwerk- und Tafelbauweise	60 - 80 Jahre
Siedlungshaus	60 - 70 Jahre
Wohn- und Geschäftshäuser	
Mehrfamilienhaus (Mietwohngebäude)	60 - 80 Jahre
Gemischt genutzte Wohn- und Geschäftshäuser	60 - 80 Jahre
mit gewerblichem Mietertragsanteil bis 80%	50 - 70 Jahre
Verwaltungs- und Bürogebäude	
Verwaltungsgebäude, Bankgebäude	50 - 80 Jahre
Gerichtsgebäude	60 - 80 Jahre
Gemeinde- und Veranstaltungsgebäude	
Vereins- und Jugendheime, Tagesstätten	40 - 80 Jahre
Gemeindezentren, Bürgerhäuser	40 - 80 Jahre
Saalbauten, Veranstaltungszentren	60 - 80 Jahre
Kindergärten, Kindertagesstätten	50 - 70 Jahre
Ausstellungsgebäude	30 - 60 Jahre
Schulen	
Schulen, Berufsschulen	50 - 80 Jahre
Hochschulen, Universitäten	60 - 80 Jahre
Wohnheime, Krankenhäuser, Hotels	
Personal- und Schwesternwohnheime, Altenwohnheime, Hotels	40 - 80 Jahre
Allgemeine Krankenhäuser	40 - 60 Jahre
Sport- und Freizeitgebäude, Bäder	
Tennishallen	30 - 50 Jahre
Turn- und Sporthallen	50 - 70 Jahre
Funktionsgebäude für Sportanlagen	40 - 60 Jahre
Hallenbäder	40 - 70 Jahre
Kur- und Heilbäder	60 - 80 Jahre
Kirchen, Stadt- und Dorfkirchen, Kapellen	60 - 80 Jahre
Einkaufsmärkte, Warenhäuser	
Einkaufsmärkte	30 - 80 Jahre
Kauf- und Warenhäuser	40 - 60 Jahre
Parkhäuser, Tiefgaragen	50 Jahre
Tankstelle	10 - 20 Jahre
Industriegebäude, Werkstätten, Lagergebäude	40 - 60 Jahre
Landwirtschaftliche Wirtschaftsgebäude	
Reithallen, Pferde-, Rinder-, Schweine-, Geflügelställe	30 Jahre
Scheune ohne Stallteil	40 - 60 Jahre
landwirtschaftliche Mehrzweckhalle	40 Jahre

Insbesondere bei gewerblich genutzten Objekten können sich je nach Objektart und Marktlage niedrigere Gesamtnutzungsdauern ergeben.

Bild 2-13 Nutzungsdauern verschiedener Bautypologien nach WertR 2006[19]

---

[19] Vgl. hierzu WertR 2006, Nr. 3.5.6 und Anlage 4

Der für das Ertragswertverfahren relevante **Vervielfältiger** berechnet sich aus der Multiplikation aus Restnutzungsdauer und dem bereits erwähnten Liegenschaftszins. (s. Bild 2-14). Der Vervielfältiger wird mit dem Gebäudeertrag multipliziert und ergibt den **Ertragswert der baulichen Anlagen**, der gegebenenfalls durch wertbeeinflussende Zu- oder Abschläge ergänzt wird (z. B. bei Instandhaltungsstau).[20]

Der Wert der baulichen Anlagen ergibt zusammen mit dem der Wert des Grund und Bodens den **Ertragswert** des bebauten Grundstücks, der wiederum durch Zu- und Abschläge an den Verkehrswert angepasst werden kann (s. Bild 2-12).

Die Berechnungsformel für das Ertragswertverfahren lautet vereinfacht ohne die Berücksichtigung von Zu- und Abschlägen:

Ertragswert = (Reinertrag – Liegenschaftszins x Bodenwert) x Vervielfältiger + Bodenwert

---

[20] Vgl. hierzu WertV § 19 Abs. 2 und WertR 2006, Nr. 3.5.8

Restnutzungsdauer von ... Jahren	Bei einem Zinssatz in Höhe von								
	1,0 v.H.	1,5 v.H.	2,0 v.H.	2,5 v.H.	3,0 v.H.	3,5 v.H.	4,0 v.H.	4,5 v.H.	5,0 v.H.
1	0,99	0,99	0,98	0,98	0,97	0,97	0,96	0,96	0,95
2	1,97	1,96	1,94	1,93	1,91	1,90	1,89	1,87	1,86
3	2,94	2,91	2,88	2,86	2,83	2,80	2,78	2,75	2,72
4	3,90	3,85	3,81	3,76	3,72	3,67	3,63	3,59	3,55
5	4,85	4,78	4,71	4,65	4,58	4,52	4,45	4,39	4,33
6	5,80	5,70	5,60	5,51	5,42	5,33	5,24	5,16	5,08
7	6,73	6,60	6,47	6,35	6,23	6,11	6,00	5,89	5,79
8	7,65	7,49	7,33	7,17	7,02	6,87	6,73	6,60	6,46
9	8,57	8,36	8,16	7,97	7,79	7,61	7,44	7,27	7,11
10	9,47	9,22	8,98	8,75	8,53	8,32	8,11	7,91	7,72
11	10,37	10,07	9,79	9,51	9,25	9,00	8,76	8,53	8,31
12	11,26	10,91	10,58	10,26	9,95	9,66	9,39	9,12	8,86
13	12,13	11,73	11,35	10,98	10,63	10,30	9,99	9,68	9,39
14	13,00	12,54	12,11	11,69	11,30	10,92	10,56	10,22	9,90
15	13,87	13,34	12,85	12,38	11,94	11,52	11,12	10,74	10,38
16	14,72	14,13	13,58	13,06	12,56	12,09	11,65	11,23	10,84
17	15,56	14,91	14,29	13,71	13,17	12,65	12,17	11,71	11,27
18	16,40	15,67	14,99	14,35	13,75	13,19	12,66	12,16	11,69
19	17,23	16,43	15,68	14,98	14,32	13,71	13,13	12,59	12,09
20	18,05	17,17	16,35	15,59	14,88	14,21	13,59	13,01	12,46
21	18,86	17,90	17,01	16,18	15,42	14,70	14,03	13,40	12,82
22	19,66	18,62	17,66	16,77	15,94	15,17	14,45	13,78	13,16
23	20,46	19,33	18,29	17,33	16,44	15,62	14,86	14,15	13,49
24	21,24	20,03	18,91	17,88	16,94	16,06	15,25	14,50	13,80
25	22,02	20,72	19,52	18,42	17,41	16,48	15,62	14,83	14,09
26	22,80	21,40	20,12	18,95	17,88	16,89	15,98	15,15	14,38
27	23,56	22,07	20,71	19,46	18,33	17,29	16,33	15,45	14,64
28	24,32	22,73	21,28	19,96	18,76	17,67	16,66	15,74	14,90
29	25,07	23,38	21,84	20,45	19,19	18,04	16,98	16,02	15,14
30	25,81	24,02	22,40	20,93	19,60	18,39	17,29	16,29	15,37
31	26,54	24,65	22,94	21,40	20,00	18,74	17,59	16,54	15,59
32	27,27	25,27	23,47	21,85	20,39	19,07	17,87	16,79	15,80
33	27,99	25,88	23,99	22,29	20,77	19,39	18,15	17,02	16,00
34	28,70	26,48	24,50	22,72	21,13	19,70	18,41	17,25	16,19
35	29,41	27,08	25,00	23,15	21,49	20,00	18,66	17,46	16,37
36	30,11	27,66	25,49	23,56	21,83	20,29	18,91	17,67	16,55
37	30,80	28,24	25,97	23,96	22,17	20,57	19,14	17,86	16,71
38	31,48	28,81	26,44	24,35	22,49	20,84	19,37	18,05	16,87
39	32,16	29,36	26,90	24,73	22,81	21,10	19,58	18,23	17,02
40	32,83	29,92	27,36	25,10	23,11	21,36	19,79	18,40	17,16
41	33,50	30,46	27,80	25,47	23,41	21,60	19,99	18,57	17,29
42	34,16	30,99	28,23	25,82	23,70	21,83	20,19	18,72	17,42
43	34,81	31,52	28,66	26,17	23,98	22,06	20,37	18,87	17,55
44	35,46	32,04	29,08	26,50	24,25	22,28	20,55	19,02	17,66
45	36,09	32,55	29,49	26,83	24,52	22,50	20,72	19,16	17,77
46	36,73	33,06	29,89	27,15	24,78	22,70	20,88	19,29	17,88
47	37,35	33,55	30,29	27,47	25,02	22,90	21,04	19,41	17,98
48	37,97	34,04	30,67	27,77	25,27	23,09	21,20	19,54	18,08
49	38,59	34,52	31,05	28,07	25,50	23,28	21,34	19,65	18,17
50	39,20	35,00	31,42	28,36	25,73	23,46	21,48	19,76	18,26

Bild 2-14 Beispieltabelle für Vervielfältiger aus Restnutzungsdauer und Liegenschaftszins[21]

---

[21] Ausschnitt aus WertR 2006 Anlage 5, vgl. zudem WertR2006, Nr. 3.5.7

Eine einfache Beispielrechnung könnte wie folgt aussehen:

Monatsmiete eines Gebäudes (nachhaltig erzielbare Miete)	270 qm x 5 €/qm =	1.350,00 €
Jahresrohertrag	1350,00 € x 12 Monate =	**16.200,00 €**
- Bewirtschaftungskosten (Annahme)	15 % von 16.200 €	- 2.430,00 €
Jahresreinertrag des Grundstücks		**13.770,00 €**
- Bodenwertverzinsung (LZ x Bodenwert)	3,5 % von 150.000 €	- 5.250,00 €
Jahresreinertrag der baulichen Anlagen		**8.520,00 €**
x Vervielfältiger (gemäß Anlage WertV)	LZ 3,5% x RND 40 Jahre	x 21,36
Ertragswert der baulichen Anlagen		**181.987,20 €**
+ Bodenwert von 150.000 €		+ 150.000 €
Ertragswert		**~ 332.000,00 €**

2.3.3 Sachwertverfahren

Beim Sachwertverfahren wird der Verkehrswert über den Wert der vorhandenen Bausubstanz und des Grundstücks ermittelt. Das Ergebnis soll darstellen, wie viel die aktuelle Wiederherstellung der Substanz unter Berücksichtigung des Gebäudealters kosten würde. Ebenso wie beim Ertragswertverfahren wird zunächst der Verkehrswert des Grundstücks separat über das Vergleichswertverfahren ermittelt.

Zur Ermittlung der Gebäudeherstellungskosten wird im ersten Schritt der Typus der zu bewertenden baulichen Anlagen festgestellt. Hierzu gehören die Nutzung, die Bauweise, die Geschossigkeit, gegebenenfalls eine Unterkellerung, die Dachform, der Ausstattungsstandard und der Unterhaltungszustand. Des Weiteren müssen deren Nutz- und Bruttogrundfläche aufgenommen werden.[22]

Anhand der Normalherstellungskosten 2000[23] wird dann auf Grund des Gebäudetyps ein Wert aus der vorgeschlagenen Preisspanne gewählt (s. Bild 2-15). Die Preisspanne wird eingegrenzt durch Angaben zum Erstellungsjahr und zum Ausstattungsstandard. Anschließend sind Korrekturfaktoren für das Bundesland und die Ortsgröße einzurechnen.[24] Da die NHK auf dem Jahr 2000 basieren, müssen die Kennwerte über den Baukostenindex auf die aktuelle Preislage

---

[22] Zur Ermittlung der Brutto-Grundfläche als Grundlage der Wertermittlung s. WertR 2006, Anlage 6

[23] Der Gebäudekatalog der Normalherstellkosten (NHK 2000) ist in der Anlage 7 der WertR 2006 enthalten. Zu beachten ist, dass in den dort angegebenen Preisen noch eine Mehrwertsteuer von 16 % eingerechnet ist.

[24] Die Baupreisunterschiede zwischen den Bundesländern werden vom Statistischen Bundesamt (www.destatis.de) und vom Baukosteninformationszentrum (BKI) nachgehalten. Faktoren für die Ortsgröße reichen von ca. 0,90 bei Orten unter 50.000 bis 1,15 bei Millionenstädten.

Einfamilien - Reihenhäuser

Typ 2.11 - 2.13

Normalherstellungskosten (ohne Baunebenkosten) entsprechend Kostengruppe 300 und 400
DIN 276/1993 einschließlich 16% Mehrwertsteuer, Preisstand 2000

Ausstattungsstandards, Baunebenkosten und Gesamtnutzungsdauer für diese
Gebäudetypen siehe Tabelle "Ausstattungsstandards"

NHK 2000
WERT R

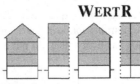

Typ 2.11   Keller-, Erd-, Obergeschoss, voll ausgebautes Dachgeschoss

Ausstattungs-standards	Kosten der Brutto-Grundfläche in €/m², durchschnittliche Geschosshöhe 2,95 m						
	vor 1925	1925 bis 1945	1946 bis 1959	1960 bis 1969	1970 bis 1984	1985 bis 1999	2000
Kopfhaus einfach	510 - 535	535 - 550	555 - 595	595 - 625	625 - 665	670 - 725	725
Kopfhaus mittel	530 - 560	565 - 580	580 - 625	625 - 655	655 - 700	700 - 760	760
Mittelhaus einfach	505 - 530	535 - 545	550 - 590	590 - 620	620 - 660	665 - 720	720
Mittelhaus mittel	530 - 560	560 - 575	575 - 620	620 - 650	650 - 695	695 - 755	755

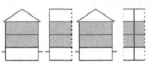

Typ 2.12   Keller-, Erd-, Obergeschoss, nicht ausgebautes Dachgeschoss

Ausstattungs-standards	Kosten der Brutto-Grundfläche in €/m², durchschnittliche Geschosshöhe 2,90 m						
	vor 1925	1925 bis 1945	1946 bis 1959	1960 bis 1969	1970 bis 1984	1985 bis 1999	2000
Kopfhaus einfach	470 - 495	500 - 510	510 - 550	555 - 580	580 - 620	620 - 670	675
Kopfhaus mittel	490 - 515	515 - 530	530 - 570	575 - 600	600 - 640	645 - 695	700
Mittelhaus einfach	470 - 495	495 - 505	505 - 545	550 - 575	575 - 615	615 - 665	670
Mittelhaus mittel	485 - 510	515 - 525	525 - 565	570 - 595	595 - 635	640 - 690	695

Bild 2-15   Gebäudeherstellkosten nach NHK 2000 (Auszug)

angepasst werden.[25] Der angepasste Wert der Normalherstellkosten wird dann mit der Brutto-Grundfläche (BGF) multipliziert. Hinzu addiert werden der Wert der Außenanlagen und die Baunebenkosten.[26]

Da zu bewertende Objekte in der Regel nicht neuwertig sind, muss die altersbedingte Abnutzung bei der Berechnung berücksichtigt werden. Hierzu muss ebenso wie beim Ertragswertverfahren die Restnutzungsdauer (RND) aus der wirtschaftlichen Gesamtnutzungsdauer (GND) nach NHK 2000 unter Abzug des Gebäudealters und Berücksichtigung des Modernisierungszustands errechnet werden. Der errechnete Wiederbeschaffungswert ist bei einer unterstellten linearen Abnutzung mit RND/GND zu multiplizieren (Wertabschlag 1-RND/GND) und ergibt den Zeitwert.

---

[25] Zum Baukostenindex s. Bielefeld, Bert/Feuerabend, Thomas: *Baukosten- und Terminplanung*, Birkhäuser Verlag 2007, S. 47 f. oder Blecken, Udo/Hasselmann, Willi: *Kosten im Hochbau*, Rudolf Müller Verlag 2007, S. 102 f

[26] Die Baunebenkosten werden überschlägig in der NHK 2000 mit einem fixen Prozentsatz angegeben. Die Baunebenkosten haben jedoch mit zunehmenden Baukosten einen sinkenden Anteil. Vgl. hierzu Bielefeld, Bert/Vogel, Jan: *Prüfung von Bauvorlagen im Wohnungsbau*, in Bundesbaublatt 06/2005, Seite 16 ff

Alternativ zur linearen Abnutzung kann auch aus entsprechenden Tabellen eine nicht-lineare Abnutzung angesetzt werden, wenn z. B. das Gebäude nutzungsbedingt bereits zu Anfang überproportional stark abgenutzt wird oder zunächst nur geringe Wertminderungen aufweist. Hierzu wird vielfach die Abschreibung nach Ross[27] benutzt.

Der ermittelte Zeitwert wird dann ggf. durch wertbeeinflussende Faktoren wie Instandhaltungsstau oder Kontamination korrigiert. Ebenso sieht die WertV einen Marktanpassungsfaktor vor, soweit sich das Ergebnis nicht mit am Markt erzielbaren Preisen deckt (s. Bild 2-16).

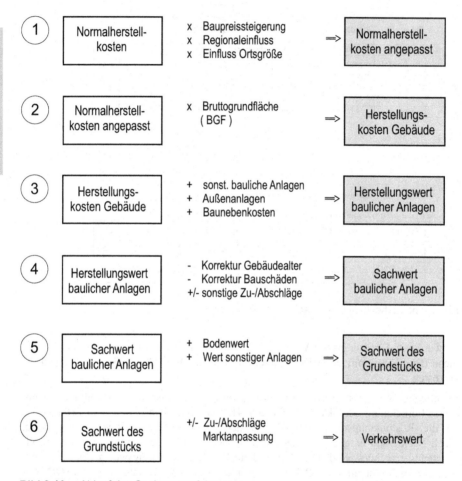

Bild 2-16   Ablauf des Sachwertverfahrens

Zum so ermittelten **Sachwert der baulichen Anlagen** werden der Bodenwert und der Wert sonstiger Anlagen addiert, woraus sich der Sachwert des Grundstücks ergibt. Zur Anpassung an die Marktlage können schlussendlich Zu- oder Abschläge eingerechnet werden, um den Verkehrswert zu erhalten.

---

[27] In der Anlage 8a und 8b der WertR 2006 wird die Abschreibung nach Ross tabellarisch aufgezeigt.

Eine einfache Beispielrechnung könnte wie folgt aussehen:

Brutto-Grundfläche eines Gebäudes	335 qm	
(Berechnung nach WertR 2006)		
Normalherstellkosten	710,00 €/qm	
(Typ 1.33 NHK 2000)		
Normalherstellkosten angepasst	817,90 €/qm	
(Baukostenindex 2007 zu 2000 115,2 %)		
Herstellungskosten Gebäude	335 qm x 817,90 €/qm =	**273.996,50 €**
+ Außenanlagen	+ 200 qm x 50 €/qm	+ 10.000,00 €
+ Baunebenkosten	16 % von 273.996,50 €	+ 43.839,44 €
Herstellungswert baulicher Anlagen		**327.835,94 €**
RND 40 Jahre, GND 80 Jahre	Minderung 38% nach Ross	- 124.577,66 €
Sachwert baulicher Anlagen		**203.258,28 €**
+ Bodenwert		+ 150.000 €
Sachwert des Grundstücks		**353.258,28 €**
Marktanpassungsfaktor	- 5% von 353.258,28 €	- 17.662,91 €
Verkehrswert		**~ 335.000,00 €**

2

2.3.4 Residualwertverfahren

Neben den drei in der Wertermittlungsverordnung beschriebenen Verfahren existiert eine Reihe von Alternativen, die jedoch in ihrer Ausbildung nicht normiert sind und daher auf unterschiedliche Weise angewendet werden.[28] Als eine in der Projektentwicklung wichtige Sichtweise wird im Folgenden beispielhaft das Residualwertverfahren vorgestellt.

Beim Residualwertverfahren wird der Wert des Grundstücks bzw. des Bestandes aus der Sichtweise einer wirtschaftlich tragfähigen Investition ermittelt. Das so genannte **Residuum** stellt dabei den Verkehrswert nach erfolgter Bebauung bzw. nach erfolgtem Redevelopment abzüglich der Bau-, Entwicklungs-, Finanzierungs- und Vermarktungskosten dar. Diese Methode ist in der Bestandsprojektentwicklung weit verbreitet, da sie ein Investitionslimit für den Ankauf von Bestandsimmobilien setzt und somit bei Kaufpreisverhandlungen bzw. Vorgesprächen Verhandlungsspielräume aufzeigt. Das Verfahren bietet zudem die Möglichkeit, auch bei individuellen Objekten ohne Vergleichspreise einen Verkehrswert ermitteln zu können. Dessen

---

[28] International anerkannte Verfahren sind die aus Großbritannien stammenden Verfahren des *Appraisal and Valuation Manual (Red Book)*, herausgegeben von Royal Institution of Chartered Surveyors (RICS).

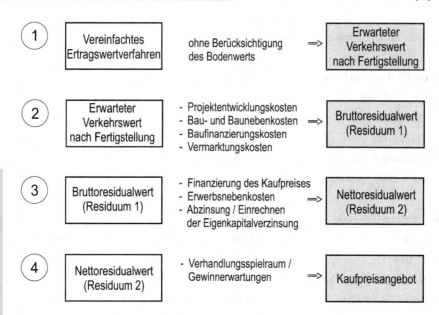

Bild 2-17   Ablauf des Residualwertverfahrens

Genauigkeit ist auf Grund der individuellen Faktoren des Projektentwicklers jedoch nicht mit den normierten Verfahren gleichzusetzen.

Bei der Berechnung des Verkehrswertes wird zunächst ein vorläufiger Ertragswert nach vereinfachtem Ertragswertverfahren ermittelt. Hierbei wird der Bodenwert nicht berücksichtigt, da dieser gerade ermittelt werden soll. Im Folgenden werden alle für die Realisierung der Baumaßnahme notwendigen Kosten (Neu- oder Umbau, Abbruch, Sanierung, Baunebenkosten etc.) ermittelt und zusammen mit eventuellen Projektentwicklungskosten vom Verkehrswert subtrahiert. Soll die Immobilie im Anschluss verkauft oder vermietet werden, sind entsprechende Vermarktungskosten wie Maklercourtagen, Werbung etc. ebenfalls zu berücksichtigen. Um einen wirtschaftlich vertretbaren Residualwert zu erhalten, müssen zudem alle Finanzierungs- und Erwerbsnebenkosten, auch unter Berücksichtigung der Eigenkapitalverzinsung, für den Zeitraum zwischen Erwerb und erfolgter Vermarktung berücksichtigt werden.[29]

---

[29] Nähere Informationen zum Residualwertverfahren finden sich in Diederichs, Claus Jürgen: *Immobilienmanagement im Lebenszyklus*, 2. Auflage 2006, Springer-Verlag, Seite 632 ff. und Schäfer, Jürgen/Conzen, Georg: *Praxishandbuch der Immobilien-Projektentwicklung*, 2. Auflage 2007, Verlag C.H. Beck, Seite 186 ff

2.4 Investitionsrisiken im Bestand

Ein wesentliches Thema in der Bestandsprojektentwicklung sind Investitionsrisiken und deren Minimierung. Sind in der Projektentwicklung allgemein auf Grund vieler Unwägbarkeiten und Abschätzungen zukünftiger Ereignisse die Risiken einer Abweichung vom geplanten Ablauf sehr hoch, birgt ein Bestandsgebäude zusätzliche Risiken, die im Laufe der Projektkonzeption sorgfältig untersucht werden müssen.

In diesem Kapitel sollen neben einigen grundsätzlichen Informationen zu Risiken typische Risikobereiche der Bestandsprojektentwicklung aufgezeigt werden.

2.4.1 Grundlagen des Risikomanagements

Zunächst lässt sich Risiko nicht ausschließlich mit **Gefahr** gleichsetzen, denn Risiko beinhaltet ebenso **Wagnis- und Gewinnbereiche**, die nicht direkt vorhersehbar sind (s. Bild 2-18).

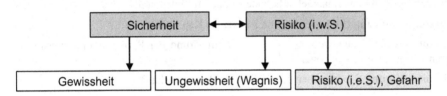

Bild 2-18 Abgrenzung des Begriffs Risiko[30]

Wann ein Risiko (im weiteren Sinne) eine Gefahr und wann ein Wagnis darstellt und ob dieses abgeschätzt werden kann, ist zunächst nicht allgemein festzustellen. Dazu werden Risiken in Kategorien eingeteilt, die eine Bewertung erleichtern. Man unterscheidet in:

- quantifizierbare und nicht quantifizierbare Risiken
- ein- und zweidimensionale Risiken
- systematische- und unsystematische Risiken
- existentielle und finanzielle Risiken

Quantifizierbare Risiken sind Risiken, die auf Grundlage von statistischen Daten und Informationen eine Berechnung der Eintrittswahrscheinlichkeit erlauben. Bei der Analyse von Bestandsgebäuden sind die meisten Risiken daher eher als **nicht quantifizierbar** einzustufen.

Eindimensionale Risiken sind Risiken, die entweder primär eine Gefahr darstellen, oder primär eine Gewinnchance. **Zweidimensionale Risiken** stellen dementsprechend in beide Richtungen (positiv wie negativ) eine Unwägbarkeit dar.

Systematische Risiken beziehen sich auf Veränderungen im Markt im Allgemeinen, wie beispielsweise konjunkturelle Veränderungen oder eine Änderung der gesetzlichen Grundlage.

---

[30] Vgl. Maier, Kurt M.: *Risikomanagement im Immobilien- und Finanzwesen*, 3. Auflage 2007, Fritz Knapp Verlag

Unsystematische Risiken haben eher einen Objektbezug, d.h. sie sind individuell und schlecht zu quantifizieren.

Existenzielle und **finanzielle Risiken** unterscheiden sich in der Risikoentstehung. Existenzielle Risiken resultieren aus den Eigenschaften des Objekts, wohingegen finanzielle Risiken eher im Zusammenhang mit finanziellen Transaktionen wie das Verschuldungs-, Liquiditäts- oder Wechselkursrisiko entstehen.

Mit dem Begriff **Existentielle Risiken** werden je nach Quelle auch projektgefährdende Risiken bezeichnet. So können insbesondere die Risiken den Projekterfolg bzw. die finanzielle Handlungsfähigkeit des Investors gefährden, die im Eintrittsfall kalkulierte Puffer oder die vorhandenen Bonitäten in ihrem Auswirkungsgrad übersteigen.

Um nun Risiken klassifizieren und bewerten zu können, müssen Risiken zunächst identifiziert werden, dann einer Kategorie zugeordnet und auf dieser Grundlage bewertet werden. Das betriebswirtschaftliche Risikomanagement sieht dabei folgende Schritte vor:

1. **Risikoanalyse** (Identifizierung von Risiken, s. Kap. 2.4.2)
2. **Risikobewertung** (Bewertung der Risiken hinsichtlich Eintrittswahrscheinlichkeit und Schadensausmaß bzw. finanzieller Schadenshöhe im Eintrittsfall)
3. **Risikominimierung** (Reduzierung von Risiken, s. Kap. 2.4.3)
4. **Risikokontrolle** (Neubewertung der Risiken auf Grund der Risikominimierungsmaßnahmen bzw. Entstehung neuer Risiken)
5. **Risikoverfolgung** (Überwachen der Risiken im Projektverlauf)

2.4.2 Risikoanalyse

Jede Projektentwicklung birgt auf Grund der vielen prognostizierten Faktoren hohe Risiken in sich. Bei der Bestandsprojektentwicklung werden diese durch die Eigenschaften der Bausubstanz erweitert. Im Rahmen der Risikoanalyse werden Risiken systematisch identifiziert und im Anschluss auf ihre Eintrittswahrscheinlichkeit und die Auswirkungen im Falle des Eintritts bewertet. Somit lassen sich diejenigen Risiken isolieren, die das Projekt schlussendlich gefährden könnten.

Ein typischer Risikobereich bei der Projektentwicklung ist das **Vermarktungsrisiko**. Ob ein Objekt wie vorausgesehen vermietet oder verkauft werden kann, entscheidet sich oft erst im laufenden Projekt oder nach Fertigstellung. Dies ist jedoch für den wirtschaftlichen Erfolg einer Projektentwicklung entscheidend. Risikoursachen liegen u.a. in der nicht durchdachten Wahl von Nutzungsart und/oder Standort.

Gegebenfalls verändern sich aber auch die Marktbedingungen während der Projektdauer. In der Projektentwicklung werden viele Annahmen getroffen, die sich bei Realisierung als unrichtig herausstellen können. Man spricht daher von einem **Prognoserisiko**. In enger Verbindung stehen hierzu u. a. **Marktrisiken** wie Rezessionen oder Änderungen in der Fördermittelstruktur bei einem Regierungswechsel (s. auch Kap. 4.2.2).

Oft ist zu Beginn einer Projektentwicklung auch nicht gewährleistet, dass die notwendigen Kapitalmittel zur Verfügung stehen. So kann eine feste Finanzierungszusage eine detaillierte Planung und Vorverträge mit Nutzern bedingen. Auch treten Investoren gegebenenfalls von einem Objekt zurück, falls sich eine bessere Kapitalanlage findet. Dieses **Finanzierungsrisiko** bleibt auch während der Durchführung bestehen, sollten Kostensteigerungen eine Nachfinanzierung notwendig machen. Gerade bei grenzüberschreitenden Projekten sorgen Wechselkursschwankungen für zusätzliche **Währungsrisiken**.

Generell wird bei allen terminlichen Unwägbarkeiten von einem **Zeitrisiko** gesprochen. Dies betrifft alle unvorhergesehenen Verzögerungen im Projektentwicklungs-, Planungs-, Bau- und Vermarktungsprozess wie auch zeitliche Probleme bei vertraglich vereinbarten Fristen bereits vermarkteter Teilbereiche.

Bei der Zusammenarbeit mit anderen Projektbeteiligten (Investoren, Finanzierungsträger, Planern, Nutzern, Eigentümern etc.) entstehen **Kooperationsrisiken** bzw. **Rechtsrisiken** bei bereits geschlossenen Verträgen. Voneinander abweichende Eigeninteressen der Beteiligten (Bedingungen, Nachforderungen, Projektrückzug etc.) oder die Umgehung Einzelner sind beispielhafte Probleme. Daher ist es für die Projektentwicklung wesentlich, Informations- und Kommunikationsmittelpunkt zu sein und den direkten Kontakt mit den Beteiligten auszubilden.

Gerade bei Projekten im Bestand, die mit größeren planungsrechtlichen Umnutzungen verbunden sind, ist das **Planungs- und Genehmigungsrisiko** oft hoch. Erst während der Planungsphase lässt sich bestimmen, ob eine neue Funktion sich sinnvoll in einen Altbestand integrieren lässt und welche Kosten damit verbunden sind. Auch stellt sich auf Grund eines möglicherweise individuellen Projektansatzes die Frage, ob die Planung grundsätzlich planungsrechtlich möglich und im Detail genehmigungsfähig ist (s. Kap. 2.5.1).

Weitere typische Risikobereiche im Bestand sind Baugrund- und Bausubstanzrisiken. Das **Baugrundrisiko** liegt grundsätzlich auf Auftraggeberseite und ist im Bestand vielfach durch Kontaminationen auf Grund von gewerblichen oder industriellen Nutzungen in der Vergangenheit oder ungünstige Gründungssituationen durch bestehende Anschüttungen (kein gewachsener Boden) oder bestehenden Gründungen (notwendige Unterfangungen, zu gering dimensionierte Querschnitte etc.) geprägt. Das **Bausubstanzrisiko** beinhaltet alle Problemstellungen, die im Kapitel 3 besprochen werden, da zumindest bei Projektstart noch keine dezidierten Informationen über das Objekt (Kontaminationen, statische Verluste, Bauschäden etc.) vorliegen. Die Risikoanalyse erfolgt hierbei während des Begutachtungs- und Planungsprozesses, jedoch können die Risiken bis in die Bauphase starke Auswirkungen haben, da erst durch die Arbeit mit der Substanz viele Informationen verfügbar sind (s. auch Kap. 4.2.2).

Risiken und Kostenveränderungen lassen sich dabei niemals komplett abwenden. Erfasste Risiken sind jedoch kalkulierbare Risiken, sodass sie möglichst umfassend untersucht und eingegrenzt werden sollten. Die Risikoabsicherung sollte jedoch ein angemessenes Maß nicht überschreiten.

Oft werden Gutachterkosten in der Bestandsanalyse und -bewertung zu Beginn eines Projektes gegen den Mehrwert der Sicherheit und das Wissen über eventuelle Mehrkosten abgewogen. Hierbei müssen die Risiken schnellstmöglich untersucht werden, die entweder eine hohe Eintrittswahrscheinlichkeit besitzen oder deren Auswirkungen starke finanzielle Auswirkungen mit sich bringen könnten. Der Risikograph in Bild 2-19 legt fest, bei welchen Auswirkungen ein Risiko unbedingt minimiert werden muss und wann es gegebenenfalls toleriert werden kann.

2

2

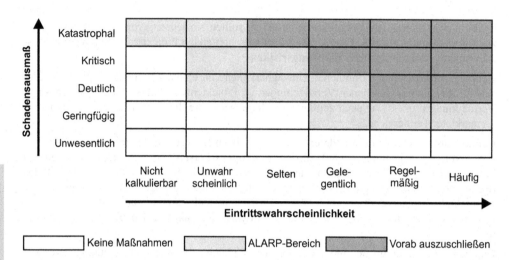

Bild 2-19   Beispiel eines Risikographen nach ALARP-Methode[31]

Ziel des Risikographen ist es, Risiken im inakzeptablen kritischen Bereich zu filtern und dann zu eliminieren. Für jedes Risiko, dass sich innerhalb des ALARP-Bereiches befindet, müssen entsprechende Gegenmaßnahmen gefunden und untersucht werden, falls das Risiko eintritt. Je nach Risiko können dabei entweder die Eintrittswahrscheinlichkeit (z. B. durch detaillierte Voruntersuchungen) oder das Schadensausmaß (z. B. durch Rücktrittsklauseln in geschlossenen Verträgen) reduziert werden.

2.4.3 Risikominimierung

Erkannte und bewertete Risiken sollten wie zuvor besprochen möglichst minimiert werden. Sie müssen zudem im laufenden Prozess kontrolliert und verfolgt werden, da sich die Grundlagen der Bewertung durch neue Faktoren und Erkenntnisse aus der Substanz oder dem Projektverlauf ändern können. Je weiter der Projektverlauf fortgeschritten ist, desto mehr Risiken können bereits abschließend betrachtet werden, da sie entweder eingetreten sind oder ihr Eintritt auf Grund gewonnener Sicherheiten nicht mehr erfolgen kann (s. Kap. 4.2.2)

Grundsätzlich gibt es verschiedene Herangehensweisen, mit erkannten Risiken umzugehen. Risiken können von Beteiligten wie Finanzierungsträgern, Investoren oder Eigentümern bewusst eingegangen werden, wenn diese deren finanzielle Situation nicht gefährden oder entsprechende Gewinne dem Risiko gegenüberstehen. Eventuelle finanzielle Auswirkungen können auch präventiv verringert werden, indem beispielsweise die Eigenkapitalanteile erhöht werden oder die Möglichkeit einer Nachfinanzierung bei Eintritt eines Risikos vorab geklärt wird. Risiken können zudem entweder auf mehrere Projektbeteiligte, z. B. durch Gründung einer Projektgesellschaft mit Anteilseignern, oder auf mehrere Projekte, zum Auffangen eines Risikos aus einzelnen Projekten, aufgeteilt werden.

---

[31]   ALARP steht für *As Low As Reasonably Practicable* und bezeichnet im Risikomanagement ein Vorgehen, das Risiken vollständig auf ein Maß reduziert, welches vernünftigerweise zu tragen ist.

Eine Limitierung durch Einschalten einer Versicherung oder der vertraglichen Übertragung auf z. B. Planer und Bauunternehmer ist nur bedingt möglich. Gegebenenfalls lassen sich öffentliche Förderprogramme zur Kreditsicherung oder für Bürgschaften nutzen.

Bestandsbezogene Risiken lassen sich am besten durch eine gute Grundlagenarbeit und konsequente Fortschreibung der Projektberechnungen und Planungen reduzieren. Hierzu gehören die in Kapitel 3 besprochenen Analysen und in Kapitel 4 beschriebenen Termin- und Kostenplanungen.

2.5 Durchführung der Bestandsprojektentwicklung

Unter der Berücksichtigung der bisher erläuterten Rahmenbedingungen ist die Projektentwicklung im Bestand von verschiedenen Einflussfaktoren abhängig. Neben der Projektorganisation spielt vor allem die Sicherung der Rechte an der Bestandsimmobilie eine wesentliche Rolle. Auch können Änderungen der Nutzungsarten gegebenenfalls zu Komplikationen mit gültigen Flächennutzungs- oder Bebauungsplänen führen. Daher werden im folgenden Kapitel die Besonderheiten der Bestandsprojektentwicklung bis hin zur finalen Investitionsentscheidung besprochen.

2.5.1 Bauplanungs- und Bauordnungsrecht

Autor: Gerrit Schwalbach

Bauherr und weitere am Bau Beteiligte sind – unabhängig ob eine Maßnahme baugenehmigungspflichtig oder nicht baugenehmigungspflichtig ist – verantwortlich dafür, dass bei der Errichtung, Umbau, Erweiterung oder Nutzungsänderung baulicher Anlagen die öffentlich-rechtlichen Vorschriften eingehalten werden. Die Zulässigkeit eines Bauvorhabens wird durch das **Bauplanungsrecht** (Vorschriften des Baugesetzbuchs *BauGB* sowie Vorschriften, die aufgrund des BauGB erlassen wurden) und das **Bauordnungsrecht** (Vorschriften gemäß der jeweiligen Landesbauordnungen) geregelt. Neben diesen Regelungen können weitere öffentlich-rechtliche Vorschriften die Zulässigkeit eines Vorhabens beeinflussen.

Das **Baugesetzbuch** (BauGB), sowie die konkretisierende **Baunutzungsverordnung** (BauNVO), finden Niederschlag in den kommunalen Bebauungsplänen sowie in weiteren planungsrechtlichen Satzungen. Damit wird bauplanungsrechtlich geregelt, ob ein Bauvorhaben an einem konkreten Ort grundsätzlich genehmigungsfähig ist. Aber auch für die Bereiche, die nicht durch Bebauungspläne oder planungsrechtliche Satzungen erfasst werden, gibt das BauGB verbindliche Regelungen vor, ob ein Vorhaben grundsätzlich zulässig ist.

§ 29 (1) BauGB führt aus, dass für Vorhaben, die die Errichtung, Änderung oder Nutzungsänderung von baulichen Anlagen zum Inhalt haben die §§ 30 bis 37 BauGB gelten. Die Zulässigkeit einer Bestandsentwicklung wird bauplanungsrechtlich im Wesentlichen durch folgende Paragraphen geregelt:

- § 30 „Zulässigkeit von Vorhaben im Geltungsbereich eines Bebauungsplans"
- § 31 „Ausnahmen und Befreiungen"
- § 34 „Zulässigkeit von Vorhaben innerhalb der im Zusammenhang bebauten Ortsteile"
- § 35 „Bauen im Außenbereich"

Die jeweiligen **Landesbauordnungen** regeln bauordnungsrechtlich, wie ein Bauvorhaben bautechnisch und gestalterisch ausgeführt werden muss und welche Regelungen im Sinne des Nachbarschaftsschutzes zu beachten sind. Außerdem führt § 9 (4) BauGB aus, dass die Länder durch Rechtsvorschriften bestimmen können, dass auf Landesrecht beruhende Regelungen in den Bebauungsplan als Festsetzung aufgenommen werden können. In den meisten Fällen betrifft das Gestaltungsregelungen, die als „örtliche Bauvorschriften" in den Bebauungsplan aufgenommen werden.

Für die Genehmigung des Bauvorhabens sowie für den anschließenden Betrieb der baulichen Anlagen können weitere Genehmigungen notwendig sein, die z. B. das Wasser-, das Gewerbe-, das Denkmalschutz- oder das Naturschutzrecht betreffen. Das Zusammenspiel sämtlicher genehmigungsrelevanter Belange kann erhebliche Auswirkungen auf die Art der Bauausführung sowie auf die zulässige Nutzung der baulichen Anlage haben. Um eine grundsätzliche Genehmigungsfähigkeit des Vorhabens sicherzustellen, sollte dies frühzeitig mit den zuständigen Genehmigungsbehörden abgestimmt werden. Im Regelfall bieten dazu die örtlichen Bauaufsichtsbehörden gebührenfreie Beratungsgespräche an. Als Gesprächsgrundlage einer solchen Beratung sollten zumindest Dimension und Nutzung des Vorhabens definiert und in einer maßstäblichen Karte verortet sein. Bei fortgeschrittenem Planungsstand sollten der Bauaufsichtsbehörde etwa im Rahmen einer Bauvoranfrage vorab Bauvorlagen, wie z. B. Grundrisse, Schnitte, Ansichten, Bau- und Nutzungsbeschreibung, Freiflächenplan, Abstandsflächen- und Stellplatznachweis sowie genehmigungsrelevante Berechnungen wie z. B. Standsicherheit und Grundflächenzahl übermittelt werden.

Bei der Entwicklung und Genehmigung einer Bestandsimmobilie wird es im Regelfall nicht zur Eröffnung eines Bebauungsplanverfahrens kommen, weil diese Verfahren nicht für die Regelung eines Einzelvorhabens bestimmt sind. In den meisten Fällen wird die Zulässigkeit einer Maßnahme nach den §§ 30 („Zulässigkeit von Vorhaben im Geltungsbereich eines Bebauungsplans") und 34 BauGB („Zulässigkeit von Vorhaben innerhalb der im Zusammenhang bebauten Ortsteile") auf ihre bauplanerische Zulassungsfähigkeit geprüft werden können, weil – wie der Name sagt – Bestandsimmobilien sich meistens in Bereichen bestehender Stadtstrukturen befinden. Gleichwohl können Aspekte, die im Widerspruch zu den Festsetzungen des Bebauungsplans stehen oder Abweichungen von der Eigenart des im Zusammenhang bebauten Ortsteils darstellen, die Zulässigkeit eines Vorhabens maßgeblich beeinflussen. Das Ausmaß dieser Abweichungen entscheidet darüber, ob eine Befreiung von Festsetzungen des Bebauungsplans möglich (§ 31 BauGB), eine Änderung oder Aufhebung des Bebauungsplans notwendig bzw. möglich ist (§ 13 BauGB), oder ob ein Bebauungsplan neu aufgestellt werden muss. Ist eine Befreiung nicht möglich, kommt – weil für die Entwicklung und Genehmigung einer Bestandsimmobilie im Regelfall kein qualifizierter bzw. nichtqualifizierter Bebauungsplan aufgestellt wird – für die Bebauungsplanänderung das vereinfachte Verfahren nach § 13 BauGB oder – nach Aufhebung des Bebauungsplans – die Aufstellung eines Vorhaben- und Erschließungsplans nach § 12 BauGB in Betracht. Die Durchführung solcher Verfahren ist aber nur dann praktikabel und realistisch, wenn der Umfang des Vorhabens in einem angemessenen Verhältnis zum Aufwand dieses Verfahrens steht. Für die Bauherrschaft besteht kein Rechtsanspruch zur Durchführung eines Bebauungsplanverfahrens, vielmehr wird ein solches Verfahren nur dann eröffnet werden, wenn ein öffentliches Interesse dafür besteht.

2.5.1.1 Zulässigkeit von Vorhaben im Geltungsbereich eines Bebauungsplans

Die Gemeinden stellen zur Steuerung ihrer städtebaulichen Entwicklung Bauleitpläne auf. Durch sie werden die Regeln des BauGB sowie der BauNVO auf die konkreten örtlichen Bedingungen angewendet. Ein Vorhaben im Geltungsbereich eines Bebauungsplans ist dann bauplanungsrechtlich zulässig, wenn es den Festsetzungen dieses Bebauungsplans nicht widerspricht und die Erschließung gesichert ist.

Der **Flächennutzungsplan** (FNP) formuliert lediglich die Grundzüge der beabsichtigten städtebaulichen Entwicklung für das Gesamtgebiet der Gemeinde. Als sogenannte vorbereitende Bauleitplanung entwickelt er keine unmittelbare Rechtswirkung für Privatpersonen, sondern ist vielmehr eine Bindung der Gemeinde und anderer öffentlicher Planungsträger für nachgelagerte Planungsprozesse. Gleichwohl enthält der Flächennutzungsplan Informationen, die für die Zulässigkeit eines Vorhabens relevant sein können. So können z. B. der Ausdehnungsbereich einer Schutzzone (Naturschutzgebiet, Wasserschutzzonen, etc.) oder die Lage abstandsrelevanter Einrichtungen (Leitungstrassen, emittierende Anlagen, etc.) dem Flächennutzungsplan entnommen werden.

Bebauungspläne (verbindlicher Bauleitplan) werden als kommunale Satzung für Teile des Gemeindegebiets aufgestellt. Meistens bestehen Bebauungspläne für die Stadtgebiete, die nach 1949 erschlossen wurden, oder für solche Stadtgebiete, in denen die Gemeinde die städtebauliche Entwicklung gezielt steuern wollte bzw. will. Das bedeutet, dass große Bereiche des Gemeindegebiets – besonders Bestandsgebiete mit Entstehungszeiten vor 1949 – nicht durch Bebauungspläne abgedeckt sind. In diesen Bereichen wird die Zulässigkeit von Vorhaben unter Anwendung der §§ 34 und 35 BauGB bauplanungsrechtlich geprüft.

Das BauGB definiert vier Arten von Bebauungsplänen:

1. **Qualifizierter Bebauungsplan (§ 30 (1) BauGB)**

   Er enthält Mindestfestsetzungen zur Art und Maß der baulichen Nutzung, den überbaubaren Grundstücksflächen sowie zu den örtlichen Verkehrsflächen.

2. **Nichtqualifizierter oder einfacher Bebauungsplan (§ 30 (3) BauGB)**

   Ein nichtqualifizierter Bebauungsplan enthält nicht alle der Mindestfestsetzungen eines qualifizierten Bebauungsplans. Damit werden bezüglich der Zulässigkeit eines Vorhabens neben den Festsetzungen des Bebauungsplans außerdem die Regelungen des § 34 oder § 35 BauGB bauplanungsrechtlich wirksam. Nichtqualifizierte Bebauungspläne regeln z. B. lediglich die Bereiche der überbaubaren Grundstücksflächen oder die im Geltungsbereich zulässigen Nutzungen. Weitere Aspekte der Zulässigkeit – wie z. B. Anzahl der Geschosse oder die Bauweise – müssen aufgrund der Regelungen des § 34 oder § 35 BauGB und damit aufgrund der konkreten städtebaulichen Einbindungssituation abgeleitet werden.

3. **Vorhaben- und Erschließungsplan/vorhabenbezogener Bebauungsplan (§ 12 BauGB)**

   Im Unterschied zum qualifizierten und nichtqualifizierten Bebauungsplan zielt der vorhabenbezogene Bebauungsplan auf die Erlangung des Bauplanungsrechts für ein Einzelvorhaben. Beim vorhabenbezogenen Bebauungsplan trägt im Regelfall der Träger des Vorhabens die Kosten für die Planaufstellung und die Erschließung. Das Verfahrensinstrument besteht aus drei Teilen. Mit dem **Vorhaben- und Erschließungsplan** wird das Vorhaben in Plan- und Textform genau definiert. Der **Durchführungsvertrag** bildet die rechtliche Geschäftsgrundlage zwischen Vorhabenträger und Gemeinde; er enthält Angaben zu den

Fristen und zur Kostenverteilung zwischen Vorhabenträger und Gemeinde. Der **vorhaben-bezogene Bebauungsplan** schließlich ist der Bebauungsplan zum konkreten Vorhaben.

Der Vorhabenträger verpflichtet sich zur Durchführung des Vorhabens in einem befristeten Zeitrahmen d. h. eine Angebotsplanung für Dritte sowie eine zeitliche Staffelung sind nicht zulässig. Damit ist der Vorhabenträger im Regelfall Eigentümer der überplanten Flächen oder er hat sich diese Flächen vertraglich gesichert. Der Vorhabenträger hat keinen Rechtsanspruch auf Eröffnung eines Verfahrens. Die Gemeinde kann ein Vorhaben ablehnen, wenn es z. B. mit den städtebaulichen Zielen der Gemeinde nicht vereinbar ist, oder die Erschließung nicht möglich ist.

4. Bebauungsplan der Innenentwicklung (§ 13 a BauGB)

Mit der Zielsetzung einer verstärkten Innenentwicklung, und damit der Wiedernutzbarmachung von Flächen sowie Nachverdichtung, kann durch Anwendung eines beschleunigten Verfahrens ein Bebauungsplan der Innenentwicklung aufgestellt werden. Durch Anwendung dieses Verfahrens reduzieren sich die Anforderungen bezüglich Umweltverträglichkeitsprüfung und Öffentlichkeitsbeteiligung.

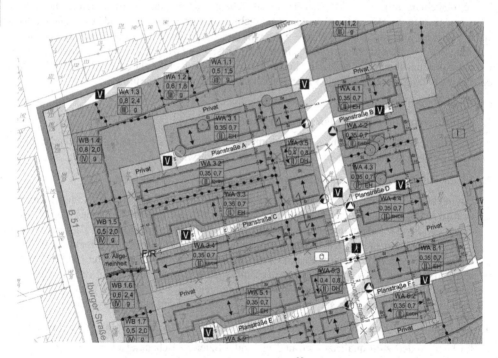

Bild 2-20　　Beispiel eines qualifizierten Bebauungsplans[32]

---

[32] Überplanung eines Blockinnenbereichs in Osnabrück (Bebauungsplan Nr. 146 "Osningstraße/Wörthstraße"; Entwurf zum Satzungsbeschluss, Stand 23.12.2004).

Vereinfachtes Verfahren zur Aufstellung, Änderung oder Ergänzung eines Bebauungsplans (§ 13 BauGB)

In Gebieten, die im Zusammenhang bebaute Ortslagen darstellen[33], kann unter bestimmten Voraussetzungen ein vereinfachtes Verfahren zur Aufstellung eines Bebauungsplans angewendet werden, wenn der sich hieraus ergebende Zulässigkeitsmaßstab nicht wesentlich geändert wird. Die Ergänzung und Änderung eines Bebauungsplans kann dann nach einem vereinfachten Verfahren erfolgen, wenn die Grundzüge der Planung nicht berührt werden. Mit dem vereinfachten Verfahren reduzieren sich die Anforderungen bezüglich Umweltverträglichkeitsprüfung und Bürgerbeteiligung.

Veränderungssperre (§ 14 BauGB), Zurückstellung von Baugesuchen (§ 15 BauGB)

Mit dem Beschluss zur Aufstellung eines Bebauungsplans kann die Gemeinde zur Sicherung der Planungsziele des Bebauungsplans eine Veränderungssperre beschließen. „Sperre" meint in diesem Zusammenhang nicht die grundsätzliche Verhinderung von Baumaßnahmen, sondern vielmehr ein Vorbehaltsrecht der Gemeinde, Vorhaben, die im Widerspruch zu den Zielen der Bauplanung stehen, zu verhindern. Wird eine Veränderungssperre (trotz Beschluss zur Aufstellung eines Bebauungsplans) nicht beschlossen, kann die Baugenehmigungsbehörde auf Antrag der Gemeinde ein Baugesuch um bis zu 12 Monate zurückstellen, wenn zu befürchten ist, dass das Vorhaben die Planungsziele des Bebauungsplan erheblich behindern oder sogar verhindern wird.

Umweltverträglichkeitsprüfung, Ausgleichsmaßnahmen

Das **Gesetz über die Umweltverträglichkeitsprüfung (UVPG)** legt fest, dass bei bestimmten Vorhaben die Auswirkungen auf die Umwelt ermittelt und bewertet werden müssen. Die Umweltverträglichkeitsprüfung ist ein unselbständiger Teil eines verwaltungsbehördlichen Verfahrens, die der Entscheidung über die Zulässigkeit von Vorhaben dient (§ 2 UVPG). Die zuständige Behörde stellt auf Antrag des Vorhabenträgers fest, ob das Vorhaben die Durchführung einer Umweltverträglichkeitsprüfung notwendig macht. Die Pflicht zur Durchführung einer Umweltverträglichkeitsprüfung hängt maßgeblich von der Dimension und der Art des Vorhabens, und damit von zu erwartenden Auswirkungen auf den Menschen sowie auf die Schutzgüter Tiere, Pflanzen, Boden, Wasser, Luft, Klima, Landschaft und Kulturgüter ab und richtet sich nach der Liste „UVP-pflichtige Vorhaben" (Anlage 1 UVPG).

Neben der spezifisch vorhabenbezogenen Umweltverträglichkeitsprüfung nach dem UVPG besteht die Umweltprüfung in der Bauleitplanung nach den Bestimmungen der §§ 2 (4), 2a BauGB für die Bebauungspläne und den Flächennutzungsplan.

Die Eingriffsregelung wird in den Planwerken als integrierter Bestandteil der Umweltprüfung abschließend angewendet. Folglich kann der Bebauungsplan Festsetzungen zur Umsetzung von Ausgleichsmaßnahmen auf privaten Grundstücken enthalten oder über textliche Festsetzungen bestimmen, dass der Bauherr sich für die bauliche Nutzung eines Grundstückes an Ausgleichsmaßnahmen innerhalb oder außerhalb des Bebauungsplanes finanziell beteiligen muss.

Umgekehrt können Maßnahmen im Bestand zu einer „positiven Umweltbilanz" führen, wenn damit eine Aufwertung der Umwelt in Bezug auf die ökologische Wertigkeit eintritt. Das ist z. B. dann der Fall, wenn es im Zuge der Maßnahme zur Beseitigung vormals überbauter und versiegelter Bodenflächen kommt.

---

[33] Vgl. § 34 BauGB

Bei der Entwicklung von baulichen Anlagen im Bestand besteht nach Art und Dimension des Vorhabens im Regelfall keine Verpflichtung zur Durchführung einer Umweltverträglichkeitsprüfung. Auch die Anwendung der naturschutzrechtlichen Eingriffsregelung, die zur Durchführung von Ausgleichsmaßnahmen verpflichtet, ist nur im bauplanungsrechtlichen Kontext relevant. So unterliegen Vorhaben, deren bauplanungsrechtliche Zulässigkeit sich nach § 34 BauGB (innerhalb der im Zusammenhang bebauten Ortsteile) richtet oder die auf der Grundlage eines Bebauungsplanes der Innenentwicklung mit einer Größe der Grundfläche unter zwei Hektar entwickelt werden, generell keiner Ausgleichsverpflichtung (§§ 1a (3), 13a (2) BauGB).

Das BauGB fördert somit tendenziell die Bestandsentwicklung unter städtebaulichen Nachhaltigkeitsaspekten, weil damit die Inanspruchnahme von offenen Landschaftsflächen gemindert wird.

2.5.1.2 Vorhaben im Widerspruch zu Festsetzungen des Bebauungsplans

Nachbarschutz

Sowohl das BauGB als auch die jeweiligen Landesbauordnungen enthalten nachbarschützende Vorschriften, wie z. B. Regelungen zu Gebäudeabständen. Im Zuge eines Baugenehmigungsverfahrens werden die Nachbarn des beplanten Grundstücks über das Vorhaben dann informiert, wenn das Vorhaben von diesen Vorschriften abweicht. In diesem Fall ist das Einverständnis der jeweils betroffenen Nachbarn vom Bauherrn bzw. dessen Bevollmächtigten einzuholen. Als Nachbarn gelten unmittelbar an das Baugrundstück angrenzende Grundeigentümer oder solche Grundeigentümer, die durch das Bauvorhaben in ihren schutzwürdigen Belangen betroffen sind. Umgekehrt wird ein Vorhaben durch Zustimmung der betroffenen Nachbarn jedoch nicht automatisch genehmigungsfähig, weil bestimmte nachbarschützende Vorschriften grundsätzlich gelten. Die Nichtzustimmung eines Nachbarn kann die Durchführung eines Vorhabens blockieren, weshalb diese Abstimmung möglichst frühzeitig erfolgen sollte. Für die Überplanung der den Gebäudebestand umgebenen Freiräume sind gleichfalls die privatrechtlichen Regelungen der länderspezifischen Nachbarschaftsgesetze bestimmend.

Ausnahmen und Befreiungen (§ 31 BauGB)

Die Zulässigkeit eines Vorhabens im Geltungsbereich eines Bebauungsplans ist dann nicht gegeben, wenn das Vorhaben im Widerspruch zu einer der Festsetzungen des Bebauungsplans steht. Bebauungspläne behalten ihre Gültigkeit solange, bis sie aufgehoben werden. Damit behalten „alte Bebauungspläne" selbst dann ihre Gültigkeit, wenn zwischenzeitlich neue städtebauliche Entwicklungstendenzen und Leitziele den Geltungsbereich erfasst haben. So kann z. B. zum Zeitpunkt der Bebauungsplan-Aufstellung die Überplanung einer Bestandsimmobilie beschlossen worden sein. Der Fortbestand der Bestandsimmobilie ist dann nur unter Anwendung des Bestandsschutzes möglich. Bei Erweiterung der Bausubstanz oder einer Nutzungsänderung kann die Entwicklung hingegen in Widerspruch zum Bebauungsplan geraten, so dass eine Zulässigkeit zunächst nicht gegeben ist. In diesen Fällen regelt § 31 Bau GB die Bedingungen für eine Befreiung von den Festsetzungen des Bebauungsplans.

Von den Festsetzungen des Bebauungsplans können solche Ausnahmen zugelassen werden, die im Bebauungsplan nach Art und Umfang vorgesehen sind. Diese Regelungen finden sich meistens in den textlichen Festsetzungen des Bebauungsplans. Befreiungen sind u. a. dann möglich, wenn die Grundzüge der Planung nicht berührt werden und eine Abweichung städtebaulich vertretbar ist. Ob von Festsetzungen befreit werden kann, ist maßgeblich davon abhängig, wie diese Festsetzungen im Zuge des Bebauungsplanverfahrens begründet wurden. Von Festsetzungen, die nachbarschützende Wirkung haben – wie z. B. die Anzahl der zulässigen Geschosse – kann nicht ohne weiteres befreit werden. In diesem Fall ist ein Bebauungsplanänderungsverfahren notwendig, in dem u. a. die Nachbarn ihre Schutzrechte geltend machen können. Städtebaulich und gestalterisch begründete Festsetzungen geben hingegen größere Spielräume bezüglich einer etwaigen Befreiung.

2.5.1.3 Zulässigkeit von Vorhaben außerhalb des Geltungsbereichs eines Bebauungsplans

Zulässigkeit von Vorhaben innerhalb der im Zusammenhang bebauten Ortsteile (§ 34 BauGB)

Liegt ein Vorhaben innerhalb der im Zusammenhang bebauten Ortsteile nicht im Geltungsbereich eines Bebauungsplans, greifen die Regelungen des § 34 BauGB. Von einem im Zusammenhang bebauten Ortsteil ist dann auszugehen, wenn das Bild einer organischen Siedlungsstruktur vorliegt, die Bebauung über Infrastrukturen verfügt und sie dem ständigen Aufenthalt von Menschen dient. Das Vorhaben muss – soll es zulässig sein – Teil des Bebauungszusammenhangs sein. Dieser Zusammenhang meint eine aufeinander folgende Bebauung, die selbst unter Einbeziehung von Baulücken den Eindruck der Zusammengehörigkeit erweckt. Weil die Grenze zwischen Innen- und Außenbereich im Einzelfall aus der Situationsgebundenheit der Fläche abgeleitet wird und damit auslegungsfähig ist, kann eine Gemeinde durch Beschluss einer Abrundungssatzung den genauen Grenzverlauf zwischen Innen- und Außenbereich festlegen.

Ein Vorhaben ist gemäß § 34 BauGB dann zulässig, wenn es sich nach Art und Maß der baulichen Nutzung, der Bauweise und der überbauten Grundstücksfläche in die Eigenart der näheren Umgebung einfügt und die Erschließung gesichert ist. Die Entwicklung einer Bestandsimmobilie ist damit nur dann nicht zulässig, wenn Veränderungen am Gebäude bezüglich der aufgeführten Kriterien im Widerspruch zur Eigenart der Umgebung stehen oder aber die Erschließung nicht sichergestellt werden kann. Denkbar ist jedoch, dass die Aktivierung einer ehemaligen Nutzung durch einen langen Leerstand des Gebäudes mittlerweile im Widerspruch zur Eigenart der Umgebung steht und damit nicht zulässig ist.

Von dem Erfordernis des Einfügens kann im Einzelfall abgewichen werden, wenn es dabei um Erweiterung, Änderung, Nutzungsänderung oder Erneuerung eines zulässigerweise errichteten Gewerbe- oder Handwerksbetriebs geht, die Abweichung städtebaulich vertretbar ist sowie nachbarschützende Belange berücksichtigt werden.

Bauen im Außenbereich (§ 35 BauGB)

Im Außenbereich sind grundsätzlich nur „privilegierte Vorhaben" zulässig. Dazu zählen insbesondere land- und forstwirtschaftliche Betriebe sowie Anlagen für die Ver- und Entsorgung. Damit ist die Entwicklung von Bestandsimmobilien nur dann im Einzelfall möglich, wenn ihre Ausführung oder Benutzung öffentliche Belange nicht beeinträchtigt und die Erschließung gesichert ist. In diesem Rahmen ist z. B. die Änderung oder Nutzungsänderung von erhaltenswerten, das Bild der Kulturlandschaft prägenden Gebäuden – auch wenn diese aufgegeben sind – zulässig, wenn das Vorhaben einer zweckmäßigen Verwendung der Gebäude und der Erhaltung des Gestaltwerts dient.

2.5.1.4 Gebiete mit besonderem Städtebaurecht oder sonstigen bauplanerischen Vorgaben

Gemäß BauGB kann eine Gemeinde per Satzung Gebiete festlegen, in denen besondere städtebauliche Maßnahmen durchgeführt werden sollen. Innerhalb dieser Gebiete kann damit die Zulässigkeit bzw. das Zulassungsverfahren eines Vorhabens betroffen sein.

Sanierungsgebiet (§§ 136–164b BauGB)

Innerhalb eines förmlich festgesetzten Sanierungsgebiets sollen durch städtebauliche Sanierungsmaßnahmen städtebauliche Missstände behoben werden. Die Sanierungsziele werden in einer Satzung förmlich beschlossen. Damit unterliegen genehmigungspflichtige Vorhaben im Geltungsbereich eines Sanierungsgebiets der Genehmigung durch die Gemeinde, d. h. dass bei diesem Vorgang geprüft wird, ob das Vorhaben mit den Sanierungszielen im Einklang steht. Neben dieser „restriktiven" Wirkung auf die Zulässigkeit einer Maßnahme kann die Lage in einem Sanierungsgebiet aber auch unterstützende Wirkungen entfalten, indem bestimmte Maßnahmen förderfähig sind oder steuerrechtliche Erleichterungen ermöglichen.

„Soziale Stadt" (§ 171e BauGB)

Im Zuge des Programms „Soziale Stadt" sollen Maßnahmen zur sozialen Stabilisierung eines Stadtgebiets durchgeführt werden. Soziale Missstände liegen laut BauGB insbesondere dann vor, wenn ein Gebiet auf Grund der Zusammensetzung und wirtschaftlichen Situation der darin lebenden und arbeitenden Menschen erheblich benachteiligt ist. Im Unterschied zur „klassischen Sanierung" legt das Programm „Soziale Stadt" damit den Maßnahmenschwerpunkt weniger auf bauliche Maßnahmen, als dass vielmehr bauliche und soziale Maßnahmen aufeinander abgestimmt durchgeführt werden sollen. Dabei können für eine bauliche Bestandsentwicklung förderfähige Tatbestände entstehen, wenn sie mit den Zielen des Programms übereinstimmen.

Stadtumbaugebiet (§§ 171a–171d BauGB)

Stadtumbaugebiete sind von erheblichen städtebaulichen Funktionsverlusten (meistens Leerstände) betroffene Stadtgebiete, in denen durch geeignete städtebauliche Maßnahmen eine nachhaltige Entwicklung gefördert werden soll. Neben der förmlichen Festlegung des Stadtumbaugebiets muss die Gemeinde ein Stadtumbaukonzept vorlegen, in dem die Ziele und zweckmäßige Durchführung der Stadtumbaumaßnahmen definiert werden. Die Durchführung der Maßnahmen soll im Regelfall unter Anwendung städtebaulicher Verträge zwischen Eigentümern und der Gemeinde erfolgen. Durch einen städtebaulichen Vertrag kann auch die Entwicklung einer Bestandsimmobilie beeinflusst und im besten Fall unterstützt werden. Unabhängig von einer etwaigen Förderung hängt die Genehmigungsfähigkeit einer Maßnahme – ähnlich wie in einem Sanierungsgebiet – davon ab, ob sie mit den Zielen des Stadtumbaus übereinstimmen.

Städtebauliche Entwicklungsmaßnahmen (§ 165 BauGB)

Mit städtebaulichen Entwicklungsmaßnahmen sollen Teile des Gemeindegebiets entsprechend ihrer besonderen Bedeutung für die Stadtentwicklung erstmalig entwickelt werden. Dazu werden ein Entwicklungsbereich sowie eine Begründung von der Gemeinde förmlich beschlossen. Die Gemeinde soll die Grundstücke zur Durchführung der Entwicklungsmaßnahme erwerben, um sie nach Durchführung der Entwicklungsmaßnahme wiederum zu veräußern. Von einem Erwerb kann dann abgesehen werden, wenn der Eigentümer sein Grundstück im Sinne der

Entwicklungsmaßnahme nutzt oder sich verpflichtet, dieses zu tun. Theoretisch kann damit die konkrete Entwicklung eines Bestandsgebäudes beeinflusst werden. In der Praxis werden Entwicklungsmaßnahmen nur im Ausnahmefall in Bereichen mit umfänglichen Gebäudebestand veranlasst (sogenannte Anpassungsgebiete), weil hier Widersprüche zwischen dem Ziel der Entwicklungsmaßnahme und den Vorstellungen der einzelnen Gebäudebesitzer zu langwierigen Konflikten und damit juristischen Auseinandersetzungen führen können.

Erhaltungssatzung, Gestaltungssatzung (§ 172 BauGB)

Durch einen Bebauungsplan oder durch eine Satzung kann eine Gemeinde Regelungen zum gestalterischen Umgang mit der städtebaulichen Eigenart eines Gebiets oder mit dem Gebäudebestand eines Gebiets festlegen. Dadurch werden Rückbau, bauliche Änderung oder Nutzungsänderungen von Gebäuden im Sinne der Ausführungen der Satzung genehmigungspflichtig. Somit können auch kleine Baumaßnahmen, wie z. B. das Anbringen eines Firmenschildes oder die farbliche Neugestaltung einer Fassade, von den Regelungen der Erhaltungs- oder Gestaltungssatzung erfasst werden. Der Grund einer Erhaltungssatzung kann außerdem die Erhaltung der Zusammensetzung der Wohnbevölkerung sein. Zielrichtung ist hier die Verhinderung sozialer Verdrängungseffekte infolge von Modernisierung oder der Umwandlung von Mietwohnungsbeständen zu Eigentumswohnungen. Diese Form der Erhaltungssatzung stellt besondere Anforderungen an den Gesetzgeber (z. B. zeitliche Befristung, Aufstellung eines Sozialplans) und wird daher nur selten angewendet.

2.5.1.5 Sonstige öffentlich-rechtliche Vorschriften

Denkmalschutz

Aspekte des Denkmalschutzes beziehen sich im Zuge der Entwicklung von Bestandsimmobilien meistens auf einzelne Bauwerke. Gleichwohl können Bestandsimmobilien auch Teil eines Flächendenkmals oder eines Ensembles sein. Aber auch Freiflächen können als Denkmal erfasst sein (z. B. Gartendenkmal). In seltenen Fällen werden Aspekte des Bodendenkmalschutzes tangiert. Regelungen des Denkmalschutzes fallen in die Zuständigkeit des jeweiligen Bundeslandes. Die zuständigen Denkmalschutzbehörden führen Listen, welche Bestandsgebäude oder Teile von Gebäuden gesetzlichen Regelungen des Denkmalschutzes unterliegen. In diesen Listen werden außerdem sämtliche denkmalrelevanten Merkmale und damit der Grund der Erfassung aufgeführt (vgl. Kap. 3.10).

Für die Sicherung und Entwicklung von Denkmälern können öffentliche oder private Institutionen – je nach denkmalpflegerischer Relevanz und öffentlichem Interesse – Fördergelder zur Verfügung stellen. In der Regel besteht für solche Fördermaßnahmen kein Rechtsanspruch. Neben dieser aktiven Förderung können u. U. steuerrechtliche Regelungen die Finanzierung einer Maßnahme erleichtern (vgl. Kap. 2.5.2).

Wasserrecht

Gemäß den Landeswassergesetzen können Schutzzonen festgesetzt werden, innerhalb derer zum Schutz der Ressource Wasser bestimmte Nutzungsverbote gelten. In diesem Sinne wird besonders der Umgang mit wassergefährdenden Stoffen geregelt. Meistens werden nach Schutzgraden gestaffelte Schutzzonen im Einzugsbereich von Trinkwassergewinnungsanlagen, und damit außerhalb von im Zusammenhang bebauten Ortsteilen festgesetzt.

Aber auch Überschwemmungsgebiete stellen Schutzzonen dar, in denen Neubauten, bauliche Erweiterungen oder sonstige flächenbezogene Veränderungen im Regelfall nicht zulässig sind.

Die Ausweisung überschwemmungsgefährdeter Gebiete verdeutlicht die Risiken selbst deich-
geschützter Standorte.

Altlasten, Bodenschutz

Vorhaben in Gebieten, die als Altlastenverdachtsflächen erfasst sind, erfordern die Erstellung
eines Bodengutachtens. Die Bundes-Bodenschutz- und Altlastenverordnung (BBodSchV) führt
dazu aus, dass Anhaltspunkte für das Vorliegen einer Altlast bei einem Altstandort insbesondere dann vorliegen, wenn auf Grundstücken über einen längeren Zeitraum oder in erheblicher
Menge mit Schadstoffen umgegangen wurde (§ 3 (1) BBodSchV). Im Falle einer Kontamination sind Maßnahmen zur Sicherung oder Dekontamination des Bodens zu entwickeln und mit
der zuständigen Behörde abzustimmen. In einem Sanierungsplan ist darzulegen, dass die vorgesehenen Maßnahmen geeignet sind, dauerhaft Gefahren oder erhebliche Nachteile bzw.
Belästigungen zu vermeiden (BBodSchV § 6 (2)).

Bei der Entwicklung, oder besser noch vor Erwerb einer Bestandsimmobilie empfiehlt sich die
Durchführung einer historischen Recherche. In diesem Sinne werden vormalige Nutzer, Anlie-
ger oder sonstige Akteure um Auskunft gebeten, ob bezüglich etwaiger Verunreinigungen oder
Nutzungen Informationen vorliegen. Bei entsprechenden Verdachtsmomenten können dann
gezielte Untersuchungen des Bodens vorgenommen werden.

Naturschutz

Zum Schutz, zur Pflege und zur Entwicklung bestimmter Teile von Natur und Landschaft
können Schutzgebiete, wie z. B. Natur- und Landschaftsschutzgebiete, festgesetzt werden
(Bundesnaturschutzgesetz §§ 20–30). Da diese Schutzzonen im Regelfall Außenbereiche erfassen, wird die Genehmigungsfähigkeit im Zuge der Entwicklung von Bestandsimmobilien
nur im Ausnahmefall tangiert. Naturdenkmale sowie kleinflächige Schutzgebiete, wie z. B.
geschützte Landschaftsbestandteile, Biotope sowie Gewässer und deren Uferzonen (Bundesnaturschutzgesetz §§ 28–31), können auch in den im Zusammenhang bebauten Ortsteilen vorliegen und damit Auswirkungen auf die Zulässigkeit einer Maßnahme haben. Die Schutzziele der
jeweiligen Natur- und Landschaftsbestandteile sind in entsprechenden Planwerken erfasst.

Unabhängig davon, ob ein Vorhaben im Geltungsbereich eines Schutzgebietes liegt, ist der
Baumbestand bzw. bestimmte Arten des Baumbestands auf privaten Grundstücken gewöhnlich
geschützt. Regelungen zum Baumschutz werden in kommunalen Satzungen festgelegt. In bestimmten Fällen entsteht mit dem Eingriff in den vorhandenen Baumbestand ein genehmi-
gungspflichtiger Tatbestand. Außerdem müssen geeignete Baumersatzpflanzungen veranlasst
werden. Bei Bauvorhaben im Außenbereich nach § 35 BauGB ist die naturschutzrechtliche
Eingriffsregelung zu beachten, d. h. es ist zu prüfen, ob erhebliche Auswirkungen auf den
Naturhaushalt oder das Landschaftsbild zu erwarten sind, die entsprechende Ausgleichsver-
pflichtungen bedingen. Zu berücksichtigen sind weiter die speziellen artenschutzrechtlichen
Bestimmungen des Naturschutzrechts, z. B. hinsichtlich des Fledermausschutzes.

Immissionsschutz

Das Gesetz zum Schutz vor schädlichen Umwelteinwirkungen durch Luftverunreinigungen,
Geräusche, Erschütterungen und ähnliche Vorgänge (Bundes-Immissionsschutzgesetz;
BImSchG) macht Vorgaben zur Errichtung und zum Betrieb von Anlagen, die auf Grund ihrer
Beschaffenheit oder ihres Betriebs in besonderem Maße geeignet sind, schädliche Umwelteinwirkungen hervorzurufen oder in anderer Weise die Allgemeinheit oder die Nachbarschaft zu
gefährden, erheblich zu benachteiligen oder erheblich zu belästigen. Je nach Nutzung der Bestandsimmobilie muss damit sichergestellt sein, dass die von der Nutzung zu erwartenden

Immissionen die zulässigen Richtwerte – bezogen auf die Schutzansprüche der betroffenen Bereiche – nicht überschritten werden. Bei dieser Prüfung sind die vorhandenen Vorbelastungen des Gebiets durch Immissionen zu berücksichtigen. Im Zusammenhang mit Wohnnutzungen betrifft diese Prüfung meistens Lärmimmissionen. Hier gibt die TA Lärm (Technische Anleitung zum Schutz gegen Lärm; allgemeine Verwaltungsvorschrift zum Bundes-Immissionsschutzgesetz) – bezogen auf die gemäß BauGB zulässigen Nutzungen – u. a. zulässige Immissionsrichtwerte für Immissionsorte innerhalb von Gebäuden vor. Bei einer gewerblichen Nutzung der Immobilie sind gegebenenfalls geeignete Maßnahmen zur Einhaltung der zulässigen Richtwerte zu veranlassen, wie z. B. zeitliche Beschränkungen des Betriebs, Errichtung von Hindernissen zur Lärmminderung, oder Veränderung des Aufstellungsortes von Maschinen oder Anlagenteilen.

Umgekehrt löst die Nutzung der Bestandsimmobilie selbst einen Schutzanspruch aus. In diesem Sinne dürfen die vorhandenen oder zu erwartenden Immissionen die zulässigen Richtwerte – bezogen auf die zulässige Nutzung des Gebiets – nicht überschritten werden. Gegebenenfalls sind dazu passive Lärmschutzmaßnahmen am Gebäude zu veranlassen.

2.5.1.6 Prüfung der Zulässigkeit

Die Zulässigkeit eines Vorhabens wird von der örtlichen Bauaufsichtsbehörde bezüglich der relevanten bauplanungs- und bauordnungsrechtlichen Vorschriften geprüft.[34] Die Prüfung der Zulässigkeit des Vorhabens in Bezug auf weitere öffentlich-rechtliche Vorschriften bleibt davon unberührt. In manchen Fällen kann die Bauaufsichtsbehörde aber den Nachweis einer solchen Prüfung verlangen, wenn er z. B. in direktem Zusammenhang mit der baulichen Ausführung des Vorhabens steht.

Im Zuge einer **Bauvoranfrage** können vorab wesentliche Fragen zum Vorhaben geklärt werden. Dabei beschränkt sich der Umfang dieser Klärung auf den Umfang, der auch im nachgelagerten Bauantragsverfahren relevant ist. In diesem Sinn muss entschieden werden, ob neben bauplanungsrechtlichen Vorschriften auch bauordnungsrechtliche Aspekte geklärt werden sollen. Aus einem positiven **Bauvorbescheid** lassen sich entsprechende Rechtsansprüche hinsichtlich der abschließenden Baugenehmigung ableiten.

Genehmigungsfreie Vorhaben

In den jeweiligen Landesbauordnungen ist geregelt, wann ein Bauvorhaben genehmigungsfrei ist. Im Regelfall betrifft das kleine Bauvorhaben wie z. B. Maßnahmen im Inneren von Gebäuden, die Errichtung eines Wintergartens oder kleinere Abbruchmaßnahmen. Auch müssen bei diesen Vorhaben alle öffentlich-rechtlichen Vorschriften eingehalten werden sowie – je nach Art und Umfang der Baumaßnahme – bestimmte Auflagen erfüllt sein. In diesem Sinne können z. B. statisch-konstruktive Bescheinigungen für das Bauvorhaben notwendig sein. In bestimmten Fällen muss der zuständigen Bauaufsichtsbehörde das Bauvorhaben angezeigt werden. Unter Einhaltung einer bestimmten Frist kann dann die Bauaufsichtsbehörde ein Baugenehmigungsverfahren verlangen, oder aber das Vorhaben darf ausgeführt werden.

---

[34] Die nachfolgenden Regelungen können in den jeweiligen Landesbauordnungen voneinander abweichen, daher kann hier lediglich eine überschlägige Zusammenfassung wiedergeben werden.

2

Genehmigungsfreistellung

Unter bestimmten Voraussetzungen bedarf die Errichtung, Änderung und Nutzungsänderung baulicher Anlagen keiner Genehmigung. Meistens sind diese Regelungen auf Wohngebäude, Gebäude bis sieben Meter Höhe, bauliche Nebenanlagen sowie bauliche Anlagen, die keine Gebäude sind, beschränkt. Voraussetzung für eine Genehmigungsfreistellung ist die Lage des Vorhabens im Geltungsbereichs eines qualifizierten Bebauungsplans (§ 30 (1) BauGB) oder eines vorhabenbezogenen Bebauungsplans (§§ 12 und 30 (2) BauGB) sowie die Gewährleistung, dass die Maßnahmen den Festsetzungen des Bebauungsplans nicht widersprechen und die Erschließung sichergestellt ist. Das Vorhaben ist der Gemeinde bzw. der zuständigen Bauaufsichtsbehörde anzuzeigen. Verlangt die Bauaufsichtsbehörde unter Einhaltung einer bestimmten Frist kein Baugenehmigungsverfahren oder untersagt sie das Vorhaben nicht (§ 15 (1) 2 BauGB), darf das Vorhaben ausgeführt werden. Durch die Bauaufsichtsbehörde erfolgt keine baurechtliche Prüfung, deshalb ist für die Einhaltung aller öffentlich-rechtlicher Vorschriften die Bauherrschaft selbst verantwortlich.

Vereinfachte Baugenehmigungsverfahren

Bei einem vereinfachten Baugenehmigungsverfahren erfolgt lediglich eine eingeschränkte Prüfung des Vorhabens. Diese Regelung verkürzt zwar auf der einen Seite das Genehmigungsverfahren, überträgt aber gleichzeitig Verantwortungen auf die Bauherrschaft. Während von der Aufsichtbehörde der Antrag lediglich bezüglich der Vorschriften des BauGB und der Vorschriften, die aufgrund des BauGB erlassen wurden, sowie auf bauordnungsrechtliche Abweichungen geprüft wird, übernimmt die Bauherrschaft die Verpflichtung, sämtliche sonstigen Vorschriften sowie bautechnische Nachweise selbst verantwortlich zu prüfen bzw. diese durch Gutachter prüfen zu lassen. Das vereinfachte Verfahren ist in der Regel auf Gebäude bis sieben Meter Höhe sowie bauliche Anlagen, die keine Gebäude sind, beschränkt. Sonstige Genehmigungen, wie z. B. die denkmalschutzrechtliche Genehmigung, sind nur dann Gegenstand des vereinfachten Verfahrens, wenn das jeweilige Rechtsgebiet dieses verlangt.

Vollverfahren

Das Vollverfahren ist auf alle Vorhaben, die nicht nach dem vereinfachten Verfahren geprüft werden können, anzuwenden. Meistens betrifft das größere gewerbliche Vorhaben sowie Abbrüche. Auch können Vorhaben, die eigentlich nach dem vereinfachten Verfahren geprüft werden können, nach dem Vollverfahren geprüft werden, wenn die Bauherrschaft diese Sicherheit in Anspruch nehmen will.

Das Vollverfahren prüft sowohl bauplanungs- als auch bauordnungsrechtliche Vorschriften. Bauplanungsrechtlich werden die Vorschriften des BauGB sowie planungsrechtliche Vorschriften, die aufgrund des BauGB erlassen wurden, geprüft. Bauordnungsrechtlich werden die Vorschriften gemäß der jeweiligen Landesbauordnungen geprüft. Sonstige öffentlich-rechtliche Vorschriften werden im Zuge des Vollverfahrens geprüft, wenn das jeweilige Rechtsgebiet dieses verlangt und keine eigenen Genehmigungsverfahren notwendig sind. Je nach Bundesland werden bautechnische Nachweise, die z. B. die Standsicherheit, den Wärmeschutz oder den vorbeugenden Brandschutz betreffen, nicht geprüft. Ihre Veranlassung liegt damit in der Verantwortung der Bauherrschaft.

Sonderbauten

Sonderbauten sind z. B. Schulen und Versammlungsstätten, große gewerbliche Gebäude sowie Hochhäuser. Sonderbauten erfordern wegen ihrer hohen Sicherheitsrelevanz eine umfassende Prüfung durch die Bauaufsichtsbehörde. Im Zuge des Genehmigungsverfahrens werden daher

neben allen Vorschriften des Bauplanungs- und Bauordnungsrechts auch alle sonstigen bautechnischen Nachweise und öffentlich-rechtlichen Vorschriften von der Bauaufsichtbehörde
geprüft. Im Zuge dieser Prüfung kommen auch die Sonderbaurichtlinien, wie z. B. Vorordnun-
gen zum Bau von Schulen, der jeweiligen Bundesländer zur Anwendung.

2.5.1.7 Zulässigkeit von Umbau und Sanierung

Die Zulässigkeit einer Maßnahme im Bestand wird vorrangig von bauordnungsrechtlichen
Vorschriften sowie sonstigen öffentlich-rechtlichen Vorschriften tangiert. Bauplanerische
Regelungen werden im Regelfall eine Maßnahme nur dann blockieren können, wenn erhebliche Veränderungen bezüglich Gebäudevolumen und Nutzung vorgenommen werden und damit die Zulässigkeit des Vorhabens grundsätzlich in Frage gestellt wird. Große Bedeutung
gewinnen hingegen Aspekte des Denkmalschutzes oder der gestalterischen Erhaltung eines
Stadtgebiets, weil diese Regelungen vorrangig auf den Bestand abgestellt sind.

In beiden Fällen sollte frühzeitig eine Abstimmung mit den zuständigen Behörden erfolgen,
um Klarheit über die grundsätzliche Zulässigkeit eines Vorhabens zu erhalten. Außerdem
lassen sich hierbei Informationen gewinnen, welche weiteren öffentlich-rechtlichen Vorschriften für die Zulässigkeit des Vorhabens relevant sind.

2.5.2 Fördermöglichkeiten im Bestand

Autor: Matthias Morkramer

Bei der Entwicklung und Durchführung von Bauprojekten im Bestand bestehen abhängig von
Art und Umfang der geplanten Maßnahme unterschiedliche Fördermöglichkeiten. Die für eine
Bewilligung der Fördermittel zu erfüllenden Bedingungen orientieren sich je nach zuständiger
Institution an politischen Intentionen, ideellen Leitsätzen oder ästhetischen Maßstäben.

In der Bundesrepublik Deutschland sind hierfür in der Hauptsache die staatlichen Institutionen
verantwortlich. Die Bundesregierung und die Bundesländer fördern durch die Mitfinanzierung
der staatlichen Banken, z. B. der KfW-Bankengruppe oder der NRW-Bank.[35] Des Weiteren
erfolgt eine indirekte Form der Unterstützung durch Steuerbegünstigungen und die Finanzierung der staatlichen Denkmalpflege.

2.5.2.1 Förderstruktur in der Europäischen Union

Die Förderstruktur in Deutschland ist stark durch die Rahmenbedingungen der Europäischen
Union geprägt. Vorgaben zur inhaltlichen Ausrichtung sowie zur Verteilung der Fördermittel
werden auf europäischer Ebene beschlossen, die einzelnen staatlichen Institutionen haben

---

[35] Das Portal des Bundeswirtschaftsministeriums bietet unter der Adresse *www.forderdatenbank.de*
einen umfassenden Überblick über alle Förderprogramme des Bundes, der Länder und der Europäischen Union. Der Internetauftritt der KfW-Förderbank (*www.kfw.de*) bietet einen Überblick in die
Förderprogramme für Privatpersonen, Unternehmen und Kommunen bzw. gemeinnützige Einrichtungen. Die Internetpräsenz der NRW-Bank (*www.nrw-bank.de*) bietet für Interessenten aus Nordrhein-
Westfalen in den Bereichen Bildung, Infrastruktur, Mittelstand- und Existenzgründung sowie Wohn-
raumförderung ebenfalls einen direkten Einstieg über die Vorauswahl des entsprechenden Themengebietes.

dabei lediglich eine weiterleitende und konkretisierende Funktion. Durch die einzelnen Staaten können zwar individuelle Schwerpunkte definiert werden, die jedoch inhaltlich den Rahmenbedingungen der Europäischen Union entsprechen müssen.

Die Förderziele staatlicher Einrichtungen sind damit unmittelbar mit der politischen Meinungsbildung verknüpft. Inhaltliche Ausrichtung, Konditionen und Bezeichnungen einzelner Förderprogramme sind daher ständigen Veränderungen unterworfen. Bei der Planung und Durchführung von Baumaßnahmen im Bestand ist die Kenntnis der übergeordneten Struktur sinnvoll, um Konditionen der aktuellen Förderprogramme im Einzelnen zu verstehen.

Die grundlegende Intention der Europäischen Union für das Bereitstellen von Fördergeldern ist der Gründungsgedanke der Gemeinschaft: Die Sicherung des Friedens durch die Schaffung gleicher Lebensbedingungen (Konvergenz). Die inhaltliche Ausrichtung zur Angleichung der einzelnen Mitgliedsstaaten hat sich jedoch von einer marktwirtschaftlichen Perspektive hin zu einer sozial geprägten Dimension gewandelt. Der Kerngedanke zur Bereitstellung von Fördermitteln ist dabei immer noch Gegenstand der einzelnen Förderziele: Durch die Schaffung weitestgehend gleicher Bedingungen sollen ein zu großes Ungleichgewicht unter den Mitgliedsstaaten und daraus resultierende sozialen Spannungen verhindert werden. Die drei grundlegenden Themenbereiche für die Finanzierung der Regionalpolitik im Zeitraum von 2007-2013 sind im Einzelnen:

- **Konvergenz:** Modernisierung der Wirtschaftsstruktur sowie die Erhaltung und/oder Schaffung dauerhafter Arbeitsplätze in den Bereichen Forschung, technologische Entwicklung, Umwelt, Kultur und Energie.

- **Regionale Wettbewerbsfähigkeit und Beschäftigung**: Innovation und wissensbasierte Wirtschaft, Umwelt und Risikoprävention sowie Transport- und Telekommunikationsdienstleistungen.

- **Europäische territoriale Zusammenarbeit:** Inhaltlich ausgerichtet auf die Entwicklung von grenzüberschreitenden Projekten im Bereich der Forschung, Bildung und Gesundheit.

Zur Umsetzung dieser Ziele wurden verschiedene Förderfonds eingerichtet. Für Baumaßnahmen im Bestand ist vor allem der **Europäische Fonds für regionale Entwicklung (EFRE)** von Bedeutung. Ziel des EFRE ist die wirtschaftliche und soziale Angleichung innerhalb der Europäischen Union. Daneben gibt es eine Reihe weiterer Fonds, die jedoch keinen konkreten Bezug zur Planung und Durchführung von Baumaßnahmen im Bestand haben: Der **Europäische Sozialfonds (ESF)** entspricht in seiner Zielsetzung dem Europäischen Fonds für regionale Entwicklung auf einer sozialen Ebene: Der Abbau von Unterschieden bei Wohlstand und Lebensstandard in den Regionen der EU wird in einem weit gefassten Rahmen gefördert. Der Europäische Landwirtschaftsfonds (EAGFL) und der Fischereifonds (FIAF) fördern die jeweils namensgebenden Bereiche. Durch den **Kohäsionsfonds** werden Projekte unterstützt, die den Ausbau transeuropäischer Verkehrsnetze fördern. Der **Solidaritätsfonds (EUSF)** stellt eine neu entwickelte Sonderform der Förderfonds dar. Der EUSF ist dazu gedacht, im Falle schwerer Katastrophen schnelle finanzielle Nothilfe für Maßnahmen wie vorübergehende Unterbringung oder die provisorische Reparatur unverzichtbarer Infrastrukturen verfügbar zu machen.

Neben diesen langfristigen Fonds bestehen mehrere themenübergreifende Programme, die zusätzlich zu den ständigen Fonds Fördergelder bereitstellen, die teilweise auf Initiative der jeweiligen Ratspräsidentschaft entwickelt werden. Beispiele mit konkretem Bezug zur Planung und Durchführung von Baumaßnahmen im Bestand sind die Programme LIFE+ und CIP.

Das Programm **LIFE+ (L'Instrument Financier pour l'Environnement)** ist ein Finanzierungsinstrument zur Unterstützung der Umweltpolitik in den folgenden Bereichen:

- Natur und biologische Vielfalt

- Umweltpolitik und Verwaltungspraxis (Entwicklung innovativer Konzepte, Technologien/Methoden)

- Information und Kommunikation (z. B. Informationsverbreitung, Sensibilisierung für Umweltfragen).

Ziel des LIFE+-Programms ist es, einen Beitrag zur Umsetzung und Weiterentwicklung der Umweltpolitik der Europäischen Gemeinschaft zu leisten.

Das Programm **CIP** beruht auf einer Initiative des Ratspräsidenten Barroso aus dem Jahre 2007 und unterstützt mit den folgenden Themen die ständigen Förderprogramme:

- Geschäftsführungs- und Innovationsprogramm

- Programm zu Unterstützung für Informations- und Kommunikationstechnologie

- Programm für intelligente Energie

Schwerpunkte werden mit dem Programm CIP ebenfalls in der Förderung von Investitionen in den Bereichen Nachhaltigkeit und Umweltschutz gesetzt.

Zur Verwirklichung der genannten Ziele Konvergenz, Regionale Wettbewerbsfähigkeit und Beschäftigung sowie Europäische territoriale Zusammenarbeit ist das gesamte Gebiet der Europäischen Union in die so genannten **Ziel 1-, Ziel 2- und Ziel 3-Regionen** aufgeteilt. Die Zugehörigkeit zu einer Region orientiert sich an dem durchschnittlichen Bruttoinlandsprodukts (BIP) der Europäischen Union, die Höhe der zugeteilten Fördergelder entwickelt sich damit gegenläufig zum BIP.

Die Eingrenzung erfolgt länderübergreifend und ist nicht von nationalen Grenzen abhängig. Die Zugehörigkeit einer Region wird in unregelmäßigen Abständen neu bestimmt, insbesondere bei der Aufnahme von neuen Mitgliedern in die Europäische Union. Die dabei entstehenden Veränderungen nehmen erheblichen Einfluss auf die Zuweisung von Fördergeldern. Die Aufnahme von wirtschaftlich schwachen Mitgliedern in der Vergangenheit hat dazu geführt, dass ehemals hoch geförderte Regionen mittlerweile deutlich weniger Fördermittel erhalten. Umgekehrt hat die übermäßige Förderung von strukturschwachen Regionen in der Vergangenheit ebenfalls die Entwicklung begünstigt, dass einige noch vor wenigen Jahren geförderte Länder mit Ihrem BIP deutlich über den ehemals fördernden Ländern lagen (z. B. Irland).

2.5.2.2 Staatliche Förderprogramme in Deutschland

Die durch die Europäische Union eingenommenen und umverteilten Mittel[36] werden in den einzelnen Mitgliedsländern über staatliche Institutionen zur Verfügung gestellt. In der Bundesrepublik übernimmt die KfW-Bankengruppe diese Funktion, sowie die Banken im Besitz der einzelnen Bundesländer.

---

[36] Das Budget der Europäischen Union beträgt rund 130 Milliarden Euro. In etwa drei Viertel der Mittel sind Abgaben der Mitgliedstaaten auf Grundlage des jeweiligen Bruttoinlandprodukts, daneben werden von der Europäischen Union Zölle auf den Handel mit nicht EU-Staaten aufgeschlagen sowie ein Anteil der von den Mitgliedstaaten eingenommen Mehrwertsteuer an die EU abgeführt.

Die **KfW Bankengruppe** wurde 1948 als Kreditanstalt für Wiederaufbau im Rahmen des durch die U.S.A. initiierten European Recovery Programs (Marshallplan) mit der Intention gegründet, den Wiederaufbau der deutschen Wirtschaft zu finanzieren. Die KfW Bankengruppe befindet sich heute im Besitz der Bundesrepublik (80%) und der Bundesländer (20%). Die KfW Förderbank als Bestandteil der KfW Bankengruppe ist für private und öffentliche Bauherren eines der wichtigsten Förderungsinstrumente bei der Durchführung von Baumaßnahmen im Bestand, insbesondere im Bereich der energetischen Gebäudesanierung. Des Weiteren übernimmt die KfW-Bankengruppe folgende Aufgaben:

- Förderung von Existenzgründungen
- Vergabe von Krediten an kleine und mittlere Unternehmen (KMU)
- Finanzierung von Sanierungs- oder Erweiterungsmaßnahmen an bestehenden Gebäuden
- Finanzierung von kommunaler Infrastruktur

Die Förderprogramme der **Banken der Bundesländer** entsprechen inhaltlich im Wesentlichen den Programmen der KfW-Bundesbank, bedingt durch die unterschiedliche Infrastruktur und die geschichtliche Entwicklung der Bundesländer weichen die Leitziele jedoch geringfügig voneinander ab. So werden im industriell geprägten Nordrhein-Westfalen andere Schwerpunkte definiert als z. B. in den ländlichen Regionen Bayerns. Die Fördermittel werden ebenfalls durch die Europäische Union bereitgestellt und entsprechend den Fördervorgaben für die Förderung der Wirtschaft, die Entwicklung von Beschäftigung und die Stärkung von Nachhaltigkeit und Umweltschutz verwendet.

2.5.2.3 Förderungen im Bereich des Denkmalschutzes

Neben der direkten Förderung sollen indirekte **Steuervergünstigungen** einen Anreiz schaffen, private Aufwendungen für die Erhaltung von Denkmälern und die damit verbundenen Baumaßnahmen einzusetzen.[37] Diese Vergünstigungen sollen einen Ausgleich für die Last der Erhaltung von unter Denkmalschutz stehenden Gebäuden im Interesse der Allgemeinheit darstellen: Für die Instandhaltungs- oder Modernisierungskosten können erhöhte Absetzungen in Anspruch genommen werden und Aufwendungen über dem üblichen Maß als Sonderausgaben abgeschrieben werden. Ebenso können Spenden für (Denkmal-)Stiftungen über den normalen Abzugsrahmen hinaus von der Steuer abgezogen werden. Des Weiteren wird bei der Festsetzung der Grundsteuer für Boden- und Baudenkmäler der Grundbesitzwert mit einem niedrigeren Wert angesetzt.

Im Bereich der Denkmalpflege wird darüber hinaus fachliche Hilfe unentgeltlich durch die unterschiedlichen Landschaftsverbände bereitgestellt. In Nordrhein Westfalen fördern z. B. das **Amt für Denkmalpflege in Westfalen** und das **Rheinische Amt für Denkmalpflege** mit technischer Ausrüstung und fachlicher Hilfe die Bautätigkeit im Bestand, durch die Landschaftsverbände wird jedoch keine direkte finanzielle Unterstützung gewährt.

---

[37] Vgl. Ministerium für Bauen und Verkehr des Landes Nordrhein-Westfalen: *Steuertipps für Denkmaleigentümerinnen und Denkmaleigentümer*, Veröffentlichungsnummer SB-262, Düsseldorf 2006

2.5.2.4 Welterbeliste der UNESCO

Neben der zunächst abstrakt erscheinenden Bedeutung findet die **UNESCO-Welterbeliste**[38] auch regelmäßig konkrete Anwendung bei der Planung und Durchführung von Baumaßnahmen im Bestand. So orientieren sich zum Beispiel die Hochhausplanungen für die gesamte Kölner Innenstadt an der Zugehörigkeit des Kölner Doms zur Welterbeliste, ein anderes bekanntes Beispiel ist die Dresdener Waldschlösschenbrücke. Aufgabe der UNESCO ist es, Kultur- und Naturstätten für die Welterbeliste zu benennen, für deren Schutz- und Erhaltungsmaßnahmen zu sorgen, und so zum Schutz „des Menschheitserbes" beizutragen. Die Welterbeliste umfasst zurzeit weltweit insgesamt 851 Denkmäler in 141 Ländern, 32 Denkmäler befinden sich in Deutschland. Die Aufnahme eines Objekts auf die Welterbeliste können die einzelnen Mitgliedsstaaten beantragen. So haben Vertreter verschiedener Länder beantragt, das gesamte architektonische und stadtplanerische Werk Le Corbusiers als UNESCO-Weltkulturerbe zu schützen. Einzelne Gebäude wie der Kölner oder Aachener Dom, das Bauhaus in Dessau oder das Rathaus in Bremen sind als deutsche Denkmäler Bestandteil der Welterbeliste der UNESCO, ebenso verschiedene Altstädte als Ensemble (z. B. Stralsund, Bamberg) oder die Zeche Zollverein in Essen.

2.5.2.5 Förderungen durch private Stiftungen

Im Bereich der **privaten Förderung** von Baumaßnahmen im Bestand nennt der Datenbestand des „Deutschen Informationszentrum Kulturförderung" insgesamt über 1000 Stiftungen.[39] Die Mehrheit dieser Stiftungen arbeitet jedoch ausschließlich objektbezogen, d.h. die finanzielle Unterstützung kommt nur einem bestimmten Bauwerk zugute. Das Verfahren der objektbezogenen Stiftungen wird insbesondere bei kulturgeschichtlich relevanten Baudenkmälern angewendet. So wurden 92 von insgesamt 135 Millionen Euro der Rekonstruktionskosten der Dresdner Frauenkirche durch Spenden gedeckt.

Ein weiteres Beispiel ist die durch Spendengelder sowie aus den Erlösen der Glücksspirale finanzierte **Deutsche Stiftung Denkmalschutz**. Die Stiftung versteht sich als größte Bürgerinitiative für Denkmalpflege in Deutschland und hat nach eigenen Angaben bisher etwa 2600 Projekte mit insgesamt fast 300 Millionen Euro gefördert.

2.5.2.6 Antragstellung auf Förderung

Die Förderanträge sind unabhängig von der zuständigen Institution fast immer vor Beginn des Bauvorhabens zu stellen. Neben den formellen Vorgaben sollte sich jedoch immer sehr frühzeitig um eine Förderung bemüht und der notwendige Umfang des Förderantrages abgeklärt werden, um bei Baubeginn die Fördergelder zu erhalten. Ein weiterer wichtiger Aspekt ist die Beachtung von festgesetzten Finanzvolumen, da einige Förderprogramme im Rahmen von finanziell und zeitlich begrenzten Ressourcen ausgelobt werden.

---

[38] Der Name UNESCO steht für *United Nations Educational, Scientific and Cultural Organization* (Organisation der Vereinten Nationen für Bildung, Wissenschaft, Kultur und Kommunikation). Insgesamt hat die UNESCO 193 Mitgliedsstaaten, die unter den Vereinten Nationen zusammengefasst werden.

[39] Vgl. http://www.kulturfoerderung.org

Durch die überregionale Definition von Zielvorgaben im Rahmen der Europäischen Union, deren Inhalte bis auf die regionale Ebene der weiterleitenden Banken Anwendung finden, ist die konkrete Förderung von Baumaßnahmen im Bestand im Einzelfall zu klären. Einige Förderprogramme und Konditionen behalten Ihre Gültigkeit zum Teil nur über einen kurzen Zeitraum, daher müssen aktuelle Fördermöglichkeiten projektbezogen eruiert werden. Für Bauherren ist deswegen neben Planern und spezialisierten Fördermittelberatern die jeweilige Hausbank ein Ansprechpartner, da die staatlichen Förderprogramme in der Regel hierüber abgewickelt werden. Die baukonstruktiven und gestalterischen Folgen der durch die einzelnen Förderprogramme geforderten Konditionen sollten dabei zwischen Projektentwickler, Architekten und Auftraggeber diskutiert werden, um Spielräume und Alternativen innerhalb des Förderrahmens zu erkennen.

2.5.3 Grundstücks- und Immobilienakquisition

Da Bestandsprojektentwicklungen in der Regel auf ein bestimmtes Objekt zugeschnitten sind und nicht beliebig auf einem anderen Areal zu verwirklichen sind, ist die Abhängigkeit zum Grundstück und zum Objekt höher als bei Neubauprojekten. Solange die Immobilie noch verwertbar ist, sind die Kaufkosten als Anteil an der Gesamtinvestition im Bestand deutlich höher, da hierbei neben den Grundstückskosten in der Regel auch der Zeitwert der Immobilie eingeschlossen ist. Aus diesen Gründen ist eine Sicherung der Rechte am Objekt eine wesentliche Aufgabe in der Anfangsphase einer Bestandsprojektentwicklung.

2.5.3.1 Grundbuch und Baulastenverzeichnis

Allgemein sind die formalen Rechte an einem Grundstück über die Grundbuchordnung organisiert. Das Grundbuch gibt privatrechtlich über die Eigentumsverhältnisse, Belastungen und Verfügungsbeschränkungen Auskunft. Es ist ein öffentliches Register, das bei jeder Stadt oder Gemeinde über das Grundbuchamt bzw. einer Abteilung des zuständigen Amtsgerichts geführt wird. Jedes Grundbuch teilt sich in drei Abteilungen auf. In **Abteilung I** sind die Eigentümer am Grundstück und an Gebäuden benannt. **Abteilung II** beinhaltet Lasten und Beschränkungen, die privatwirtschaftlich mit dem Grundstück verbunden sind. Dies sind vor allem Grunddienstbarkeiten wie z. B. Wegerechte, Erbbaurechte, Nießbrauchrechte oder auch Vorkaufsrechte. In **Abteilung III** werden Hypotheken, Grundschulden und Rentenschulden sowie deren Vormerkungen eingetragen. Entscheidend ist ebenfalls die Rangfolge der Eintragungen, da z. B. im Falle einer Zwangsversteigerung die Gläubiger in dieser Abfolge bedient werden.

Öffentlich-rechtliche Belastungen (wie z. B. Abstandsflächenbaulasten oder Stellplatzbaulasten) sind im **Baulastenverzeichnis** eingetragen, das von der Bauaufsichtsbehörde geführt wird.

Für den Ankauf eines Bestandsobjektes sind die Eintragungen im Grundbuch und im Baulastenverzeichnis von wesentlicher Bedeutung, da der Käufer grundsätzlich von einer Richtigkeit des Grundbuchs ausgehen kann.[40] So sind alle Rechte und Einschränkungen in der Nutzung des Grundstücks und eventuelle Vorkaufsrechte oder Auflassungen, die einen Ankauf verhindern könnten, ersichtlich.

---

[40] Es gibt Situationen, wo die Eintragungen im Grundbuch nicht den tatsächlichen Verhältnissen entsprechen. Dies ist z. B. bei Erwerbstatbeständen außerhalb des Grundbuchs möglich. Eventuelle Unrichtigkeiten und deren Folgen gehen jedoch zu Lasten des Eingetragenen.

Gegebenenfalls verhindern Belastungen durch Abstandsflächen benachbarter Gebäude oder Wege- bzw. Kanalrechte zusätzliche Anbauten, da der Eigentümer die Erschließung hinterer Grundstücke über dieses Grundstück gewährleisten muss. Auch können Stellplätze eines anderen Gebäudes über dieses Grundstück nachgewiesen sein, so dass sie nicht entfernt oder überplant werden können.

2.5.3.2 Sicherung der Rechte an einem Grundstück

Sofern der Bestandseigentümer selbst eine Projektentwicklung für sein Objekt durchführt, ist die vertragliche Absicherung nur gegenüber anderen externen Projektbeteiligten im Sinne eines Werk- oder Dienstleistungsvertrags notwendig. Wenn jedoch das Grundstück von externer Seite in die Projektentwicklung eingebunden werden muss, werden die Belange des Grundstücksrechts berührt. Somit ist ein Ankauf des Objektes direkt oder nach erfolgreicher Projektkonzeption vertraglich abzusichern, um einen späteren Rückzug des Eigentümers oder preisliche Nachverhandlungen auszuschließen.

Ein Grundsatz im Grundstücksgeschäft ist die **Formerfordernis** von Grundstückskaufverträgen.[41] Hierbei müssen alle Verträge sowie alle Nebenabreden notariell beglaubigt werden. Privatwirtschaftliche Kaufangebote seitens eines Eigentümers oder zwischen den Parteien ohne Notar geschlossene Vorverträge haben daher keine bindende Wirkung bzw. sind nach §125 BGB nichtig.

Sollen Grundstücke im Zuge der Einbindung in die Projektentwicklung geteilt oder verbunden werden, so sind diese Maßnahmen sinnvoller Weise mit Ankauf durchzuführen. Voraussetzungen für die Vereinigung von Grundstücken sind, dass die Grundstücke gleiche Eintragungen im Eigentumsverhältnis vorweisen können und direkt aneinandergrenzen.

Zum Grundstücksankauf stellt der Gesetzgeber verschiedene Instrumente zur Verfügung. Grundsätzlich ist ein **Kaufvertrag** mit einseitigem **Rücktrittsvorbehalt** des Projektentwicklers eine für die Risikoabsicherung gute, von Seiten des Eigentümers jedoch oft nicht akzeptierte Möglichkeit. Wird eine Rücktrittsmöglichkeit für beide Parteien eingeräumt, sollten die Bedingungen so benannt sein, dass das Projekt im Falle einer erfolgreichen Projektkonzeption im zeitlichen Rahmen abgesichert ist. Um die zeitliche Differenz zwischen Kaufvertrag und finaler Abwicklung mit Eintragung im Grundbuch zu überbrücken, werden wie bei jeder Grundstückskaufabwicklung gegenseitige Sicherungen vorgenommen. Hierzu wird eine **Vormerkung** nach §883 BGB im Grundbuch vorgenommen, die den schuldrechtlichen Anspruch absichert.[42] Erst nach Eintragung der Vormerkung auf dem ersten Rang im Grundbuch kann der Kaufpreis fällig werden, da hieraus eine Sicherheit am Grundstück resultiert. Die jeweiligen Fristen, Übergänge und deren Bedingungen können im notariell beglaubigten Vertrag einzeln geregelt werden.

---

[41] Vgl. § 311 b Abs. 1 BGB: *„Ein Vertrag, durch den sich der eine Teil verpflichtet, das Eigentum an einem Grundstück zu übertragen oder zu erwerben, bedarf der notariellen Beurkundung. [...]"*

[42] Die Absicherung einer Eigentumsübertragung wird als Auflassungsvormerkung bezeichnet.

Eine weitere Möglichkeit der Absicherung besteht in der Einräumung eines **Vorkaufsrechts.** Es ermöglicht im Falle des Verkaufs einer Immobilie dem Berechtigten, das Objekt zu den gleichen Bedingungen zu erwerben, zu denen ein Dritter das Objekt kaufen möchte. Man unterscheidet dabei **schuldrechtliche und dingliche Vorkaufsrechte**, wobei nur die dinglichen Vorkaufsrechte in Verbindung mit einer Auflassungsvormerkung im Grundbuch auch gegenüber Dritten (z. B. bei Insolvenz) Bestand hat. Ein großes Problem bei Vorkaufsrechten entsteht in dem Fall, in dem der Eigentümer nicht veräußern möchte, die Projektentwicklung jedoch terminlich fixiert ist.

Weiter geht hierbei das **Ankaufsrecht**, das ebenfalls über eine Auflassungsvormerkung im Grundbuch verankert wird und je nach vertraglicher Ausgestaltung das freie Ankaufrecht des Käufers beinhaltet.

Eine Besonderheit im Grundstückseigentum bildet das **Erbbaurecht** nach ErbbauVO. Es beinhaltet ein veräußerbares und vererbbares Recht, auf einem Grundstück bauen und unterhalten zu dürfen. Hierzu wird im Grundbuch ein gesondertes Erbbaugrundbuchblatt erstellt. Beim Erbbaurecht wird in der Regel an den Grundstücksbesitzer ein Erbbauzins bezahlt, der dann über die Laufzeit zu zahlen ist. Typische Laufzeiten des Erbbaurechts liegen zwischen 40 und 100 Jahren, wobei es keine gesetzliche Beschränkung gibt. Nach Ablauf der Laufzeit muss der Eigentümer eine Entschädigung für das Bauwerk entrichten.

2.5.3.3 Projektgesellschaften

Eine oft gewählte Organisationsform in der Bestandsprojektentwicklung ist die Gründung einer **Projekt- bzw. Objektgesellschaft**. Wird eine eigene Gesellschaft für eine Bestandsprojektentwicklung gegründet, hat dies mehrere Vorteile.

Zunächst können durch Gesellschaftsanteile verschiedene Partner in das Projekt einbezogen werden, die gemeinsame Interessen und Ziele verfolgen (z. B. gewinnbringender Verkauf nach Erstellung). Insbesondere ist die Einbeziehung des Grundstückseigentümers eine gute Möglichkeit der Grundstücksakquisition. Dadurch, dass der Eigentümer am Erfolg der Gesellschaft partizipiert, fallen Konflikte zwischen den Vertragspartnern oft geringer aus.

Ein weiterer Vorteil der Einbindung des Bestandsgebäudes ist die grunderwerbssteuerfreie Weiterveräußerung des fertigen Projektes. Dadurch, dass Gesellschaftsanteile verkauft werden, werden die Besitzverhältnisse am Grundstück und Gebäude nicht verändert, denn die Projektgesellschaft ist weiterhin Eigentümerin.

Soll final ein vermietetes Objekt veräußert werden, ist auch hier eine Projektgesellschaft vorteilhaft, da gegenüber den Mietern sich keine Änderungen durch Übertragung der Gesellschaftsanteile ergeben. Mietverträge, Verträge mit Dienstleistern (Hausverwaltung, Abrechnung, Facility Management) und Kontenstrukturen bleiben bestehen.

Eine Projektgesellschaft ist schlussendlich auch aus Haftungsfragen eine gute Möglichkeit, sich abzusichern, denn durch diese Sicherungsebene wird nur das in die Gesellschaft eingestellte Kapital im Falle eines Scheiterns verloren. Ein produzierendes Unternehmen beispielsweise muss jedoch nicht fürchten, dass durch eine gescheiterte Projektentwicklung das ganze Unternehmen betroffen ist.

2.5.4 Wirtschaftliche Vorgehensweise im Bestand

2.5.4.1 Nutzungsplanung

Da das Bestandsgebäude ausschlaggebende Parameter für eine neue Nutzung vorgibt, ist ein wesentlicher Aspekt beim Aufbau einer Projektentwicklung die **Nutzungskonformität** der Substanz. Je geringer der substantielle Eingriff in den Bestand ausfällt, desto niedriger sind auch die Investitionskosten anzusetzen. Es stellt sich also die Frage, welche Nutzungsarten geeignet sind, in einem spezifischen Bestandsgebäude untergebracht zu werden. Diese Fragestellung muss mit einer Vielzahl externer Faktoren in Einklang gebracht werden. So sind Belange aus dem bereits besprochenen Bauplanungsrecht zu berücksichtigen und die Marktnachfrage nach dieser Nutzung an jenem Standort ist zu untersuchen (vgl. Kap. 2.2.2).

Der Immobilienmarkt hat sich auf Grund eines gesättigten Bedarfs in Deutschland vom Verkäufer- zum Käufermarkt gewandelt, so dass es immer wichtiger wird, marktgerechte und nutzerspezifische Flächen anbieten zu können. Objekte, die an einem sehr guten Standort mit attraktiven Räumen aufwarten können, erzielen in der Regel auch sehr hohe Einnahmen. Im Gegenzug sind Flächen mit spürbaren Einschränkungen gegenüber dem Ideal immer schlechter zu vermarkten. Daher ist bei größeren Objekten statt einer einheitlichen Monofunktion eine ausgewogene **Nutzflächenstruktur** wesentlich, um durch die Mischung von Funktionen, Flächenarten und -größen die Vermarktungsrisiken zu minimieren. Bei eigengenutzten Immobilien können zwar die Nutzungsanforderungen individueller bestimmt werden als für ein breit gefächertes Mieterklientel, trotzdem sollte eine zukünftige Anpassung auf Grund einer Expansion oder Schrumpfung des eigenen Flächenbedarfs möglich sein. So werden Konzepte entwickelt, wie z. B. ein bestehender Industriestandort weiter ausgebaut werden kann bzw. wie Teilbereiche ausgegliedert und extern vermietet werden können.

Nutzungsprofile und -arten verändern sich in den letzten Jahrzehnten in zunehmend kürzeren Zyklen. Die Anforderungen an Arbeitsplätze und Mitarbeiter sind einem steten Wechsel unterworfen (direkter Kundenkontakt – weltweite Distribution, gemeinsame Büroarbeitsplätze – vernetztes Arbeiten über Internet etc.), so dass verschiedene Bautypologien aus unterschiedlichen Epochen zeitweise nicht mehr nutzbar scheinen, nach einiger Zeit jedoch wieder an Attraktivität gewinnen.

Beispiel

Die Gründerzeitbauten im Wohnungsbau waren zur Zeit der Moderne auf Grund der engen Wohnverhältnisse mit vielen Bewohnern in einer Wohnung und schlechten Hygienebedingungen als minderwertig eingestuft. Heutzutage entsprechen diese Bauten auf Grund der flexiblen Nutzung gleich großer Räume durch wenige Bewohner dem individuellen Lebensstil vieler Menschen. Bauten aus der Nachkriegszeit, die einer Vielzahl an Menschen die optimale und gleichzeitig effiziente Versorgung mit Licht, Luft, Hygiene und guten Wohnbedingungen gewährleisteten, sind auf Grund demografischer Verschiebungen und Veränderungen in der durchschnittlichen Zusammensetzung der Haushalte nicht mehr uneingeschränkt geeignet.

Daher ist die Nutzungsflexibilität und die Möglichkeit einer Drittverwertung, auch **Fungibilität** genannt, ein wesentlicher Erfolgsfaktor einer langfristigen Immobilieninvestition.

Ist die Nutzung vorhanden und nicht veränderbar (z. B. bei Infrastrukturobjekten wie Flughäfen) ist oft nicht die Fungibilität, sondern die Aufrechterhaltung der Nutzung während einer Bestandssanierung wesentlich. Hierzu müssen alle Abläufe unter laufendem Betrieb der Nutzung organisiert und durchgeführt werden (s. Kap. 4.1).

Bei Nutzungsänderungen noch genutzter Bestandsobjekten spielt auch das Thema **Entmietung** eine große Rolle. Hierbei sind verschiedene Vorgehensweisen möglich. Teilweise bedingen es Umbauarbeiten auf Grund ihres Umfangs, dass eine vollständige Entmietung vor Durchführung der Arbeiten sein muss. Somit müssen bestehende Mietverträge auf ihre Kündigungsfristen untersucht und zielgerichtet gekündigt werden, wobei finanzielle Einigungen zur vorzeitigen Beendigung des Mietvertrages je nach Mieter eine sinnvolle Alternative darstellen können. Gegebenenfalls sind während der Sanierung Nutzungen weiter aufrecht zu halten, so dass entweder Behelfsbauten für die Bauzeit zur Verfügung gestellt werden müssen oder durch Verdichtung der Mietflächen und die Bildung von Bauabschnitten eine Weiternutzung gewährleistet wird.

Beispiel

Ein Bürogebäude soll vollständig saniert werden, wobei die Nutzung nur bedingt ausgelagert werden kann. Hierzu werden zwei Bauabschnitte gebildet und die Mitarbeiter beengt in einem Bauabschnitt temporär zusammengeführt. Nach Sanierung des ersten Bauabschnitts erfolgt dorthin der Umzug und der zweite Bauabschnitt wird saniert.

Die finanziellen Auswirkungen einer Entmietung oder Nutzungsüberbrückung sollten in der Bestandsprojektentwicklung sorgfältig untersucht und Alternativen abgewogen werden. Hierzu können u. a. gehören:

- Mietausfälle während der Sanierung
- Sonderzahlungen durch vorzeitige Entmietung
- Entschädigungen/Mietkürzungen für Nutzungseinschränkungen
- Kosten für temporäre Behelfsbauten (Aufstellung, Miete, Unterhalt)
- Umzugskosten für temporäre Auslagerungen
- Informations- und Kommunikationskosten (Mieterbetreuung, Informationsabende, Einladungen zu Feierlichkeiten wie Richtfest etc.)

2.5.4.2 Schrittweise Erarbeitung der Einflussgrößen

Eine typische Projektherangehensweise im Bestand ist eine schrittweise Erarbeitung der Projektparameter. Da zu Beginn einer Projektentwicklung regelmäßig viele Risiken mit einer hohen Auswirkung im Eintrittsfall vorliegen (vgl. Kap. 2.4), müssen diese in eine Rangfolge gebracht und sukzessive minimiert werden. Hierzu sind im Bestand frühzeitig Gutacher notwendig, die substanzbezogene Risiken untersuchen. Da Untersuchungen je nach Umfang der Maßnahme deutliche Kosten verursachen können und sie in einer Phase stattfinden, in der die endgültige Projektentscheidung noch nicht gefallen ist, sollte die Rangfolge der Untersuchungen zusammen mit einem fachlich erfahrenen Objektplaner festgelegt werden. Hierbei sind auf Grundlage von Begehungen und dem Wissen über das Alter und die Vergangenheit des Gebäudes mögliche Risikoeinflüsse auf die Investitionskosten nach Wahrscheinlichkeit und Schadenshöhe zu bewerten (vgl. Kap. 4.2.2).

Ziel ist es, die technisch und funktional bedingten Mindestinvestitionen mit am Ende nur geringen Restrisiken zu bestimmen. Ergänzend müssen auf Grund von Qualitätsvorstellungen des Auftraggebers oder Bedingungen bereits geschlossener Mietverträge die Anforderungen an Ausbauqualitäten festgelegt werden, um hieraus ein Gesamtbudget des Projektes bilden zu können (s. Bild 2-21). Eine frühe und detaillierte Festlegung von Qualitäten verbunden mit einer bauelementbasierten Kostenermittlung (vgl. Kap. 4.2.3) ist dabei eine Grundvoraussetzung.

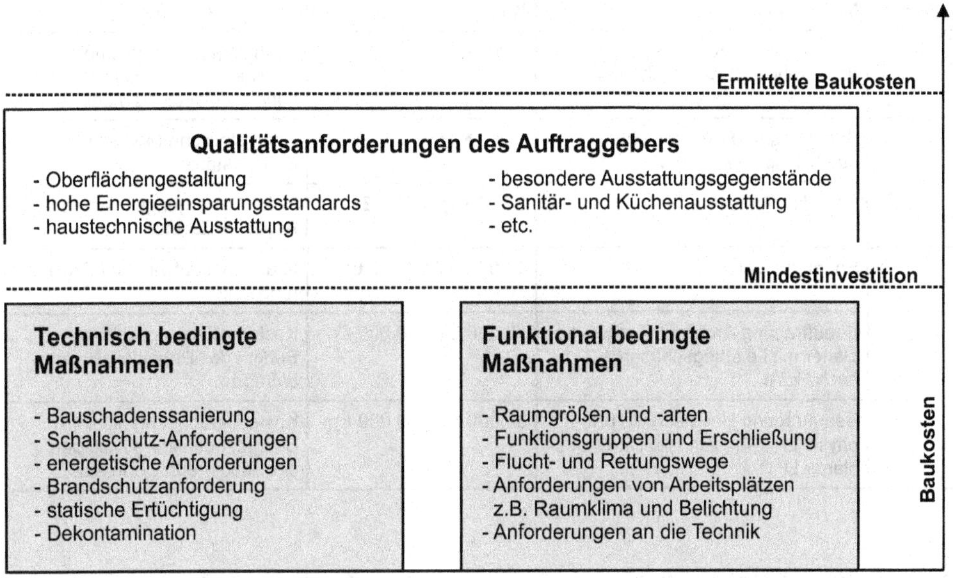

Ermittelte Baukosten

Qualitätsanforderungen des Auftraggebers

- Oberflächengestaltung
- hohe Energieeinsparungsstandards
- haustechnische Ausstattung

- besondere Ausstattungsgegenstände
- Sanitär- und Küchenausstattung
- etc.

Mindestinvestition

Technisch bedingte Maßnahmen

- Bauschadenssanierung
- Schallschutz-Anforderungen
- energetische Anforderungen
- Brandschutzanforderung
- statische Ertüchtigung
- Dekontamination

Funktional bedingte Maßnahmen

- Raumgrößen und -arten
- Funktionsgruppen und Erschließung
- Flucht- und Rettungswege
- Anforderungen von Arbeitsplätzen
  z.B. Raumklima und Belichtung
- Anforderungen an die Technik

Baukosten

Bild 2-21 Kostenrelevante Maßnahmen im Bestand

Die Erarbeitung der kostenrelevanten Projektparameter und gleichzeitigen Minimierung von Risiken erfolgt stufenweise, so dass nach jeder Stufe ein Rückzug aus dem Projekt möglich ist (die so genannte **Exit-Lösung**). Dabei werden zu Beginn Exit-Annahmen getroffen, bis zu deren Grenzen ein Projekt wirtschaftlich durchführbar ist. In der Regel sind gewisse Renditen zu erwirtschaften, um die Risiken in einem Projekt abzudecken.

In einer „*Schritt-für-Schritt*"-Struktur werden alle Untersuchungen und notwendigen Planung erfasst, die jeweils bis zur nächsten Exit-Möglichkeit durchgeführt werden müssen (s. Tab. 2.3). Dazu werden alle Beteiligten (Architekten, Tragwerksplaner, Sachverständige etc.) ebenso phasenweise beauftragt, um bei einem Projektrückzug keine hohen Restzahlungen leisten zu müssen.[43]

---

[43] Da es sich bei Planerverträgen fast immer um Werkverträge handelt, ist bei freier Kündigung des Auftraggebers die komplette Vergütung für die im Vertrag erfassten Leistungen zu erbringen, auch wenn sie vom Planer nicht mehr durchgeführt werden müssen. Der Auftragnehmer muss sich lediglich die durch die Nichtausführung ersparten Kosten anrechnen lassen.

Durch die beauftragten Leistungen werden die Kenntnisse über das Gebäude immer detaillierter und die finanziellen Risiken immer geringer, wodurch die Kostensicherheit der Investition steigt. Gleichzeitig müssen in der Summe zunehmend finanzielle Mittel bereitgestellt werden, um den Planungsfortschritt zu bewerkstelligen. Somit fallen bei einer individuell auf das Projekt zugeschnittenen Exit-Struktur die möglichen Schadenskosten mit Zunahme der Investition, so dass bei positiven Ergebnissen der einzelnen Prozessschritte eine Fehlinvestition der bisherigen Mittel immer unwahrscheinlicher wird.

Tabelle 2.3   Beispiel für eine Exitlösung mit schrittweise festgelegter Rangfolge

Schritt	Maßnahmen	Kosten	Exit-Annahmen
1	Begehung und Kurzgutachten durch Objektplaner (Architekt)	3.000 €	Grundlegende Probleme mit der Bausubstanz, keine funktionale Umsetzung möglich
2	Begehung und Kurzgutachten durch Tragwerksplaner	2.000 € ($\sum$ 5.000 €)	Hohe statische Mängel in der Bausubstanz
3	Schadstoffgutachten	2.500 € ($\sum$ 7.500 €)	Hohe Entsorgungskosten durch Asbest, PCB etc.
4	Bodengutachten	4.500 € ($\sum$ 12.000 €)	Gründungsaufwand für Erweiterungsbau
5	Beauftragung Architekt, Tragwerksplaner mit Leistungsphasen 1-2 nach HOAI	18.000 € ($\sum$ 30.000 €)	Kostenschätzung nicht im Budget des Projektes, Bauvoranfrage
6	Beauftragung Haustechnik, Bauphysik LP 1-4, Architekt/Tragwerksplaner LP 3-4	30.000 € ($\sum$ 60.000 €)	Kostenberechnung nicht im Budget, besondere Auflagen der Baugenehmigung etc.

2.5.4.3 Wirtschaftlichkeitsberechnungen zur Entscheidungsfindung

Je nach Projektgröße beinhalten Wirtschaftlichkeitsberechungen in der Projektentwicklung eine hohe Komplexität. Zur Überprüfung einer ersten Wirtschaftlichkeit des Projektes werden oft alle voraussichtlichen Kosten des Projektes nach Kostenarten und -verursachern getrennt aufgeschlüsselt (s. Tab. 2.4).

Auf Basis der Investitionskosten werden die zu erwirtschaftenden Gewinnanteile addiert, die einen minimalen Verkaufspreis ergeben. Setzt man diese Summe in Relation zu den zu erwartenden Mieteinnahmen, so ergibt sich ein **Mietenmultiplikator**, der für mögliche Investoren (oder bei eigener Vermietung direkt) einen entscheidenden Einfluss auf die Investitionsentscheidung hat. Der prozentuale Kehrwert aus dem Mietenmultiplikator wird **statische Anfangsrendite** genannt und kann alternativ als Entscheidungshilfe genutzt werden (vgl. Tab. 2.5).[44]

---

[44]   Vgl. Schulte, Karl-Werner: *Immobilienökonomie*, Oldenbourg Verlag 2008, S. 289 f

Tabelle 2.4 Beispiel einer Übersicht der Investitionskosten

Kostenart	Grundlage	Kosten
Ankauf der Bestandsimmobilie	2000 m² Grundstück x 500 €/m² 3000 m² BGF x 1200 €/m²	4.600.000 €
Erwerbskosten	ca. 6 % von 4,6 Mio. €	276.000 €
Baukosten KG 200-600 DIN 276	Gemäß detaillierter Kostenermittlung des Objektplaners	3.800.000 €
Baunebenkosten	20 % von 3,1 Mio. € (KG 300+400)	620.000 €
Unvorhergesehenes	5% von 3,8 Mio. € (KG 200-600)	190.000 €
Projektentwicklung/-management	5% von 4,42 Mio. € (Baukosten + BNK)	221.000 €
Vermarktung	3,5 % von 9,3 Mio. € (alle Kauf-/Baukosten)	325.500 €
Finanzierung	6% von Grunderwerb 36 Monate 6 % von Baukosten 24 Monate	877.680 € 579.720 €
Laufende Mieteinnahmen aus durchgehender Teilvermietung	96.000 €/Jahr x 3 Jahre Projektzeit	- 288.000 €
Gesamtinvestition	**gerundet**	**11.200.000 €**

Tabelle 2.5 Beispiel zur Ermittlung der statischen Anfangsrendite

Kostenart	Grundlage	Kosten
Investitionskosten	Kostenzusammenstellung	11.200.000 €
Gewinn	15 % von 11,2 Mio. €	1.680.000 €
Verkaufspreis		**12.900.000 €**
Zu erwartende Mieteinnahmen	Nach Umbau und Erweiterung 6000 m² BGF/Faktor 1,25 = 4800 m² NF 4800 m² x 10 €/m² x 12 Monate	576.000 €
Mietenmultiplikator	12.900.000 €/576.000 €	**22,4**
Statische Anfangsrendite	Prozentwert von 1/22,4	**4,4 %**

Da diese Wirtschaftlichkeitsrechnung grundsätzlich in der Markteinschätzung viele Schwankungsbreiten enthält und speziell durch die vorhandene Bausubstanz besondere Kostenrisiken auftreten, sollten mögliche **Szenarien** aufgestellt und monetär hinterlegt werden. So können bestimmte Problemfelder präventiv durchleuchtet und in eine Exit-Struktur eingepflegt werden. Beispielhafte Szenarien sind:

- Verzögerungen im Ankauf bzw. in der Genehmigung (z. B. Auswirkungen auf Finanzierungen und Mietverträge)
- Hohe behördliche Auflagen (z. B. im Denkmalschutz oder in der Grundstücksauslastung, Reduzierung von Nutzflächen)
- Einsprüche und Probleme durch Nachbarn (rechtliche Möglichkeiten, Verzögerungen durch Prüfungszeiträume, Ausgleichszahlungen)

- Liquidität bei Vermarktungsproblemen (z. B. vollständige Vermietung erst 2 Jahre später als erwartet, Miet- oder Verkaufspreis nicht zu erzielen, Leerstand)

- Unerwartete Schäden an der Substanz bzw. Schadstoffe (Kosten für eine Nachfinanzierung, Reduzierung der Gewinnmarge, Bauzeitverlängerungen)

- Insolvenzen von Schlüsselbeteiligten (höhere Kosten, Verzögerungen)

- Finanzierungsprobleme (Absprung einzelner Investoren, ausbleibende Bankenzusagen, Zinssteigerungen)

In der Projektentwicklung werden die individuelle Szenarien oft auf 3 Fallbeispiele reduziert, die den besten Fall, bei dem keine finanziellen oder zeitlichen Komplikationen auftreten (*„best case"*), den durchschnittlichen Fall (*„average case"*) mit üblichen Komplikationen oder den schlechtesten Fall (*„worst case"*), der jedoch nur realistische und kalkulierbare Risiken (also z. B. keine Naturkatastrophen) umfasst (vgl. Kap. 2.4).

Unabhängig davon, wie und welcher Zahl die Szenarien aufgestellt werden, müssen diese während der laufenden Projektentwicklung fortgeschrieben werden. Auf Grund der schrittweisen Erarbeitung gemäß Exit-Struktur werden auch die Szenarien immer präziser und lassen sich in ihren finanziellen und zeitlichen Auswirkungen besser bestimmen. So können „Worst case"-Szenarien, die zu Beginn des Projektes noch inakzeptable Kostenüberschreitungen beinhalten, durch bessere Informationen im weiteren Projektverlauf entsprechend abgemildert werden.

Unabhängig von der generellen Entscheidung über die Durchführung oder den Abbruch einer Projektentwicklung sind im weiteren Verlauf des Projektes regelmäßig Entscheidungen zu treffen, die Auswirkungen auf die Gesamtkosten und Projektdauer mit sich bringen. Soll die fertiggestellte Immobilie verkauft werden, so ist zunächst der Qualitätsanspruch der Käuferschaft zu eruieren und dann der Standard in der günstigsten Variante auszuführen. Soll die Immobilie selbst genutzt bzw. vermietet werden, spielen die in Kap. 2.1 besprochenen Inhalte eine wesentliche Rolle. So ist es vielfach sinnvoll, als Entscheidungshilfe eine **Amortisationsrechnung** aufzustellen, die Auskunft über den Zeitrahmen gibt, nachdem sich eine zusätzliche Investition wirtschaftlich auszahlt. Hierzu existieren verschiedene Abschreibungsmodelle aus der Finanzwirtschaft, die ggf. mit den steuerlichen Möglichkeiten des Investors in Einklang gebracht werden sollten.

2.5.4.4 Mittelbereitstellungsplanung

Zusammen mit der Planung des zeitlichen Ablaufs der Projektentwicklung ist auch die Bereitstellung der finanziellen Mittel zu organisieren. Für viele Beteiligte (wie z. B. ein Notar oder die Gründungskosten einer Projektgesellschaft) fallen bereits zu Projektbeginn Honorare oder Gebühren an. Insbesondere bei Bestandsprojekten sind frühzeitig Gutachter- und Planerkosten zu berücksichtigen, die oft noch vor einer verbindlichen Finanzierungsvereinbarung getätigt werden.

Auch wenn eine generelle Finanzierung des Projektes gewährleistet ist, so muss die Projektentwicklung dafür Sorge tragen, dass keine **Liquiditätsengpässe** entstehen. Bleiben Zahlungen aus, wird Vertragspartnern gegebenenfalls das Recht zur Kündigung und zur Einklagung von Schadensersatz bereitet. Stehen die Mittel aus einer Finanzierung noch nicht zur Verfügung, sind ggf. teure Zwischenfinanzierungen zu tätigen oder das Unternehmen gerät in Insolvenzgefahr. Gerade im öffentlichen Bereich und bei Fördermaßnahmen sollen jedoch auch keine Mittel verfallen oder Überschüsse zurückbezahlt werden, so dass die enge Verzahnung von Zeitplanung und Mitteleinsatz notwendig ist.

Grundlage der Mittelbereitstellung ist der Projektterminplan (vgl. Kap. 4.3), bei dem auf Basis der ausgeführten Leistungen die entsprechenden Vergütungen berechnet werden. Zu berücksichtigen ist dabei, dass durch den Werkvertragscharakter Leistungen mit einer gewissen zeitlichen Verzögerung abgerechnet werden, wodurch gewisse Schwankungsbreiten entstehen.

Beispiel

Ein Bauunternehmen, das die Fenster einbauen soll, kann seine Leistungen erst nach Montage in Rechnung stellen, obwohl die Kosten bereits mit der internen Materialbestellung angefallen sind. Einigen sich Bauunternehmer und Auftraggeber auf die vorzeitige Auszahlung der Vergütung gegen Vorlage einer Bürgschaft, so müssen Mittel bereits drei bis vier Monate früher bereitstehen. Gerade im Jahresübergang kann dies zu erheblichen Veränderungen der jeweiligen Jahresbudgets führen.

Wird die Mittelbereitstellung über **Vorauszahlungsbürgschaften** gesichert, wird dieser Vorteil in der Regel durch versteckte Mehrkosten in den Angeboten der Auftragnehmer erkauft (eingerechnete Bürgschaftskosten). Früher anfallende Kosten können zu Zinsverlusten führen. Eine weitere Möglichkeit der Strukturierung der Mittelbereitstellung ist die Vereinbarung von **Zahlungsplänen**. Diese sollten jedoch neben der Terminierung von Zahlungen gleichzeitig eine Kopplung an den Planungs- oder Baufortschritt enthalten, um Überzahlungen auszuschließen.

Bei Bestandsprojekten sollten auch die **Planungskosten** sorgfältig geprüft werden und nicht über pauschale Angaben (z. B. aus der NHK 2000) angenommen werden. Als Grundlage dienen in der Regel die Berechnungsgrundlagen der HOAI und der Sachverständigenverordnungen der Länder.[45] In der HOAI 2009 ist für das Bauen im Bestand ein Regelzuschlag von 20 % verankert, wenn nichts anderes vereinbart ist.[46]

---

[45] Durch die Novellierung der HOAI im Jahr 2009 sind einige Leistungsbilder aus dem gesetzlichen Preisrecht entlassen worden, so dass dort nun individuell und frei ein Honorar vereinbart werden kann.

[46] Gemäß §35 HOAI (2009) können bis zu 80 % Zuschlag vereinbart werden. Bei Instandhaltungsarbeiten kann gemäß § 36 HOAI (2009) ein Zuschlag von bis zu 50 % vereinbart werden.

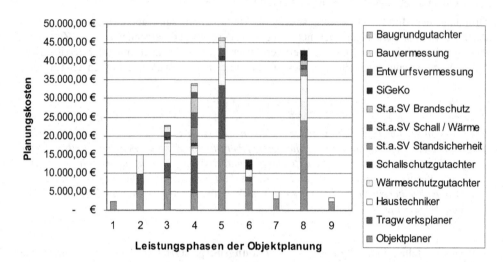

Bild 2-22   Verteilung der Planungskosten über die Leistungsphasen[47]

---

[47] Vgl. Bielefeld, Bert/Vogel, Jan: *Prüfung von Bauvorlagen im Wohnungsbau – gesetzliche Vorgaben und Prüfungskosten,* in Bundesbaublatt 06/2005 S. 16 ff

3 Bestandsanalyse und Bewertung

3.1 Einleitung

Die Analyse und Bewertung des Bestandes ist Grundlage für alle nachfolgenden Planungsabschnitte. Für den Entwurf bedeutsame Randbedingungen werden ebenso erhoben wie wichtige Daten für Wertermittlung (vgl. Kap. 2.3) und Risikoanalyse (vgl. Kap. 2.4).

Die Menge der erforderlichen Daten kann beträchtlich sein – Umfang und Art der Erhebung sind wiederum stark von der vorgesehenen Planung und dem Zustand des Gebäudes abhängig. Planung und Bewertung des Bestandes (als eigentliche Grundlage der Planung) beeinflussen sich also wechselseitig. Bestandsanalyse durch die Planer durchführen zu lassen, erscheint daher sinnvoll.[48]

Durch das Erfassen erhalten Architekten entwurfsrelevante Informationen aus erster Hand. Den Planern einer Baumaßnahme im Bestand sollte bekannt sein, welche Grundlagen für die weitere Planung relevant sind und welche Gebäudeteile mit welcher Genauigkeit erfasst werden müssen. Dadurch können Kosten für die Ansammlung überflüssiger Daten vermieden und Kosten für Spezialisten in den frühen Phasen des Entwurfes verringert werden. Dennoch muss der mit der Bestandsanalyse betraute Planer wissen, wann seine Kompetenzen enden und weitere Fachkräfte hinzugezogen werden müssen.

An dieser Stelle ist aber zunächst zu klären, welche Leistungen unter „Bestandsaufnahme" verstanden werden müssen. Die Erfassung eines vorhandenen Gebäudes setzt sich aus mehreren Bausteinen zusammen.

---

[48] „Der Architekt hat vor jeder Arbeit am historischen Bauwerk die notwendigen Bauaufnahme durchzuführen .... Das ist eine Kunst, die heute kaum noch gelehrt wird. Die Photogrammetrie ist zwar eine wertvolle Hilfe, kann aber nicht alles. Der Architekt muss selbst Kenntnisse der Kunst- und Baugeschichte des behandelten Bauwerkes besitzen. Es genügt nicht, dass diese von den Spezialisten vertreten werden, denn sie müssen von Anfang an in alle Überlegungen eingehen." Pieper, Klaus: *Sicherung historischer Bauten*, Ernst & Sohn, Berlin – München 1983, S. 6
Der Bauingenieur Klaus Pieper, der sich mit Sanierung und Erhalt zahlreicher Kirchbauten (u. a. Dom zu Lübeck) verdient gemacht hat, fordert hier mehr Verantwortung durch die Architekten. Der hiermit formulierte Anspruch lässt sich auf weitere Fachgebiete übertragen. Das bedeutet:
Wenn es außer der Kunst- und Baugeschichte andere Wissensgebiete gibt, die für die Durchführung einer Baumaßnahme an einem bestehenden Gebäude Bedeutung gewinnen und somit „von Anfang an in alle Überlegungen eingehen" (s. o.), also entwurfsbestimmend werden, muss der Architekt selbst Kenntnisse der Haustechnik, der Bauphysik oder des Tragwerkes „des behandelten Bauwerkes besitzen" (s. o.).

Bild 3-1   Erfassung der Villa la Rocca (Toskana), Universität Siegen 2001

Die **Bauaufnahme** ist einer dieser Bausteine. Die Definitionen in der Fachliteratur sind hier zwar nicht eindeutig[49], aber im Allgemeinen wird mit der Bauaufnahme die Erfassung und zeichnerische Darstellung der Geometrie eines Gebäudes oder Bauteils verstanden. Die festgestellte Geometrie wird gegebenenfalls durch augenscheinlich erkennbare Merkmale in Schriftform auf den Plänen ergänzt.[50]

Neben der Erfassung der Geometrie sind für die Durchführung von Baumaßnahmen im Bestand weitere Eigenschaften der vorhandenen Baukonstruktion zu untersuchen und aufzunehmen. Beispielsweise sind für die Einschätzung der Tragfähigkeit von Bestandsgebäuden neben der Bauteilgeometrie die Art der Beanspruchung eines Bauteils, Fragen zur Lasteinleitung und Lastabtragung, zum Material, zum inneren Aufbau der Bauteile, zu möglichen Schäden und zum statischen System zu klären. Alle Parameter, die etwas über die Eigenschaften des vorher geometrisch bestimmten Bauteils aussagen müssen demnach zuerst feststehen. Für weitere Fachdisziplinen ist dies übertragbar.

Im Folgenden wird daher zwischen der Erfassung der **Geometrie** und der Erfassung der **bautechnischen Eigenschaften** des Bestandsgebäudes unterschieden.

---

[49] Vgl. Petzold, Frank: *Computergestützte Bauaufnahme als Grundlage für die Planung im Bestand*, Dissertation Bauhausuniversität Weimar, 2001, S.16f f. Weitere Literatur: Cramer, Johannes *Handbuch der Bauaufnahme*, Deutsche Verlags-Anstalt, Stuttgart 1984; Wangerin, Gerda: *Bauaufnahme – Grundlagen Methoden Darstellung*, 2. Auflage, Vieweg, Braunschweig/ Wiesbaden 1992; Donath, Dirk: *Bauaufnahme und Planung im Bestand*, Vieweg + Teubner, Wiesbaden 2008

[50] „Die Bauaufnahme besteht aus Vermessung und maßstäblicher Aufzeichnung des Bestandes." Petzet, Michael/Mader, Gert Thomas: *Praktische Denkmalpflege*, Verlag W. Kohlhammer, Stuttgart 1993, S. 156

3.2 Auswertung von Bestandsunterlagen

Bild 3-2   Bestandsquelle für Ingenieurbauwerke „Brückenbuch" von 1919

Bevor neue Daten erhoben werden, sind vorhandene Unterlagen zu sichten und zu prüfen. Der Informationswert von Altakten ist allerdings sehr unterschiedlich. Auch stimmen ursprüngliche Planung und vorhandene Substanz selten in allen Punkten überein. Dennoch lassen sich viele Erkenntnisse gewinnen, die sonst aufwendige Untersuchungen des Bestandes erfordern.

Altes Planmaterial liefert einen ersten Überblick zur Geometrie des Gebäudes. Schon die für das Baugesuch erstellten Baupläne im Maßstab 1:100 enthalten des Öfteren auch Angaben zu Materialien, Deckenspannrichtungen oder der Lage von tragenden Bauteilen. Da Ausführungsplanungen in verschiedenen Bauepochen oft gar nicht beauftragt wurden, sind die für den Bauablauf wichtigsten Angaben mitunter in den Bauantragsplänen enthalten.

Bei Betonbauteilen sind Schal- und Bewehrungspläne eine wichtige Quelle zur Erfassung der Geometrie und der Qualität des Tragwerkes. Diese stimmen – weil später im Bauprozess erstellt – auch besser mit der Ausführung überein. Wenn eine Altstatik existiert, ist diese für die Erfassung des Tragwerkes von sehr großer Bedeutung.

Baubeschreibungen und Angaben zum Wärmeschutz (Wärmeschutzverordnung ab 1977 in Kraft, DIN 4108 ab 1952) geben Aufschlüsse über das eingesetzte Baumaterial.

3.2.1 Quellen von Bestandsunterlagen

Als Quellen für Bestandsunterlagen kommen Eigentümer, Architekten, ausführende Bauunternehmen, Statiker, Prüfstatiker, weitere Fachingenieure oder Sachverständige, öffentliche Archive sowie die beteiligten Behörden in Betracht. Aus verschiedenen Gründen (Honorar- und Gewährleistungsansprüche, Herausgabeansprüche des Auftraggebers, steuerliche Gründe) sind Architekten verpflichtet, Unterlagen mindestens 10 Jahre aufzubewahren. Die Verjährungsfrist für den auf das Eigentum des Bauherrn begründeten Herausgabeanspruch beträgt sogar 30 Jahre (§ 197 BGB), diese kann jedoch durch vorzeitige Herausgabeangebot oder vertragliche Festlegungen an den Bauherrn verkürzt werden.[51] Sachverständige sind gem. § 13 Sachverständigenordnung NRW verpflichtet, Unterlagen 10 Jahre aufzubewahren.

Die Aufbewahrungspflichten von Bauunterlagen durch die genehmigenden Behörden sind nicht einheitlich gesetzlich geregelt. Jedoch gibt es Empfehlungen der **kommunale Gemeinschaftsstelle für Verwaltungsmanagement (KGSt)**[52], der nahezu alle Kommunen Deutschlands und sogar einige in Österreich als Mitglieder angehören. Man kann daher davon ausgehen, dass die Empfehlung zur dauerhaften Aufbewahrung von Bauakten deutschlandweit übernommen worden sind, da die genehmigenden Behörden im eigenen Interesse eine lückenlose und dauerhafte Dokumentation von baulichen Veränderungen an Gebäuden anstreben. Für beteiligte Behörden wie z. B. die Gemeinden, die im Rahmen des Bauantragverfahrens zwar gehört werden, die aber nicht die Baugenehmigung aussprechen, gibt es keine Empfehlung zur dauerhaften Aufbewahrung der Akten. Oft finden sich jedoch auch in den Gemeindearchiven Bauunterlagen, die selbst in den übergeordneten Kreisverwaltungen nicht mehr vorhanden sind, oder es haben sich Zuständigkeiten verschiedener Behörden in den letzen 100 Jahren verändert.

Bevor behördliche Akten vernichtet werden, haben die staatlichen Archive die Pflicht, die entsprechenden Dokumente auf ihre Archivwürdigkeit zu untersuchen. Die Archivgesetzgebung ist Landesrecht.

Im Archivgesetz Nordrhein-Westfalen – (ArchivG NW) vom 16. Mai 1989 heißt es im § 1, (2):

„Archivwürdig sind Unterlagen, die für Wissenschaft oder Forschung, für Gesetzgebung, Regierung, Verwaltung oder Rechtsprechung oder zur Sicherung berechtigter Belange Betroffener oder Dritter von bleibendem Wert sind. Über die Archivwürdigkeit entscheiden die staatlichen Archive unter fachlichen Gesichtspunkten. Archivwürdig sind auch Unterlagen, die nach anderen Vorschriften dauernd aufzubewahren sind."

Je nach wissenschaftlicher Bedeutung eines Bauwerkes können auch in den staatlichen Archiven Altakten aufbewahrt sein.

3.2.2 Verarbeiten von Papierzeichnungen für CAD

Findet man in den Unterlagen zu einem Bestandsgebäude alte Zeichnungen, gilt es, diese möglichst effektiv in digitale, vektorbasierte Form zu bringen, da diese von CAD-Programmen direkt verarbeitet werden können.

Im Gegensatz zu Raster- oder Pixelgrafiken, die aus einer fixen Zahl von Bildpunkten bestehen, bei denen jedem Bildpunkt eine Farbe zugeordnet ist, werden Vektorgrafiken aus mathematischen Funktionen grafischer Primitiven wie Linie oder Kreis gebildet. Dadurch ist nicht nur das Vergrößern oder Verkleinern von Vektorgrafiken ohne Qualitätsverlust möglich, sondern auch weitere grafische Funktionen wie das Verschneiden, Kürzen oder Verlängern von

---

[51]   Vgl. Seul, Jürgen: *Das Recht des Architekten*, Springer Verlag 2002, S. 107

[52]   Gegründet wurde die KGSt 1949 in Köln (damals noch kommunale Gemeinschaftsstelle für Verwaltungsvereinfachung). Sie versteht sich als Entwicklungszentrum des kommunalen Managements. Getragen wird die KGSt von ihren Mitgliedern, den Kommunalverwaltungen. Diesen stehen die Berichte und Empfehlungen oder Datenbanken der KGSt für alle Verwaltungsfragen zur Verfügung.

Linien und Vieles mehr. Für das Verwandeln einer Papierzeichnung in eine Vektorgrafik bieten sich verschiedene Methoden an.

Digitalisieren

Noch vor einigen Jahren fand das Digitalisieren mit Hilfe eines Grafiktabletts oder Tableaus statt. Die analoge Zeichnung wurde auf das Grafiktablett gespannt, mit der Lupe (Maus) wurden die Eckpunkte der Zeichnung abgefahren und somit ins CAD-Programm übertragen. Heute wird das Scannen der Zeichnung und das Hinterlegen der so entstandenen Pixeldatei im CAD-Programm und anschließendem Nachzeichnen bevorzugt.

Automatisches oder halbautomatisches Vektorisieren

Die entsprechende Zeichnung wird zunächst als Pixeldatei gescannt. Mit Hilfe spezieller Software werden zusammenhängende Linien erkannt und als Vektor mit einer mathematisch bestimmten Lage und Länge dargestellt. Läuft dieser Vorgang vollkommen automatisch ab, treten in der Regel Probleme mit der richtigen Zuordnung der erkannten Linien auf, denn eine Maßkette, eine Wand, ein zu deutlicher Knick auf der Papiervorlage erzeugen letztendlich Vektorlinien von gleicher Bedeutung.

Bei der halbautomatischen Erkennung kann der Nutzer während der Konvertierung angeben, welche Bedeutung den erkannten Linien zugewiesen werden muss.

Neuzeichnen

Sind auf den vorhandenen Plänen genügend Maßangaben eingetragen, bietet sich auch das Neuzeichnen im CAD-Programm an. Die so entstandene Datei muss nicht mehr nachbearbeitet werden und ist daher oft sogar die kostengünstigste Variante. Es gibt zahlreiche Dienstleister, die diese Arbeiten weltweit anbieten und sich häufig einer Mischung aus Neuzeichnen und Vektorisieren bedienen.

Eine aus einem Altplan gefertigte Vektorgrafik sollte jedoch mit dem tatsächlich errichteten Gebäude verglichen werden.

3.2.3 Auswertung von Bestandsunterlagen hinsichtlich der Eigenschaften der vorhandenen Bauteile

Vor der Erfassung der bautechnischen Eigenschaften eines Gebäudes oder der Erfassung der Geometrie vor Ort sollten vorhandene Unterlagen gesichtet und geprüft werden. Die Angaben in Altakten und Zeichnungen sind zwar auf ihren Wahrheitsgehalt hin zu überprüfen, können aber dennoch sehr viel Zeit sparen, da vor Ort zielgerichteter erfasst werden kann und sich der Umfang der Untersuchungen je nach Qualität der Unterlagen stark verringern kann.

3.2.3.1 Erfassen von statischen Unterlagen

Das Studium statischer Unterlagen bietet Ingenieuren und Architekten wichtige Informationen, für welche Belastungen das Gebäude ausgelegt war. Mit Hilfe von Positionsplänen ist die ursprünglich geplante Lastabtragung zu erkennen. Leider sind Statiken oft schwer zu lesen, da sie handschriftlich und vielleicht sogar in Sütterlinschrift verfasst sind. Positionspläne fehlen oft und Einheiten bzw. Fachbezeichnungen unterscheiden sich gegenüber den heutigen Regeln.

Sowohl Berechnungsverfahren als auch die Randbedingungen für das Aufstellen statischer Berechnungen haben sich immer wieder gewandelt. Für Eichenholz musste in den preußischen Bauvorschriften 1890 ein Raumgewicht 8,0KN/m³ angenommen werden, 1925 bereits 8,5 KN/m³.[53]

Beispielhaft kann hier die Entwicklung der **DIN 1055 (Lastannahmen)** genannt werden: Seit dem ersten Erscheinen der DIN 1055 08/1934 mit drei Teilen wurde sie bis heute 86 mal verändert und hat nun mit zehn Teilen sowie den Ergänzungen 1055-40, 1055-45 und 1055-100 den mehrfachen Umfang. Nach Auskunft des Deutschen Instituts für Normung (DIN) existiert keine Aufarbeitung der Änderungen. Zudem gehen viele Bibliotheken dazu über, nur noch die aktuellen Normen vorzuhalten. Für Neubauten ist dies sicherlich richtig, doch zur Einordnung der Bautechnik alter Gebäude ist die geschichtliche Entwicklung der anerkannten Regeln der Technik von Bedeutung.

Viele Veränderungen der Normen in der jüngsten Vergangenheit haben auch politische Ursachen. Seit 1975 bemüht sich die Kommission der Europäischen Gemeinschaft um eine Harmonisierung technischer Normen für das Bauwesen in den Mitgliedsländern. Bei diesem Prozess müssen die Belange vieler Mitgliedsstaaten der EU berücksichtigt werden.

Beispiel

Vor der Einführung des Eurocodes wurde die Gesamthöhe eines Stahlbetonbalkens mit d und die statisch wirksame Höhe, also die Distanz zwischen dem Schwerpunkt der Bewehrung und der Bewehrung gegenüberliegenden Außenkante des Balkens, mit h angegeben. Im EC 2 (gültig seit Oktober 2005) wird dies genau umgekehrt gehandhabt. Die statisch wirksame Höhe wird nun mit d angegeben.

Noch größeren Einfluss auf das sich im Laufe der Zeit geänderte Erscheinungsbild von statischen Berechnungen als die beschriebenen politischen Ursachen hat jedoch die Entwicklung der EDV. Durch steigende Leistungsfähigkeit der „Rechenwerkzeuge", von der Einführung von Rechenmaschinen bis zu den heutigen PCs, hat sich die Art der Berechnung aber auch die Anforderungen an eine statische Berechnung stetig gewandelt. Statische Rechenmodelle bilden die Wirklichkeit heute viel genauer ab als vor 60 Jahren. Es müssen auch eine weitaus größere Zahl an Parametern berücksichtigt werden.

Diese Entwicklung hat sich immer im Erscheinungsbild einer Statik niedergeschlagen. Das Nachvollziehen einer statischen Berechnung wird für Architekten dadurch immer schwieriger, bis unmöglich. Dies ist jedoch auch nicht in allen Einzelheiten erforderlich. Selbst ein Architekt mit fundierten Kenntnissen zu Tragwerken soll schließlich nicht die Rechnungen überprüfen, sondern vielmehr erkennen, welche Tragsysteme der Berechnung zu Grunde liegen und wie die Ergebnisse der Berechnung zu verstehen sind.

---

[53]   Vgl. Bargmann, Horst: *Historische Bautabellen*, 3. Auflage, Werner Verlag, Düsseldorf 2001, S. 52 f

S t a t i s c h e   B e r e c h n u n g

Pos. 1. Lichtweite = 4,81 . 3,95 m

l = 3,95 + 0,25 = 4,2o m

Feldbreite = $\frac{4,81}{5}$ = 0,96 m

Belastundsaufstellung:

a) Nutzlast =		200,00	kg/qm
b) Eigengewicht:	Trägergewicht NP 14 =	15,oo	"
	Bimsbeton 12 cm stark	192,oo	"
	Deckenputz 1,5 cm stark	29,oo	"
	Erdbalken 2,oo . 8/8	8,oo	"
	Aschenauffüllung 8 cm	60,oo	"
	Fußboden 2,5 cm stark	15,00	"
	zus.	519,oo	kg/qm

q = 519 . 0,96 = 500,oo kg/m

$W_x = \frac{500 \cdot 420 \cdot 4,20}{8 \cdot 1400} = 79 \text{ cm}^3$

Gewählt NP 14 mit $W_{x\ vorh} = 81 \text{ cm}^3$

Pos. 2 Lichtweiten 3,55 . 4,30 m

l = 3,55 + o,25 = 3,89 m

Feldbreite = $\frac{4,30}{5}$ = 0,86 m

q = 519 . 0,86 = 450 kg/m

$W_x = \frac{450 \cdot 380 \cdot 3,80}{8 \cdot 1400} = 58 \text{ cm}^3$

Gewählt NP 14 mit $W_{x\ vorh.} = 81 \text{ cm}^3$

Aufgestellt: Morsbach/Sieg, im März 1946

Tiefbau-Ing.

16. DEZ. 1946
Gummersbach, den
Kreisbaurat

Genehmigt durch Bauschein
Nr. 5307/282/46 vom heutigen Tage.
16. DEZ. 1946
Gummersbach, den
Kreisverwaltung
Oberbergischer Kreis
KREISAMT BAU
— BAULENKUNGSAMT —

Bild 3-3 Gesamte statische Berechnungen für ein Einfamilienhaus 1946. Hier wurde lediglich die Kellerdecke gerechnet, der Rest des Gebäudes nach Erfahrungswerten der Handwerker errichtet. Eine Statik für ein Einfamilienhaus umfasst heute 70 Seiten und mehr.

Baubeschreibungen

Im Zuge des Genehmigungsverfahrens von Bauvorhaben ist eine Baubeschreibung gefordert. Die Aussagekraft bezüglich des Tragwerkes ist sehr unterschiedlich. Heutige Baubeschreibungen werden auf amtlichen Vordrucken erstellt und enthalten wenig Informationen zur Konstruktion des Gebäudes. Ältere frei formulierte Baubeschreibungen enthalten oft nur möglichst allgemein gehaltene Formulierungen, doch können auch präzise Beschreibungen der eingesetzten Baustoffe und der Bauabläufe zu finden sein.

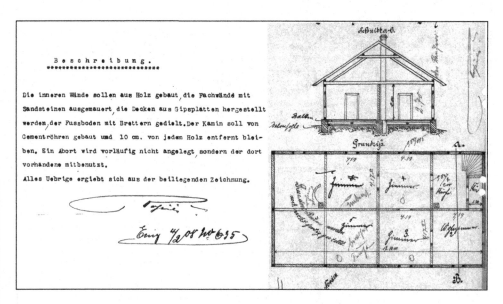

Bild 3-4   Recht allgemein gehaltene Baubeschreibung und Bauantragszeichnung für den Umbau eines Lagergebäudes zu Wohnzwecken 1908

Wärmeschutznachweise

Die Wärmeschutzverordnung trat ab 1977 in Kraft. Vorläufer war die ab 1952 gültige DIN 4108. Die erforderlichen Angaben im Bauantragsverfahren waren anfangs nicht sehr umfangreich. Oft reichte die Aussage, dass die Erfordernisse des Wärmeschutzes erfüllt werden. Dennoch finden sich auch schon in den Wärmeschutznachweisen nach DIN 4108 wichtige Hinweise für den geplanten Schichtenaufbau der Bauteile. Hieraus kann zum einen auf die Qualität tragender Bauteile geschlossen werden, zum anderen kann auf Belastungen der tragenden Bauteile z. B. der Eigenlast von Deckenaufbauten geschlossen werden.

Schal- und Bewehrungspläne

Schal- und Bewehrungspläne bieten bei Stahlbetonkonstruktionen relativ genaue Auskunft über die Art und Qualität der Bewehrung, da sie der letzte Planungsschritt vor der Ausführung und damit noch aktueller als eine Statik sind. Dennoch darf man nicht grundsätzlich davon ausgehen, dass die Pläne genauso umgesetzt wurden.

Selbst ohne Statik kann ein Fachmann aus Schal- und Bewehrungsplänen die Tragfähigkeit einer Konstruktion errechnen. Architekten wird die Zuordnung der vielen Schalungsdetails in den Gesamtzusammenhang des Gebäudes durch Übersichtspläne erleichtert.

An dieser Stelle ist auch zu erwähnen, dass bei der Betrachtung eines Grundrisses Architekten „nach unten schauen" also eine Aufsicht des Gebäudes bzw. der Grundrisse sehen, Statiker meist die Untersicht betrachten, also „nach oben schauen". Dies bedeutet, dass die Bewehrung für eine Decke zwischen EG und OG im Plan des Statikers im EG eingetragen wird.

Baustellenfotos

Bild 3-5   Bauzustand und Ist-Zustand eines Schulgebäudes im Siegerland

Baustellenfotos zeigen oft die noch unverkleidete Konstruktion. Im rechten oberen Bild ist die Fachwerkkonstruktion im Obergeschoss des Schulgebäudes nicht zu erkennen. Das linke Bild gibt jedoch schnell Aufschluss über die Konstruktionsweise. Baustellenbilder können eingesetztes Material, Konstruktionsweisen, evtl. sogar das statische System und die Spannrichtungen von Decken zeigen.

Literatur

Alte Baugesetze und Normen sowie Literatur über gängige Baukonstruktionen liefern Hintergrundwissen zur Art und Weise, wie früher gebaut wurde und helfen, bei der qualitativen Erfassung, das Gebäude zu verstehen und die relevanten Bauteile zu untersuchen. Hier sei auf die Fachliteratur verwiesen.[54]

---

[54]   Zum Beispiel: Ostendorf, Friedrich: *Die Geschichte des Dachwerks*, Nachdruck (Original 1908),Th. Schäfer GmbH, Hannover 1982; Schmitt, Heinrich: *Hochbaukonstruktionen*, Otto Maier Verlag, Ravensburg 1967; Dartsch, Bernhard: *Bauen heute in alter Substanz*, Verlagsgesellschaft Rudolf Müller GmbH, Köln 1990; Rau, Ottfried/ Braune, Ute: *Der Altbau*, 5.Auflage, Verlagsanstalt Alexander Koch, Leinfelden-Echterdingen 1992; Ahnert, Rudolf/Krause, Karl Heinz: *Typische Baukonstruktionen von 1860–1960, Band I*, 6. Auflage, Verlag Bauwesen, Berlin 2000; Ahnert, Rudolf/ Krause, Karl Heinz: *Typische Baukonstruktionen von 1860–1960, Band II*, 6. Auflage, Verlag Bauwesen, Berlin 2001; Bargmann, Horst: *Historische Bautabellen*, 3. Auflage, Werner Verlag, Düsseldorf 2001; Ahnert, Rudolf/Krause, Karl Heinz: *Typische Baukonstruktionen von 1860–1960, Band III*, 6. Auflage, Verlag Bauwesen, Berlin 2002.

3

3.3 Messgeräte und -methoden zur Erfassung der Geometrie des Bestandes

Der Einsatz neuester Messgeräte zur Untersuchung eines alten Gebäudes wird unter Bauforschern durchaus kontrovers diskutiert. Die Akzeptanz des Technikeinsatzes ist in den letzten zehn Jahren allerdings beträchtlich gewachsen.[55]

Zum einen wird technisches Gerät günstiger und leistungsfähiger, zum anderen wird die Bedienung einfacher. Vorbehalte einiger Bauforscher sind oft mit der Sorge vor einer größer werdenden Distanz zum Bauwerk bei vermehrtem Einsatz von Tachymetrie und Laserscanning und einer damit einhergehenden Oberflächlichkeit bei der Aufnahme von Architektur begründet.

Solche Vorbehalte sind nicht ganz unbegründet, wobei die Genauigkeit der Analyse trotz technischer Unterstützung noch immer von den durchführenden Personen abhängt. Jede Methode hat Vor- und Nachteile, so dass unter dem Gesichtspunkt des „alltäglichen Gebrauchs" schließlich ohne ideologische Vorbehalte zu klären ist, welche Methode bezogen auf die Bauaufgabe am sinnvollsten erscheint.

3.3.1 Tradierte Messmethoden

Die tradierten Messmethoden werden hier kurz erwähnt. Weitere Informationen zur Bauaufnahme und deren Geschichte findet man in der angegebenen Literatur.[56]

Aufmaß mit Schnurgerüst

Das Schnurgerüst besteht aus straff gespannten Schnüren, deren Lage untereinander, am besten durch rechte Winkel, bekannt und kartiert ist. Das Schnurgerüst referenziert das Handaufmaß, da alle Messpunkte auf das Schnurgerüst bezogen werden.[57] Es sollte sich immer in der Bezugsebene befinden.

---

[55] Man vergleiche die Beiträge zu den Kolloquien „Vom Handaufmaß bis Hightech" ‚Februar 2000 und „Vom Handaufmaß bis Hightech II" ‚Februar 2005 an der BTU Cottbus; Weferling, Ulrich/Heine, Katja/Wulf, Ulrike (Hrsg.): *Von Handaufmaß bis High Tech*, Verlag Philip von Zabern, Mainz am Rhein 2001; Riedel, Alexandra/Heine, Katja/Henze, Frank: *Von Handaufmaß bis High Tech II*, Verlag Philip von Zabern, Mainz am Rhein 2006

[56] Staatsmann, Karl *Das Aufnehmen von Architekturen Teil 1, Teil 2*, Konrad Grethlein's Verlag, Leipzig 1910; Cramer, Johannes: *Handbuch der Bauaufnahme*, Deutsche Verlags-Anstalt, Stuttgart 1984; Wangerin, Gerda: *Bauaufnahme – Grundlagen Methoden Darstellung*, 2. Auflage, Vieweg, Braunschweig/Wiesbaden 1992; Knopp, Gisbert: *Bauforschung: Dokumentation und Auswertung*, Rheinland-Verlag, Köln 1992; Petzet, Michael/Mader, Gert Thomas: *Praktische Denkmalpflege*, Verlag W. Kohlhammer, Stuttgart 1993; Docci, Mario/Maestri, Diego: *Manuale di rilevamento architettonico e urbano*, Editori Laterza, Bari 1994; Klein, Ulrich: *Bauaufnahme und Dokumentation*, Deutsche Verlags-Anstalt, Stuttgart München, 2001; Petzold, Frank: *Computergestützte Bauaufnahme als Grundlage für die Planung im Bestand*, Dissertation Bauhausuniversität Weimar, 2001; Eckstein, Günter: *Empfehlungen für Baudokumentationen*, 2. Auflage, Landesdenkmalamt Baden Württemberg, Konrad Theiss Verlag, Stuttgart 2003; Donath, Dirk: *Bauaufnahme und Planung im Bestand*, Vieweg + Teubner, Wiesbaden 2008.

[57] Vgl. Cramer, Johannes: *Handbuch der Bauaufnahme*, Deutsche Verlags-Anstalt, Stuttgart 1984, S. 74 ff

Bild 3-6   Schnurgerüst

Bild 3-7   Abloten eines Punktes

Abloten

Durch Abloten können über der Bezugsebene befindliche Messpunkte auf die Bezugsebene projiziert werden oder Fassaden weitestgehend ohne den Einsatz von Gerüsten oder Hubsteigern händisch erfasst werden.

Bandmaß

Das Bandmaß dient zur Längenmessung, ist heute weitestgehend durch das Laserdistanzmessgerät abgelöst. Es hat nur noch da Vorteile, wo die Sichtverhältnisse für eine Messung mit Laserstrahl ungeeignet sind.

Gliedermaßstab (Metermaß, Zollstock)

Der „Zollstock" ist nach wie vor eines der wichtigsten Werkzeuge bei der geometrischen Erfassung. Kaum ein anderes Verfahren ist z. B. bei der Überprüfung von Querschnitten von Stützen, Sparren, Pfetten, also allen Bauteilen mit relativ geringen Abmessungen (bis ca. 60 cm), effizienter.

Schieblehre

Zur genauen Erfassung der Querschnitte von Rohren, Metallprofilen und Ähnlichem liefert eine Schieblehre Werte mit einer Genauigkeit von zehntel bis sogar hundertstel Millimetern.

3.3.2 Laserdistanzmessgerät

Das Laserdistanzmessgerät ist ein universales Arbeitsinstrument für Planungsbüros, die sich mit dem Thema „Planen und Bauen im Bestand" beschäftigen.

Laser steht für **light amplification by stimulated emission of radiation** (Lichtverstärkung durch induzierte Emission). Durch die Energiezufuhr (Pumpen) werden Lichtteilchen in einem Laser auf ein hohes Energieniveau gebracht, so dass bei dem Übergang auf ein geringeres Energieniveau weitere Lichtteilchen angeregt werden. Durch Spiegel werden die Lichtteilchen immer wieder durch das zur Lichterzeugung notwendige aktive Medium geschickt. Hierbei ge-

3

Bild 3-8   Laserdistanzmessgerät

winnt der Strahl an Intensität. Einer der Spiegel (Auskoppelspiegel) weist eine geringe Durchlässigkeit für das Laserlicht auf. So können Laserstrahlen emittiert werden. Die Strahlung besitzt eine hohe Parallelität und ist gut zu fokussieren (keine Streuung).[58]

Trifft nun ein solcher energiereicher Strahl auf ein Messobjekt, werden Strahlen mit veränderten Eigenschaften reflektiert. Die Reflexionen der so erzeugten Strahlung treffen auf einen Detektor. Durch Laufzeitmessung kann der Abstand vom Detektor zum Messobjekt festgestellt werden.[59]

Laserdistanzmessgeräte nutzen die oben beschriebene Technologie für Streckenmessungen. Über eine „Dauermessfunktion", bei der in kurzer Folge Messungen ausgelöst werden, lassen sich, je nach Einstellung am Gerät, die Minimal- oder Maximalwerte einer Messung anzeigen, bei der nicht nur der gewünschte Punkt, sondern auch um diesen Punkt herum gemessen wird. Dazu wird das Laserdistanzmessgerät leicht geschwenkt, bleibt aber mit der Hinterkante stets an der gleichen Stelle. Die minimale Streckenmessung wird z. B. bei der Ermittlung der lichten Höhe eines Raumes benötigt, die Maximale bei der Ermittlung der Raumdiagonalen. Weitere Funktionen sind die Ermittlung von Rauminhalten, Flächen oder die indirekte Höhenmessung über den Satz des Pythagoras. Mit Neigungsmesser ausgestattete Geräte benötigen für die indirekte Höhenmessung noch nicht einmal eine Messung mit rechten Winkeln.

Teilweise sind die Geräte mit einer Bluetooth - Schnittstelle ausgestattet. Hiermit können die Messdaten in eine Tabellenkalkulation oder mit der geeigneten Softwareunterstützung in CAD-Programme übertragen werden. Die Reichweite beträgt je nach Gerät und Oberflächenbeschaffenheit des Messobjektes 30–200 m.

3.3.3 Tachymeter/EDV-gestützte tachymetrische Verfahren

Tachymeter bedeutet aus dem Griechischen übersetzt soviel wie „Schnellmesser". Dies ist damit begründet, dass das Tachymeter als erstes Gerät den Winkel und die Distanz von Messpunkten zum Aufnahmegerät gleichzeitig messen konnte. Die Koordinaten eines Messpunktes werden somit in einem Messvorgang ermittelt.

---

[58] Vgl. Pepperl, Rüdiger: *Optische Abstandsmessung*, Vulkan-Verlag, Essen 1993, S. 6

[59] Vgl. Czarske, Jürgen: *Laserinterferometrische Sensoren*, expert Verlag, Renningen 2005, S. 1–4

Bild 3-9 Tachymeter   **Bild 3-10** Direkte Bearbeitung der Messdaten im CAD

3

Eine solche Messaufgabe musste vorher in zwei Arbeitsschritte aufgeteilt werden, die Winkelmessung z. B. mit einem Theodolith und Distanzmessung beispielsweise mit einem Maßband. Die Koordinaten der Messpunkte wurden anschließend mit einem programmierbaren Taschenrechner ermittelt. Vor 20 Jahren war dieses Verfahren bei der Bauaufnahme durchaus noch Stand der Technik.

Die Distanzmessung der ersten Tachymeter erfolgte ausschließlich durch das Messen auf ein Glasprisma. Das Gerät sendet Infrarotwellen aus, diese werden von dem Glasprisma reflektiert. Durch Messung der Laufzeit kann die Distanz zwischen Strahlungsquelle und Reflektor bestimmt werden. Die heute eingesetzten Tachymeter verfügen zusätzlich über die Funktion reflektorlos mit Laserstrahl zu messen. Auch hier wird wieder die Laufzeit von der Sendung bis zum Empfang des reflektierten Lasers gemessen, jedoch wird für den energiereichen Laserstrahl kein besonderer Reflektor benötigt. Der Messpunkt wird direkt auf dem anvisierten Objekt gemessen. So können zum einen Messungen von einer einzigen Person durchgeführt werden, zum anderen auch Bauteile relativ problemlos gemessen werden, die mit einem Reflektor schwer zu erreichen sind, z. B. das Dachtragwerk in einer Halle.

Die Reichweite einer tachymetrischen Distanzmessung mit Laser ist nicht so hoch wie bei einer Messung mit Infrarot, jedoch ist sie für die Bauaufnahme in der Regel ausreichend. Die tatsächliche Reichweite ist geräteabhängig.

Wichtige Faktoren sind:

- **Intensität des Laserstrahls**: Man unterscheidet verschiedene Laserklassen. Die Klassifizierung von Laserstrahlung ist in der Unfallverhütungsvorschrift „Laserstrahlung" und in der DIN EN 60825-1 festgelegt. Mit der Fassung vom November 2001 wurden die Laserklassen gegenüber der davor gültigen Norm stark überarbeitet. Neue Geräte mussten ab 2004 nach der überarbeiteten Fassung klassifiziert werden. Eine Neuklassifizierung von Altgeräten ist nicht erforderlich. Die Arbeitsschutzrichtlinien sind zu beachten, ab Laserklasse 3R sind relativ aufwendige Schutzmaßnahmen erforderlich.

- **Oberflächenbeschaffenheit** des Materials, welches den Strahl reflektieren soll: Raue und dunkle Oberflächen „schlucken" den Laserstrahl, die Reichweite wird geringer.

- **Messverfahren**: Man unterscheidet das Impulsmessverfahren (Laufzeitmessung eines ausgesandten und reflektierten Impulses, hohe Reichweite) und das Phasenmessverfahren (Laufzeitmessung zwischen dem ausgesandten Signal (hochfrequentes, sichtbares oder naheinfrarotes Licht) und dem empfangenen Signal (die Modulationswelle ist niederfrequent) – Phasenverschiebung. Die Laufzeitmessung erfolgt hier mehrfach (bis zu einigen tausend Vorgängen) für eine Distanzmessung (hohe Genauigkeit).

- **Messbedingungen**: Starke Sonneneinstrahlung, aber auch Regen und Nebel führen zu geringerer Reichweite oder sogar Fehlmessungen. Laub oder Spinnweben, die einen Teil des Laserstrahles schon vor dem Auftreffen auf den zu messenden Punkt reflektieren, führen ebenfalls zu Fehlmessungen. Unter solchen Umweltbedingungen kann es ratsam sein, infrarot auf einen Prismenspiegel zu messen, da es hier nicht zu Fehlmessungen kommen kann. Entweder wird der Messstrahl vom Prismenspiegel reflektiert oder es gibt gar keine Messung. Teilweise abgelenkte Messstrahlen kommen hierbei nicht vor. Das Anzielen des Messobjektes unter sehr spitzem Winkel ist ebenso als problematisch einzuschätzen.

- **Qualität der eingesetzten Geräteoptik**

Bei Messungen mit dem Laserstrahl ist zu beachten, dass der Messkegel vollkommen auf dem zu messenden Objekt liegt und nicht teilweise, z. B. durch das Anzielen einer Gebäudeecke im Unendlichen. In einigen Tachymetern sind bereits Funktionen implementiert, die Fehlmessungen durch einen teilweise abgelenkten Messstrahl verhindern.

CAD gestützte tachymetrische Messverfahren

Eine für das Gebäudeaufmaß gut geeignete Ergänzung des Tachymeters ist die Verbindung des Messgerätes mit einem CAD-Programm. Durch eine Softwareapplikation werden die Messdaten online in einem CAD Programm verarbeitet. Es ist somit möglich mit Laptop und Tachymeter vor Ort die Geometrie in eine CAD Zeichnung zu übertragen (vgl. Bild 3-10).

Eine Weiterentwicklung tachymetrischer Verfahren besteht in der Verbindung von Tachymetrie und Digitalfotografie. Hierbei werden gleichzeitig mit der Messung von den gemessenen Punkten mittels eingebauter Kameras Digitalbilder erstellt und der gemessene Punkt kann somit leicht identifiziert werden.

3.3.4 Einbild- und Stereofotogrammetrie

Bei der Fotogrammetrie handelt es sich um ein indirektes Messverfahren, bei dem nicht der Bau unmittelbar, sondern sein Abbild in Form eines Fotos vermessen wird.

In Deutschland wurde die Fotogrammetrie von Albert Meydenbauer (1834–1921) entwickelt. Als junger preußischer Regierungsbauführer war Meydenbauer beauftragt worden, zeichnerische Bestandsaufnahmen des Wetzlarer Doms anzufertigen, wobei er im September 1858 aus dem Hängekorb, den er anstelle eines Gerüstes verwendete, beinahe abgestürzt wäre. Dieser Vorfall war für ihn der Anlass, sich Gedanken über eine ungefährlichere Aufmaßmethode auf der Grundlage der bereits populär gewordenen Fotografie zu machen.

Bild 3-11   Zuordnung von Passpunkten zu verzerrten Digitalfotos

„Beim Hinabsteigen kam mir der Gedanke: Kann das Messen von Hand nicht durch Umkehren des perspektivischen Sehens, das durch das photographische Bild festgehalten wird, ersetzt werden? Dieser Gedanke, der die persönliche Mühe und Gefahr beim Aufmessen von Bauwerken ausschloss, war der Vater des Messbild-Verfahrens!"[60]

Man unterscheidet die Einbildfotogrammetrie (Einbildauswertung oder auch -entzerrung) und Stereofotogrammetrie (Mehrbildauswertung). Bereits Meydenbauer ist von seinem Verfahren der Einzelbildauswertung durch Umkehrung der Zentralperspektive zur Mehrbildauswertung gekommen.

Die **Stereofotogrammetrie** (Zweibildfotogrammetrie) ist eine fotogrammetrische Methode, die auch dreidimensionale Objekte, wie sie bereits eine Fassade mit plastischem Stuck oder einem vorspringenden Erker darstellt, exakt abbilden kann.

Grundlage einer stereofotogrammetrischen Bestandsaufnahme ist eine geodätische Passpunktbestimmung. Die Passpunkte werden am Gebäude angebracht und eingemessen. Wo dies nicht möglich ist, werden die Koordinaten von markanten Objektpunkten bestimmt. Danach wird das Objekt von zwei Standpunkten aus fotografiert.

Bis zur Einführung der digitalen Fotografie waren für diese Aufnahmen Messkammern erforderlich, die Großformataufnahmen auf Planfilm lieferten. Messkammern sind spezielle Fotoaufnahmegeräte, deren optische Fehler genau bekannt sind und die Einrichtungen zur Optimierung der Filmplanlage besitzen. Das damalige analoge Auswerten der Aufnahmen bedeutete einen relativ hohen Einsatz an Gerätschaft und Arbeitszeit.

Durch Digitalkameras und Auswertung am Rechner mit entsprechender Software wird der Aufwand reduziert. Digitalkameras für die Mehrbildauswertung haben speziell gefertigte, bildverarbeitende Chips. Diese sind besonders plan und der Abstand zum Fokus (sogenannte

---

[60] A. Meydenbauer, zitiert nach Knopp, Gisbert: *Bauforschung: Dokumentation und Auswertung*, Rheinland-Verlag, Köln 1992, S. 59

Kamerakonstante) ist genau vermessen. Prinzipiell läuft jedoch der gleiche Vorgang wie zu analogen Zeiten ab.

Durch Zuweisen der Koordinaten der auf beiden Fotos erkennbaren Passpunkte wird die jeweilige Kameraposition zum Objekt bestimmt. Durch Umkehren des perspektivischen Sehens (A. Meydenbauer s. o.) kann in den Bildern gemessen werden. Jede Kante, Linie etc. des Messobjektes wird in beiden Aufnahmen identifiziert und nachgezeichnet, so entsteht ein dreidimensionales Abbild des Messobjektes im CAD.

Die **Einbildfotogrammetrie** ist wesentlich leichter zu handhaben. Das Verfahren eignet sich zwar nicht für die Darstellung dreidimensionaler Objekte, jedoch gut für die Erfassung ebener Flächen wie z. B. Gebäudefassaden. Durch Entzerrung von Digitalfotografien wird ein maßstäbliches Bild errechnet.

Hierzu werden entweder eingemessene Passpunkte oder mindestens zwei bekannte Strecken auf der Fassade benötigt. Das Foto kann mit einer handelsüblichen Digitalkamera mit möglichst hoher Auflösung aufgenommen werden. Das maßstäbliche Bild wird in einem CAD-Programm hinterlegt und nachgezeichnet.

Bild 3-12   Einbildfotogrammetrie – zusammengesetztes und entzerrtes Bild

3.3.5 3D-Laserscanner

Für die Bauaufnahme eingesetzte Laserscanner nutzen gleiche Messprinzipien wie ein Laserdistanzmessgerät oder ein reflektorlos messendes Tachymeter. Bei dem Scannvorgang werden jedoch nicht einzeln bewusst ausgewählte Punkte erfasst, sondern das zu messende Objekt wird als Ganzes in engen Vertikal- und Horizontalschritten abgetastet. Man erhält somit eine sehr hohe Informationsdichte. Man unterscheidet Kamerascanner (Scannen eines Ausschnittes des Vertikalkreises) und Panoramascanner (Scannen von nahezu gesamtem Vertikal- und Horizontalkreis).

Bild 3-13   Kamerascanner (GS Mensi 200)   **Bild 3-14**   Panoramascanner (Faro Photon 80)

3

Kamerascanner werden eher im Außenbereich eingesetzt (z. B. Erfassung von Industrieanlagen). Um Innenräume in Gebäuden zu scannen, bieten sich Panoramascanner an. Die Reichweiten bewegen sich zur Zeit zwischen 32 und 350 m. Die Entwicklungen der Hardware auf dem Gebiet Laserscanning verlief in den letzten zehn Jahren in sehr großen Sprüngen. Nun scheint hier ein hohes Niveau erreicht zu sein, welches unter den Gesichtspunkten Reichweite und Genauigkeit nur noch kleinere Entwicklungsschritte durchläuft.

Allerdings ist auf dem Gebiet der Software zur weiteren Datenverarbeitung noch hoher Entwicklungsbedarf zu erkennen. Neben den hohen Anschaffungskosten ist das Handling der hohen Datenmengen derzeit noch als nachteilig für den Einsatz des 3D-Laserscanners zu betrachten. Auch sind bei Geräten, die mit einem Laser der Kategorie 3R ausgestattet sind, Sicherheitsvorkehrungen während des Messvorganges zu beachten. Abhängig von den Geräteeinstellungen darf sich dann in einem Abstand von ca. 5–15 m um das Gerät herum keine Person ohne Laserschutzbrille aufhalten.

Der unbestreitbare Vorteil eines Laserscanners besteht jedoch darin, selbst komplizierte Geometrien mit hoher Genauigkeit und relativ kurzer Verweildauer vor Ort erfassen zu können.[61]

---

[61] Weitere Informationen findet man in Luhmann, Thomas/ Müller, Christina (Hrsg.): *Photogrammetrie Laserscanning Optische 3D-Messtechnik*, Herbert Wichmann Verlag, Heidelberg 2007

Bild 3-15   Scan eines alten Segelschiffes (Quelle: *InKA*)

3.3.6 Hilfsmittel

Wasserwaage mit Neigungsanzeige

Eine Wasserwaage mit Neigungsanzeige eignet sich gut zur Erfassung der Dachneigung bei weniger anspruchsvollen Bauaufnahmen sowie einer ersten Überprüfung von Schiefstellungen von Bauteilen wie Stützen und Wänden.

Rotationslaser

Rotationslaser werden Geräte genannt, die durch eine rotierende Optik einen Laserstrahl in eine horizontale Ebene ablenken. Die Geräte sind einfach zu bedienen, in der Regel sind sie selbstnivellierend. Häufig werden sichtbare Laser der Laserklasse 2 verwendet. Je nach Geschwindigkeit des Rotationskörpers erscheint, der horizontale Laserstrahl an der Wand als durchgehende Linie.

Durch die so geschaffene Bezugsebene können Höhen ermittelt werden (Nivellement), die Messebene definiert oder das Anbringen von Messpunktmarkierungen auf durchgehend gleicher Höhe gewährleistet werden.

Bild 3-16   Digitale Wasserwaage   **Bild 3-17**   Rotationslaser

Bei der Verwendung von unsichtbaren Laserstrahlen oder großen Entfernungen zum Rotationslaser markieren Laserempfänger die Laserebene durch optische oder akustische Signale. Durch Kippen des Rotationslasers um 90° kann auch eine vertikale Bezugsebene geschaffen werden. Diese eignet sich besonders bei der Erstellung eines Gebäudeschnittes.

Winkelmesser

Winkelmessgeräte mit digitaler Anzeige und integrierter Wasserwaage ermöglichen z. B. das Überprüfen der Rechtwinkligkeit von Wänden, aber auch der Neigung von Dachflächen.

3.4 Messgeräte und -methoden zur Erfassung der bautechnischen Eigenschaften des Bestandes

3.4.1 Untersuchungen ohne technische Hilfsmittel

Viele Schäden sowie weitere Eigenschaften von Tragwerken, lassen sich durch genaues Hinsehen und dem Wissen um die Schadensbilder feststellen. Unterstützt wird dieses genaue Hinsehen durch Lupe oder Fernglas. Für die Beeinträchtigung von Tragelementen relevante Schiefstellungen, Risse, Korrosion, tierische oder pflanzliche Schädlinge usw. lassen sich in vielen Fällen durch die visuelle Überprüfung erkennen. Mit der Digitalkamera werden die so gewonnenen Informationen leicht dokumentiert.

3.4.1.1 Klopf-/Horchtechnik

Die Geräusche, die beim Klopfen auf Elementen eines Holztragwerkes mittels Fingerknöchel oder Zimmermannshammer entstehen, geben Auskunft über eine eventuelle Beeinträchtigung der Tragfähigkeit. Dabei weist ein heller Schall auf gesunde Beschaffenheit des Holzes und ein eher dumpfer Schall auf stockige oder faule Stellen hin.

Ein brummender Ton kann auf Druckbelastung hinweisen. Auch bei anderen Baustoffen (z. B. Mauerwerk) kann man durch Klopfen massive von nicht massiven Wänden unterscheiden oder Hohlräume aufspüren.

Lehmgefache klingen beispielsweise sehr dumpf, dünne Wände aus Mauerwerk oder Beton klingen hell und haben eine längere Nachhallzeit.[62]

Durch Klopfen erhält man Aufschluss über Befestigungspunkte von Dielenböden. Falls die Dielen direkt auf den Deckenbalken liegen, kann man so den Abstand der Balken untereinander feststellen. Klopfen oder Entlangfahren mit einem Draht an einer Sichtbetonfassade offenbart Hohlstellen im Beton.

3.4.1.2 Springen

Durch Springen auf einer Geschossdecke und der Beobachtung des anschließenden Schwingungsverhalten des Bauteils können Rückschlüsse auf die Materialität gezogen werden. Grob vereinfachend kann man festhalten:

Schwingungen Holzbalkendecke > Schwingungen Eisenträgerdecke > Schwingungen Betondecke

3.4.1.3 Fühlen/Riechen

Um ein Gebäude zu begreifen, müssen alle Sinne zu Rate gezogen werden. Die Berührung eines Materials kann den ersten visuellen Eindruck bestätigen oder in Frage stellen.

Feuchtigkeit in der Luft oder auf Baustoffen können wir mit unseren Sinnesorganen wahrnehmen. Der Geruch innerhalb von Gebäuden kann bei modriger Ausprägung auf Feuchtigkeit, evtl. sogar Pilzbefall hinweisen. Fortgeschrittener Befall mit Echtem Hausschwamm verbreitet beispielsweise einen nussähnlichen Geruch.

3.4.1.4 Überprüfung von Holzbauteilen mit Zimmermannshammer

Durch Einschlagen der Hammerspitze in Holzbauteile wird festgestellt, ob Schäden kurz unter der Bauteiloberfläche vorliegen. Mit dem Zimmermannshammer können offensichtlich beschädigte Holzbauteile zur Feststellung von Insektenfraßgängen und der Bestimmung der Eindringtiefe von Holz zerstörenden Pilzen und deren Ausbreitungsrichtung geöffnet werden.

---

[62] Vgl.: Mönck, Willi: *Schäden an Holzkonstruktionen*, 3. Aufl., Verlag Bauwesen, Berlin 1999, S. 65

3.4.2 Messgeräte und Methoden zur Untersuchung vor Ort

3.4.2.1 Bewehrungssuchgerät

Dieses Gerät wird hauptsächlich zur Überprüfung der Betonüberdeckung und der Bewehrungsortung im Stahlbetonbau eingesetzt. Mit einem Bewehrungssuchgerät wird durch das sogenannte Wirbelstrom-Prinzip in Verbindung mit dem Bewehrungsstahl im Stahlbeton ein induziertes magnetisches Feld erzeugt. Je näher der Stahl an der Oberfläche liegt oder je größer der Bewehrungsdurchmesser umso größer ist das von der Sonde zu empfangende Signal.

Das Verfahren ist zerstörungsfrei, schnell zu erlernen sowie leicht zu handhaben. Bei kreativem Einsatz lassen sich mit diesem Verfahren nicht nur Stahlbetontragwerke untersuchen. Der Balkenabstand einer von unten verputzten Holzbalkendecke ist normalerweise nicht mit einem magnetischen Verfahren festzustellen. Da die in alten Konstruktionen verbauten Spalierlatten, welche dem unterseitigen Lehmputz den nötigen Halt verschafften, aber unter die Balken genagelt wurden, lässt sich dennoch durch Ortung dieser Nägel der Balkenabstand bestimmen.

Bild 3-18   Bewehrungssuchgerät

Bild 3-19
Einsatz eines Bewehrungssuchgerätes
bei der Untersuchung eines Ringbalkens

3.4.2.2 Endoskopie, Videoskopie

Endoskope ermöglichen das Einsehen von schwer zugänglichen Hohlräumen. Die Geräte sind mit einer Lichtquelle, einem optischen Leiter und einer Optik zur Fokussierung ausgestattet. Man unterscheidet starre (hier ist der optische Leiter ein fester Glaskörper) und flexible Endoskope, bei denen das Bild über Glasfaserkabel von der Spitze des Endoskopes zur Optik weitergeleitet wird. Die Anzahl der Glasfaserkabel ergeben die Auflösung des Bildes.

Endoskope mit Bildausgang (Videoskope) ermöglichen die digitale Dokumentation des erfassten Bildes.

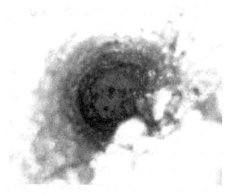

Bild 3-20
Untersuchung eines Hohlraumes in einer
Balkendecke mit einem flexiblen Endoskop

Bild 3-21
Aufnahme Videoskop in einem Bohrloch

3.4.2.3 Ermittlung der Karbonatisierung vor Ort

Mit Hammer oder Meißel werden an geeigneter Stelle ein Stück der Betonoberfläche abgeschlagen. Die frische Bruchstelle wird mit einer Phenolphtalein-Lösung besprüht. Erfolgt ein sofortiger Farbumschlag der wässrigen Lösung (pink, rot-violett) sind ausreichend Hydroxidionen vorhanden. Das bedeutet, der Schutz der Stahlbewehrung ist aufgrund der hoch alkalischen Umgebung gewährleistet (vgl. Kap. 3.5.3 Karbonatisierung).

Dieses Verfahren führt jedoch oft nicht zu befriedigenden Ergebnissen. Über die Tiefe einer beginnenden Karbonatisierung wird daher nicht viel ausgesagt. Eine Überprüfung an Bohrkernen liefert hier genauere Ergebnisse.

3.4.2.4 Feuchtemessung

CM-Messung

Dieses Verfahren eignet sich gut zur Messung der Feuchte in mineralischen Baustoffen vor Ort und ist als zerstörungsarm einzustufen. Eine Probe des zu messenden Materials wird in einem Mörser zerstoßen, abgewogen (10, 20 oder 50g) und zusammen mit einer Calciumcarbidkapsel sowie drei unterschiedlich großer Stahlkugeln in eine druckfest zu verschließende Edelstahlflasche eingebracht. Durch Schütteln wird die Calciumcarbidkapsel zerstört und kann mit dem im Baustoff vorhandenen Wasser zu Acetylen reagieren. Das im Verschluss angebrachte Manometer zeigt nach vorgeschriebener Wartezeit den in der Flasche entstandenen Gasdruck.

Über Tabellen oder weitere Skalen auf dem Manometer lässt sich nun der Feuchtegehalt des Baustoffs bestimmen.[63]

---

[63] Vgl. Hankammer, Gunter: *Schäden an Gebäuden*, Verlagsgesellschaft Rudolf Müller, Köln 2004, S. 378 f

Bild 3-22
Entnahmestelle und CM Messgerät

Bild 3-23
Über den angezeigten Gasdruck lässt sich
die Feuchte ermitteln

3

Bild 3-24 Dielektrizitätsmessung

Dielektrizitätsmessung

Mit dem Dielektrizitätsmessgerät wird durch Aufbauen eines elektrischen Feldes die Oberflä-
chenfeuchte von Baustoffen ermittelt. Das Messfeld bildet sich zwischen dem Kugelkopf des
Messgerätes und der damit berührten zu untersuchenden Untergrundmasse aus.

Die Veränderung des elektrischen Feldes durch Material und Feuchte wird detektiert und angezeigt. Die angezeigten Werte sind hierbei keine absoluten Angaben, sondern geben lediglich Feuchtetrends für die untersuchten Bauteile an. Eine Umrechnung durch Tabellen in Gewichtsprozente ist nach Herstellerangaben möglich.[64]

Messung des elektronischen Widerstandes

Die Bestimmung der Feuchte über die elektrische Leitfähigkeit ist eine einfach zu handhabende Methode. Besonders geeignet ist sie für die Feuchtebestimmung von Holzbauteilen, da hier das Messergebnis beeinflussende Salze weniger oft vorkommen als bei der Messung an mineralischen Bauteilen. Zwei Elektroden werden mit bestimmten Abstand in das Holz eingeschlagen und mit einem Messgerät die elektrische Leitfähigkeit des feuchten Holzes gemessen. Anhand der Widerstandsänderung bei erhöhter Holzfeuchte wird bei diesem Verfahren relativ genau die Holzfeuchte direkt vor Ort bestimmt.

Die Holzfeuchte ist bedeutend für die Festigkeit des Holzes, d. h. wenn die Holzfeuchte u = 18M % übersteigt, müssen die Rechenwerte für zulässige Spannungen um 1/6 reduziert werden, da es zu Schwindrissen durch wechselnde Feuchteänderungen kommen kann. Diese Schwindrisse beeinflussen allerdings kaum die Tragfähigkeit des Holzes. Die größte Gefahr, die bei einer zu hohen Holzfeuchte besteht, liegt im Befall durch Holz schädigende Pilze. Übersteigt die Holzfeuchte langfristig 20M % muss (nach DIN 68800) mit dem Befall von holzschädigenden Pilzen gerechnet werden.[65]

3.4.2.5 Schmidthammer

Die zerstörungsfreie Überprüfung der Druckfestigkeit von Beton wird in der DIN 1045 Teil 2 unter Verwendung des Rückprallhammers nach E. Schmidt beschrieben. Vor jeder Messung muss der Rückprallhammer an einem Prüfamboss kontrolliert und falls notwendig justiert werden. Mit dem Rückprallhammer wird ein über eine Feder vorgespanntes Schlaggewicht gegen die Betonoberfläche mit einer definierten Geschwindigkeit geschlagen. Gemessen wird der Rückprallwert in Skalenteilen. Je größer die Betondruckfestigkeit ist, desto höher ist der Skalenwert. Die DIN sieht für nicht waagerechte Messungen Korrekturwerte vor, da der Einfluss der Schwerkraft auf den Rückprallwert zu berücksichtigen ist. Messungen sind nur bei Temperaturen zwischen 10 °C und 30 °C zulässig. Unterhalb einer Dicke von 10 cm sind Messungen an Bauteilen nicht zugelassen, da der Einfluss der Eigenschwingung das Messergebnis zu sehr verfälscht. Ausgeschlossen werden nach DIN 1045 Teil 2 Betonflächen, die durch chemischen Angriff, Feuer oder Frost beschädigt worden sind. Für jede Messstelle werden zehn Schläge auf einer Fläche von 200 cm² angesetzt, wobei darauf zu achten ist, dass man keine großen Zuschlagskörner trifft. Oberflächliche Schichten wie Anstriche oder pflanzlicher Bewuchs sind vor der Prüfung zu entfernen und bei zu rauer Oberfläche gegebenenfalls zu schleifen. An der jeweiligen Messstelle wird das arithmetische Mittel Rm aus den Skalenwerten R errechnet. Die Gesamtanordnung der Messstellen soll für den gesamten Prüfbereich repräsentativ sein. Gemäß des Entwurfes zu der EN 13791 ist es möglich, mit Hilfe einer Bezugsgeraden eine Beziehung zwischen diesen Messungen und den Betondruckfestigkeiten gemessen an Probekörpern herzustellen.

---

[64] Vgl. Cziesielski, Erich (Hrsg.): *Lufsky Bauwerksabdichtung*, 5.Aufl., B.G. Teubner, Stuttgart/ Leipzig/Wiesbaden 2001, S. 383

[65] Vgl. Erler, Klaus: *Alte Holzbauwerke*, Verlag für Bauwesen, Berlin 1993, S. 37 ff

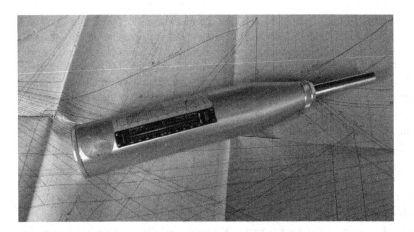

Bild 3-25   Schmidthammer

3.4.2.6 Thermografie

Mit Thermogrammen können sowohl bauphysikalische Eigenschaften eines Gebäudes untersucht als auch Informationen über verborgene Konstruktionen gewonnen werden. Die Thermografie ist ein Bild gebendes, berührungsloses und apparatives Verfahren, um die im Grunde für das menschliche Auge nicht zu erfassende Wärmestrahlung von Gegenständen sichtbar zu machen. Dabei wird die physikalische Eigenschaft eines realen Körpers, der mit seiner Temperatur über dem absoluten Nullpunkt von -273,15 °C (0 Kelvin) eine Eigenstrahlung in Form von elektromagnetischen Wellen ausstrahlt, genutzt.[66]

3

Bild 3-26   Ortung eines Betonsturzes im Thermogramm

---

[66]   Vgl. Fouad, Nabil A./Richter, Torsten: *Leitfaden Thermografie im Bauwesen. Theorie, Anwendungsbeispiele, praktische Umsetzung*, Fraunhofer IRB Verlag, Stuttgart 2006, S. 10

Die sogenannte Infrarotstrahlung erstreckt sich im Bereich von der Wellenlängen von $\lambda = 0,78$ µm bis 1000 µm. Das für das menschliche Auge sichtbare optische elektromagnetische Spektrum, das sogenannte sichtbare Licht, liegt im Bereich von $\lambda = 0,4$ µm bis 0,78 µm. Für die Thermografie und die messtechnische Temperaturerfassung ist die Infrarotstrahlung (IR) bis zu den Wellenlängenbereichen von 20µm besonders interessant, da in diesem Bereich des elektromagnetischen Spektrums die Wärmestrahlung am intensivsten emittiert wird.

Die Bauthermografie nutzt infolge der wellenlängenabhängigen Dämpfung der IR-Strahlung in der Atmosphäre die Wellenlängenbereiche von $\lambda = 3$ µm bis 5 µm und $\lambda = 8$ µm bis 14 µm.

Die Strahlungseigenschaft eines Gegenstandes wird durch den Emissionsgrad seiner Oberfläche und der ausgesandten Wellenlänge charakterisiert. Zur Bewertung der Strahlungseigenschaft wird das physikalische Modell des Schwarzen Strahlers herangezogen. Der Schwarze Strahler, als idealer schwarzer Körper, zeichnet sich durch die größtmögliche Intensität der ausgesandten Strahlung im Vergleich mit anderen Körpern gleicher Temperatur aus.

Für die Betrachtung der Emissionszahl eines realen Körpers wird die Strahlungsemission auf den maximalen konstanten Wert des Schwarzen Strahlers bezogen und ist abhängig von der einfallenden Wellenlänge. Folgende wesentliche Parameter auf die ausgesandte Strahlung des realen Körpers sind außerdem Einfluss nehmend: Die Materialzusammensetzung, die Rautiefe der Oberfläche, die Temperatur, der Winkel zur Flächennormalen und die Oxidschicht der Oberfläche.

Viele nichtmetallische Stoffe weisen im langwelligen Spektralbereich (ab $\lambda = 8$ µm) unabhängig von ihrer Oberflächenbeschaffenheit und Farbe einen hohen und relativ konstanten Emissionsgrad auf. Diese Eigenschaft nutzt die Bauthermografie. Dies bedeutet, dass bei einer Thermografieaufnahme der Emissionsgrad nicht ständig neu eingestellt werden muss.

Metalle weisen in Abhängigkeit von ihrer Oberflächenbeschaffenheit niedrigere Emissionsgrade auf. Die Emissionsgrade des Baustoffes Glas zeigen eine Besonderheit. Der im sichtbaren Spektrum durchsichtige Baustoff zeigt ab Wellenlängen von ca. $\lambda = 5$ µm hohe Emissionsgrade und ist für Wellenlängen von $\lambda = 8$ bis 14 µm nicht durchlässig.

Möchte man die Oberflächentemperatur von Glas- oder Metallflächen gleichzeitig mit anderen Baustoffen bestimmen, kann man mit Hilfe eines Klebebandes (Malerkrepp), welches man auf die genannten Oberflächen klebt, den Emissionsgrad anderer Baustoffe „simulieren". Eine möglicherweise dämmende Wirkung des Kreppbandes besteht nicht.

Nicht nur die Oberflächeneigenschaften der Gegenstände spielen bei der Beurteilung von Wärmebildern eine Rolle, sondern auch der Einfluss der Atmosphäre als Übertragungsweg von Messobjekt zum Detektor der Kamera und der Hintergrund des thermografierten Objektes sind zu beachten. Wasserdampf (H_2O) und Kohlendioxid (CO_2) in der Luft bewirken eine Absorption der Strahlung.

Das Transmissionsverhalten der Luft ist abhängig von der Wellenlänge der Strahlung und zeigt im Bereich $\lambda = 8$ bis 14 µm eine relativ gute, konstante Durchlässigkeit. Diese Durchlässigkeit wird als „**atmosphärisches Fenster**" bezeichnet. Je weiter der Detektor der IR-Kamera vom thermografierten Gegenstand entfernt ist, desto weniger Strahlung wird aber grundsätzlich eingefangen.

Zusätzlich ist der Einfluss der Umgebungs- und Hintergrundstrahlung bei einer genauen Temperaturermittlung der Oberflächen durch Thermografie zu berücksichtigen.

3.4.3 Untersuchungsmethoden mit Unterstützung eines Baustofflabors

3.4.3.1 Ermittlung der Betondruckfestigkeit an Bohrkernen

Mit einem Kernbohrgerät, welches entweder an die Wand gedübelt oder mittels einer Ansaug-platte und Vakuum-Pumpe auf glatten Oberflächen befestigt wird, können Bohrkerne ent-nommen werden. Für Bohrungen über Kopf oder an höheren Stellen empfiehlt sich das Dübeln des Kernbohrgeräts, da die Vakuum-Pumpe durch unvorhergesehenen Stromausfall versagen könnte und eine Absturzgefahr bestünde. Für die Probenahme zur späteren Druckfestigkeitsbe-stimmung sind Kernbohrer mit einem Durchmesser von > 50 mm zu bevorzugen, da kleine Durchmesser eine größere Anzahl an Probekörpern erfordern. Ermittelte Druckfestigkeiten bei Durchmessern kleiner als 100 mm müssen mit einem Abminderungsfaktor versehen werden, um mit der entsprechenden Würfeldruckfestigkeit verglichen werden zu können. Bei der Pro-be-nahme ist darauf zu achten, dass der Bohrkern weitestgehend bewehrungsfrei ist. Besonders Bewehrungsstäbe in Längsrichtung zur Druckfestigkeitsprüfung beeinflussen das Ergebnis und sind nicht zu verwenden. Die Stellen der Probenahme müssen dokumentiert und die Bohrkerne zur späteren Auswertung beschriftet werden. Regelungen zur Druckfestigkeitsprüfung an Bohrkernen trifft die DIN 1045, die EN 13791 und die DIN 18999-15. Im Labor werden die aufbereiteten Proben bis zum Bruch belastet.

Bild 3-27   Bohrkernentnahme   **Bild 3-28** Belastung der Probe bis zum Bruch

3.4.3.2 Ermittlung der Steindruckfestigkeit an Steinproben

Die Druckfestigkeitsprüfung an künstlichen Steinen erfolgt entweder an Probewürfeln oder aufgemörtelten Steinhälften. Diese werden nach Vorbereitung gemäß DIN V 105-100:2005-10 bis zum Bruch belastet. Bei der Druckfestigkeitsprüfung an Probewürfeln ist der ermittelte Wert mit einem Faktor von 0,85 zu multiplizieren.

Bild 3-29   Druckfestigkeitsprüfung an aufgemörtelten Steinhälften

Bild 3-30   Probewürfel nach der Belastung

3.4.3.3 Ermittlung der Stahlzugfestigkeit

Über Zugversuche kann die Zugfestigkeit von Stahlwerkstoffen untersucht werden. Beide Enden der Stahlprobe werden in einen Prüfgerät eingespannt und das Probestück bis zum Versagen auf Zug beansprucht. Der Quotient aus eingesetzter Kraft und Querschnittsfläche ergibt die vorhandene Spannung.

Die Entnahme der Probestücke ist gut zu wählen, um unnötige Beschädigung des Tragwerkelementes zu verhindern. Hierbei muss man sich vergegenwärtigen, welche Aufgaben der Stahl im Stahlbeton erfüllt. Meist ist es die Übernahme der aus Biegung resultierenden Zugkräfte. Der untere Bewehrungsstahl eines Biegeträgers sollte beispielsweise möglichst nicht in Feldmitte, die obere Bewehrung nicht in Auflagernähe entnommen werden. Hier ist jedoch immer die tatsächliche Belastung und damit die Momentenlinie zu berücksichtigen. Bei Stahlträgern empfiehlt sich die Probenahme am Steg an einer Stelle geringer Querkraftbelastung (z. B. am Einfeldträger in Feldmitte).

Bild 3-31
Entnahmestelle einer Probe aus einem Stahlträger

Bild 3-28
Zugbelastung eines Bewehrungsstahls

3.4.3.4 Ermittlung der Karbonatisierungstiefe an Bohrkernen

Im Labor werden die getrockneten Probekörper gespalten und mit Phenolphtalein-Lösung besprüht. Nach 24 Stunden wird begutachtet, inwieweit Verfärbungen durch die Indikatorlösung vorhanden sind. Karbonatisierte Bereiche verfärben sich aufgrund ihres pH-Wertes nicht. Die mittlere Karbonatisierungstiefe kann so mittels eines Lineals abgelesen und fotografisch dokumentiert werden. Die Karbonatisierungstiefe sollte nicht sofort nach dem Bohren ermittelt werden, da alkalisches Bohrwasser aus nicht karbonatisierten Bereichen das Ergebnis verfälscht.[67] (Vgl. 3.4.2 Ermittlung der Karbonatisierung vor Ort.)

2a   2b   2c

Bild 3-33   In den dunkel gefärbten Bereichen liegt keine Karbonatisierung vor

---

[67]   Vgl. Reul, Horst: *Handbuch Bautenschutz und Bausanierung*, 4. Aufl., Verlagsgesellschaft Rudolf Müller, Köln 2001, S. 40

Weitere Methoden wie z. B. Dendrochronologie, Bohrwiderstandsmessung, Ultraschall, Röntgenverfahren, Belastung in situ, Mörtelanalysen, können der Fachliteratur oder den Erläuterungen der Bundesanstalt für Materialforschung in Berlin (BAM) entnommen werden.

3.5 Bauteilschäden

Bild 3-34   Schäden – die vorgesehen Funktion eines Gebäudes – ist beeinträchtigt

Zur Bestandsanalyse gehört zweifelsfrei eine Untersuchung der vorhandenen Konstruktion hinsichtlich möglicher Schäden.

Aus juristischer Sicht wird ein Schaden als ein unfreiwilliger Verlust an Rechtsgütern (= Ehre, Gesundheit, Körper, Vermögen,...) bezeichnet. Für den Baubereich wird dieser juristische Begriff mit der VDI Richtlinie 3822 Blatt 1 verdeutlicht. Hier werden Schäden als „Veränderungen an einem Bauteil, durch die seine vorgesehene Funktion wesentlich beeinträchtigt oder unmöglich gemacht wird"[68] bezeichnet. Die hier genannten Beeinträchtigungen der Funktion können unterschiedliche Ursachen haben:

1. **Bauschäden**: hier liegen die Ursachen im Baugeschehen, der Planung oder der Ausführung

2. **Beschädigungen**: verursacht von äußeren Einwirkungen

3. **Abnutzung**: verursacht durch Verschleiß und Alterung[69]

---

[68]   VDI Richtlinie 3822 Blatt 1 zitiert nach: Hankammer, Gunter: *Schäden an Gebäuden*, Verlagsgesellschaft Rudolf Müller, Köln 2004, S.23 ff

[69]   Vgl. Rybicki, Rudolf: *Bauschäden an Tragwerken – Teil 1 Mauerwerksbauten und Gründungen*, Werner-Verlag, Düsseldorf 1978, S.3 ff

Diese Unterteilung ist hilfreich, auch wenn eine vollkommen scharfe Trennung dieser Ursachen sicherlich nicht immer möglich ist. So stellt sich die Frage, ob das Korrodieren eines Bewehrungsstahles eine Abnutzung oder ein Planungsfehler ist, wenn die Betondeckung nicht ausreichend hoch gewählt war. Neuere Konstruktionen, besonders in Stahlbeton der 1960iger und 70iger Jahre, haben heute mit oben benannten Schäden zu kämpfen.

Die nachfolgend ausgeführten Schadensarten beziehen sich hauptsächlich auf die 2. und 3. Kategorie. Bei historischen Konstruktionen kann davon ausgegangen werden, dass die im Baugeschehen verursachte Beeinträchtigungen schon vor geraumer Zeit zu einem Schaden und daraufhin zur Behebung des Schadens oder zum frühzeitigen Verfall des Gebäudes geführt haben. Es werden die für Primärkonstruktionen gängigsten Materialien Holz, Mauerwerk, Stahl und Stahlbeton angesprochen.

Die Thematik „Schäden an Gebäuden" umfassend zu behandeln ist in dieser Veröffentlichung nicht möglich. Es sei daher auf die reichlich vorhandene Fachliteratur hingewiesen.[70]

3.5.1 Schäden an Holzkonstruktionen

Schäden an Holzkonstruktionen lassen sich nach fünf Schadensarten unterscheiden:

I.   biologische Einflüsse

II. chemische Einflüsse

III. mechanische Einflüsse

IV. bauphysikalische Einflüsse und Durchfeuchtung

V.   sonstige Einflüsse

Die Schadensarten I und IV sind hierbei in engem Zusammenhang zu sehen und machen den weitaus größten Anteil an Holzschädigungen aus. Daher werden nachfolgend hauptsächlich Schäden durch Pilze und Insekten behandelt.

Materialtypische Rissschäden sind der Schadensart V zuzuordnen und werden ebenfalls angesprochen. Neben den weiter behandelten Schadensarten sind wie bei jedem Material die Gesamtkonstruktion, Verbindungen, Auflager und Lasteinleitungen auf Schäden zu prüfen.

---

[70] Siehe z. B.: Rybicki, Rudolf: *Bauschäden an Tragwerken – Teil 1 Mauerwerksbauten und Gründungen*, Werner-Verlag, Düsseldorf 1978; Rybicki, Rudolf: *Bauschäden an Tragwerken – Teil 2 Beton- und Stahlbetonbauten*, Werner-Verlag, Düsseldorf 1979; Rau, Ottfried/Braune, Ute: *Der Altbau*, 5. Auflage, Verlagsanstalt Alexander Koch, Leinfelden-Echterdingen 1992; Erler, Klaus: *Alte Holzbauwerke*, Verlag für Bauwesen, Berlin 1993; Blaich, Jürgen: *Bauschäden Analyse und Vermeidung*, Fraunhofer IRB Verlag, Stuttgart 1999; Mönck, Willi: *Schäden an Holzkonstruktionen*, 3. Aufl., Verlag Bauwesen, Berlin 1999; Kempe, Klaus: *Dokumentation Holzschädlinge*, Verlag Bauwesen, Berlin 1999; Arendt, Claus/Seele, Jörg: *Feuchte und Salze in Gebäuden*, Verlagsanstalt Alexander Koch, Leinfelden-Echterdingen 2000; Lißner, Karin/Rug, Wolfgang: *Holzbausanierung*, Springer Verlag, Berlin Heidelberg 2000; Weiß, Björn/Wagenführ, André/Kruse, Kordula: *Beschreibung und Bestimmung von Bauholzpilzen*, DRW-Verlag, Leinfelden-Echterdingen 2000; Hankammer, Gunter: *Schäden an Gebäuden*, Verlagsgesellschaft Rudolf Müller, Köln 2004; Schadis Datenbank (http://www.irbdirekt.de/schadis/); Publikationsreihe „*Schadenfreies Bauen*", herausgegeben von G. Zimmermann, Fraunhofer IRB Verlag

Schäden an Holzkonstruktionen durch:

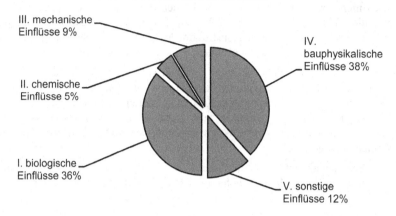

Bild 3-35   Häufigkeit von Schäden an Holzkonstruktionen[71]

3.5.1.1 Schäden durch Pilze

Pilze vermehren sich durch Sporen, die durch Wind verbreitet werden und dann unter günstigen Bedingungen, z. B. auf feuchtem Holz, zu keimen beginnen. Im Allgemeinen haben Pilze eine sehr hohe Keimfähigkeit, die auch durch extreme Witterungsverhältnisse nicht beeinträchtigt wird. Aus den Keimfäden entstehen feine Zellfäden, sog. **Hyphen**, die sich verzweigen und zu einem dichten Geflecht, dem Myzel, zusammenwachsen. Dabei wird nach **Substratmyzel**, das im Holzinneren wächst, **Oberflächenmyzel** und **Luftmyzel** unterschieden. Die Hyphenspitzen scheiden Fermente und Enzyme aus, die das Holz chemisch abbauen. Der Pilz lebt von diesen Abbauprodukten und entwickelt im fortgeschrittenen Alter einen **Fruchtkörper**. Das Holz ist also meist bei Sichtbarwerden des Fruchtkörpers bereits beträchtlich geschädigt. Die entscheidenden Faktoren für das Wachstum eines Pilzes sind Feuchtigkeit und Untergrund sowie Temperatur und Luftfeuchte. Eine geringe Rolle spielen Licht und Sauerstoffzufuhr.

Generell befallen Pilze nur feuchtes, weder trockenes noch wassergesättigtes Holz. Unter etwa 20 % Holzfeuchte haben die meisten Pilze keine Lebensgrundlage mehr.[72]

Weiterhin wird unterschieden zwischen **holzzerstörenden** und lediglich **holzverfärbenden** Pilzen, wie Bläuepilzen und Schimmelpilzen.

Holzverfärbende Pilze: Bläue

Bläuepilze bevorzugen Kiefernsplintholz, treten aber auch in Laubholz auf. Die mechanischen Eigenschaften des Holzes werden durch die Bläue kaum beeinträchtigt. Deshalb darf nach DIN 4074 von Bläue befallenes Holz grundsätzlich verwendet werden. Wächst der Bläuepilz aller-

---

[71]   Vgl. Lißner, Karin/Rug, Wolfgang: *Holzbausanierung*, Springer Verlag, Berlin Heidelberg 2000, S. 144

[72]   Kempe, Klaus: *Dokumentation Holzschädlinge*, Verlag Bauwesen, Berlin 1999, S. 78 ff

dings durch bestehende Lackschichten, kann Feuchtigkeit in das Bauteil eindringen, die dann die Voraussetzung für das Wachstum holzzerstörender Pilze bilden kann.

Holzzerstörende Pilze

Bei den holzzerstörenden Pilzen unterscheidet man nach den abgebauten Holzinhaltsstoffen in unterschiedliche Gruppen. Je nach Art des Zerstörungsbildes wird unterschieden nach:

- **Simultanfäule** (Weißfäule): Zellulose und Lignin werden zu etwa gleichen Teilen abgebaut. Da mehr Zellulose als Lignin vorhanden ist, entsteht die Weißfärbung des Holzes. Die Festigkeit des Holzes sinkt nach Befall sehr schnell.

- **Korrosionsfäule** (Weißfäule): Es wird nur Lignin abgebaut, daher entsteht die Weißfärbung.

- **Braunfäule**: Die weiße Zellulose wird abgebaut und herausgelöst, das braune Lignin bleibt übrig. Das Holz zerfällt würfelförmig mit Rissen längs und quer zur Faserrichtung. Die Festigkeit sinkt innerhalb weniger Wochen rapide.

- **Moderfäule**: Das Schadbild ähnelt dem der Braunfäule, die Oberfläche wird schmierig und weich, im letzten Stadium ist das Holz fast schwarz. Die Würfelbildung ist gegenüber der Braunfäule kleiner. Auslöser sind Mikropilze z. B. Ascomyceten oder Chaetomium-Arten. Ein Befall ist von Außen erst sehr spät erkennbar. Von Moderfäule befallenes Holz ist sehr weich und kann mühelos eingedrückt werden.

Exemplarisch für die Vielzahl holzzerstörender Pilze sei hier das Schadensbild des Echten Hausschwamms beschrieben.[73]

3

Echter Hausschwamm

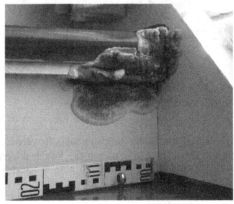

Bild 3-36
Fruchtkörper des Echten Hausschwammes
wächst durch eine Treppe

Bild 3-37
Nahaufnahme

---

[73] weitere Ausführungen: Kempe, Klaus: *Dokumentation Holzschädlinge*, Verlag Bauwesen, Berlin 1999; Weiß, Björn/Wagenführ, André/Kruse, Kordula: *Beschreibung und Bestimmung von Bauholzpilzen*, DRW-Verlag, Leinfelden-Echterdingen 2000

Der Hausschwamm gehört zu den holzzerstörenden Pilzen des Typs Braunfäule und erzeugt groben Würfelbruch. Das Myzel, das der Pilz ausbildet, ist ein weicher watteartiger Myzelrasen. Die Stränge sind silbrig grau, können mehrere Meter lang werden und auch Mauern durchwachsen. Im trockenen Zustand sind die Stränge spröde.

Der Fruchtkörper ist eine fleischig-zähe, ein bis zwei Zentimeter dicke rotbraune Masse. Die Form ist rund bis elliptisch mit weißem Wachstumsrand. Der Pilz entwickelt sich bei einer Holzfeuchtigkeit von 30–50 % und einer Temperatur von 18–22 °C, er übersteht aber auch deutlich kühlere oder wärmere Perioden zwischen 5–26 °C. Aufgrund der dort meist idealen Bedingungen tritt der echte Hausschwamm meist in feuchten, schlecht belüfteten Kellerräumen und Erdgeschossen auf. Dabei baut der Hausschwamm vorwiegend Zellulose ab. Der Hausschwamm ist der einzige Pilz, der nur zur Entstehung akut feuchtes Holz benötigt. Danach ist er in der Lage der Luft Wasser zu entziehen oder es über sein Myzel aus mehreren Metern Entfernung heran zu transportieren. Auch diese Eigenschaft macht die Bekämpfung des Pilzes sehr schwierig. Obwohl der Hausschwamm Mauerwerk durchwachsen kann, kann er es nicht zerstören, er kann allerdings durch Mauerwerk hindurch andere Hölzer infizieren und Wasser transportieren. Daher ist er in Deutschland der häufigste holzzerstörende Pilz in Gebäuden.[74]

Bild 3-38
Myzel des Echten Hausschwammes

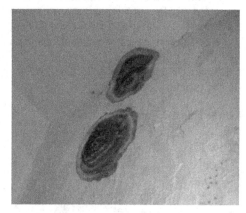

Bild 3-39
Durch Mauerwerk gewachsener Fruchtkörper

Bei Befall muss sehr rasch gehandelt werden, um das vollständige Versagen der Bauteile zu verhindern. Zunächst müssen die konstruktiven Mängel, die ein Eindringen von Feuchtigkeit in die Konstruktion ermöglicht haben, beseitigt werden. Ursache für die Feuchtigkeit können sein:

- Staunässe
- Kondenswasser
- aufsteigende Feuchtigkeit in Mauern

---

[74] Vgl. Kempe, Klaus: *Dokumentation Holzschädlinge*, Verlag Bauwesen, Berlin 1999, S.120 ff und Weiß, Björn/Wagenführ, André/Kruse, Kordula: *Beschreibung und Bestimmung von Bauholzpilzen*, DRW-Verlag, Leinfelden-Echterdingen 2000, S.51 ff

- undichte oder geborstene Wasserleitungen
- hohe Luftfeuchtigkeit
- zu hohe Eigenfeuchte des Holzes beim Einbau

Sanierungsmaßnahmen sind in der DIN 68800 beschrieben (z. B. Entfernen von betroffenen Hölzern bis ein Meter Entfernung vom Befall, Tränken von Mauerwerk mit chemischen Holzschutzmitteln).

3.5.1.2 Schäden durch Insekten

Neben den Pilzen stellen verschiedene Insekten, vor allem in ihren Larvenstadien, eine Gefahr für Holzkonstruktionen dar. Es wird unterschieden nach holzfressenden und holzbrütenden Insekten. Die holzbrütenden Insekten zernagen das Holz nur örtlich, um Brutplätze zu schaffen. Im Gegensatz zu den holzfressenden Insekten sind die holzbrütenden daher nicht so gefährlich. Im Larvenstadium ernähren diese Insekten sich vom befallenen Holz. Dabei sind die meisten Schadinsekten nicht auf einen erhöhten Feuchtegehalt des Holzes angewiesen. So kann sich z. B. der Splintholzkäfer schon ab einer Holzfeuchte von 7 % entwickeln, also einer Holzfeuchte, wie sie nur in älteren Konstruktionen vorkommt. Die Weibchen legen ihre Eier meist in Risse von ungeschützten Balkenköpfen o. Ä.. Anders als bei den Pilzen lässt sich hier also oft keine unmittelbare Ursache wie eindringende Feuchte feststellen und somit beseitigen. Bei massivem Befall kann es zu einer sehr starken Minimierung der Tragfähigkeit durch Lochfraß der Larven kommen, so dass die Bauteile versagen können. Besonders betroffen sind oft Balkenköpfe und Dachbalken.

Der gefährlichste Holzzerstörer in Mitteleuropa ist der **Hausbock**. Er befällt ausschließlich Nadelholz und hier überwiegend das eiweißreiche Splintholz. Das Weibchen legt etwa 400 Eier von 2 mm Länge in Risse und Spalten des Holzes. Nach zwei bis vier Wochen schlüpfen die Larven und beginnen mit ihren Kauwerkzeugen das Holz aufzufressen. Dabei sind sie durchaus in der Lage, Leimfugen zu durchfressen, ohne Schaden zu nehmen. Bei größeren Larven ist das Fraßgeräusch ohne weiteres gut zu hören. Je nach Eiweißgehalt des Holzes, Temperatur und Luftfeuchte dauert es zwischen zwei bis sechs oder zehn Jahren, bis die Larve sich verpuppt und dann anschließend durch ovale 5–10 mm lange Fluglöcher den Stammquerschnitt verlässt. In dieser Zeit kann die Larve rd. 1 kg Holz, d. h. etwa das 1000-fache ihrer Gewichtszunahme an Holz fressen. Da der Einweißgehalt im Splintholz am größten ist, wird vor allem das Splintholz gefressen. Die Fraßgänge laufen hauptsächlich in Faserrichtung, dicht unter der Oberfläche und sind mit Fraßmehl gefüllt. Die Befallswahrscheinlichkeit ist bei 10 bis 30 Jahre altem Holz am größten, bei Holz, das älter als 60 Jahre ist, nimmt die Wahrscheinlichkeit eines Befalls stark ab, da der Nährwert des Holzes dann nur noch sehr gering ist.[75]

3.5.1.3 Schäden durch Schwind & Trockenrisse

Risse sind eine sehr häufige Form der Holzschädigung. Unterschieden werden kann nach den auslösenden Spannungszuständen, nach den Ursachen oder nach den baustoffspezifischen Rissen, wie z. B. Schwindrisse, Kernrisse, Sternrisse oder Schalenrisse. Konstruktiv verwendet

---

[75] Weitere Informationen in Kempe, Klaus: *Dokumentation Holzschädlinge*, Verlag Bauwesen, Berlin 1999, S. 150 ff

werden dürfen nur Hölzer mit Schwindrissen, alle anderen Risstypen machen das Holz statisch unbrauchbar. Wird ein solches Rissbild erst beim Einbau erkannt, muss der Balken ersetzt werden. Schwindrisse stellen bei geringer Tiefe und Länge keine bauwerksgefährdende Schäden dar, sie bieten jedoch immer Angriffspunkte für Schadinsekten und Feuchtigkeit und verringern die Brandfestigkeit. In statischer Hinsicht als unbedenklich gelten, je nach Beanspruchungsart, relativ große Werte, z. B. bei Biegung bis 0,8*H und 0,6*B. Es muss jedoch beachtet werden, dass sich bei horizontalen Rissen die Schubaufnahmefähigkeit deutlich verringert. Vertikale Risse hingegen haben kaum Einfluss auf die Tragfähigkeit in einem Biegebauteil.

Daher muss bei der Beurteilung der Gefährlichkeit eines Risses differenziert werden nach der Hauptbeanspruchung des Bauteils, nach Biegung, Schub oder Knicken. Außerdem ist die Lage der Risse im Holzquerschnitt in Beziehung zur Lastrichtung bei Biegung und Schub zu berücksichtigen. Besondere Beachtung muss Rissen im Bereich von Holzschwächungen und Verbindungsmitteln geschenkt werden, da von hier meist die größten Gefahren ausgehen, z. B. durch Anprall oder Reißen des Vorholzes.[76] Die Länge der Risse spielt ebenfalls für die Tragfähigkeit eine Rolle. Die Risse sollten deshalb nicht länger als l/3 der Stablänge betragen. Wenn durch Sanierung oder Umnutzung in bisher wenig geheizten Gebäuden aus Fachwerk oder Holzrahmenbauweise Zentralheizungen eingebaut werden (z. B. in ehemaligen Stallungen), kann es zu erheblichen Verkürzungen und damit zu Setzungen kommen. Dies bedeutet Lastumlagerungen und Änderungen des Tragsystems und kann zu Rissen, Quetschungen und Brüchen führen.

3.5.2 Schäden an Mauerwerkkonstruktionen

Bild 3-40   Fassade Umspannwerk Uklei, Berlin

---

[76]   Vgl. Erler, Klaus: *Alte Holzbauwerke*, Verlag für Bauwesen, Berlin 1993, S. 63 f

3.5.2.1 Durchfeuchtung und deren Folgen

Die Durchfeuchtung von Mauerwerk kann zu einer Vielzahl von Schäden am Mauerwerk führen. Die Ursachen für den Feuchteeintrag können bei kapillar aufsteigender Feuchte eine fehlende horizontale Feuchtigkeitssperre, starke Schlagregenbeanspruchung oder Tauwasseranfall sein. Im Erdreich liegendes Mauerwerk von Gründungen und Kellerwänden erfährt zusätzlich Belastungen durch Sickerwasser, drückendes oder aufsteigendes Wasser. Hauptsächlicher Transportweg des Wassers im Mauerwerk sind die kapillaren Poren. Die maximale Steighöhe des Wassers ist abhängig von dem Durchmesser der Kapillaren.

Vereinfacht gilt:

$H = 0{,}149 \text{ cm/r}$

mit   H: maximale Steighöhe
       r : Radius der Kapillaren[77]

Die Steighöhe des Wassers steht hierbei im Gleichgewicht mit der Verdunstungsmöglichkeit und der Schwerkraft.

Das bedeutet, dass bei unendlich kleinen Kapillaren das Wasser dennoch nicht unendlich hoch steigen würde, da es bei dünneren Kapillaren langsamer steigt und irgendwann verdunstet. Dennoch gilt als Faustregel, je dünner die Kapillaren, umso höher kann das Wasser im Mauerwerk steigen. Bei üblichem Ziegelmauerwerk mit Kalkzementmörtel sind dies ca. 1,5 m. Wird durch gut gemeinte aber falsche Sanierung in das Gleichgewicht zwischen Schwerkraft und Verdunstung eingegriffen, z. B. durch Anbringen von wasserundurchlässigen Wandbekleidungen, beispielsweise durch Fliesen, um den vermeintlichen Wassereintrag durch Regen abzuhalten, sorgt man dafür, dass die aufsteigende Feuchte nicht verdunsten kann und somit noch höher steigt.[78]

Die Folgen der Mauerwerksfeuchte sind u. a. Salzschäden, Frostschäden und Auswaschung von Bindemitteln.

3.5.2.2 Salzschäden

Am Bauwerk, im Erdreich oder in der Umwelt (Staub, Regen) vorkommende Säuren reagieren mit dem im Bindemittel befindlichen Calciumcarbonat ($CaCO^3$) und es bilden sich je nach vorhandener Säure wasserlösliche Alkali oder Erdalkalisalze wie Sulfate, Nitrate, Phosphate, Carbonate, etc.. Weitere Salze durch Einsatz von Tausalzen kommen hinzu.

Durch die Reaktion der Säuren mit Calciumcarbonat wird bereits das Bindemittel herausgelöst und verliert je nach Stärke des Säureangriffes an Festigkeit. Die wasserlöslichen Salze werden durch die Feuchte im Mauerwerk weitertransportiert. Das Wasser verdunstet und es bilden sich Salzkristalle. Auf der Oberfläche der Mauersteine sind diese als Ausblühungen sichtbar. Dies bedeutet zunächst nur einen optischen Mangel. Ausblühungen kommen auch bei Neubauten vor, z. B. wenn die Wand bei der Errichtung starkem Schlagregen ausgesetzt wurde.[79] Diese

---

[77]   Vgl. Frössel, Frank: *Mauerwerkstrockenlegung und Kellersanierung*, Fraunhofer IRB Verlag, Stuttgart 2002, S. 116

[78]   Vgl. Reul, Horst: *Die Sanierung der Sanierung*, Fraunhofer IRB Verlag, Stuttgart 2005, S. 110

[79]   Vgl. Hankammer, Gunter: *Schäden an Gebäuden*, Verlagsges. Rudolf Müller, Köln 2004, S. 75

3

Ausblühungen sollten trocken abgebürstet werden und damit nach zwei Witterungsperioden verschwunden sein.

Ausblühungen an permanent durchfeuchtetem Mauerwerk treten immer wieder auf und deuten auf weitere Schäden in der Wand hin. Durch die Kristallisation dehnen sich die Schadsalze aus.

Je nach Salzbelastung erfolgt ein sogenannter „Treibender Angriff" (z. B. bei Calciumaluminiumsulfathydrat -> Ettringittreiben). Das bedeutet, dass durch den Volumenanstieg in den Poren Gesteinsbrocken abgesprengt werden.

Die Salzbelastung im Mauerwerk verteilt sich häufig in drei Zonen. Die mit den schwerlöslichen Schadsalzen im unteren Bereich, einer mittleren Zone in der die Bindemittel angegriffen werden und der oberen Zone mit den leicht wasserlöslichen Salzen. Diese Dreiteilung, welche auch in dem Zerstörungspotential nach oben hin abnimmt, zeigt sich auch oft an dem von außen erkennbaren Schadbild.[80]

3.5.2.3 Frostschäden

Frostschäden entstehen durch einen ähnlichen Effekt wie es bei der Kristallisation der Salze der Fall ist, nur dass hier Wasser friert und Eiskristalle mit größerem Volumen bildet. Bei porös durchfeuchtetem Mauerwerk werden durch häufigen plötzlichen Frost-Tauwechsel Mauerwerksstücke abgesprengt.

3.5.2.4 Auswaschung von Bindemitteln

Neben dem oben beschriebenen Auswaschen von Bindemitteln durch Säuren, erfolgt bei alten, teilweise mit wasserlöslichem Kalkmörtel gemauerten Kellerwänden oder Fundamenten schon durch Wasser eine Schädigung bis hin zum totalen Abtrag des Bindemittels. Die Folge ist ein Zusammenrutschen und mögliches Ausbrechen des Mauerwerks.

3.5.2.5 Risse

Durch Überbelastung, Laständerung, Setzungen, Änderung des Baugrundes oder Verlust des Bindemittels kommt es zu Schäden im Gefüge des Mauerwerks. Diese Schäden zeigen sich ggf. durch Durchbiegungen, Verformungen oder Schiefstellungen an. Solche Symptome kann man im Grunde bei fast allen Baustoffen feststellen. Ein für Mauerwerk charakteristisches Schadbild aus solchen Belastungen sind Risse, die das Gefüge des Mauerwerks betreffen. Aus der Form des Rissbildes lassen sich vielfach die Art der (Über)-Belastung erkennen.

Mauerwerk ist dafür ausgelegt, Druckkräfte aufzunehmen. Die Zugfestigkeit von Mauerwerk ist rechnerisch gleich Null. Sobald Zug- oder Scherkräfte auftreten, welche die durch den Fugenanteil bedingte relativ hohe Elastizität des Mauerwerkes übersteigt, kommt es zu Rissen an Stellen, wo das Verhältnis von vorhandener Spannung zur Bruchspannung am ungünstigsten ist. Da Spannung der Quotient aus Kraft durch Fläche ist, ist nicht gesagt, dass ein Riss immer an der Stelle der höchsten Belastung entsteht.

Auf einige charakteristische Rissbilder wird im Folgenden eingegangen.

---

[80] Vgl. Reul, Horst: *Die Sanierung der Sanierung*, Fraunhofer IRB Verlag, Stuttgart 2005, S. 109 ff

Risse durch zu hohe statische Last

Diese Überbelastung kann von der Schädigung oder dem Versagen benachbarter Tragglieder und einer darauf erfolgten Lastumlagerung, von einer unwissentlichen Veränderung des statischen Systems, einer Erhöhung der Verkehrslasten oder der ständigen Lasten, falsch dimensionierten Bauteilen oder einem fehlerhaften statischen System herrühren.

Risse in Gewölben sind beispielsweise häufig die Folge eines Schadens an Tragelementen, die dem Gewölbe als Auflager dienen. Gewölbe sind im Grunde die einzige Möglichkeit es „horizontalen" Lasttransportes mit Mauerwerk. Für die Aufnahme des Gewölbeschubes wurden verschiedene Lösungen entwickelt. Die Baumeister der gotischen Kathedralen lösten dieses Problem mit der Anordnung von Fialen auf den Strebebögen seitlich des Mittelschiffes. Der Gewölbeschub der profanen Kappendecke wird in der Regel durch die Masse der flankierenden Mauerwerkswände aufgenommen (eine weitere Variante ist die Rückverankerung der Endkappen durch Eisenbänder).

Kann die Mauerwerkswand dem Druck aus den Kappen nicht standhalten, stellen sich Schäden in Form von Rissen an der Kappenunterseite bis hin zu Steinverlusten oder gar Einsturz ein.[81]

Neben den erwähnten statischen Lasten verursachen auch dynamische Lasten Mauerwerksrisse. Als Ursachen sind Schwingungen, die neben Erdstößen (deren Häufigkeit ist jedoch in Deutschland nicht sehr hoch) aus Erschütterungen durch Bauarbeiten, Explosionen, Maschinen oder Glocken herrühren können.[82]

Risse durch Formänderungen

Eine Ursache der Formänderungen von Baustoffen ist das Quellen, Schwinden und Kriechen. Bei Trocknung schwindet der Baustoff, bei Durchfeuchtung bis zur Sättigung quillt ein Baustoff. Unter Kriechen versteht man die Formänderung unter Last (Dauer bis ca. 4 Jahre nach Lastaufbringung).[83]

Diese Erscheinungen sind bei Holz wesentlich ausgeprägter, sie können aber auch im Mauerwerk zu Rissen führen. Solche Risse, die oft von oben bis unten durch eine Wand gehen, wirken alarmierend, stellen aber meist keine Gefährdung der Standsicherheit dar.

Beispiel

Ursache des in Bild 3-41 dargestellten Schadens, war das Schwinden der Mittelwand. Die Wände wurden im Herbst bei hoher Feuchtigkeit gemauert. Aufgrund knapper Bauzeit wurde das Gebäude schon im Frühjahr bezogen und beheizt. Der Riss stellte sich in der Mitte der Wand ein, da sie an ihren Enden durch den Verbund mit Kamin bzw. Querwänden auf der anderen Seite gehalten wurde.

3

---

[81] Vgl. Rau, Ottfried/Braune, Ute: *Der Altbau*, 5. Auflage, Verlagsanstalt Alexander Koch, Leinfelden-Echterdingen 1992, S. 116 ff

[82] Vgl. Hankammer, Gunter: *Schäden an Gebäuden*, Verlagsgesellschaft Rudolf Müller, Köln 2004, S. 308

[83] Vgl. Rybicki, Rudolf: *Bauschäden an Tragwerken – Teil 1 Mauerwerksbauten und Gründungen*, Werner-Verlag, Düsseldorf 1978, S. 57

Bild 3-41
Von Decke bis Fußboden
durchgehender Riss in der
parallel zum First verlau-
fenden Mittelwand (in
allen Geschossen)

Bild 3-42
Die betroffene Wand erstreckt sich in allen Geschossen in First-
richtung

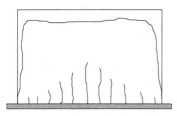 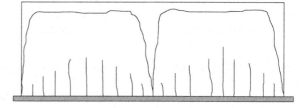

Bild 3-43   Schwinden einer kurzen und einer langen Leichtbetonwand[84]

Bei der Verwendung unterschiedlicher Steinsorten, z. B. Kalksandsteine für die höher belastete Innenwand und Hohlblocksteinen für Außenwände, kann es aufgrund des unterschiedlichen Kriechverhaltens zu Rissen kommen. Auch temperaturbedingte Dehnungen führen gerade bei der Verwendung unterschiedlicher Materialien wie Mauerwerk und Stahlbeton zu charakteristischen Rissbildern.

---

[84]   Nach Rybicki, Rudolf: *Bauschäden an Tragwerken – Teil 1 Mauerwerksbauten und Gründungen*, Werner-Verlag, Düsseldorf 1978., S. 60

Tabelle 3.1   Wärmedehnungskoeffizienten von Baustoffen [85]

Wärmedehnungskoeffizienten in 10^{-6}/K	
Glas	3 bis 10
Mauerwerk	5 bis 12
Beton	5 bis 14
Stahl	10 bis 17
Aluminium	23 bis 24
Holz	3 bis 8 längs zur Faser 15 bis 60 quer zur Faser
Kunststoffe	10 bis 230

Risse durch Formänderungen von Decken und Unterzügen

Derartige Risse sind bei leichten Trennwänden auf weitgespannten Decken (> 7,0m) zu beobachten. Hierbei muss es sich nicht wie im Fall des Gewölbeschubes um das unvorhergesehene Nachgeben der Widerlager handeln. Die hier zu Grunde gelegten Durchbiegungen müssen die Standsicherheit nicht zwangsläufig beeinträchtigen, da die Ursache meist der Kriechprozess der Deckenplatte ist.[86]

In der Wand bildet sich, wie in Bild. 3-45 dargestellt, ein Druckgewölbe aus. An Stellen mit Zugbelastung entsteht ein charakteristisches Rissbild.

3

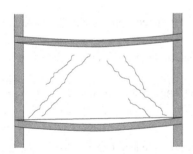

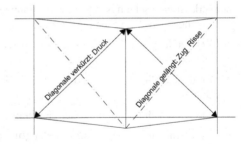

Bild 3-44
Trennwand zwischen durchgebogenen
Deckenplatten

Bild 3-45
Statisches System[87]

---

[85]   nach: Wesche, Karlhans: Baustoffe für tragende Bauteile – Grundlagen, Bauverlag GmbH, Wiesbaden/ Berlin 1996, S. 97

[86]   Rybicki, Rudolf: *Bauschäden an Tragwerken – Teil 1 Mauerwerksbauten und Gründungen*, Werner-Verlag, Düsseldorf 1978, S. 84

[87]   In Anlehnung an: Rybicki, a .a. O., S. 88

Risse durch Änderungen des Baugrundes

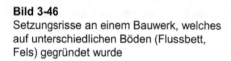

Bild 3-46
Setzungsrisse an einem Bauwerk, welches
auf unterschiedlichen Böden (Flussbett,
Fels) gegründet wurde

Bild 3-47
Nahaufnahme

Mauerwerk ist eine setzungsempfindliche Bauweise. Schäden treten aber erst bei ungleichmä-
ßigen Setzungen auf. Ursachen hierfür sind:

- Verwendung von Schutt als Baugrund (verrottbares Material und Nachrutschen führen
  zu Hohlräumen im Baugrund)

- Ungleichmäßiger Baugrund (z. B. bei Bauten auf angeschüttetem und gewachsenen
  Boden)

- Ungleichmäßige Gründung bei gleichem Gebäude

- Unterschiedliche Belastung des Baugrundes durch verschiedene Gebäude oder spätere
  Anbauten

- Berg-Senkungen (durch Bergbau hervorgerufene Erdbewegungen)

- Veränderung des Grundwasserspiegels[88]

---

[88] Weitere Informationen zu Schäden an Mauerwerk in Franke, Lutz/Schumann, Irene: *Schadensatlas –
      Klassifikaion und Analyse von Schäden an Ziegelmauerwerk*, Fraunhofer IRB Verlag, Stuttgart 1998

3.5.3 Schäden an Stahlbetonkonstruktionen

Bild 3-48   Freiliegende korrodierte Bewehrung

3.5.3.1 Falsche Bewehrungsführung

Im Gegensatz zu den vorangegangenen Materialien handelt es sich bei Stahlbeton nicht um einen homogenen Baustoff. Stahl und Beton nehmen bekannterweise für den Transport von Lasten unterschiedliche Funktionen an, wobei der Stahl die Zugkräfte und Beton die Druckkräfte aufnimmt. Die Anordnung der Stahlbewehrung hat also der jeweiligen Belastung Rechnung zu tragen. Falsch geführte Bewehrung (z. B. unten angeordnete Bewehrung bei einer als Kragarm ausgebildeten Balkonplatte) kann leicht zu einem Versagen der gesamten Konstruktion führen.

Doch auch bei weniger drastischen Fehlern können Stahlbetonkonstruktionen geschädigt werden. Durch Mängel der Bauausführung, Setzungen oder unfachmännische Umbauten kann das ursprüngliche Tragsystem anders gearteten Belastungen ausgesetzt sein, bei denen sich schlimmstenfalls Druck- und Zugbelastung im Bauteil umkehren. Wenn nicht konstruktiv eingelegte Bewehrung mögliche Zugkräfte aufnehmen kann, kommt es hierbei zu massiven Schäden bis zum Versagen.

Beispielsweise verursacht das Aufliegen eines Einfeldträgers auf einer als nichttragend gedachten Wand in Feldmitte Stützmomente in einem Bereich, der dafür normalerweise nicht mit der dafür notwendigen oberen Bewehrung ausgestattet ist. Sicher sind solche Fälle selten. Doch sollten gravierende Mängel festgestellt werden, droht Gefahr, da Stahlbeton gegenüber Holzkonstruktionen, die in der Regel vor einem Zusammenbrechen durch Knacken oder Knirschen auf sich aufmerksam machen, ohne Ankündigung versagt.

Eine fehlerhafte Bewehrungsführung im weiteren Sinn liegt auch vor, wenn erforderliche Betonüberdeckungen nicht eingehalten werden. Es kommt durch Korrosion der Bewehrung zu ähnlichen Schadbildern wie der im Folgenden beschriebenen Korrosion durch Karbonatisierung oder Salzangriff.

3

3.5.3.2 Karbonatisierung

Die chemischen Reaktionsabläufe der Karbonatisierung des Betons werden im Folgenden in einer Kurzfassung erläutert. Die Karbonatisierung selbst ist für den Beton nicht schadhaft, im Gegenteil verbessert sie sogar die Betondruckfestigkeit. Die Gefährdung für den Verbundbaustoff Stahlbeton geht lediglich vom Bewehrungsstahl aus. Dieser Tatsache ist in der Vergangenheit oft sehr wenig Beachtung geschenkt worden, was die große Zahl an heutigen Schadensfällen im Stahlbetonbau erklärt. Hinzu kommen die durch Luftverschmutzung schlechter (=saurer) gewordenen Umweltbedingungen.

Der Korrosionsschutz der Bewehrung basiert auf der hohen Alkalität (Basizität) des Betonporenwassers. Beim Herstellen des Stahlbetons wird der Bewehrungsstahl von frischem, alkalischen Beton mit einem pH-Wert von ca. 13 umhüllt. Durch das Freisetzen von Calciumhydroxyd beim Abbinden bildet sich eine dünne Oxydschicht auf der Stahloberfläche, die den Stahl passiviert.

Vorraussetzung für die chemische Reaktion der Karbonatisierung ist der CO_2-Gehalt der Umgebungsluft. Der CO_2-Gehalt der Luft liegt bei Landluft bei ca. 0,03 Vol.-%, bei Stadtluft um 0,05 Vol.-% und bei Industrieluft bei ca. 0,08 Vol.-%. Das CO_2 diffundiert über die Jahre stetig in den Beton ein. Das für die Passivierung des Stahls zuständige Calciumhydroxid im Porenwasser des Betons wird in neutral reagierendes Calciumcarbonat umgewandelt. Der pH-Wert im Beton sinkt unter neun ab und die Schutzwirkung für den Bewehrungsstahl ist damit aufgehoben.

Einer der größten Einflussfaktoren auf das Karbonatisierungsverhalten eines Betons ist sicherlich eine ausreichende Betondeckung. Im Zuge einer Novellierung der DIN 1045 im Jahre 1988 wurde das Mindest-Nennmaß der Betondeckung im Schnitt um mehr als 1 cm heraufgesetzt, um die vermehrt auftretenden Betonschäden zu verhindern. Da der Karbonatisierungsfortschritt nicht linear verläuft, sondern die Geschwindigkeit mit steigendem Karbonatisierungsgrad abnimmt ist eine erhöhte Betondeckung eine sinnvolle Maßnahme, die bei der Planung berücksichtigt werden sollte.

Die DIN 1045 stellt in diesem Zusammenhang Ansprüche zur Mindestgüte an Außenbauteile aus Stahlbeton. Die Betongüte sollte besser sein als C20/25 der Zementgehalt des eingebauten Betons sollte größer sein als 300 kg/m³ und der W/Z-Wert (Wasser/Zementwert) sollte unter 0,6 liegen. Diese Maßnahmen haben direkten Einfluss auf das Karbonatisierungsverhalten des Zementsteins. Durch den niedrigen W/Z-Wert ist sichergestellt, dass sich nicht zu viele Kapillarporen bilden. Durch eine Betondruckfestigkeitsklasse größer C20/25 ist das Aufkommen von Rissen durch Überschreiten der zulässigen Spannungen im Beton minimiert. Der hohe Zementanteil ist die Grundvoraussetzung für den passivierenden Zementleim. Oft wird jedoch vergessen, dass die Betonnachbehandlung eine wichtige Qualitätssicherungsmaßnahme ist. Nachbehandlung heißt, den W/Z-Wert des Betons an den luftumspülten Flächen während der Aushärtung durch Benässen oder sonstige Maßnahmen auf einem gleichbleibendem Niveau zu halten. Durch korrekte Nachbehandlung können Risse an der Oberfläche vermieden werden. Das Eindringen von Schadstoffen wird so auf ein Minimum reduziert. Es ist ebenfalls zu beachten, dass sich die Nachbehandlungszeit bei niedrigeren Außentemperaturen und bei langsam abbindenden Zementen verlängert.

Hat die Karbonatisierungsfront die Bewehrungsebene erreicht, ist der Stahl nicht mehr dauerhaft geschützt. Die Korrosion erfolgt nur bei Anwesenheit von Wasser und Sauerstoff. Bei einer relativen Luftfeuchte unter 30% bzw. bei einer ständig mit Wasser benetzten Oberfläche findet keine Karbonatisierung statt. Somit sind gänzlich mit Wasser bedeckte Bauteile auch nicht korrosionsgefährdet. Die größten Karbonatisierungstiefen werden meistens in Innenräumen mit einer relativen Luftfeuchte zwischen 50% und 65% erreicht. Im Außenbereich verläuft der Prozess langsamer, da die Poren zeitweise gänzlich mit Wasser gefüllt sind und somit kein CO_2 in den Beton eindringen kann. Der häufige Nass-Trocken-Wechsel ist aber für die Korrosion sehr förderlich. Bei Sichtbetonbauwerken ist somit die Wetterseite des Gebäudes besonderer Korrosionsgefahr ausgesetzt. Der rostende Stahl verursacht eine Volumenzunahme, durch die die Betondeckung abplatzt.

3.5.3.3 Chloridangriff

In erster Linie sind als Quelle für Chloride Tausalzlösungen zu nennen. Weitere Eintragsmöglichkeiten von Chloriden sind Meerwasser, Industrieabwässer, PVC-Brandabgase, Baustoffe, Zusatzmittel und Schwimmbadwässer. Die Luft in Schwimmbädern enthält auch Chlorgas. Der Transport der Chloride erfolgt über das Porenwasser des Betons. Wie auch bei der Karbonatisierung ist also die Anfälligkeit gegenüber einem Chloridangriff von der Dichtigkeit des Betons abhängig. Unabhängig von der Karbonatisierung des Betons kann eine Chloridverseuchung vorliegen und die Passivschicht auf dem Bewehrungsstahl zerstören. Der große Unterschied zur Korrosion bei karbonatisiertem Beton ist der Verrostungsprozess ohne Volumenzunahme. Korrosion tritt als sogenannter Lochfraß bzw. Muldenfraß auf und hat keine Betonabplatzungen zur Folge. Ein Korrosionsschaden durch Chloride ist somit erheblich schwieriger zu diagnostizieren. Dadurch, dass die Bewehrung nur stellenweise aber dafür komplett durchtrennt werden kann, ist die Tragfähigkeit des Stahlbetons um ein Vielfaches stärker beeinträchtigt als bei Korrosion durch Karbonatisierung.

Der Korrosionsprozess wird solange weitergeführt bis kein Stahl mehr in der direkten Umgebung der Chloridionen vorhanden ist.

3.5.3.4 Biologische Schadstoffe

In Bereichen, in denen der Beton dauerhaft der Witterung ausgesetzt ist und ein ständiger Nass-Trocken-Wechsel stattfindet, wittert die Betonoberfläche über die Jahre ab. Die Oberfläche wird zunehmend rauer und vergrößert sich. In der Luft befindliche Mikroorganismen setzen sich auf der Betonoberfläche ab und siedeln sich dort dauerhaft an, da sie ein wachstumsförderndes Milieu vorfinden. Nach einiger Zeit ist die Betonfläche so mit Moosen besetzt, dass die Stoffwechselprodukte der Mikroorganismen ein saures Milieu erzeugen, welches dem Zementstein in oberflächennahen Bereichen zusätzlich Schaden zufügt.

3.5.3.5 Frosttauwechsel

Speziell bei horizontalen Betonflächen, aber auch im Bereich von Rissen an vertikalen Flächen, dringt Wasser in den Beton ein. Verbleibt das Wasser über eine Frostperiode hinweg im Beton, kommt es örtlich zu Betonabplatzungen und großformatigen Schalen-Abplatzungen, die sich durch die Volumenzunahme um 9 % beim Wechsel des Wassers in den festen Aggregatzustand begründen lassen. Nach Abplatzen des Betons ergeben sich so neue Risse und vergrößerte Angriffsflächen für CO_2, Chloride und andere Schadstoffe. Bei horizontalen Betonflächen kommt gegebenenfalls die Einwirkung von Streusalzen hinzu. Durch das Herabsetzen der Schmelztemperatur der Eiskristalle wird dem Beton sehr viel Wärmeenergie entzogen. Durch

3

diese Schockabkühlung entstehen teilweise zu hohe Zugspannungen im Beton, die Risse zur Folge haben.[89]

3.5.4 Schäden an Eisenkonstruktionen (Stahlkonstruktionen)

Eisen tritt im Bauwesen in vielen Formen auf. In verschiedenen Verbindungen und Legierungen wurde und wird Eisen für die unterschiedlichsten Zwecke hergestellt und verarbeitet. Eisenprodukte sind gerade im Baubereich Hochleistungsmaterialien. Kein Baustoff an Bauwerken, welche in jetziger Zeit als Bestandsgebäude bauliche Veränderungen erfahren, wurde mit höheren Spannungen belastet als Baumaterial aus Eisen- oder Stahlwerkstoffen. In Zukunft könnte sich dies mit Entwicklungen bei ultrahochfesten Betonen und hochfesten Glas- und Karbonfasern ändern. Bis dahin ist es jedoch noch ein weiter Weg.

In der Natur kommt Eisen als Erz in Form seiner Oxide vor (z. B. Magnetit Fe_3O_4 und Hämatit Fe_2O_3). Durch Energiezufuhr werden diese Oxide in Hochöfen zu Eisen reduziert.

Das so entstandene Roheisen hat einen hohen Anteil an Kohlenstoff (3–5%) sowie Phosphor und Schwefel, ist sehr spröde und daher technisch praktisch unbrauchbar. Im Bauwesen sind Gusseisen (Kohlenstoffanteil 2–4%, geringerer Phosphor und Schwefelgehalt) und Stahl (Kohlenstoffanteil unter 2 %, im Mittel nur 0,2 %, verschiedene Legierungen) die am häufigsten verwendeten Eisenwerkstoffe.[90]

Die Korrosionsanfälligkeit ist das größte Problem dieser Baustoffe. Neben der Korrosion ist der geringe Feuerwiderstand von Stahlkonstruktionen zu nennen. Doch auch Alterung bei Legierungen mit hohem Stickstoffgehalt wie in Bauteilen aus Fluss- und Puddelstahl (Herstellung bis ca. 1925) führen zu Schäden.[91]

Ermüdungsbrüche bei wechselnder Belastung, z. B. Schwingungen durch Wind oder Maschinen sind ebenfalls Ursache für das Versagen von Tragwerken aus Stahl. Die Fehleinschätzung dynamischer Lasten soll hier jedoch nicht weiter vertieft werden.[92]

3.5.4.1 Metall-Korrosion

Die Korrosionsreaktionen (von lat. corrodere = zernagen) von Metallen lassen sich drei verschieden Mechanismen zuordnen: der **chemischen Korrosion**, der **physikalischen Korrosion** und der **elektrochemischen Korrosion**.[93]

[89] Siehe auch: Reul, Horst: *Handbuch Bautenschutz und Bausanierung*, 4. Aufl., Verlagsgesellschaft Rudolf Müller, Köln 2001; Henning, Otto/Knöfel, Dietbert: *Baustoffchemie*, 6. Auflage, Verlag Bauwesen, Berlin 2002; Karsten, Rudolf: *Bauchemie, Ursachen, Verhütung und Sanierung von Bauschäden*, C.F. Müller Verlag, Heidelberg 2005

[90] Vgl. Härig, Siegfried/ Günther, Karl/Klausen, Dietmar: *Technologie der Baustoffe*, Verlag C.F. Müller, Heidelberg 1994, S. 301

[91] Vgl. Dehn, Frank/ König, Gert/Marzahn, Gero: *Konstruktionswerkstoffe im Bauwesen*, Ernst & Sohn, Berlin 2003, S. 90

[92] Beispiele dazu in Oehme, Peter/Vogt, Werner: *Schäden an Tragwerken aus Stahl*, IRB-Verlag, Stuttgart 2003

[93] Vgl. Nürnberger, Ulf: *Korrosion und Korrosionsschutz im Bauwesen Band 1*, Grundlagen, Betonbau, Bauverlag GmbH, Wiesbaden/ Berlin 1995, S. 18

Der elektrochemischen Korrosion von Metallen kommt dabei die für Schäden an Eisen- und Stahlkonstruktionen größte Bedeutung zu. Im Folgenden werden die chemischen Zusammenhänge der elektrochemischen Korrosion von Eisen nach dem Sauerstoffkorrosionstyp in groben Zügen erläutert.[94]

Metalle haben unterschiedliches elektrochemisches Potential – bzw. geben unterschiedlich leicht oder schwer Elektronen ab.

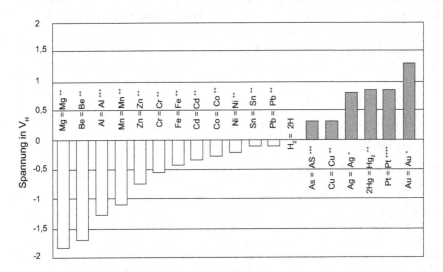

Bild 3-49   Normalspannungsreihe[95]

In der Normalspannungsreihe der Metalle ist das Standardpotential, gemessen unter festgelegten Bedingungen, der jeweiligen Metalle dargestellt. Das Potential der Wasserstoffelektrode ist hier willkürlich mit 0 bezeichnet. Je positiver das Standardpotential desto „edler" ist das Metall, desto weniger tendiert es dazu, in Lösung zu gehen und Elektronen abzugeben.

Nicht nur durch Kontakt von Metallen untereinander kommt es zu unterschiedlichen Spannungspotentialen – diese bestehen auch zwischen Metallen und ihren Oxiden (diese sind im elektrochemischen Sinn „edler") oder werden durch äußere Einflüsse (z. B. wässrige Lösungen) hervorgerufen, die es dem Metall an einer Stelle „leichter macht", Elektronen abzugeben als an anderer Stelle.

Eisenwerkstoffe besitzen meist schon durch ihre Zusammensetzung Stoffteilchen unterschiedlichen Spannungspotentials. Für den Ablauf der elektrochemischen Reaktion wird nun nur noch ein Elektrolyt, z. B. ein Tautropfen benötigt.

---

[94] weiterführende Literatur: Nürnberger, Ulf: *Korrosion und Korrosionsschutz im Bauwesen Band 1 + 2*, Grundlagen, Betonbau, Bauverlag GmbH, Wiesbaden/Berlin 1995; Henning, Otto/Knöfel, Dietbert: *Baustoff Chemie*, 6. Auflage, Verlag Bauwesen, Berlin 2002, S. 67 ff

[95] In Anlehnung an Nürnberger, Ulf: *Korrosion und Korrosionsschutz im Bauwesen Band 1*, Grundlagen, Betonbau, Bauverlag GmbH, Wiesbaden/ Berlin 1995, S. 26

Dann läuft folgende Reaktion ab:

Eisen geht in Lösung und gibt dabei 2 Elektroden ab.

$Fe \rightarrow Fe^{2+} + 2e\text{-}$

Eine Elektronenabgabe ist nach chemischer Sicht eine Oxidation. Die Oxidation erfolgt an der sogenannten Anode. Zur Anode wird immer das Material mit dem negativeren Standartspannungspotential oder, anders ausgedrückt, das „unedlere" Material. An der Oberfläche zwischen Eisen (Fe) und einem darauf befindlichen Wassertropfen findet ein Ladungsaustausch statt.

Die freigewordenen Elektronen wandern zu Katode dem „edleren" Material mit positiveren Spannungspotential. Mit Sauerstoff (O_2) und Wasser (H_2O) bilden die Elektronen Hydroxidionen (OH-) . Der Sauerstoff nimmt Elektronen auf, diese Reaktion wird als Reduktion bezeichnet.

$2\ e\text{-} + \frac{1}{2}\ O_2 + H_2O \rightarrow 2\ OH\text{-}$

In der wässrigen Lösung reagieren die Eisenionen mit den Hydroxidionen

$Fe^{2+} + 2\ OH\text{-} \rightarrow Fe(OH)_2$ *(Eisendihydroxid mit Eisen-II-Oxid, Flugrost)*

Der Flugrost reagiert weiter zu Rost und Wasser:

$2\ Fe(OH)^{2+} + \frac{1}{2}\ O_2 \rightarrow 2\ FeOOH + H_2O$

Das Gefüge des Rosts ist nicht dicht genug, um als Schutzschicht den weiteren Zutritt von Sauerstoff und Feuchtigkeit zu verhindern, wodurch der Korrosionsprozess bis zur Zerstörung des Materials fortgesetzt werden kann. Durch atmosphärische Verunreinigungen, Säuren oder Säure bildende Salze wird die Korrosionsanfälligkeit gesteigert. Aus dem Dargestellten wird auch ersichtlich, dass eine Kombination verschiedener Metalle in einem Bauteil immer das

Bild 3-50
Kontaktkorrosion der galvanisch verzinkten Rosette

Bild 3-51
Anschluss eines Zinkrohres an eine Kupferdachrinne

Risiko einer Kontaktkorrosion durch ein größeres Spannungspotential erhöht. Dabei dürfen auch die Verbindungsmittel nicht vergessen werden. Eine lediglich galvanisch (also sehr dünn) verzinkte Schraube oder Unterlegscheibe kann sogar an Edelstahlteilen Rostschäden verursachen.

Eine Nichtbeachtung der Normalspannungsreihe der Metalle kommt immer wieder vor (vgl. Bild 3-51). Mit der Korrosion des „unedleren Metalls" muss gerechnet werden.

Gusseisen

Ab dem 19. Jahrhundert wurden druckbeanspruchte Bauteile wie Stützen und Bögen standardisiert aus Gusseisen hergestellt. Oft wurde bei gusseisernen Stützen auf die Möglichkeit einer Profilierung der Oberfläche zurückgegriffen, wobei man sich häufig an klassische Formen anlehnte und Kanneluren nachbildete. Auch die Form von Stützenfuß und –kopf folgte der Gestaltung nach antiken Vorbildern. Das hier verwandte Gusseisen wird auch als Grauguss bezeichnet. Aufgrund des hohen Kohlenstoffgehaltes (s. o.) ist es sehr spröde und wenig zugfest.

Die Korrosionseigenschaften von Gusseisen sind allgemein besser als die des Stahls. Dies liegt vor allem an der durch den Herstellungsprozess bedingten Gusshaut.

Sie entsteht hauptsächlich bei in Sandformen vergossenem Gusseisen. Die Gusshaut besteht aus Eisenmischoxiden und Eisensilicat. Hierin sind Quarz aus dem Formsand, Sulfide und Phosphorverbindungen eingebettet. Die Gusshaut ist 0,02 bis 0,05 mm dick und besitzt eine gute Haftung.

Normalen korrosiven Belastungen aus der Atmosphäre hält sie stand.[96] Je nach Korrosionsangriff z. B. bei erdberührenden Bauteilen bietet die Gusshaut keinen ausreichenden Korrosionsschutz. Jüngere Gusseisen die nicht in Sandformen, sondern in Stahlkokillen vergossen wurden, haben einen nicht so effizienten Korrosionsschutz.

3

Bild 3-52
Gussstützen in einer ehemaligen Tuchfabrik, Radevormwald

---

[96] Vgl. Nürnberger, Ulf: *Korrosion und Korrosionsschutz im Bauwesen Band 1*, Grundlagen, Betonbau, Bauverlag GmbH, Wiesbaden/Berlin 1995, S. 295

3.5.4.2 Brand

Starke Brandbeanspruchung schädigt natürlich jeden Baustoff. Ungeschützte Eisen und Stahlkonstruktionen sind hohen Temperaturen gegenüber jedoch besonders schadensanfällig. Die aufnehmbare Spannung lässt bei höheren Temperaturen rapide nach.

Brandkatastrophen zu Beginn des 20. Jahrhunderts in den USA ließen die Fachwelt umdenken und tragende Bauteile, aus dem doch eigentlich nicht brennbaren Baustoff Eisen, wurden brandschutztechnisch geschützt. Das Gefüge eines hoch erhitzten Stahlträgers kann auch nach dem Abkühlen und geringer Formänderung stark gestört sein. Beispielsweise musste eine komplette Fahrbahn der Wiehltalbrücke (A4 Köln Richtung Olpe) nach dem Brand eines verunglückten Tankwagens wegen mangelnder Tragfähigkeit ausgetauscht werden.

Treten bei der Untersuchung einer Stahlkonstruktion in einem Bestandsgebäude Brandspuren zu Tage, ist besondere Vorsicht geboten. Kann nachgewiesen werden, dass der vorgefundene Zustand schon lange besteht (also auch schon den unterschiedlichsten Belastungen standgehalten hat) **und** durch mögliche Umbaumaßnahmen keine Änderungen am statischen System **und** keine Lasterhöhungen vorgenommen werden, hat die vorhandene Konstruktion möglicherweise „Bestandsschutz". Andernfalls müssen metallurgische Untersuchungen zur Überprüfung der Festigkeit des Materials durchgeführt werden.

3.5.4.3 Überbeanspruchung

Ebenso wie Brandschäden sind Überbeanspruchungen einer Konstruktion kein Thema, welches nur auf Eisen- und Stahlkonstruktionen beschränkt ist.

Spektakuläre Schadensfälle von kollabierten Stahltragwerken sind des Öfteren der Tatsache geschuldet, dass Stahl immer dort eingesetzt wurde, wo andere Baustoffe nicht genügend leistungsstark, sprich den erwarteten Spannungen nicht standhalten. Unter diesen „Hochbelastungen" wurden die Belastungsgrenzen Stahlkonstruktionen folgenreich überschritten.[97]

---

[97]   weiterführende Literatur: Oehme, Peter/Vogt, Werner: *Schäden an Tragwerken aus Stahl*, IRB-Verlag, Stuttgart 2003

3.6 Schadstoffe und Kontamination

Autor: Tim Wackermann

Zur Bewertung und Analyse des Gebäudebestandes darf eine mögliche Kontamination durch Schadstoffe nicht außer Acht gelassen werden. Der Bau- und Planungsprozess muss auf mögliche Schadstofffunde abgestimmt werden. Die Wirtschaftlichkeit von Baumaßnahmen an einem Altbau kann je nach Ausmaß der Belastung sogar in Frage gestellt werden (s. Bild 3-53).

Bild 3-53 Demontage des Palastes der Republik 2006 wegen Schadstoff- und „Geschichtsbelastung"

3

Zwingend erforderliche Schadstoffsanierungsmaßnahmen können allerdings auch der Auslöser für weitere bautechnische oder funktionale Ertüchtigungsmaßnahmen an einem Gebäude sein.

In der Gesetzgebung ist der Begriff Schadstoff nicht mit einer Legaldefinition belegt. Der Grund dafür mag in der Tatsache liegen, dass eine schädliche Wirkung von der Stoffmenge bzw. seiner Konzentration abhängt. Die Verordnung zum Schutz vor Gefahrstoffen (Gefahrstoffverordnung – GefStoffV), enthält jedoch eine Definition für den Begriff Gefahrstoff. Für Gefahrstoffe wurden Stoffmengen und Konzentrationen festgelegt, deren Grenzwerte beim Umgang nicht ohne besondere technische und personelle Schutzmaßnahmen überschritten werden dürfen.

Das Bewusstsein für die Schädlichkeit verschiedener Baustoffe hat sich erst relativ spät entwickelt. Somit muss in allen Gebäuden, die noch bis kurz vor der Jahrtausendwende errichtet wurden, mit dem Vorhandensein von Schadstoffe gerechnet werden. Damit ist allerdings nicht gesagt, dass hier auch immer mit einer Gefährdung der Menschen gerechnet werden muss. Somit erfordert nicht jeder Schadstofffund eine umfangreiche bauliche Maßnahme. Häufig sind im Hinblick auf die Entsorgung lediglich besondere abfallrechtliche Bestimmungen zu beachten.

An dieser Stelle sei darauf hingewiesen, dass die gesetzlichen Bestimmungen insbesondere durch die Umsetzung europäischer Rahmengesetzgebung einer ständigen Anpassung und Erweiterung unterliegen. Vor diesem Hintergrund und der Tatsache, dass das Erkennen und Bewerten von Schadstoffen langjährige Erfahrung erfordert, sollten in der Regeln zur Beurteilung von Bestandsobjekten qualifizierte Sachverständige hinzugezogen werden.

Relevante Gebäudeschadstoffe werden im Folgenden behandelt. Für eine Vertiefung des Themas wird ein Studium der Fachliteratur sowie der einschlägigen Gesetze und Verordnungen empfohlen. [98]

3.6.1 Asbest

Asbest ist ein Sammelbegriff für ein Gruppe verschiedener, faserförmiger Mineralien, die in der Erdkruste ihr natürliches Vorkommen besitzen. Man unterscheidet im Wesentlichen zwischen der Gruppe des Blauasbest (Krokydolith, Amphibol) und dem weißen Serpentinasbest (Chrysotil). Industriell wurde Asbest hauptsächlich verwendet, um Menschen und Gebäude vor Feuer zu schützen oder die Festigkeit von Materialien zu erhöhen. Eine Gesundheitsgefährdung besteht durch sogenannte lungengängige Fasern. Bei verbauten Asbestprodukten ist eine Faserfreisetzung in der Regel erst zu erwarten, wenn die Produkte einer mechanischen Einwirkung ausgesetzt sind. Dieses können unmittelbare zerstörende Einwirkungen sein, aber auch thermische Belastungen und starke Luftbewegungen können zu einer Faserfreisetzung führen. Der Grad der möglichen Faserfreisetzung ist neben der Art der Einwirkung durch den Grad der Fasereinbindung in ein Bindemittel bestimmt. In der Folge wird zwischen festgebundenen und schwachgebundenen Asbestprodukten unterschieden.

Bei den festgebundenen Asbestprodukten handelt es sich bei den baulichen Verwendungen im Wesentlichen um Asbestzementprodukte (Faserzement) mit einer Rohdichte von mind. 1.400 kg/m³ und einem Massengehalt von meist nicht mehr als 15 % Asbest. Bei diesen Produkten werden in der Regel nur dann Fasern freigesetzt, wenn die Produkte stark verwittert sind, bearbeitet oder beschädigt werden. Bei Asbestzementverwendungen in Gebäuden geht von diesen Produkten in der Regel keine Gefährdung aus. Ein rechtlicher Sanierungszwang besteht nicht.

Bei Asbestprodukten mit einem nur geringen Bindemittel sind die Asbestfasern nicht so fest gebunden und können daher sehr viel leichter freigesetzt werden. Bereits Zugluft und Erschütterungen können bei sogenanntem schwachgebundenem Asbest eine Faserbelastung der Luft auslösen. Diese schwachgebundenen Asbestprodukte werden hinsichtlich der Sanierungsdringlichkeit nach der Asbestrichtlinie bewertet. Für Produkte der Dringlichkeitsstufe I nach der Asbestrichtlinie ist eine Sanierung rechtlich zwingend vorgeschrieben und muss ohne schuldhafte Verzögerung unmittelbar erfolgen.

---

[98] Vgl.: Bundes-Immissionsschutzgesetz; Verordnung zum Schutz vor Gefahrstoffen (Gefahrstoffverordnung – GefStoffV); Verordnung über Verbote und Beschränkungen des Inverkehrbringens gefährlicher Stoffe, Zubereitungen und Erzeugnisse nach dem Chemikaliengesetz (Chemikalien-Verbotsverordnung – ChemVerbotsV) Technische Regeln für Gefahrstoffe (z. B. TRGS 519, TRGS 521, TRGS 524, TRGS 900); Richtlinie für die Bewertung und Sanierung schwach gebundener Asbestprodukte in Gebäuden (Asbest-Richtlinie); Bauordnungen der Länder; Zwiener, Gerd: *Handbuch Gebäude-Schadstoffe*, Verlagsgesellschaft Müller, Köln 1997

Schwachgebundener Asbest wurde z. B. als Spritzasbest, und Brandschottungen sowie beispielsweise als Leichtbauplatten, Schnur- und Pappdichtung für Verbindungsstellen mit hoher Temperaturbeanspruchung (z. B. in Heizanlagen) verwendet.

Bereits 1943 wurde Lungenkrebs als Berufskrankheit der asbestverarbeitenden Industrie anerkannt. Es dauerte jedoch noch 27 Jahre bis man 1970 die Asbestfaser offiziell als krebserzeugend einstufte. Erst weitere neun Jahre später wurde 1979 die Verwendung von Spritzasbest in Westdeutschland verboten. 1993 wurde in Deutschland durch die Gefahrstoffverordnung die Herstellung und Verwendung von Asbest verboten. Als Asbestprodukte wurden von der Industrie weit mehr als 3000 Verwendungen hergestellt.

Neben den Produktverwendungen der langfaserigen Mineralstrukturen in Form von Geweben, Schnüren, Faserarmierungen in Leichtbauplatten (Brandschutz), Spritzasbest etc. wurden die minderwertigen kurzen Fasern zur Produktverbesserung einzelner Stoffe eingesetzt. So fanden Asbestfaserzusätze ihre Verwendung in Fliesen- und Fußbodenklebern sowie in Anstrichen u. a. im Korrosionsschutz von Stahlwasserbauteilen.

Oftmals wurden Asbestprodukte im Laufe der Lebensgeschichte von Gebäuden im Zuge von Renovierungen überbaut bzw. verdeckt. So kann häufiger erlebt werden, dass in Gebäuden mehrere Lagen unterschiedlicher Bodenbeläge übereinander verarbeitet wurden. Ein unmittelbares Erkennen verdächtiger Materialien ist ohne eine umfangreiche (zerstörende) Probenahme und labortechnischer Untersuchung in der Regel nicht möglich. Ohnehin bleibt das zweifelsfreie Erkennen von Asbest Fachleuten und der chemisch-physikalischen Laboruntersuchung vorbehalten.

3

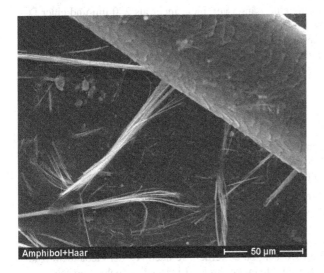

Bild 3-54
Rasterelektronenmikroskopische
Aufnahme zum Größenvergleich
eines Menschenhaares zu
Amphibolasbest

3.6.2 Künstliche Mineralfasern (KMF)

Künstliche Mineralfasern (KMF) sind industriell hergestellte Dämmmaterialien aus verschiedenen anorganischen Ausgangsstoffen (Glas, Gestein, Keramik). Sie kommen im Gegensatz zu Asbest nicht natürlich vor. KMF werden als Filze, Matten oder Platten, sowie als lose Wolle verarbeitet. Der Einbau dient meist der Wärmedämmung bzw. dem Brand- und Schallschutz.

Die Erfahrung durch Raumluftmessungen haben gezeigt, dass bei vorschriftsmäßigem Einbau der KMF-Produkte in der Regel keine erhöhten Faserbelastungen in der Raumluft entstehen. Durch mechanischen Einwirkung bzw. thermische Belastungen und starke Luftbewegungen können jedoch Fasern in die Raumluft freigesetzt werden. Dieses ist allerdings in der Regel nur der Fall wenn die aus Mineralwolle gefertigten Produkte bzw. die Konstruktionen nicht dem Stand der Technik entsprechen.

Seit Juni 2000 gilt gemäß § 18 in Verbindung mit Anhang IV Nr. 22 der Gefahrstoffverordnung – GefStoffV für bestimmte künstliche Mineralfasern ein Herstellungs-, Verwendungs- und Inverkehrbringverbot.

Grundsätzlich muss zwischen zwei unterschiedlichen Typen von Mineralwolledämmstoffen unterschieden werden - den sogenannten „alten" und den „neuen" Produkten. Sogenannte „alte" Mineralwolle- Dämmstoffe sind Produkte die vor 1996 hergestellt und verwendet wurden. Nach 1996 bis zum Zeitpunkt des Herstellungs- und Verwendungsverbotes im Juni 2000 wurden sowohl „alte" als auch „neue" Produkte hergestellt und verwendet. Ob ein Mineralwolledämmstoff in die Kategorie 2 (Stoffe , die als krebserzeugend für den Menschen angesehen werden sollten) oder die Kategorie 3 (Stoffe, die wegen möglicher krebserzeugender Wirkungen beim Menschen Anlass zur Besorgnis geben) eingestuft wird, wird über den KI-Index beurteilt. Der KI-Index gilt als Maß für das Krebs auslösende Potential (die Kanzerogenität). Der KI-Index errechnet sich aus der Differenz zwischen der Summe der Massengehalte (in vom Hundert) der Oxide von Natrium, Kalium, Bor, Calcium, Magnesium, Barium und dem doppelten Massengehalt (in vom Hundert) von Aluminiumoxid. Je kleiner der KI-Index ist, desto größer das krebserzeugende Potenzial der Faser.

Als lungengängig gelten die Fasern, die eine Länge von nicht mehr als 250 µm und einer Dicke von weniger als 3 µm besitzen. Von der World Health Organisation (Weltgesundheitsorganisation -WHO) wurden für die Gesundheit darüber die Fasern als besonders kritisch bewertet, die folgende Abmessungen besitzen:

- länger als 5 µm
- dünner als 3 µm
- Verhältnis von Länge zu Durchmesser > 3

Wärme- und Schalldämmstoffe, technische Isolierungen und andere Produkte aus künstlichen Mineralfasern (KMF), die vor 1996 bezogen und eingebaut wurden, besitzen in der Regel einen KI-Index<30 und gelten als Material der Kategorie 2.

Künstliche Mineralfasern sind in ihrer humanpathogenen Wirkung nicht mit Asbest gleichzusetzen. KMF entwickeln erheblich weniger Faserstaub als Asbest. Eine Längsspaltung der Fasern, durch die immer mehr Fasern entstehen können, ist bei KMF nicht gegeben.
Rein aus rechtlicher Sicht besteht in der Regel kein Anlass, ältere KMF-Produkte, die nach heutigem Stand fachgerecht eingebaut wurden, zu entfernen. Je nach Art der Gebäudenutzung ist eine Entfernung alter Mineralwolleprodukte im konkreten Einzelfall jedoch zu prüfen.

Bild 3-55 Unsachgemäße Abbruchmaßnahme unter Berücksichtigung eines selektiven Rückbaus in Verbindung mit der Mineralwolledämmung

3.6.3 Polycyclische aromatische Kohlenwasserstoffe (PAK)

PAK ist die Abkürzung für „Polycyclische Aromatische Kohlenwasserstoffe". Sie werden in der Literatur auch als PAH „Polycyclic Aromatic Hydrocarbons" bezeichnet. Bisher sind mehrere hundert Einzelverbindungen nachgewiesen worden. Von der amerikanischen Umweltbehörde EPA (Environmental Protection Agency) wurden 16 Einzelkomponenten mit unterschiedlicher chemischer Struktur als repräsentativer Standard festgelegt und werden als Beurteilungsgrundlage untersucht. PAK sind natürlicher Bestandteil von Kohle und Erdöl.

Die Leitkomponente der PAK ist das Benzo(a)pyren, das aufgrund seines Gefährdungspotenzials nach der Gefahrstoffverordnung als krebserzeugend der Kategorie K2 eingestuft ist. Bei einigen anderen Einzelkomponenten besteht beim Menschen die Möglichkeit der Fruchtschädigung oder Beeinträchtigung der Fortpflanzungsfähigkeit.

Bis Ende der sechziger Jahre wurde Parkett u. a. mit in organischen Lösemitteln gelöstem Steinkohlenteerpech verklebt. Steinkohlenteer und Steinkohlenteerpech enthalten polycyclische aromatische Kohlenwasserstoffe (PAK).

Seit Ende der 60er Jahre wurde Steinkohlenteerpech durch Kunstharzklebstoffe ersetzt, die in seltenen Fällen auch bitumenhaltige Klebstoffe mit sehr geringen PAK-Gehalten enthalten. Diese Klebstoffe sind ebenfalls schwarz und lassen sich durch einfache Tests nicht von den PAK-haltigen unterscheiden.

PAK-haltige Bitumengemische wurden auch als Gussasphalt und für die Herstellung von Dachbahnen eingesetzt. Als Verbindungsmatrix für Korkisolierungen wurde Steinkohlenteerpech als Kleber verwendet. Ebenso wurden in Dehnungsfugen PAK-haltige Vergussmassen gebraucht.

3.6.4 Polychlorierte Biphenyle (PCB)

PCB ist die Abkürzung für „Polychlorierte Biphenyle". Hinter dem Begriff PCB steht eine Gruppe von 209 ähnlich chlorierter Kohlenwasserstoffen. PCB sind geruchs- und geschmacklos sowie leicht flüchtig. Wegen der günstigen Stoffeigenschaften (schwer Entflammbarkeit, große Beständigkeit und sehr geringe elektrische Leitfähigkeit) wurde PCB in ganz verschiedenen Produkten verwendet wie z. B. in:

- Dichtungsfugen zwischen den Bauteilen zum Beispiel zwischen Wand und Decke als Weichmacher
- Weichmacher in Kunststoffen, Farben und Lacken
- Isolierflüssigkeit in Transformatoren sowie Kondensatoren von Leuchtstoffröhren
- Hydrauliköl in Aufzugsanlagen
- Deckenplatten (als Weichmacher bzw. Flammschutzmittel)

PCB kann von diesen sogenannten Primärquellen über die Luft in Wandfarben und Möbeln eindringen und von diesen Sekundärquellen noch lange Zeit in nennenswerter Konzentration abgegeben werden und die Raumluft belasten.

Die Bewertung PCB-haltiger Baustoffe erfolgt auf der Grundlage der aktuellen PCB-Richtlinie NRW, Rd.Erl. Min. f. Bauen & Wohnen, MBl.NW Nr. 52 v. 8/1996.

Zur Bewertung der PCB-Konzentration werden nach einer Empfehlung der Länderarbeitsgemeinschaft Abfall (LAGA) die 6 PCB-Kongenere nach Ballschmiter labortechnisch analysiert, addiert und mit fünf multipliziert, um die PCB-Gesamtkonzentration näherungsweise als Vergleichswert zu berechnen.

3.6.5 Chlororganische Holzschutzmittel (PCP und Lindan)

Chlororganische Holzschutzmittel wurden zum Schutz gegen Verrottung bei offenporigen Hölzern verwendet, wenn diese einer erhöhten Feuchtigkeitsbelastung ausgesetzt sind. In der Vergangenheit wurden lasierte Holzoberflächen meist auch in Innenräumen mit Holzschutzmitteln behandelt, ohne dass im jeweiligen Einzelfall die technische Notwendigkeit dieses erfordert hätte.

Im Vordergrund der eingesetzten Chemikalien steht der Stoff Pentachlorphenol (PCP). In Leder wurde PCP als Konservierungsstoff eingesetzt und kann z. B. in Sitzmöbeln vorliegen. PCP wurde als fungizider Wirkstoff verwendet. Lindan wurde in Holzschutzmitteln vielfach zusammen mit PCP eingesetzt. PCP wirkt gegen Pilze, Lindan gegen Insekten. Aufgrund der gesundheitlichen Auswirkungen von PCP und Lindan wurde 1987 in der Gefahrstoffverordnung die Verwendung von PCP als Holzschutzmittelwirkstoff eingeschränkt. 1989 folgte die PCP-Verbotsverordnung.

Nach der PCP-Richtlinie für NRW (Fassung Oktober 1996) werden Hölzer mit Materialgehalten von > 50 mg PCP oder Lindan/kg Holz als belastete Hölzer eingestuft.

3.6.6 Leichtflüchtige chlorierte Kohlenwasserstoffe (LCKW incl. FCKW)

LCKW ist die Abkürzung für „Leichtflüchtige chlorierte Kohlenwasserstoffe", zu denen die FCKW, HFCKW und HFKW gehören. Als Halogenkohlenwasserstoffe werden Kohlenwasserstoffe bezeichnet, bei denen die Wasserstoffatome durch Halogene ersetzt sind. Die Halogene sind Elemente wie Fluor, Chlor und Brom, die mit Metallen Salze bilden. Der bekannteste halogenierte Kohlenwasserstoff ist das FCKW.

Die LCKW werden aufgrund ihrer guten fettlösenden Eigenschaften überwiegend als Reinigungs- und Lösemittel verwendet. LCKW finden in chemischen Reinigungen (Tri- und Tetrachlorethen), im Druckgewerbe, in der Farbherstellung, in der Metallverarbeitung und als Kühl-, Isolier- und Wärmeübertragungsmittel Verwendung. So können LCKW-haltige Produkte in Gebäuden Bodenbeläge, Farben, Lacke, Lösemittel und Kleber sein. Auch Möbel und Einrichtungsgegenstände können LCKW enthalten.

Fluorchlorkohlenwasserstoffe (FCKW) wurden als Kühlmittel in Einzelgeräten (Kühl- und Gefriertruhen) wie auch in Aggregaten von Kühlhäusern und in Klimaanlagen eingesetzt.

3.6.7 Formaldehyd

Formaldehyd ist eine organische Verbindung der chemischen Industrie. Die Produkte, die auf der Grundlage von Formaldehyd hergestellt werden, sind sehr vielfältig.

Dazu zählen:

- allgemeine Kleb- und Schaumstoffe ebenso wie Farbstoffe
- Klebstoffe für Holzwerkstoffe (Spanplatten, Sperrholz, Möbel)
- Lacke (z. B. Parkettlacke)
- Kunstharze in Beschichtungen, Bindemitteln, Schäumen und Textilien
- Konservierungs- und Pilzbekämpfungsmittel
- Ortschäume

Spanplatten und Ortschäume enthalten sogenannte Aminoplaste. Zur Herstellung von Aminoplast wird der Formaldehyd mit Harnstoff-, Melamin-, Urethanen u. a. zu Formaldehyd-Harzen umgesetzt, die dann als Kunstharze in Form von Pulver oder als Lösung weiterverwendet werden. Überwiegend werden die Formaldehyd-Harze als Leimharz (Klebstoffe) für die Herstellung von Spanplatten verwendet. Aus den verleimten Produkten kann der Formaldehyd jahrelang ausdünsten.

Die sogenannten Ortschäume stellen eine weitere Formaldehyd-Quelle dar. Anders als Spanplatten oder aus Spanplatten gefertigte Möbel lassen sie sich kaum wieder entfernen. In den Ortschäumen waren bis vor einigen Jahren die wenig stabilen Harnstoff-Formaldehyd-Harze enthalten. Alte Aminoplast-Schäume, die vor Jahren eingebaut wurden, können zu Belastungen mit Formaldehyd führen.

In öffentlichen Gebäuden wurden formaldehydhaltige Platten häufig zur Deckenverkleidung eingesetzt (z. B. Wilhemi-Platten).

3.6.8 Mineralölkohlenwasserstoffe (MKW)

Zu den biologisch nur sehr schwer abbaubaren Mineralölkohlenwasserstoffen (MKW) gehören beispielsweise Benzin, Heiz , Diesel- und Maschinenöle. Eine bauliche Verwendung von MKW ist grundsätzlich nicht bekannt.

In Öltankräumen, Notstromdieselräumen und KFZ-Werkstätten etc. kann es erfahrungsgemäß durch Überfüllschäden und Leckagen zu einer Kontamination von Estrich- und/oder Betonflächen kommen.

3.6.9 Schwermetalle

Schwermetalle sind als Spurenelemente für Menschen, Tiere und Pflanzen lebensnotwendig, können aber andererseits toxische Wirkungen hervorrufen, indem sie sich im Körper anreichern und als Enzymgifte wirksam werden. Schwermetallquellen, die durch den Menschen verursacht werden, sind vorrangig Verhüttungs- und Wärmegewinnungsprozesse, Kraftfahrzeuge, schwermetallhaltige Werkstoffe und Chemikalien, durch Korrosion geschädigte technische Bauwerke, sowie Bergbau und Abfalldeponien.

3.6.10 Radioaktive Produktverwendungen

Die Vorschriften bezüglich radioaktiver Produktverwendungen im Bauwesen wurden über die vergangenen Jahre laufend angepasst. In der Praxis haben lediglich Ionisationsrauchmelder oder Ionisationsmelder eine Bedeutung. Bei diesen Meldern handelt es sich um Brandmelder mit radioaktiven Elementen. Die Hersteller dieser Melder wurden gesetzlich dazu verpflichtet, die radioaktiven Quellen fachgerecht zu entsorgen. Eine geordnete Entsorgung setzt jedoch voraus, dass die Meldertechnik bekannt ist.

Sollten sich in einem Gebäude, das von einem Brandfall betroffen war, ein radioaktive Brandmelder befunden haben, so muss der Brandschutt nach diesen Melder durchsucht und einer geordneten Entsorgung zugeführt werden. Andernfalls wäre der gesamte Brandschutt nach den Strahlenschutzverordnungen als Sondermüll zu entsorgen.

3.6.11 Vorgehen und Untersuchungsumfang

Als grundsätzliches Vorgehen zur Untersuchung baulicher Anlagen auf das Vorhandensein von Schad- und Gefahrstoffen kann folgendes Grundschema angesehen werden. Die Bestandsaufnahme sollte sich bei vorhandenen historischen Bauunterlagen vor einer örtlichen Aufnahme zunächst auf ein Aktenstudium richten. Hier können wichtige Hinweise zu Baukonstruktionen und ggf. direkten Produktverwendungen dargelegt sein. Darüber hinaus können aus den vorgesehenen Gebäude- bzw. Raumnutzungen Hinweise zu Schad- und Gefahrstoffverwendungen abgeleitet werden. Dies reichen von Verarbeitungsstoffen beispielsweise in Galvanikbetriebe oder KFZ-Werkstätten, wo in der Regel von Bodenkontaminationen auszugehen ist, über besondere Raumnutzungen wie beispielsweise Röntgenräume mit bleihaltigen Umfassungswänden. In mehrgeschossigen Gebäuden mit einem Stahltragwerk sollte auf die Verwendung von asbesthaltigen Brandschutzmaterial geachtet werden.

Häufig gibt es auch Hinweise auf bereits zurückliegende Sanierungsarbeiten. Aus der Erfahrung ist jedoch besondere Vorsicht bei Asbestsanierungen aus den 80er und 90er Jahren geboten. Die Sanierungsziele, die man in diesen Jahren angestrebt hat, entsprechen oftmals nicht den heutigen Vorstellungen, so dass nicht ausgeschlossen werden kann, dass bei umfangreichen Umbau- und Sanierungsarbeiten bereits als asbestfrei geltende Gebäude einer erneuten Sanierung unterzogen werden müssen. Häufig konnten auch aus baulichen Gegebenheiten nicht alle Asbestprodukte entfernt werden. Beispielsweise sei hier darauf hingewiesen, dass unter einem Estrich oder einem Wandputz Spritzasbestreste sein können, wenn bauablaufbedingt der Brandschutz in einem Gebäude vor dem Estricheinbau oder dem Wandverputz ausgeführt wurde.

Wurden anhand der Aktenrecherche bereits Verdachtsmomente erfasst, schließt sich im nächsten Schritt die Gebäudebegehung an. Dabei muss die Untersuchung sowohl auf die baulichen Substanz (Rohbau und Innenausbau) als auch auf die technischen Anlagen und Maschinen ausgedehnt werden.

3

Bild 3-56 Darstellung der erforderlichen technischen und personellen Schutzmaßnahmen bei einer Asbestsanierung

Die Untersuchungen sollten sich im Regelfall auf folgende Bauteile erstrecken:

Rohbausubstanz

- Wände
- Decken
- Fußböden/Estrich
- Fassaden
- Dachkonstruktion und -flächen

Innenausbau

- Wandbekleidungen (Holzverkleidungen, Fliesenschilde, Putze, etc.)
- Trennwände
- Abhangdecken
- Fußbodenbeläge
- Verkastelungen
- Kleber
- Fugenmassen
- Kitte
- Fensteranlagen
- Fensterbänke
- Brandschutztüren

Anlagentechnik/TGA

- Lüftungsanlage (Flanschdichtungen)
- Brandschutzklappen
- Aufzugsanlagen
- Rohrisolierungen
- Abwasserrohre
- Brandschotten
- Elektroanlagen
- Trafostationen
- Kleinkondensatoren

Abgehängte Zwischendecken und Schächte sowie Wand- und Deckenkonstruktion und Fuß-bodenaufbauten müssen regelmäßig geöffnet und beprobt werden. Verdächtige Materialien sind auf die jeweiligen Produktgruppen hin labortechnisch zu untersuchen.

3.6.12 Gesetzliche Regelungen

Gemäß § 3 (1) der Musterbauordnung (MBO) sind Anlagen so anzuordnen, zu errichten, zu ändern und instand zu halten, dass die öffentliche Sicherheit und Ordnung, insbesondere Leben, Gesundheit und die natürlichen Lebensgrundlagen, nicht gefährdet werden.

Gemäß § 319 (1) Strafgesetzbuch (StGB) wird eine Baugefährdung ausgelöst, wenn bei der Planung, Leitung oder Ausführung eines Baues oder des Abbruchs eines Bauwerks gegen die allgemein anerkannten Regeln der Technik verstoßen und dadurch Leib oder Leben eines anderen Menschen gefährdet werden. Als Strafmaß gelten hier eine Freiheitsstrafe bis zu fünf Jahren oder Geldstrafe.

Eine qualifizierte Schadstofferkundung im Zuge der Grundlagenermittlung bzw. der Vorplanungsphase bildet hierbei insofern eine unabdingbare Maßgabe, um der Ermittlungspflicht, aufbauend auf den vorstehenden Gesetzen, zu entsprechen. Andernfalls kann nicht ausgeschlossen werden, dass bei der späteren Bauausführung ein unsachgemäßer Umgang mit Gefahrstoffen die Folge ist.

Im Weiteren sieht das Strafgesetzbuch mit dem § 319 (2) eine Bestrafung derjenigen vor, die in Ausübung eines Berufs oder Gewerbes bei der Planung, Leitung oder Ausführung eines Vorhabens, technische Einrichtungen in ein Bauwerk einbauen oder eingebaute Einrichtungen dieser Art ändern, und dabei gegen die allgemein anerkannten Regeln der Technik verstoßen und dadurch Leib oder Leben eines anderen Menschen gefährden.

Insofern geht auf die Arbeitgeber gleichermaßen eine Ermittlungspflicht über, die insbesondere noch durch die Arbeitsschutzgesetze weiter konkretisiert werden.

Eine umfassende Aufstellung aller maßgeblichen Rechtsvorschriften, die den Umgang mit Gefahrstoffen regeln, ist aufgrund des Umfangs der Bestimmungen in diesem Buch nicht möglich. Es soll jedoch gezeigt werden, dass alle am Bau Beteiligten einen wesentlichen Beitrag bei der Schadstofferkundung zu leisten haben. Nicht zuletzt sollte es im Interesse aller sein, dass eine Schadstofferkundung als entscheidendes Fundament einer guten Planung verstanden wird. Nur so lassen sich die mit einer notwendig werdenden Schadstoffsanierung verbundenen Zeit- und Kostenaufwendung sicher kalkulieren. Einer straf- und zivilrechtlichen Verfolgung im Zusammenhang mit einer Missachtung gesetzlicher Bestimmungen ist nur durch eine gewissenhafte Grundlagenermittlung, zu der auch die Schadstofferkundung zählt, zu erreichen.

3.7 Statische Bewertung des Bestandes

Die Wirtschaftlichkeit einer Umnutzung oder Sanierung bestehender Bausubstanz steht in den meisten Fällen im Vordergrund der Betrachtungen, auch wenn der Erhalt der gebauten Vergangenheit nicht nur nach ökonomischen Gesichtspunkten beurteilt werden kann.

Um die Frage nach dem ökonomischen Sinn einer Investition in einen Altbau beantworten zu können, sollten die in Kapitel 2 benannten Methoden zur Anwendung kommen. Hierfür werden grundlegende Information zum Zustand der Primärkonstruktion und damit zum Tragwerk benötigt, um in Erfahrung zu bringen, ob das vorhandene Gebäude beispielsweise den Wert eines (neuen) Rohbaus hat. Fragen der Bauphysik oder der Haustechnik spielen hier weniger eine Rolle, da man von Anfang an davon ausgehen muss, dass die heutigen Standards in diesen Fachgebieten im Altbau nicht vorhanden sind.

Die Qualität des Tragwerkes ist also eines der wichtigsten Kriterien für die Beurteilung der „Weiterverwendbarkeit" eines Gebäudes, denn ein stark geschädigtes oder für die neue Nutzung unbrauchbares Tragwerk kann zur Unwirtschaftlichkeit eines Umbauprojektes führen.

Die Sanierung eines Gebäudes geht oft einher mit einer Erhöhung der Eigenlasten der tragenden Bauteile, beispielsweise bei der Verbesserung des Schallschutzes einer Decke. Nutzungsänderungen können höhere Verkehrslasten mit sich bringen und verursachen in der Regel den Verlust des Bestandschutzes. Dies bedeutet, dass die Tragfähigkeit gemäß der aktuellen Vorschriften nachgewiesen werden muss. Die Frage, welches Tragsystem vorliegt, entscheidet oft über die Durchführbarkeit einer beabsichtigten Umbaumaßnahme.

Änderungen der Last abtragenden Elemente in einem Gebäude verursachen meistens hohe Kosten und können dadurch eine Planung unwirtschaftlich erscheinen lassen. Das Tragwerk gibt also für viele Entwürfe Randbedingungen vor.

Die Frage nach der Standfestigkeit bestehender Tragwerke wird oft mit der lapidaren Frage: „Hält es noch oder hält es nicht?" zum Ausdruck gebracht. Hier ist jedoch zunächst genau zu klären, **was** „halten soll", welche Bauteile also zum Tragwerk gerechnet werden können. Ebenso ist zu klären, **welcher** Belastung standgehalten werden soll. Es ist zu beurteilen, welche Lasten in welcher Weise aufgenommen und weitergeleitet werden.

Ziel einer frühen statischen Bewertung ist nicht der gerechnete Standsicherheitsnachweis, sondern eine Einschätzung, welche Möglichkeiten oder auch Einschränkungen die vorhandene Tragkonstruktion der Planung und Realisierung einer Baumaßnahme im Bestand bietet.

Im weiteren Planungsverlauf ist zu klären, ob eine Ertüchtigung des Tragwerkes erforderlich und möglich ist. An dieser Stelle sei allerdings darauf hingewiesen, dass, mehr noch als beim Neubau, das Tragwerk als Bestandteil der Architektur in die Entwurfsplanung einzubeziehen ist. Planungen im Bestand sollten nie „gegen" den Bestand erfolgen, sondern mit dem alten Gebäude. Eine Bewertung des Tragwerkes erfordert parallel eine Bewertung des Entwurfes. Die Folge der Bewertung kann die Ertüchtigung des Tragwerks sein aber auch eine Änderung/ Ertüchtigung des Entwurfes oder beider Komponenten bedeuten.

Für den Ablauf einer Bewertung sind zwei verschiedene Ausgangslagen denkbar:

1. Ein Bestandsgebäude soll umgenutzt werden, eine passende Nutzung für die Immobilie wird gesucht.
   Die Erfassung und Bewertung des Tragwerkes sollte generelle Aussagen zur Qualität des Tragwerkes ermöglichen. Bewertungen hinsichtlich geeigneter Belastungen und damit Nutzungen können hilfreich für die Projektentwicklung sein.

2. Die zukünftige Nutzung eines Gebäudes steht bereits fest.
   In diesem Fall wird schon die Erfassung wie auch die Bewertung zielgerichteter ablaufen. Die Belastungen für das vorhandene Tragwerk sind genau abzuschätzen. Eventuell sind weitere Entscheidungen, z. B. über den Abriss einzelner Gebäudeteile, bereits gefallen. Diese zu bewerten, ist folglich dann nicht notwendig. Bereits geplante Ergänzungen können für Ertüchtigungsmaßnahmen des Bestandes herangezogen werden.

Um eine Bewertung des Tragwerks zu erreichen, ist zunächst das Tragwerk zu definieren, mögliche Schäden und Verformungen am Tragwerk sind zu beurteilen und erfasste Materialeigenschaften zu berücksichtigen, die Einwirkungen (Lasten) auf das Tragwerk zu bewerten und die inneren Kräfte (Schnittgrößen) zu ermitteln. Daran anschließend können rechnerische Nachweise geführt werden.

3.7.1 Bewertung von Schäden

Bild 3-57   Risse im Sockel einer Kirche

In Kapitel 3.5 wurden verschiedene Bauteilschäden angesprochen. In diesem Kapitel wird davon ausgegangen, dass die Schäden an Tragelementen, Auflagern oder Knoten erfasst sind. Bei der Beurteilung, wie weit ein Schaden das Tragwerk beeinträchtigen kann, sollte zwischen verschiedenen Schadensprozessen unterschieden werden.

3

1. Handelt es sich um einen Schaden durch eine einmalige bzw. abgeschlossene Einwirkung?

Dies ist beispielsweise der Fall bei einer Querschnittsminderung eines Deckenbalkens durch unsachgemäße Durchführung einer Abwasserleitung, abgelaufenen Bauwerkssetzungen, der Einwirkungen eines Brandes oder bei mittlerweile verlassenen Fraßgängen des Holzbocks. Es muss natürlich zunächst geklärt werden, ob es sich tatsächlich um eine abgeschlossene Einwirkung handelt.

Bei der Problematik von Setzungen des Baugrundes ist dies allerdings nicht leicht zu klären und erfordert eine Überwachung des Gebäudes evtl. durch Anbringung von Gipsmarken oder Rissmonitoren über einen längeren Zeitraum. Kommt man nun zum Ergebnis, dass eine abgeschlossene Einwirkung vorliegt, ist dies zunächst positiv zu bewerten. Allerdings ist die augenblickliche Standfestigkeit kein Garant dafür, dass Änderungen im Baugefüge oder der belasteten Querschnitte nicht zu einer Überschreitung der zulässigen Spannungen bei den für das Gebäude zu erwartenden Belastungen führen. Es muss geklärt werden, ob aussteifende Elemente weiterhin ihrer Funktion nachkommen können.

Bei einmaligen Minderungen von Querschnitten kann ein Spannungsnachweis mit dem Restquerschnitt Aufschluss über die Bedeutung des Schadens für das Tragwerk geben. Brandschäden bei Stahlkonstruktionen sind besonders vorsichtig zu beurteilen, da stark erhitzter Stahl nur noch geringe Spannung aufnehmen kann. Im Zweifelsfall muss das Bauteil ausgetauscht werden.

Doch hilft bei der Beurteilung einer Querschnittsminimierung durch einen Schaden nicht nur der rechnerische Nachweis, auch die Vergegenwärtigung der wahrscheinlichen inneren Kräfte, also der Schnittgrößen kann hilfreich sein. Je nachdem, wo eine Beeinträchtigung des Querschnittes erfolgt, ist damit abzuschätzen, welche Bedeutung dies für das Tragverhalten hat.

Beispiele

- *Die Normalkraft einer Wand ist an deren Fuß infolge Eigengewicht am höchsten; eine Gefährdung durch Beulen besteht besonders im mittleren Drittel. Eine Minderung des Querschnittes lässt sich also am besten am Kopf der Wand verkraften.*
- *Biegemomente sind für alte Holzbalken meist die Ausschlag gebenden Bemessungsgrößen. Diese sind bei Einfeldträger in Feldmitte am größten. Eine Schädigung des Balkens in Feldmitte, im oberen oder unteren Drittel des Balkens ist hier, aufgrund der Verteilung von Biegezug und -druck im Querschnitt, gravierend.*
- *Schubkräfte sind hingegen in Feldmitte am geringsten. Dies wird beispielsweise bei der Probennahme an Metallprofilen, die einen (wenn auch geringen) Schaden am Tragelement verursachen, durch Entnahme in Mitte des Steges in Feldmitte berücksichtigt.*
- *Schäden an auf Druck belasteten Verbindungen im Holzbau stellen meist weniger Probleme als auf Zug belastete Anschlüsse dar.*
- *Freiliegende untere Bewehrung eines als Kragarm ausgebildeten Balkons aus Stahlbeton muss zwar saniert werden, für die Aufnahme der Zugkräfte ist jedoch die obere Bewehrung zuständig.*

2. Handelt es sich um einen laufenden aber anzuhaltenden Schadensprozess?

Dies umfasst beispielsweise die Korrosion unbeschichteter Stahlprofile, die Bewitterung von Holzkonstruktionen, wobei die Ursache der Schadenseinwirkung einfach zu ermitteln und abzustellen ist. So kann eine Holzkonstruktion vor der Witterung geschützt werden, die Beschichtung einer korrodierenden Metallkonstruktion, die Beseitigung aggressiver Stoffe oder das Abstellen zu hoher Belastungen durchgeführt werden. Ist mit finanziell vertretbaren Maßnahmen der Schadensprozess zu stoppen, kann danach wie in 1.) abgeschätzt bzw. nachgerechnet werden, ob die bisherigen Schäden weitere ertüchtigende Maßnahmen erfordern oder nicht.

3. Handelt es sich um einen laufenden, nicht zu stoppenden Schadensprozess?

Ist der Schadensprozess nicht zu stoppen, ist in der Regel das Tragelement zu entfernen und möglichst gegen ein resistenteres Element auszutauschen. Beispielsweise müssen alle mit „Echtem Hausschwamm" befallene Holzbauteile mindestens einen Meter über den Befall hinaus entfernt werden. Die DIN 68800 rät darüber hinaus auf einen erneuten Einsatz von Holzbauteilen zu verzichten oder geeignete vorbeugende Holzschutzmaßnahmen zu ergreifen.

Natürlich sollte versucht werden, die Ursachen des Schadensprozesses zu beseitigen.

In einigen Fällen wird gerade aus Kostengründen ein laufender Schadensprozess in Kauf genommen, wenn die zu erwartenden Auswirkungen auf das Tragverhalten zeitlich erst nach der geplanten Nutzungsdauer des Gebäudes eintreten. Eine laufende Überprüfung ist hier anzuraten.

3.7.2 Bewertung von Verformungen

Nicht alle Verformungen stellen jedoch bezogen auf die Tragfähigkeit einen Schaden dar. Daher wird diesem Thema ein eigenes Unterkapitel gewidmet. Es lassen sich verschiedene Verformungsarten unterscheiden.

Bild 3-58 Verformungsarten[99]

Lastunabhängige Verformungen haben ihre Ursache meist im Schwinden oder Quellen der Baustoffe sowie in Temperaturdehnungen. Zeitunabhängige Verformungen entstehen durch Belastungen, bilden sich nach Entlastung wieder zurück. Vorschriften zur Gebrauchstauglichkeit der Gebäude begrenzen heute die elastische Verformungen (Durchbiegung).

Unter lang andauernder Belastung weisen Baustoffe Kriechverformungen auf, sie verändern ihre Form ohne Erhöhung der Spannung. Stark durchgebogene Deckenbalken alter Gebäude sind meist keinen Verformungen aufgrund zu hoher Spannungen ausgesetzt, sondern Kriechverformungen. Selbst bei völliger Entlastung bleibt eine Durchbiegung bestehen.

Eine weitere wichtige Ursache für Verformungen ist eine Veränderung der Auflagerung (z. B. Gründung). Die Problematik unterschiedlicher Setzungen wurde in Kapitel 3.5.2 bereits angesprochen. Eine typische Veränderung des Auflagers ist z. B. das Wegfaulen einer Schwelle in einem Fachwerkhaus.

Die genannten Verformungen bedeuten zunächst eine Beeinträchtigung der Gebrauchstauglichkeit. Die Tragfähigkeit wird möglicherweise gefährdet,

- wenn die Verformungen tatsächlich aus zu hohen Lasten resultieren,
- wenn Verbindungen nicht mehr kraftschlüssig sind,
- andere Tragelemente verschoben werden,
- sich ein anderes als das geplante Tragsystem ausbildet,
- wenn zu hohe Ausmitten entstehen,
- Verformungen unsachgemäß behoben werden.

---

[99] In Anlehnung an Mönck, Willi: *Schäden an Holzkonstruktionen*, 3. Aufl., Verlag Bauwesen, Berlin 1999, S. 52

Verformungen werden von Holz- und Stahlkonstruktionen, welche in der Lage sind, Druck und Zug gleichermaßen aufzunehmen, leichter bewältigt als beispielsweise von Stahlbeton oder Mauerwerk, wo eine Verformung zu Zugbelastung in der Druckzone führen kann.

Beispiele

- *Das prominenteste Beispiel einer Schiefstellung ist der Schiefe Turm zu Pisa. Die Sicherung und Verringerung der Neigung wurde nötig, da das berühmte Bauwerk einzustürzen drohte. Man kann hier jedoch sehen, dass auch eine beträchtliche Schiefstellung die Standsicherheit dieses Mauerwerkbaus lange Zeit nicht beeinträchtigt hat. Wenn die Lastresultierende außerhalb des Bauteils zu geraten droht, besteht allerdings Einsturzgefahr.[100]*

- *Die Stäbe eines Fachwerkes werden entsprechend ihrer Belastung als Zug- oder Druckstab dimensioniert. Veränderungen der vorgesehenen Belastungen werden zuerst an Verformungen der schlanken Zugstäbe erkennbar.*

- *Fußböden auf durchgebogenen Deckenbalken werden bei Sanierungen gerne ausgeglichen. Erfolgt dieses Ausgleichen jedoch nicht in kraftschlüssigem Verbund mit den verformten Balken (wodurch der Balken sogar ertüchtigt würde), sondern möglicherweise mit losem Schüttgut (z. B. Sand, Schlacke,...) wird dem alten Balken an empfindlicher Stelle zusätzliche Last aufgebürdet.*

Bild 3-59   Verformung eines falsch belasteten Zugstabes eines Fachwerkträgers

Verformungen sind also Indizien für Veränderungen am Tragwerk, welche dem natürlichen Alterungsprozess, Baugrundbewegung, Bauschäden, Konstruktions- oder Planungsfehlern zuzuschreiben sind. Nach dem Auftreten von Verformungen ist bei der Bewertung der Tragkonstruktion besonders auf eine Überprüfung ihrer Funktionsweise zu achten und festzustel-

---

[100] Vgl. Führer, Wilfried/Hegger, Josef (Hrsg.): *Ertüchtigen und Umnutzen*, Symposium an der RWTH Aachen zum Thema "Bauen im Bestand", Tagungsband, Aachen 1999, S. 105 ff

len, ob sich durch die Verformungen das ursprünglich geplante und ausgeführte Tragsystem geändert hat.

3.7.3 Bewertung der Materialeigenschaften

Die durch die Erfassung ermittelten Materialeigenschaften müssen in den Kontext der Gesamtkonstruktion einbezogen werden. Haben die erfassten Qualitäten des Materials eine weite Streuung, sind möglicherweise weitere Untersuchungen zur Klärung dieser Bandbreite erforderlich. Weitere Probennahmen können erforderlich werden.

Eine Alternative zu aufwändigen Laboruntersuchungen bei der Ermittlung von Betonfestigkeiten ist die Ergänzung von labortechnisch ermittelten Druckfestigkeiten mit Untersuchungen vor Ort durch den Schmidt-Hammer.

Aus Kosten-Überlegungen und aufgrund der Tatsache, dass die Entnahme von Material auch immer eine Zerstörung des Bestandes darstellt, ist die Anzahl möglicher Materialproben begrenzt. Eine 100-%ige Übereinstimmung von der erfassten Materialeigenschaft und dem tatsächlichen Bestand wird es daher mit den derzeitigen Untersuchungsmethoden nicht geben.[101] Die verantwortungsvolle Bewertung der Materialeigenschaften lässt aber die Lücke zwischen gebauter Wirklichkeit und der Analyse des Bauzustandes auf eine kalkulierbare Größe sinken. Eine sorgfältige Bauüberwachung hilft Risiken aus eventuell unzutreffenden Annahmen aus der Bauzustandsanalyse zu minimieren.

Die Bewertung der Materialeigenschaften erfolgt mit Hilfe der für die verschiedenen Baustoffe geltenden DIN-Vorschriften und den darin festgelegten zulässigen Spannungen. Nun kann es sein, dass man bei der Beurteilung der Materialeigenschaften, zur Sicherheit, vorhandene Baustoffe in eine niedrigere Festigkeitsklasse einordnet, als dies durch die mit Proben ermittelte Druckfestigkeiten zulassen.

Dennoch ist es oft möglich, nachzuweisen, dass die vorhandenen Spannungen zulässig sind. Gerade die sehr massiven alten Mauerwerkswände bieten hier oft „Reserven".

Doch ist auch das Gegenteil ein mögliches Ergebnis der Bewertung der vorhandenen Materialeigenschaften. Die Materialeigenschaften sind möglicherweise so schlecht, dass der Baustoff heute gar nicht mehr eingesetzt werden dürfte, geschweige denn zusätzliche Lasten aufgrund eines geänderten Anforderungsprofils aufnehmen kann. Jegliche Veränderung am Tragwerk auf Seiten der Konstruktion oder der Last erfordert dann Ertüchtigungsmaßnahmen.

3.7.4 Bewertung von Tragsystemen

Tragwerke von Gebäuden transportieren Lasten ab der Stelle, von der sie auf das Tragwerk einwirken, bis in die Fundamente. Das **Tragwerk** ist die Umsetzung des statischen Systems (des Tragsystems) mit Baustoffen. **Tragsysteme** werden durch ihre Geometrie, Belastung und Auflager beschrieben.[102] Die Betrachtung der Tragsysteme ist somit zunächst unabhängig vom Material, von den eingesetzten Querschnitten und somit allgemeiner als die Bewertung eines

---

[101] Vgl. Wapenhans, Wilfried (Hrsg.): *Tragwerksplanung im Bestand*, Fraunhofer IRB Verlag, Stuttgart 2005, S. 15

[102] Vgl. Führer, Wilfried/Ingendaaij, Susanne/Stein, Friedhelm: *Der Entwurf von Tragwerken*, Verlagsgesellschaft Rudolf Müller, Köln 1995, S. 32

Tragwerkes, bei dem die Eigenschaften des Materials stets mit berücksichtigt werden müssen. Im Folgenden sollen grundsätzliche Überlegungen zu der Frage, welches Tragsystem sich für bestimmte Lasten besser oder schlechter eignet, erörtert werden. Dies kann eine Hilfe bei der Einschätzung des Potentials oder der Schwachstellen bestehender Tragwerke sein.[103]

Zur statischen Bewertung des Bestandes ist es hilfreich, sich zu vergegenwärtigen, inwiefern das vorhandene Tragsystem auf mögliche Veränderungen reagieren kann. Auch bedeutet die Veränderungsmöglichkeit eines Tragwerkes nicht nur, dass man das Tragwerk leicht demontieren oder umbauen kann. Fragen nach der Reaktion eines Tragwerkes auf das Entfernen eines Tragelementes oder Möglichkeiten, nachträglich Öffnungen in Decken oder Wänden einzubringen, sollten bei der Beurteilung des Tragwerkes erwogen werden.

In diesem Zusammenhang sind gerade die Unterschiede statisch bestimmter und statisch unbestimmter Systeme zu berücksichtigen.

3.7.4.1 Statisch bestimmte und unbestimmte Systeme

Man spricht von einem **statisch bestimmten System**, wenn die Schnittgrößen allein durch die drei Gleichgewichtsbedingungen (Summe V=0, Summe H=0, Summe M=0) ermittelt werden können. Ein einfaches statisch bestimmte System ist beispielsweise der Einfeldträger mit zwei gelenkigen Auflagern, von dem eins horizontal verschieblich ist. Weitere Beispiele sind Kragträger oder Einfeldträger mit einem oder zwei Kragarmen.

Bei Dreigelenkrahmen oder Dreigelenkbögen sind beide Auflager unverschieblich, die Gleichgewichtsbedingungen sind allerdings durch das zusätzliche Gelenk definiert. Ein aufwändigeres statisch bestimmtes System ist der sogenannte Gerberträger. Dieser ist augenscheinlich eigentlich ein Dreifeldträger, der jedoch durch die konstruktive Ausbildung von zwei Gelenken im Mittelfeld (jeweils im Momentennulldurchgang aus dem Lastfall Eigenlast) statisch bestimmt wird. Die Ausbildung der gelenkigen Anschlüsse im Mittelfeld ist unter einem wesentlich geringeren konstruktivem Aufwand herzustellen, als dies bei biegesteifen Verbindungen der Fall wäre.

Einfache **statisch unbestimmte Systeme** sind z. B. Durchlaufträger, wobei der Grad der statischen Unbestimmtheit durch die Anzahl der Zwischenauflager definiert ist. Ein Dreifeldträger wäre somit zweifach statisch unbestimmt, ein Zweifeldträger einfach statisch unbestimmt.

Bei statisch unbestimmten Systemen haben jegliche Verformungen, Verschiebungen und Verdrehungen – seien sie entstanden aus Temperaturdehnungen, Kriechen oder Schwinden des Baustoffes bzw. aus der Belastung selbst – im Gegensatz zu statisch bestimmten Systemen direkten Einfluss auf die Schnittgrößen. Ebenso hat das Schwächen oder Stärken eines Trag-

---

[103] weiterführende Literatur: Engel, Heino: *Tragsysteme*, Deutsche Verlagsanstalt, Stuttgart 1967, 1997; Ackermann, Kurt: *Tragwerke in der konstruktiven Architektur*, Deutsche Verlagsanstalt, Stuttgart 1988; Führer, Wilfried/Ingendaaij, Susanne/Stein, Friedhelm: *Der Entwurf von Tragwerken*, a. a. O.; Krauss, Franz/Führer, Wilfried/Willems, Claus-Christian: *Grundlagen der Tragwerklehre 2*, Verlagsgesellschaft Rudolf Müller, Köln 1997; Heller, Hanfried: *Padia 1 – Grundlagen Tragwerkslehre*, Ernst & Sohn, Berlin 1998; Kuff, Paul: *Tragwerke als Elemente der Gebäude- und Innenraumgestaltung*, Verlag W. Kohlhammer, Stuttgart 2001; Krauss, Franz/Führer, Wilfried/Neukäter, Hans Joachim: *Grundlagen der Tragwerklehre 1*, 9. Auflage, Verlagsgesellschaft Rudolf Müller, Köln 2002; Leicher, Gottfried W.: *Tragwerkslehre in Beispielen und Zeichnungen*, Werner Verlag, Düsseldorf 2002

elementes in einem statisch unbestimmten System Einfluss auf das Nachbarelement. Es gilt der Satz „Steifigkeit zieht Lasten an".

Am Beispiel einer Rahmenkonstruktion lässt sich dies sehr gut veranschaulichen. Dargestellt sind Rahmen mit Gleichlast. System 1 und 2 sind statisch unbestimmte Zweigelenkrahmen. In System 1 wird der Riegel mit einem HEA 400 und die Stiele jeweils mit einem HEA 200 und somit wesentlich weicher als der Riegel ausgebildet. In System 2 ist dies genau umgekehrt.

System 3 ist mit System 1 identisch, allerdings wurde in Mitte des Riegels ein Gelenk einge-fügt, es handelt sich also um einen statisch bestimmten Dreigelenkrahmen. Genauso ist System 4 ein Dreigelenkrahmen, der gleiche Querschnitte und Lasten wie System 2 aufweist Bei Glei-cher Belastung (Linienlast auf dem Riegel) sind die Schnittgrößen (Biegemomente) darge-stellt.

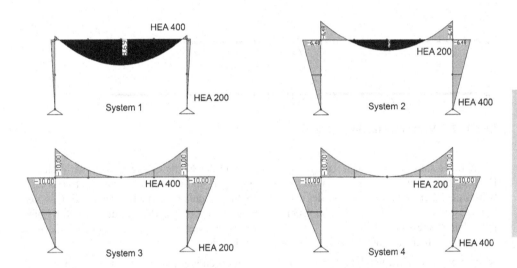

Bild 3-60 Vergleich statisch bestimmter und unbestimmter Rahmenkonstruktionen

Es ist deutlich zu erkennen, dass bei den statisch unbestimmten Systemen dort, wo Querschnit-te mit höherer Steifigkeiten vorliegen, auch stärkere Beanspruchungen auftreten. Diese Eigen-schaften kann auch für eine mögliche Ertüchtigung genutzt werden. Die Schnittgrößen der statisch bestimmten Systeme bleiben unabhängig von den verschiedenen Querschnitten gleich.

Die Möglichkeit zur Beeinflussung der Schnittgrößen von Elementen eines Tragsystems durch Veränderungen der Steifigkeit am Nachbarelement besteht bei allen statisch unbestimmten Systemen.

3.7.4.2 Biegeträger

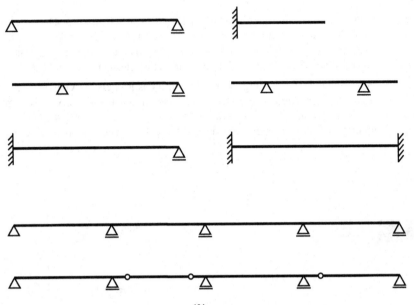

Bild 3-61   Verschiedene Biegeträger[104]

Biegeträger sind linienförmige Tragsysteme, die – wie der Name es sagt – hauptsächlich auf Biegung beansprucht werden. Belastungen aus Querkraft und Längskraft treten hier auch auf, wären aber bei einer Bemessung des Bauteils nicht ausschlaggebend für den Nachweis der Standfestigkeit. (Zum Nachweis der Gebrauchstauglichkeit ist die Begrenzung der Durchbiegung bei Bemessungen nach heutigem Standard sogar noch eher für die Dimensionierung verantwortlich als dies bei der Biegebemessung der Fall ist.)

Systemrelevante Kriterien beim Tragverhalten von Biegeträgern sind die Art, Ort und Anzahl der Auflager sowie die Art und Größe der Belastung.

Die Ausbildung des Trägerquer- und Längsschnittes ist gegebenenfalls bei geneigten Trägern, bei Trägern mit Kragarm sowie statisch unbestimmten Systemen zu berücksichtigen.

Als Biegeträger bezeichnet werden:

- Einfeldträger (gelenkig gelagert, einseitig oder beidseitig eingespannt),
- Einfeldträger mit einem oder zwei Kragarmen,
- Kragträger,
- Mehrfeldträger (Durchlaufträger),
- Gelenkträger (Gerberträger).

---

[104] In Anlehnung an: Führer, Wilfried/Ingendaaij, Susanne/Stein, Friedhelm: *Der Entwurf von Tragwerken*, a. a. O., S. 184

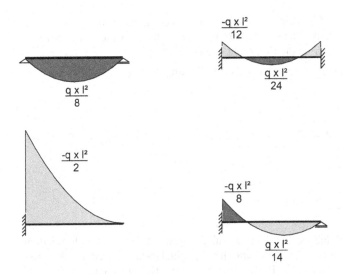

Bild 3-62 Biegeträger mit Momentenlinie aus Gleichlast[105]

Die Art der Auflagerung hat einen großen Einfluss auf die **Schnittgrößen**. Bild 3-62 zeigt vier verschiedene Fälle mit den jeweiligen Momentenlinien. Zwischen den Extremen, dem Kragarm und dem beidseitig eingespannten Einfeldträger, bewegt sich die Beanspruchung durch Biegung bei Gleichlast für alle Biegeträger (wertet man unter Vernachlässigung der Vorzeichen den Betrag der Biegemomente).

Um eine möglichst gleichmäßige Auslastung eines Biegeträgers zu erreichen, ist bei Trägern über mehrere Felder die vom Betrag her gleiche Größe von Feldmoment und Stützmoment anzustreben. Dies erreicht man durch die Anordnung der Auflager (bei statisch unbestimmten Systemen (Durchlaufträger) eventuell auch durch Ausbildung unterschiedlicher Steifigkeiten).

Eine ideale Anordnung der Auflager zeigt unten stehende Abbildung.

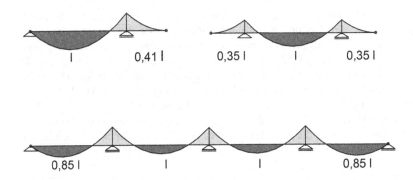

Bild 3-63 Günstige Auflageranordnung und Kraglängen[106]

---

[105] In Anlehnung an Führer, Wilfried/Ingendaaij, Susanne/Stein, Friedhelm: *Der Entwurf von Tragwerken*, a. a. O., S. 185

Die Belastung mit Gleichlast ist für Biegeträger typisch (z. B. Deckenbalken, Sparren, Pfetten...). Sicherlich werden auch Punktlasten in Biegeträger eingeleitet, je weiter dies vom Auflager entfernt geschieht, desto höher ist die Belastung des Trägers.

Ein in Feldmitte mit einer Punktlast P = q · l belasteter Einfeldträger weist mit

$$M_d = \frac{q_d \cdot l^2}{4}$$

ein doppelt so hohes Feldmoment wie der mit gleicher Größe aber als Linienlast verteilte Last beanspruchte Träger mit

$$M_d = \frac{q_d \cdot l^2}{8}$$

auf.

Zusätzliche Punklasten auf vorhandene Biegeträger aufzubringen, ist daher oft nicht möglich. DIN 1055 trägt dem mit einer generellen Erhöhung der Verkehrslasten auf Decken ohne ausreichende Querverteilung der Lasten (z. B. Balkendecken) um 0,5 KN/m² Rechnung. Für Biegeträger mit Kragarmen und Durchlaufträger ist darauf zu achten, dass verschiedene Lastfälle bei der Ermittlung der Schnittgrößen betrachtet werden müssen.[107] Die Belastung eines Feldes verursacht eine Entlastung des Nachbarfeldes. Daher sind Systeme, welche sich über mehrere Felder erstrecken, bei der Entlastung eines Feldes auf die Belastung des Nachbarfeldes zu untersuchen.

Geeignete Querschnitte für Biegeträger weisen ein hohes **Widerstandsmoment**[108] in Richtung der Lasteinwirkung auf (z. B. stehende Rechtecke, hohe Doppel-T-Profile). Hat man Biegeträger zu bewerten, deren Querschnittsausbildung stark davon abweichen, kann man vermuten, dass die Konstruktion möglicherweise ohne Berechnung, aufgrund damaliger Fertigungstechniken hergestellt wurde, die Konstruktion, wenn sie der jetzigen Belastung stand hält, zusätzliche Beanspruchungen aus Quer- und Normalkraft gut verkraften kann.

3.7.4.3 Stützen

Zur Beurteilung von Stützen können die gleichen systemrelevanten Kriterien wie bei Biegeträgern herangezogen werden: Art, Ort und Anzahl der Auflager sowie die Art und Größe der Belastung. Eine Stütze ist in der Regel an ihren Enden gelagert. Die Art der Lagerung (vgl. Bild 3-64) ist entscheidend für die Knicklänge. Mögliche Zwischenauflager können die Knicklänge verkürzen. Die Darstellung der Eulerfälle zeigt die große Bedeutung der Knicklänge für Stützen. Eine Stütze gleichen Querschnittes hat im Eulerfall 1 hat nur 1/16 der Tragkraft gegenüber einer Stütze im Eulerfall 4. In einem vereinfachten Bemessungsverfahren für Stützen ergibt der Quotient aus Knicklänge (Sk) und Trägheitsradius [i (= 0,289 x kleinster Querschnittsbreite bei Rechteckstützen)] die Schlankheit (λ) einer Stütze. Mit der Schlankheit lassen

---

[106] In Anlehnung an Führer, Wilfried/Ingendaaij, Susanne/Stein, Friedhelm: a. a. O., S.185

[107] Weitere Information hierzu: Krauss, Franz/Führer, Wilfried/Jürges, Thomas: *Tabellen zur Tragwerklehre*, Verlagsgesellschaft Rudolf Müller, Köln 2007, S. 52 f

[108] Vgl. Widerstandsmoment eines Rechteckquerschnittes: (b x h²)/6

Eulerfälle	1	2	3	4
	$s_k = 2 \cdot 1$	$s_k = 1$	$s_k = \dfrac{1}{\sqrt{2}}$	$s_k = \dfrac{1}{2}$
Lagerung der Stabenden	ein Ende starr eingespannt, das andere frei	beide Ecken gelenkig	ein Ende starr eingespannt, das andere gelenkig	beide Enden starr eingespannt
Verschieblichkeit der Stabenden	verschieblich	unverschieblich	unverschieblich	unverschieblich
$\beta = \dfrac{\text{Knicklänge}}{\text{Stablänge}}$	2,0	1,0	~0,7	0,5
$\dfrac{\text{Knicklast}}{N_{Ki2}}$	$\dfrac{1}{4}$	1	2	4

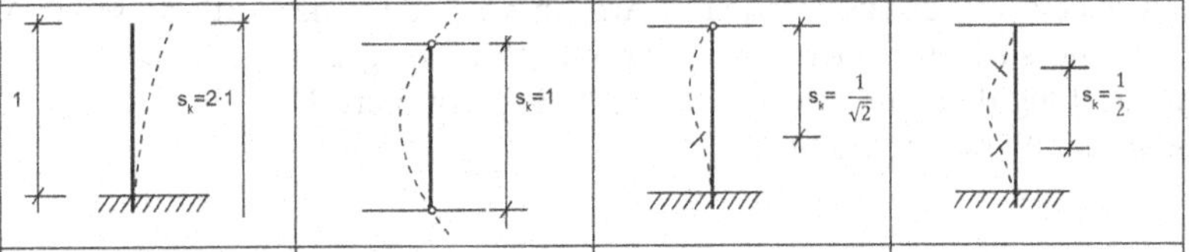

Bild 3-64   Eulerfälle[109]

sich in Tabellenwerken der Abminderungsfaktor (k) für verschiedene Querschnitte und Materialien ablesen. Der Abminderungsfaktor verringert die zulässige Spannung.

Hauptsächliche Belastung einer Stütze ist eine Normalkraft (Längskraft). Hier ist jedoch Vorsicht geboten. Stützen haben oft neben der Funktion vertikale Lasten aufzunehmen, Lasten aus Biegung, z. B. als Linienlast durch Wind bei einer Fassadenstütze (hier gleicht die Stütze einem aufgerichteten Biegeträger) sowie weitere Horizontalkräfte für die Gebäudeaussteifung zu verkraften. In dem Fall der Gebäudeaussteifung muss ein Ende der Stütze eingespannt sein. Auch außermittige Lasteinleitung bewirkt Biegemomente in einer Stütze.

Bei einem optimierten Tragsystem lassen sich aus den Querschnitten Rückschlüsse auf die Art der Belastung ziehen. Für Belastung mit Längskraft ist ein punktsymmetrischer Querschnitt, dessen Masse möglichst weit vom Zentrum entfernt ist, der optimale Querschnitt. Wird die Stütze auch auf Biegung beansprucht nähert sich der ideale Querschnitt wieder dem eines Biegeträgers.

Verschiedenste Gründe können dazu führen, dass auch bei einer reinen Belastung aus Längskraft kein optimaler punktsymmetrischer Querschnitt gewählt wurde. In diesem Fall sind die Schwachstellen einer solchen Stütze sicherlich die Seiten mit der kleineren Ausdehnung (bezogen auf den Grundriss der Stütze), hier liegt aber auch das Potential für eine mögliche Ertüchtigung.

3.7.4.4 Wände (Scheiben)

Wände haben in statischer Hinsicht die Funktion von Scheiben. Scheiben sind Elemente, die in einer Dimension eine kleine, in den zwei weiteren Dimensionen eine große Ausdehnung besitzen. Lasten nehmen Scheiben in Richtung ihrer großen Ausdehnungen auf. Damit haben

---

[109] In Anlehnung an Krauss, Franz/Führer, Wilfried/Jürges, Thomas: *Tabellen zur Tragwerklehre*, 10. Auflage, Verlagsgesellschaft Rudolf Müller, Köln 2007, S. 59

Scheiben die Funktionen, Lasten zu tragen und Gebäude auszusteifen. Hinzu kommt die Funktion, andere Wände auszusteifen.[110] Art, Anzahl und Ort der Auflager sowie Art und Größe der Belastung sind auch hier systemrelevante Bewertungskriterien. Allerdings wird die Art der Auflagerung durch den Begriff der Halterung erweitert. Es werden 1-seitig, 2-,3-und 4-seitig gehaltene Wände unterschieden.

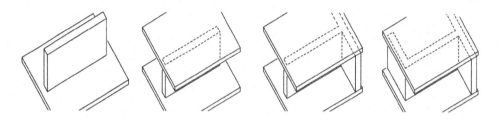

Bild 3-65   1-, 2-, 3-, 4-seitig gehaltene Wand

Oben abgebildet sind die vier möglichen Halterungen. Ähnlich einer Stütze besteht bei Wänden die Gefahr des Knickens, hier wird auch von Beulen gesprochen. Eine Wand ist bei einer Länge von mind. 1/5 der Höhe in der Lage eine angrenzende Wand zu halten (auszusteifen). Die Länge einer vier-seitig gehaltenen Wand beträgt maximal 30-fache Wandstärke, die einer drei-seitig gehaltenen maximal 15-fache Wandstärke.[111]

Bei Wänden aus Mauerwerk und unbewehrtem Beton fließt die Art der Halterung in die Bemessung mit ein. Die Möglichkeit verschiedener Arten von Auflagern auszubilden, ist eng an die Wahl der Baustoffe gebunden. Beispielsweise sind theoretisch alle auf Biegung belastbaren Baustoffe in der Lage, Momente aus einer Einspannung aufzunehmen – praktisch ist die Herstellung einer kompletten Einspannung nur mit Stahlbeton möglich. Auch eine einseitig gehaltene Wand ist ebenso nur in diesem Material zu errichten.

Eine der häufigsten Fragen bei Umbaumaßnahmen ist die, ob eine Wand entfernt werden kann, ohne das Tragwerk zu beeinträchtigen. Oft wird dabei nur an die vertikalen Lasten gedacht, selten an das Weiterleiten der horizontalen Kräfte (Gebäudeaussteifung) oder das Halten einer benachbarten Wand. Sind diese Möglichkeiten überprüft, gibt es zahlreiche Hinweise, die für eine tragende oder eine nichttragende Wand sprechen. Die auf der nächsten Seite aufgeführten Merkmale sind für eine Bewertung hilfreich, um eine eindeutige Aussage zu treffen, können weitergehende Untersuchungen (Bauteilüberprüfungen, Auswertung von Altakten ...) nötig werden.

---

[110] Grundlegendes zum Thema Aussteifung von Gebäuden: Kuff, Paul: *Tragwerke als Elemente der Gebäude- und Innenraumgestaltung*, Verlag W. Kohlhammer, Stuttgart 2001, S. 275 ff; Leicher, Gottfried W. *Tragwerkslehre in Beispielen und Zeichnungen*, Werner Verlag, Düsseldorf 2002, S. 297 ff

[111] Vgl. Krauss, Franz/Führer, Wilfried/Jürges, Thomas: *Tabellen zur Tragwerklehre*, 10. Auflage, Verlagsgesellschaft Rudolf Müller, Köln 2007, S. 135

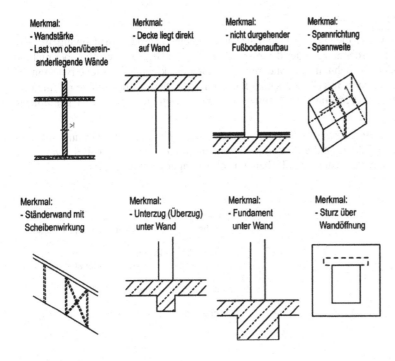

Merkmal:
- Wandstärke
- Last von oben/überein-
  anderliegende Wände

Merkmal:
- Decke liegt direkt
  auf Wand

Merkmal:
- nicht durgehender
  Fußbodenaufbau

Merkmal:
- Spannrichtung
- Spannweite

Merkmal:
- Ständerwand mit
  Scheibenwirkung

Merkmal:
- Unterzug (Überzug)
  unter Wand

Merkmal:
- Fundament
  unter Wand

Merkmal:
- Sturz über
  Wandöffnung

Bild 3-66   Merkmale tragender Wände

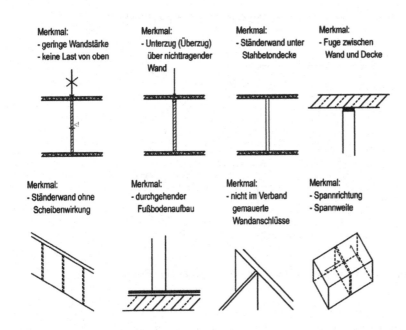

Merkmal:
- geringe Wandstärke
- keine Last von oben

Merkmal:
- Unterzug (Überzug)
  über nichttragender
  Wand

Merkmal:
- Ständerwand unter
  Stahbetondecke

Merkmal:
- Fuge zwischen
  Wand und Decke

Merkmal:
- Ständerwand ohne
  Scheibenwirkung

Merkmal:
- durchgehender
  Fußbodenaufbau

Merkmal:
- nicht im Verband
  gemauerte
  Wandanschlüsse

Merkmal:
- Spannrichtung
- Spannweite

Bild 3-67   Merkmale nicht tragender Wände

3

3.7.4.5 Platten

Platten haben im Grunde die gleiche Geometrie wie Scheiben, große Ausdehnung in zwei Dimensionen, kleine Ausdehnung in der dritten Dimension. Die Belastung erfolgt aber nicht in Richtung einer großen Ausdehnungen, sondern in Richtung der kleinen. Typische Belastungen sind Flächenlasten, die über Biegung zu den Auflagern transportiert werden müssen. Linienlasten oder Punktlasten rufen analog den Erläuterungen bei Biegeträgern höhere Biegemomente hervor.

Weitere Parallelen zu Biegeträgern sind mögliche Kragarme, die Durchlaufwirkung und Einspannungen. In diesen Fällen ist die Platte ein dreidimensionaler Biegeträger. Bei zweiachsig gespannten Platten sind die Lasteinzugsflächen je nach Auflagerung zu beachten.

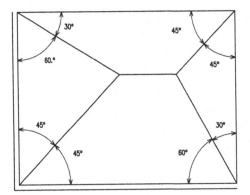

Verlauf der Lasteinzugsflächen:
zwischen gleichartigen Plattenrändern: 45 Grad

bei ungleichen Platenrändern:
zum eingespannten Rand hin unter 60 Grad

zum freien Plattenrand unter 30 Grad

(angrenzende Platten bewirken eine Einspannung)

Bild 3-68   Prinzip von Lasteinzugsflächen bei zweiachsig gespannten Platten

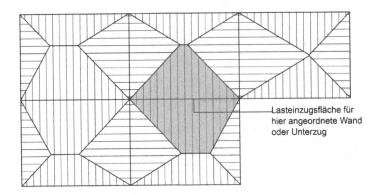

Lasteinzugsfläche für hier angeordnete Wand oder Unterzug

Bild 3-69   Beispiel Lasteinzugflächen bei zweiachsig gespannten Platten[112]

---

[112] Bild 3-68 und Bild 3-69 in Anlehnung an Heller, Hanfried: *Padia 1 – Grundlagen Tragwerkslehre*, Ernst & Sohn, Berlin 1998, S. 61

Für statisch unbestimmte Systeme und Platten mit Kragarmen gilt wie bei Durchlaufträgern, dass die Belastung eines Feldes eine Entlastung im Nachbarfeld verursacht. Bei einer Berechnung sind verschiedene Lastfälle zu überprüfen.

Eine weitere Aufgabe vieler Platten ist die Gebäudeaussteifung. Hierbei wirken sie dann allerdings als Scheiben.

3.7.4.6 Fachwerke

Fachwerke sind aus Stäben zusammengesetzte Tragsysteme, die stets Dreiecke bilden. In der Modellvorstellung von Fachwerken wird davon ausgegangen, dass die Knoten gelenkig ausgebildet sind und Kräfte nur in den Knoten eingeleitet werden. Die Stäbe eines Fachwerkes werden dann nur auf Zug oder Druck belastet. Nicht belastete Stäbe werden als Nullstäbe bezeichnet. Einfache Methoden zur Ermittlung der Stabkräfte sind der Cremonaplan und das Ritter'sche Schnittverfahren.[113]

Durch Vorüberlegungen ist es jedoch auch ohne die Anwendung von solchen Verfahren in vielen Fällen möglich Zug-, Druck- und Nullstäbe voneinander zu unterscheiden. Stellt man sich einen parallelgurtigen Fachwerkträger als Biegträger vor, entsteht bei Belastung von oben an seiner Unterseite Zug und an der Oberseite Druck. Dementsprechend besteht der Obergurt aus Druck- und der Untergurt aus Zugstäben (möglicherweise sind die Endstäbe auch Nullstäbe). Aufgrund der Verformungsfigur eines solchen Trägers kann man darauf schließen, dass Diagonalstäbe, die zur Mitte hin fallen, Zugstäbe (Annäherung an eine Seillinie)[114], Stäbe, die zur Mitte hin steigen, Druckstäbe sind (ähnlich der Ausbildung eines Bogens).

Die Betrachtung jedes einzelnen Knoten hilft bei der Beurteilung der Stabbelastung. Dabei wird der Knoten mit den evtl. angreifenden Lasten und Auflagerreaktionen sowie den angren-

3

Bild 3-70   Fachwerkträger

---

[113] Vgl. Krauss, Franz/Führer, Wilfried/Neukäter, Hans Joachim: *Grundlagen der Tragwerklehre 1*, 9. Auflage, Verlagsgesellschaft Rudolf Müller, Köln 2002, S. 247 ff

[114] Als **Seillinie** wird die Form bezeichnet, die ein Seil bei Belastung annimmt. Seile nehmen nur Zugkräfte auf. Die Seillinie stellt damit ein optimales Tragwerk dar, weil der Kräftetransport über Zug der effizienteste ist. Die Umkehrung der Seillinie, die **Stützlinie**, stellt somit ein ideales Tragwerk für Druckkräfte dar.

zenden Stäben untersucht. Jeder Knoten muss sich, wie alle anderen Punkte des Fachwerkes, im statischen Gleichgewicht befinden (Erfüllen der drei Gleichgewichtsbedingungen). Die Lastrichtung wird durch die Stäbe vorgegeben. Nun muss darauf geachtet werden, dass Kräfte, die an einer Seite des Knotens ziehen, ein Gegenüber durch Zug auf der anderen Seite oder Druck auf der gleichen Seite in einem anderen Stab haben müssen. Im unten dargestellten Beispiel sind die mit 0 bezeichneten Vertikalstäbe Nullstäbe. Obergurt und Diagonalstäbe sind druckbelastet. Der mittlere Vertikalstab und der Untergurt sind Zugstäbe.[115]

Informationen über die Stabkräfte sind wichtig für die Beurteilung der möglichen Knickgefährdung von Druckstäben oder der Ausbildung der Querschnitte und Anschlüsse. Des weiteren sind die Knoten für das Tragverhalten von Fachwerken von großer Bedeutung. Es stellt

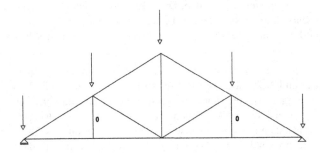

Bild 3-71   Fachwerkträger mit gekennzeichneten Nullstäben

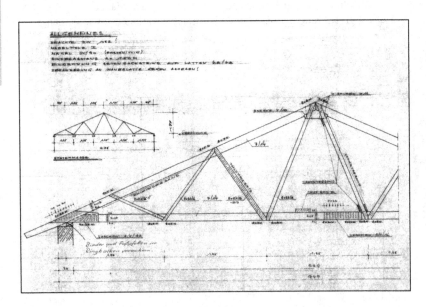

Bild 3-72   Ausführungszeichnung für einen Dachbinder, 1968

---

[115] weitere ausführliche Beispiele zu diesem Thema sind in Krauss/Führer/Neukäter 2002, S. 267 ff angegeben

sich die Frage, ob es sich um eine relativ weiche Verbindung (z. B. genagelte Brettlaschen), die zur Aufnahme von Lasten bereits eine verhältnismäßig große Verformung erfahren oder um eine Verbindung (z. B. Passbolzen) handelt, die Kräfte sofort weiterleitet, wodurch das System als steifer anzusehen ist.

Nicht selten haben für Fachwerkträger erstellte Statiken aus der Zeit vor einer Berechnung mit Computerprogrammen „Reserven", da in Wirklichkeit die Knoten nicht alle gelenkig anschließen. Durchlaufende Ober- oder Untergurte sind gerade im Holzbau eher die Regel. Sie bewirken höhere Steifigkeiten als dies in der Modellvorstellung eines Fachwerkes angenommen wurde.

Die Ausführungsplanung des dargestellten Fachwerkträgers weist sowohl den Obergurt als auch den Untergurt als durchlaufendes Kantholz aus.

3.7.4.7 Rahmen

Ein Rahmen besteht in der Regel aus zwei Stielen und dem über biegesteife Ecken verbundenen Riegel. Man unterscheidet Zweigelenkrahmen, Dreigelenkrahmen, eingespannte Rahmen sowie als Verbindung mehrerer Rahmen, Stockwerkrahmen und mehrstielige Rahmen.[116]

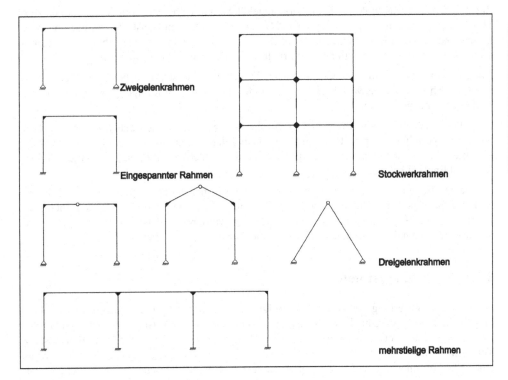

Bild 3-73   Rahmenarten[117]

---

[116] Vgl. Krauss, Franz/Führer, Wilfried/Willems, Claus-Christian: *Grundlagen der Tragwerklehre 2*, Verlagsgesellschaft Rudolf Müller, Köln 1997, S. 37 ff

[117] In Anlehnung an: a. a. O., S. 37

Typisch für die Form eines Rahmens ist die Verbreiterung des Rahmenprofils in den biegestei-fen Ecken, da hier hohe Biegemomente aufgenommen werden müssen. Aus Herstellungsgrün-den findet man jedoch auch häufig Rahmen mit parallel ausgebildeten Stielen und Riegeln. Rahmen haben die Funktion, sowohl vertikale als auch horizontale Lasten aufzunehmen, um das Gebäude auszusteifen. Riegel und Stiele der Rahmen erhalten dabei Längskraft und Bie-gung. Die typische Querschnittsausbildung ähnelt daher einem Biegträger.

Bei Überlegungen, bestehende Rahmenkonstruktionen zu ändern, muss darauf geachtet wer-den, dass die Gebäudeaussteifung nicht beeinträchtig wird. Über die Beeinflussung von sta-tisch unbestimmten Systemen durch die Ausbildung unterschiedlicher Steifigkeiten wurde zu Beginn des Kapitels am Beispiel eines Zweigelenkrahmens hingewiesen.

Die Möglichkeiten, zur Anpassung des statischen Systems ein Gelenk eines Rahmen zu ver-steifen, um einen Dreigelenkrahmen in einen Zweigelenkrahmen zu verwandeln oder das Ein-fügen eines Gelenkes im umgekehrten Fall, verdient bei der Bewertung von Rahmenkonstruk-tionen Beachtung.

3.7.4.8 Bögen

Bögen und die daraus in dritter Dimension abgeleiteten Gewölbe und Tonnen sind die einzige Möglichkeit, eine Strecke mit lediglich auf Druck zu belastenden Baustoffen zu überspannen. Bögen sind nur standfest, solange sich die Druckkräfte innerhalb des Querschnittes der Kons-truktion bewegen. Zur Beurteilung der Form hilft die Betrachtung der Stützlinie.

Die Stützlinie sollte sich immer im mittleren Drittel des Querschnittes bewegen. Bei hohem Eigengewicht des Bogens wirken sich wechselnde Verkehrslasten weniger gravierend auf eine Änderung der Stützlinie aus.

Hohe Punktlasten sind von Bögen sehr schlecht aufzunehmen. Bögen geben in der Regel an ihren Auflagern hohe Horizontallasten ab. Je flacher der Bogen desto höher sind die Horizon-talkräfte. Ein Verschieben der Auflager nimmt der Bogenkonstruktion die Standfestigkeit (Beispiel Endfeld Kappendecke).

„Moderne" Bögen aus Stahl oder Stahlbeton sind auch in der Lage weitere Belastungen wie z. B. Einspannmomente aufzunehmen. Somit kann die Art der Auflagerung, die auch hier wichtig für die Beurteilung des Tragvermögens ist, variieren und ist bei der Bewertung zu überprüfen. Eine nahe Verwandtschaft zu Rahmenkonstruktionen ist ersichtlich.[118]

3.7.5 Bewertungsstufen

Die statische Bewertung des Bestandes erfolgt erwartungsgemäß durch einen Statiker. Aller-dings sollten bei Baumaßnahmen im Bestand auch der Entwerfer (meist Architekten) in der Lage sein, im Sinne eines verantwortungsvollen Umgangs mit der vorgefundenen Bausubstanz Teile einer statischen Bewertung durchzuführen. Hierbei kann der rechnerische Nachweis eines Statikers niemals ersetzt werden. Aber in den frühen Planungsphasen, in denen noch

[118] weiterführende Literatur zu Bögen: Heinle, Erwin/Schlaich, Jörg: *Kuppeln aller Zeiten – aller Kultu-ren*, Deutsche Verlagsanstalt GmbH, Stuttgart 1996, S. 196 ff; Krauss, Franz/Führer, Wilfried/Willems, Claus-Christian: *Grundlagen der Tragwerklehre 2*, Verlagsgesellschaft Rudolf Müller, Köln 1997, S. 99 ff

nicht alle Fachingenieure eingeschaltet sind und in einer Phase, in der die Bandbreite möglicher Alternativen noch so groß ist, dass der genaue rechnerische Nachweis der verschiedenen Möglichkeiten ökonomisch unsinnig wäre, dient eine erste statische Bewertung durch den Entwerfer dazu, einen kreativen Umgang mit dem Tragwerk möglich zu machen.

Die im Folgenden definierten Bewertungsstufen sind keine festumrissenen Schritte. Die Übergänge zwischen den einzelnen Stufen sind aufgrund der Komplexität der verschiedenen Prozessabläufe eher weich. Sie stellen eine Hilfe zur Einordnung der von Architekten zu leistenden Beurteilung des Tragwerkes dar.

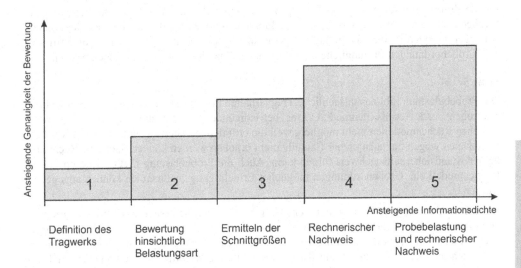

Bild 3-74   Stufen bei der Bewertung von Tragkonstruktionen

Stufe 1

Die erste Stufe ist die Bewertung der vorhandenen Konstruktion zur Definition des Tragwerkes. Es wird die Unterscheidung von Tragwerk und nicht tragender Konstruktion Wert gelegt. Nur grobe Schäden werden zugeordnet. Die Bewertung stützt sich auf die Untersuchung von Altakten und der Begehung vor Ort. Relativ offensichtliche Sachverhalte werden bewertet, die Art der Belastung einzelner Tragelemente ist noch nicht geklärt. Es wird deutlich, dass Aussagen über die Möglichkeit Teile einer Konstruktion zu entfernen, weitere Untersuchungen erfordert.

Stufe 2

Die Bewertung hinsichtlich der Belastungsart beurteilt die in Stufe 1 definierte Tragkonstruktion hinsichtlich ihrer wahrscheinlichen Beanspruchung (Biegung, Zug, Druck, Schub, Torsion). Mögliche Schwachpunkte oder Reserven des Systems werden benannt. Die Bedeutung eines möglichen Entfernens tragender Elemente für benachbarte Bauteile wird eingeschätzt.

Stufe 3

Die Ermittlung von Schnittgrößen lässt die Beanspruchung einzelner Tragelemente deutlich werden. Ein Vergleich von hohen oder geringen Belastungen innerhalb des Tragsystems wird möglich. Eine Entscheidung, ob eine Ertüchtigung wahrscheinlich wird, kann in Einzelfällen schon erfolgen. Varianten zur Ertüchtigung des Tragsystems können angedacht werden. Baustoffqualität und Schäden werden in die Überlegungen mit einbezogen.

Stufe 4

Der rechnerische Nachweis simuliert das wirkliche Tragverhalten in einem Rechenmodell. Die Auswirkung von Schäden wird quantitativ eingeordnet. Die Genauigkeit dieses Modells hängt von der Informationsdichte bei der Erfassung des Tragwerkes ab. Von lokal ermittelten Daten (Proben, Schäden) wird auf das Ganze geschlossen. Im Rahmen des Rechenmodells können Aussagen zu quantitativen Tragfähigkeit gemacht werden. Ebenso sind Defizite quantifizierbar. Größenordnungen für mögliche Ertüchtigungsmaßnahmen können angegeben werden.

Stufe 5

Die Probebelastung gibt das tatsächliche Tragverhalten noch genauer wieder, als ein auf Materialproben gestütztes Rechenmodell. Eine befriedigende Aussage zum Tragverhalten ist in manchen Rechenmodellen nicht möglich, weil die ermittelten Daten zu stark variieren, verlässliche Daten wegen unzugänglicher Bauteile nicht erhoben werden können oder eine Rechnung keinen Standsicherheitsnachweis führen kann. Auch die Probbelastung fließt wiederum in ein Rechenmodell ein. Größenordnungen möglicher Ertüchtigungsmaßnahmen können angegeben werden.

Als architektentaugliche Bewertungen des Tragwerkes sind die ersten drei Bewertungsstufen zu bezeichnen. Die dargestellten Visualisierungen des Tragwerkes wird ein Architekt im täglichen Geschäft mangels Honorierung selten erstellen, es sei denn, der Entwurfsgedanke entwickelt sich aus der Tragstruktur und das Tragwerk ist ein wichtiges Gestaltungsmerkmal des Entwurfes.

Bei dem gewissenhaftem Umgang mit dem Altbestand ist der Prozess, die tragenden Teile der Baukonstruktion zu identifizieren, jedoch obligat. Ergebnisse dieses Prozesses werden aber möglicherweise nur skizzenhaft festgehalten.

Dem visuell arbeitenden Architekten ist die grafische Verarbeitung eines Sachverhaltes eine Hilfe. Weitergehende Bewertungsschritte basieren auf der grafischen Formulierung des Sachverhaltes in Form von Modellen, virtuellen Modellen, Zeichnungen oder Skizzen.

Die weitergehenden Bewertungsschritte sind mit dem Wissenstand eines Architekten zu bewältigen. Das Wissen muss möglicherweise aufgefrischt oder geschult werden, es werden aber keine Verfahren benötigt, die in der Ausbildung von Architekten nicht thematisiert werden. Dies gilt auch für die computerunterstützte Ermittlung der Schnittgrößen, welche an einigen Architekturfakultäten gelehrt wird.

Die quantitative Bewertung mit einem rechnerischen Nachweis oder der Beurteilung von Konstruktionen mit Probebelastungen sollten allerdings dem Ingenieur vorbehalten bleiben.

3.8 Brandschutztechnische Bewertung

Autor: Hanns-Helge Janssen

Eine frühzeitige Analyse und Bewertung der Brandschutzfragen im Zusammenhang mit der Entwicklung eines Bestandsprojektes ist in vielen Fällen für eine gesicherte Investitionsentscheidung unabdingbar. Durchfeuchtungen, Schimmelbefall, Rissbildungen lassen sich in vielen Fällen bei den ersten Begehungen erkennen; Brandschutzmängel werden in der Regel erst nach Kenntnis der Genehmigungslage des Bestandes (möglichst einschließlich seiner „historischen" Entwicklung), Erstellung eines Nutzungskonzeptes – mit (bei größeren Objekten) zumindest grober Aufteilung von Nutzungseinheiten sowie haustechnischem Vorentwurf – und leider nicht selten auch nach Öffnung von Bauteilen hinreichend sicher festgestellt und in ihren Konsequenzen für die weitere Planung bewertet.

Die Analyse einer Stahlbetondecke in einem Vorkriegs-Verwaltungsgebäude (ehemaliges Polizeigebäude) wurde beispielsweise zunächst von der Nutzungsvorgabe „mehrere separate Büroeinheiten" bestimmt: Die Feuerwiderstandsdauer konnte nicht mehr, wie vorher, nach Bestandsschutzgesichtspunkten als zweitrangig beurteilt werden, da die Neuplanung die Decke als Trennbauteil zwischen separaten Nutzungseinheiten vorsah.

Nach Demontage der Unterdecke traten unverkleidete Stahlunterzüge zu Tage, welche zur Erhöhung der Tragfähigkeit in den 1970er Jahren eingebaut worden waren. Die Überprüfung der Statik ergab erwartungsgemäß, dass das Stahlkorsett für die Erfüllung der aktuellen Nutzlastannahmen unabdingbar sein würde. Diese waren also durch eine Brandschutzbekleidung zu schützen.

Aber wie stand es mit der Qualität der alten Decke? Nach aktueller DIN 4102-4 und DIN 1045 konnte der statisch konstruktive Brandschutz nicht nachgewiesen werden. Erst die detaillierte Analyse des „tatsächlichen" Feuerwiderstandes einer Deckenplatte mit der vorhandenen Dicke und der vorhandenen Bewehrungsdichte und -führung – ermittelt durch stichprobenhaftes Abschlagen von Putzes und Betondeckung, in Teilbereichen in Verbindung mit Radarmessungen – ließ realistische Schlüsse auf das optimale Sanierungskonzept und dessen Kosten zu. Dabei wurde die Genehmigungsfähigkeit in mehreren Abstimmungsrunden mit den zuständigen Behördenvertretern abgesichert.

3.8.1 Bestandsschutz

Wenn Bestandsschutz gilt, kann auf eine Sanierung oder Ertüchtigung (zumindest gegenüber den Bauaufsichtsbehörden) verzichtet werden. Damit wird diese Rechtskategorie zum gravierenden Faktor bei der wirtschaftlichen Bewertung eines Altgebäudes.

Den umfangreichen juristischen Abhandlungen über das Phänomen Bestandsschutz soll an dieser Stelle keine weitere hinzugefügt werden. Die folgenden Ausführungen sind Extrakte aus langjähriger praktischer Erfahrung im Umgang mit Behörden und mit wiederum deren Umgang mit den baurechtlichen Verfahrensvorschriften. Denn: Nur Weniges beim Bauen ist so sehr Auslegungssache wie die Beurteilung, ob Bestandsschutz gegeben ist oder nicht – und wenn ja, in welchem Umfang.

Bereits die scheinbare Selbstverständlichkeit, dass jeglicher Bestandsschutz entfällt, wenn ein Gebäude abgerissen und ein neues an seine Stelle gebaut wird, kann sich z. B. in Bezug auf Feuerwehrbelange als unzutreffend erweisen. (Eine geringfügig unzureichende Löschwasser-

3

versorgung kann möglicherweise geduldet werden, wenn sie so auch schon beim abgebrochenen Objekt vorgelegen hatte – vorausgesetzt, der Neubau wird nicht erheblich größer oder für eine gravierend brandgefährlichere Nutzung geplant.)

Am anderen Ende der Skala liegen die Fälle des behördlichen Anpassungsverlangens auch ohne (für den Eigentümer) erkennbaren Anlass – wenn eine tatsächliche oder anscheinende Gefährdung von Leben und Gesundheit von Personen durch die Benutzung einer baulichen Anlage vorliegt – meistens bei Verstößen gegen Brandschutzvorschriften. In solchen Fällen kann es schlimmstenfalls zu Stilllegungsverfügungen kommen.

Dazwischen liegt die von der Abwägung zwischen Gefährdungsvermeidung und wirtschaftlicher Zumutbarkeit bestimmte Bandbreite bauaufsichtlicher Beurteilungsmöglichkeiten. Wenn z. B. Wohnungsgrundrisse in einem Siedlungshaus der 20er Jahre an aktuelle Wohnbedürfnisse angepasst werden sollen, z. B. durch Zusammenlegung von zwei Wohneinheiten zu einer großen, muss nach Erfahrung des Autors nicht damit gerechnet werden, dass die Holzbalkendecke unter oder über dem Umbaubereich auf die aktuell geforderte Feuerwiderstandsklasse zu ertüchtigen wäre.

Soll bei einem Eigentümerwechsel eines industriellen Betriebsgebäudes die Nutzung von metallverarbeitender Produktion zur Lagerung von Spielwaren wechseln, stellt dies zunächst eine genehmigungspflichtige Nutzungsänderung dar. Einen förmlichen Bestandsschutz wird man hier nicht ansetzen können. Dennoch werden die meisten Bauaufsichten eher bereit sein, Abweichungen von den Vorgaben der Industriebaurichtlinie z. B. in Bezug auf die Rauchableitung zu akzeptieren, als wenn eine Spielzeuglagerhalle neu errichtet werden sollte.

Grundsätzlich kann Bestandsschutz immer dann (und nur dann) angenommen werden, wenn ein von aktuell einschlägigen Baurechtsanforderungen abweichender Sachverhalt zu irgendeinem Zeitpunkt einmal baurechtskonform gewesen ist – und wenn sich dieses möglichst auch noch nachweisen lässt.

So konnte eine Geschossdecke bei einem Dachgeschossausbau unverändert bleiben, weil die vorhandene Konstruktion in einer kommunalen Bauordnung von 1928 nicht nur explizit als „feuerhemmend" qualifiziert worden war – gleichbedeutend mit der heute zu erreichenden Feuerwiderstandsklasse F30 – sondern auch als für den vorgefundenen Einbauzustand ausreichend. Heutzutage hätte eine Deckenkonstruktion der Feuerwiderstandsklasse F90-AB nachgewiesen werden müssen.

Leider ist eine solch eindeutige Rekonstruktion historischer Baurechtsmaterie der seltene Einzelfall. Wenn die Akten der Stadt- oder Gemeindeverwaltung keine vollständige Geschichte der Veränderungen an einem Bauwerk abbilden, ist man auf Mutmaßungen über die wahrscheinliche Baurechtslage zum Zeitpunkt der Errichtung oder Änderung des Objekts angewiesen – und damit unweigerlich auf das Wohlwollen der zuständigen Behörde, wenn es um die Konsequenzen für ein aktuelles Bauvorhaben geht.

3.8.2 Rettungswege

Wesentliches Schutzziel des baulichen Brandschutzes ist es, den in einem Gebäude anwesenden Personen eine gefahrlose Selbstrettung zu ermöglichen. Die dafür vorgesehenen Rettungswege sind im Grundsatz seit der Entstehung komplexerer Gebäudetypologien gleich geblieben: Ausgänge ins Freie, (notwendige) Flure und Treppen – entweder in Treppenräumen oder im Freien – waren und sind die erforderlichen baulichen Vorkehrungen dafür, dass Gebäudenutzer im Brandfall sichere Bereiche erreichen können. Für den Fall, dass die baulichen

Bild 3-75   Rettungsweg

Rettungswege nicht benutzbar oder nicht einmal mehr erreichbar sein sollten, muss die Möglichkeit bestehen, dass die Personenrettung durch den Einsatz von Feuerwehrkräften und deren Gerätschaften erfolgt.

3.8.2.1 Ein oder zwei bauliche Rettungswege?

Zu den wesentlichen Bestandteilen der Sonderbauvorschriften des öffentlichen Baurechts gehört die Festlegung, dass für alle Nutzungsbereiche mit Aufenthaltsräumen zwei **bauliche** Rettungswege nachgewiesen werden müssen. Dies gilt z. B. für Krankenhäuser, Schulen, Versammlungs- und größere Beherbergungsstätten.

Bei der Analyse von Bestandsbauten wird man häufig vorfinden, dass diese Regel noch nicht allzu alt sein kann: Klassische Gebäudetypen sind das (z. B. preußische) Schulhaus des 19. Jahrhunderts mit einem zentralen Treppenhaus und zwei oder mehr Flügeln, die von Stichfluren erschlossen werden – eine Bauweise, die noch bis in die 1980er hinein ihre Fortsetzung gefunden hat – oder das mit gleicher Grundrissstruktur angelegte Hotel, bei dem sich die Anzahl der Zimmer aus der maximal zulässigen Länge des Rettungsweges zum einzigen Treppenhaus bei minimierter Achsbreite logisch ergab.

Ob die Feuerwehren fähig wären bzw. jemals waren, aus solchen Gebäuden im Ernstfall alle Personen zu retten, scheint teilweise fraglich. Verhandelt man heute mit einer Brandschutzdienststelle über die Möglichkeit, weiterhin auf einen zweiten baulichen Rettungsweg zu verzichten, wird man mit der Botschaft konfrontiert, dass die Feuerwehrkräfte je nach personeller Besetzung und Ausstattung maximal 20, allenfalls 25 Personen erfolgreich aus einem brennenden Gebäude zu retten in der Lage sind – und dies auch nur, wenn eine normale Mobilität und Reaktionsfähigkeit der zu Rettenden vorausgesetzt werden kann. Damit fallen z. B. Gebäude mit nur einem baulichen Rettungsweg für eine Nutzung im Bereich der Altenpflege oder -betreuung grundsätzlich aus.

Diese Begrenzung der von der Feuerwehr zu rettenden Personenzahl gibt auch die in vielen Landesbauordnungen verankerte Obergrenze einer Büro-Nutzungseinheit ohne notwendigen Flur mit 400 m^2 vor: Angesichts des Umstandes, dass mit dieser Bauweise häufig die gewünschte Einsparung eines zweiten baulichen Rettungsweges verbunden ist, kann bei der baurechtlich festgesetzten Obergrenze davon ausgegangen werden, dass wiederum nicht mehr als 20 Personen auf die Rettungsgeräte der Feuerwehr angewiesen sein werden.

3

3.8.2.2 Anforderungen an Bauteile und Baustoffe von Rettungswegen

Die Mindestanforderungen an das Brandverhalten der Baustoffe und die Feuerwiderstandsklasse der Bauteile von Rettungswegen unterscheiden sich von Bundesland zu Bundesland nur geringfügig. Sie steigen mit der Bedeutung des Rettungsweges für das Gesamtgebäude: Von F30 bei Wänden notwendiger Flure bis zur Bauart von Brandwänden für Treppenraumwände in mehrgeschossigen und komplexeren Gebäuden. Die Baustoffklasse A („nicht brennbar") wird mit wenigen Ausnahmen für Treppen und Treppenräume vorausgesetzt.

Im Bestand wird die vorhandene Holztreppe bei Brandereignissen immer wieder zum größten Problem der Feuerwehrleute – besonders dann, wenn auch noch die Wände und Türabschlüsse der notwendigen Treppenräume den baurechtlich verankerten Mindestanforderungen nicht genügen.

Wege zu finden, wie mit einem Jugendstil-Treppenhaus mit fast vollflächigen Bleiglas-Intarsien zu den angeschlossenen Wohnungen und ebensolchen Belichtungsfeldern in der Außenwand ohne Öffnungsmöglichkeit umzugehen ist, stellt sich als fast unlösbares Problem dar. Im Bereich denkmalgeschützter Gebäude lassen sich am ehesten Abweichungen von den baurechtlichen Vorschriften erwirken – solange die Sicherheit der Nutzer nicht ernsthaft gefährdet ist.

Häufig finden sich Schwierigkeiten bereits bei Details:

- Rauchschutztüren in Schulzentren oder Verwaltungsgebäuden der 60er und 70er Jahre, die unter den Alu-Paneel-Unterdecken enden – der Deckenhohlraum (ggf. mit hohen Kabelbrandlasten) läuft offen über die Rauchabschnittstrennung durch.

- Großflächige Glasstein-Fassaden in Treppenhäusern von Sozialwohnbauten, allenfalls mit kippbaren 2x2-Raster-Elementen versehen und damit als Rauchabzug nicht fungieren können.

- Unzureichende Wanddicken bei Treppenraumwänden, die eigentlich in der Bauart von Brandwänden erforderlich wären – unzureichend geschützt sind in diesem Fall die Einsatzkräfte der Feuerwehr, denen der notwendige Treppenraum auch in einem späten Brandstadium noch als Zugang dienen soll, ohne dass mit einem Einsturz gerechnet werden muss.

- Bodenbeläge in notwendigen Fluren, deren Brandverhalten unbekannt ist.

3.8.2.3 Bauliche Rettungswege sind Räume ohne Brandlasten!

Die Grundannahme des deutschen Baurechts, dass bauliche Rettungswege keine Brandlasten enthalten dürfen (was leider nirgendwo explizit geschrieben steht), scheint nicht nur bei Gebäudenutzern unbekannt zu sein (was sich in Kopierern, Kaffeeecken, Wäscheschränken, Mülltonnen, Kinderwagen und Trockenblumenarrangements in notwendigen Treppenräumen äußert), auch bei Planern stößt die Forderung immer wieder auf Irritation.

Im Bestand müssen in erster Linie die Brandlasten der Leitungsführungen in Deckenhohlräumen über notwendigen Fluren untersucht werden, deren nachträgliche Abschottung in der Regel durch Brandschutz-Unterdecken zu erfolgen hat.

3.8.2.4 Wegstrecken

Die maximal zulässige Länge von ersten Rettungswegen (bis zu notwendigen Treppenräumen oder zu einem Ausgang ins Freie) beträgt in der Bundesrepublik Deutschland 35 Meter. Dies wird von der jeweils ungünstigsten Stelle eines Raumes gemessen.

Ausnahmen von dieser Grundregel bilden Sonderbauten mit abweichenden baulichen oder sicherheitstechnischen Gegebenheiten, wie:

- Krankenhäuser (Reduzierung auf max. 30 m)
- Versammlungsstätten (Verlängerung in Abhängigkeit von der Raumhöhe und der Entrauchung möglich)
- Verkaufsstätten (Verlängerung durch besondere bauliche und sicherheitstechnische Vorkehrungen möglich)
- Industriebauten (Verlängerung in Abhängigkeit von der Raumhöhe und der brandschutztechnischen Infrastruktur)

Bei der Untersuchung von Bestandsgebäuden muss oft eine Überschreitung dieser maximalen Längen festgestellt werden. Ob für eine solche Situation Bestandsschutz reklamiert werden kann, muss im konkreten Einzelfall geprüft werden.

Schwierig wird in den Bundesländern mit besonderen Regelungen über Stichflure (also Flure mit nur einer Fluchtrichtung) bei Bestandsgebäuden umgegangen, da Regelungen für solche Stichflure – abgesehen von älteren Sonderbauvorschriften – erst in den letzten 10 Jahren Aufnahme ins Baurecht gefunden haben. Ein kleiner Umbau in einem großen Verwaltungsgebäude mit zentralem Treppenhaus kann so das gesamte Rettungswegsystem in Frage stellen.

3.8.2.5 Zweiter Rettungsweg

Das zentrale Problem zweiter Rettungswege, soweit sie durch Rettungsgeräte der Feuerwehr sichergestellt werden müssen, liegt darin, dass man sie ggf. jahrzehntelang nicht wahrnimmt. Umgekehrt werden es auch nur wenige Nutzer wahrnehmen, wenn ihre Wohnung oder ihr Arbeitsplatz **nicht** über einen zweiten Rettungsweg verfügt.

In zahlreichen Wohneinheiten, die durch Anbau, Dachgeschossausbau oder der Teilung größerer Nutzungseinheiten entstehen, wird der zweite Rettungsweg schlicht vergessen. Problematisch sind beispielsweise auch Wohnungen (und sonstigen Nutzungseinheiten), die ausschließlich zu Blockinnenbereichen oder anderen für die Feuerwehr unzugänglichen Außenbereichen orientiert sind. Hier wäre im Brandfall bei einem Versagen des ersten Rettungsweges jegliche Hilfe von außen unmöglich.

3.8.2.6 Technische Ertüchtigung von notwendigen Treppenräumen

In solchen – und einigen anderen Fällen mit Rettungswegproblemen im Bestand – kann zuweilen ein Konzept die Lösung bringen, welches traditionell bei Hochhäusern Anwendung findet: der Sicherheitstreppenraum. Die Philosophie dieses Konzeptes lautet: Wenn kein zweiter Rettungsweg zur Verfügung steht, muss der erste so ausgebildet werden, dass seine Benutzung durch Feuer oder Rauch nicht beeinträchtigt oder gar unmöglich gemacht werden kann.

3

Die technischen Aufwendungen für die Umsetzung eines solchen Konzeptes (Lüftungsgerät mit gesicherter Stromversorgung, Druckausgleichsöffnung im Treppenraumkopf, Brandmelde-anlage für die Auslösung, Brandschutzabschlüsse und ggf. Überströmventile zu den Nutzungs-einheiten) sowie die Notwendigkeit andauernder Wartung und regelmäßiger Überprüfung solcher Anlagen stellen eine gewisse Hürde für deren Einsatz dar. Wenn aber zu den eigentli-chen Kosten von Außentreppen oder gar zusätzlichen Treppenräumen Probleme mit dafür erforderlichen Grundstücksflächen oder zwingende architektonische Ausschlussgründe hinzut-reten, kann die technische Ertüchtigung helfen.

3.8.3 Feuerwiderstand der Bauteile

Die Anforderungen der Landesbauordnungen an die Feuerwiderstandsdauer der Bauteile eines Gebäudes haben sich über die vergangenen Jahrzehnte hinweg im Ganzen nur relativ unwe-sentlich verändert, im Einzelnen aber deutlich ausdifferenziert: Während es in der Nachkriegs-zeit im Wesentlichen lediglich die Kategorien „feuerbeständig" und „feuerhemmend" gab, existieren inzwischen deutliche Unterschiede z. B. zwischen F90, G90 und T90, zwischen S30 und R30. Dieser Trend wird sich durch die derzeit in der Einführung befindlichen europäisch normierten Bezeichnungen der Feuer- (und Rauch-)Schutzklassen weiter fortsetzen.

Im Unterschied zur traditionellen deutschen Bezeichnung lässt die europäisch harmonisierte immerhin erkennen, worum es geht: In vielen Fällen macht es für die Sanierungsaufwendun-gen einen erheblichen Unterschied, ob die Brandschutzanforderungen auf die Tragfähigkeit eines Bauteils, den Raumabschluss, welchen es gewährleisten kann, oder auf beides zusammen zu beziehen sind.

Tabelle 3.2 Beispiele für Bauteilbezeichnungen nach (neuer) europäischer und (alter) deutscher Norm

Bauteil	Bezeichnung nach DIN 4102-2	Bezeichnung nach DIN EN 13501-2	Eigenschaften
Wand	F90	REI90	tragend, raumabschließend, wärme-dämmend (kein Strahlungsdurchgang)
Tür	T30-RS	EI30-CS200	raumabschließend, wärmedämmend, selbstschließend, rauchdicht (bis 200°C geprüft)

Bei der Feststellung der Feuerwiderstandsdauern der in einem Gebäude vorgefundenen tragen-den und/oder trennenden Bauteile ist man in erster Linie auf die aktuell gültigen Normen an-gewiesen, wie die DIN 4102 „Brandverhalten von Baustoffen und Bauteilen" in den für das jeweilige Bauteil zutreffenden Teilen. Oftmals lohnt sich aber die Recherche nach Norm- oder Baurechtsvorgaben der ursprünglichen Herstellungszeit (vgl. Kap. 3.8.1), soweit das geplante Vorhaben dies zulässt.

Äußere Abschottung: Brandwände als Gebäudeabschluss

Es kann davon ausgegangen werden, dass ein erheblicher Anteil – vermutlich die Mehrzahl – der in geschlossener Bebauung bis in die jüngere Vergangenheit hinein entstandenen Gebäude bei den Gebäudeabschlusswänden Mängel aufweist.

Selbst wenn man die aktuellen Anforderungen an den oberen Abschluss von z. B. gemeinsamen Giebelwänden bei drei- oder mehrgeschossigen Gebäuden – min. 0,3 m über die Dachebene hochgeführt oder mit auskragender Stahlbetonplatte in der Dachebene, min. 0,5 m breit – ausblenden kann (was schon bei einem nachträglichen Dachgeschossausbau schwierig werden dürfte), sind unzureichend hergestelltes Mauerwerk, nicht nachweisbare Horizontalaussteifung und durchbindende Holzbalken oder gar Leitungsdurchführungen eine häufige Problemstellung.

Bei Fertigteilbauten (Industriehallen, Bürogebäude, Schulen) mit Außenwänden, die als Brandwände hätten ausgebildet werden sollen, ist mit ebenso großer Häufigkeit anzutreffen, dass die Vorgaben der DIN 4102-4 für die Fugenausbildung und die Verankerung an der Tragstruktur nicht eingehalten worden sind. Auch die Vorschrift, dass eine Gebäudeabschlusswand keine Öffnungen haben darf, wird z. B. durch Abluftführungen häufig unterlaufen.

3.8.4 Brandabschnittsbildung durch Gebäudetrennwände

Die maximale Länge eines Brandabschnitts ist in den Landebauordnungen schon seit Langem mit 40 m festgesetzt. Sind die Abmessungen des Hauses in eine oder gar beide Richtungen größer, muss es in mindestens zwei Brandabschnitte aufgeteilt werden. Die Praxis hierzu sieht – speziell bei gewerblichen und industriellen Objekten – häufig anders aus: Besonders bei alten Industriekomplexen, die über Jahrzehnte hinweg erweitert, umgebaut und (vor allem durch Modernisierung der Produktionsverfahren) umgenutzt wurden, sind durchaus Brandabschnittsflächen von 50.000 m^2 festzustellen. Wenn ein Bauvorhaben in einen solchen Komplex eingreift muss im Grunde eine brandschutzrechtliche Bewertung und gegebenenfalls Ertüchtigung des Ganzen erfolgen.

Insgesamt stellen sich gravierende Mängel in Bezug auf die brandschutztechnische Gebäudetrennung häufig bei mehrfach erweiterten Objekten heraus: Die jeweiligen Entwurfsverfasser haben immer nur den für sie relevanten Teilbereich bedacht und dann auch nur diesen für die Baueingabe gezeichnet; die Bauaufsicht hat die Pläne so genommen und genehmigt, ohne sich per Aktenstudium über die mögliche Problematik des wachsenden Gebäudes zu informieren.

Eine rein bauliche Sanierung ist in solchen Fällen fast nie möglich – es bleiben immer Abweichungstatbestände, die über Zusatzmaßnahmen des technischen Brandschutzes (Brandmelde- und Alarmierungseinrichtungen in personenintensiven Gebäuden, Sprinklerung in Industrieobjekten) kompensiert werden müssen.

3.8.4.1 Trennwände und -decken – oder: Was ist eine Nutzungseinheit?

Wo in einem Gebäude Trennwände erforderlich sind, ist eine der wichtigsten Fragen beim Brandschutz. Einfach stellt sich der Sachverhalt bei Wohngebäuden dar: Trennwände und -decken sind zwischen den Wohnungen anzuordnen. Innerhalb von mehrgeschossigen Wohneinheiten muss die Decke nur von der Tragfähigkeit her den Brandschutzvorgaben entsprechen, der Raumabschluss ist weitgehend unerheblich.

Relativ überschaubar ist die Situation auch bei Hotels und ähnlichen Beherbergungsstätten sowie bei Krankenhäusern: Hier ist jedes Zimmer bzw. Appartement eine separate Nutzungseinheit, Trennwände sind also an jeder Gebäudeachse anzuordnen. Dabei bietet die Beherbergungsstättenverordnung die Möglichkeit, die Anforderung an die Feuerwiderstandsklasse auf F30 zu reduzieren.

Unklar ist der Umgang mit Schulgebäuden: Trakte mit fünf Klassen an einem Flur können eine zusammenhängende Nutzungseinheit (ohne Trennwände im brandschutztechnischen Sinne) darstellen, es sei denn, es sind erhöhte Anforderungen an die Abtrennung von z. B. Chemieräumen zu stellen.

Problematisch wird diese Frage bei Betreuungseinrichtungen für Alte, Behinderte, schwer Erziehbare, Suchtkranke etc., in denen mit immer mehr Nachdruck der Schwerpunkt auf die wohnungsartige Grundkonstellation gelegt wird. Hier haben sich in den verschiedenen Bundesländern unterschiedlichste Denkschemata entwickelt – von der Anwendung der (veralteten) Krankenhausbauverordnung einerseits bis hin zu differenzierten Richtlinien mit mehreren Konzeptvarianten für unterschiedliche Größen solcher Einrichtungen.

Beispiel

Ein 1980 als Altenkrankenhaus in einer größeren Senioreneinrichtung errichtetes Haus soll mit kleineren baulichen Veränderungen zu einem Pflegewohnhaus umgebaut werden. Dabei ist ausdrücklich eine förmliche Nutzungsänderung gewünscht, um den Anforderungen der Krankenhausbauverordnung zu entgehen – sowohl aus wirtschaftlichen Gründen als auch, um eine wohnlichere Atmosphäre im Haus realisieren zu können. Dabei wird die Nutzeranzahl durch Beseitigung von Mehrbettzimmern und Ausweisung von zusätzlichen Gemeinschaftsflächen deutlich verringert. Gesucht wird nun ein Konzept, das auf der Grundlage der Landesbauordnung einen möglichst „offenen" Umgang mit den Geschossflächen genehmigungsfähig macht – ohne Restriktionen bei den Feuerwiderstandsklassen von Wänden, der Abschottung von Leitungsführungen und der Ausstattung der Flurzonen.

Bild 3-76   Nicht verschlossener Deckendurchbruch

Ein Teilthema dieser Fragestellung stellen die Leitungsführungen und deren Abschottung in Trennbauteilen dar. An dieser Stelle muss wegen der in den Bundesländern sehr unterschiedlichen Regelungen auf eine eingehendere Behandlung verzichtet werden.

Klar ist aber, dass es einen erheblichen Unterschied ausmacht, ob jedwede Leitungsdurchführung durch eine Wand oder Decke brandschutztechnisch einwandfrei mit einem bauaufsichtlich zugelassenen System abgeschottet werden muss, oder ob die Öffnungen um die durchgeführten Leitungen einfach nur dicht verschlossen zu werden brauchen. Analog stellt sich bei Lüftungsleitungen die Frage, ob diese beim Durchdringen der Wand mit einer Brandschutzklappe versehen werden müssen oder nicht.

3.8.4.2 Dächer von Anbauten

Eine hohe Quote an brandschutztechnisch mangelhafter Planung und Bauausführung im Bestand ist bei Dächern von Anbauten festzustellen. Die Regel, dass Dächer, die an Außenwände höherer Gebäudeteile mit Öffnungen anstoßen, in der Feuerwiderstandsklasse der Decken des höheren Gebäudeteils auszuführen sind, steht bereits seit Jahrzehnten in den Landesbauordnungen, wird aber teils bei der Ausführungsplanung solcher Dächer nicht beachtet.

Im Ergebnis findet man bei Anbauten im Bestand in großer Anzahl Holzbalken-, Trapezblechoder auch Glasdächer vor, ohne dass Vorkehrungen gegen einen Brandüberschlag durch die Dachfläche auf die höher liegende Fassade getroffen worden sind. Selbst wenn das Dach mit dem erforderlichen Feuerwiderstand geplant war (in der Regel als Stahlbetonkonstruktion), sind häufig Lichtkuppeln, Raum- und Strangentlüftungen oder Gullys der Dachentwässerung in dem „verbotenen" 5m-Streifen vorzufinden, welche die Schutzwirkung der nicht gestörten Dachfläche wieder aufheben.

3.8.4.3 Standsicherheit der tragenden und aussteifenden Bauteile im Brandfall

In der Regel ist die Feststellung, ob im Bestand ein ausreichender Feuerwiderstand zur Sicherstellung der Standsicherheit des Gebäudes im Brandfall vorhanden ist, relativ einfach zu treffen. Wenn eine Holzbalkendecke auf Fachwerkwänden aufliegt, kann die Feuerwiderstandsklasse F90-AB mit Gewissheit nicht erreicht werden. Damit stellt sich hier die Frage nach möglichen Kompensationsmaßnahmen und nach dem Wohlwollen der beteiligten Behörden. Bereits die Herstellung einer Feuerwiderstandsdauer von 90 Minuten durch Einbau einer Unterdecke stellt – wegen brennbarer tragender Bauteile – eine Abweichung vom Baurecht dar, die bauaufsichtlich zugelassen werden muss. Noch heikler wird der Fall, wenn die Unterdecke aus Denkmalschutz-, Kosten- oder Architekturgründen nicht möglich ist. Die Frage ist, ob sich hinreichende Begründungen dafür finden lassen, warum eine F30-Ausführung ausreichend sein könnte und ob die F30-Decke dann im Deckenfeld fachgerecht an einen Holzbinder angeschlossen wird, der für sich betrachtet ebenfalls die Feuerwiderstandsklasse F30 erreicht. Hier sind Lösungen gefragt, die in der Regel keiner bauaufsichtlichen Zulassung eines der einschlägigen Hersteller entsprechen.

3.8.5 Technischer Brandschutz im Bestand

Die Einrichtungen des technischen Brandschutzes umfassen im Wesentlichen die folgenden Systeme mit ihren vielfältigen Komponenten:

3

- Brandmeldeanlagen (mit Meldern zur Rauch- und Branddetektion, Brandmeldezentrale, Feuerwehrinfrastruktur, Alarmweiterleitung zur Leitstelle der Feuerwehr)

- Alarmierungseinrichtungen (akustisch, optisch, durch Sprachdurchsage)

- Sicherheitsbeleuchtung (einschl. beleuchteter Rettungswegkennzeichnung)

- Einrichtungen für gesicherte Stromversorgung (Notstromaggregate, Batterieanlagen, Funktionserhalt von elektrischen Leitungen und Verteilern)

- selbsttätige Löschanlagen (Sprinklerung, Wassernebelanlagen, Gaslöschanlagen, Sauerstoffreduktion)

- weitere Brandbekämpfungsmittel (Handfeuerlöscher, Wandhydranten oder Steigestränge)

- Steuerfunktionen für die übrige Gebäudetechnik (z. B. Lüftungssteuerung, Brandfallsteuerung für Aufzüge, Ent- oder Verriegelung von Türanlagen im Brandfall etc.)

- natürliche und mechanische Entrauchungseinrichtungen sowie die bereits beschriebenen Überdruckbelüftungen für notwendige Treppenräume.

Werden solche Systeme in Bestandsobjekten vorgefunden, ist zunächst zu klären, ob eine regelmäßige Wartung und Überprüfung durch Sachverständige oder Sachkundige im Sinne des jeweiligen Landesrechtes stattgefunden hat. Nur dann kann nämlich mit Aussicht auf Erfolg auf Bestandsschutz plädiert werden. Die Normen für Brandschutztechnik haben sich in den vergangenen zehn Jahren weitgehend verändert – vor allem auch durch die Entwicklung europäisch-harmonisierter Normenwerke –, so dass in vielen Fällen festgestellt werden muss: Die sicherheitstechnische Einrichtung entspricht nicht mehr den einschlägigen technischen Regeln.

Selbstverständlich muss anschließend ermittelt werden, ob die vorgefundene Sicherheitstechnik dem neuen Gebäudekonzept hinsichtlich Nutzung und Bauplanung noch entspricht. Die Anpassungsmöglichkeiten bestehender Anlagen sind wiederum sehr unterschiedlich: Während eine bestehende Sprinkleranlage bis zu einem gewissen Grad umgebaut und erweitert werden kann, dürfte eine zehn Jahre alte Brandmeldeanlage wegen veralteter Technik und deswegen fehlender Komponenten kaum weiter verwendbar sein.

3.8.6 Zusammenfassung

Die Darstellung der einzelnen Problemfelder hat mit Deutlichkeit gezeigt: Ohne fachkundige Beratung ist die Klärung der Brandschutzbelange zumindest bei komplexeren Bestandsprojekten nicht erfolgversprechend zu erreichen. Es handelt sich um Themenbereiche, die zum Teil weit außerhalb des gesicherten Wissens-Territoriums von Architekten und Immobilienentwicklern liegen. Wenn die Beurteilung der Möglichkeiten und Schwierigkeiten beim Brandschutz, welches ein Projekt im Bestand aufwirft, nicht dem Zufall überlassen bleiben soll, ist die Beteiligung eines qualifizierten Fachplaners oder Sachverständigen für den Brandschutz unerlässlich.

Dieser wird nach Durchführung der Bestandsanalyse in einer möglichst frühen Entwurfsphase – soweit es der Projektstatus zulässt – das Gespräch mit den zuständigen Behörden (Bauaufsicht und Brandschutzdienststelle) suchen, um die Bereitschaft zum „Mitspielen" bei nicht eindeutig im Baurecht fixierten oder vom Baurecht abweichenden Sachverhalten auszuloten. Viele Verwaltungen bieten hierfür spezielle Gesprächsplattformen an.

3.9 Energetische Gebäudebewertung und -analyse

Autorin: Heike Kempf

Die meisten Gebäude (Wohn- und Nichtwohngebäude) im Bestand weisen einen energetisch schlechten Zustand auf. Dies gilt insbesondere für Gebäude die vor 1977 – dem Zeitpunkt des Inkrafttretens der 1. Wärmeschutzverordnung – errichtet wurden. Außenwände, Dächer, oberste Geschossdecken, Decken zum unbeheizten Keller und zu erdberührten Bauteilen sind in der Regel ohne jegliche Wärmedämmung ausgeführt. Obwohl seit Anfang der achtziger Jahre bei den meisten Gebäuden die Fenster mit Einscheibenverglasung gegen Fenster mit Zweischeiben-Isolierverglasung ausgetauscht wurden, entsprechen diese nicht mehr dem heutigen Stand der Technik und bilden in vielen Fällen ebenfalls energetische Schwachstellen in der Gebäudehülle. Die Anlagentechnik wurde in den meisten Fällen bereits durch modernere Anlagen ersetzt.

Eine schlechte energetische Effizienz des Gebäudebestandes bedeutet eine hohe Abhängigkeit der Betriebskosten von aktuellen Energiepreisen.

Einer energetischen Gebäudebewertung geht eine energetische Analyse voraus. Die energetische Analyse des Gebäudes unter Einbeziehung der Anlagentechnik zeigt, wo energetische Schwachpunkte liegen. Hierzu werden die gesamten umhüllenden Bauteile sowie die Heizungsanlage überprüft. Energieverluste und mögliche Einsparmaßnahmen werden gegenübergestellt. Schließlich kann die Wirtschaftlichkeit möglicher Sanierungsmaßnahmen überprüft und konkrete Empfehlungen ausgesprochen werden. Dabei können Finanzierungen und Förderungen sowie Zuschüsse mit berücksichtigt werden.

Die Gesetzte und Verordnungen zur Energieeinsparung greifen an diesen Schwachstellen an und versuchen, einen nachhaltigen Beitrag zur Energieeffizienz zu leisten.

Eine erste Möglichkeit der energetischen Bewertung eines Gebäudes besteht darin die Energieverbrauchsdaten der letzten Jahre heranzuziehen.[119] Gemäß Energieeinsparverordnung (EnEV) lässt sich aus den Verbrauchsdaten der letzten drei Energieabrechnungen ein Energieverbrauchswert ermitteln. Dieser Energieverbrauchswert kann einen ersten Anhaltspunkt für die energetische Qualität des Gebäudes liefern. Allerdings ist zu beachten, dass der Energieverbrauchskennwert sehr stark vom Nutzerverhalten abhängig ist. Diese Methode ist daher interessant für eine schnelle energetische Einschätzung eines Gebäudes, sie sollte aber nicht allein als Grundlage für umfassende energetische Modernisierungsmaßnahmen dienen.

Eine genauere Möglichkeit zur energetischen Bewertung eines Gebäudes besteht in der rechnerischen Ermittlung des Energiebedarfs. Der Energiebedarf (Endenergiebedarf) wird für bestimmte Randbedingungen wie Normklima, Standard-Nutzerverhalten usw. berechnet und ermöglicht so einen objektiven Vergleich mit den Bedarfswerten anderer Gebäude. Dieser berücksichtigt die Gebäudehülle, Anlagentechnik sowie die Klimaeinwirkungen. Die Verordnung zur Änderung der Energieeinsparverordnung vom 30. April 2009 (EnEV 2009) bildet die rechtliche Grundlage für energetische Bewertungen von Gebäuden. In der EnEV werden die Anforderungen an Gebäude im Bestand beschrieben und Angaben über die Berechnung zur Bewertung der Gebäude gegeben.

Nachfolgend wird diese Art der energetischen Gebäudebewertung näher erläutert.

---

[119] Verordnung zur Änderung der Energieeinsparverordnung (EnEV)

3.9.1 Beschaffung der Bestandsunterlagen

Für die energetische Beurteilung eines Gebäudes durch rechnerische Ermittlung des Energiebedarfs wird eine Vielzahl von Kenndaten benötigt. Hierzu gehören u. a. Ausführungspläne
des Bestandes, Grundrisse, Gebäudeschnitte, Baubeschreibung und Unterlagen zu möglichen
Umbaumaßnahmen. Fehlende Daten müssen bei der Baubegehung, die auf jedem Fall vorgenommen werden sollte, beschafft werden.
Für die Berechnung werden aus den o.g. Unterlagen grundlegende Angaben wie die wärme-
übertragenden Umfassungsflächen des Gebäudes sowie den Aufbau der Bauteile; das beheizte
Gebäudevolumen und die Nettogrundfläche ermittelt. Des weiteren werden für die Berechnung
des Endenergiebedarfs das Baujahr des Gebäudes und der Anlagentechnik, z. B. Art und Typ
gebraucht. Weiterhin benötigt man den Gebäudetyp (handelt es sich z. B. um ein Nichtwohn-
oder Wohngebäude, um ein Ein- oder Mehrfamilienhaus?), sowie weitere Daten über Anlagenkomponenten wie Vorhandensein einer Klima- oder Lüftungsanlage.

3.9.2 Bestandsaufnahme des IST-Zustandes

Die Erfassung des energetischen Ist-Zustandes kann durch verschiedene Messmethoden wie
z. B. Thermografie, Blower-Door-Test, Messungen der Baufeuchte, der Luftfeuchte, der Raum
und Bauteil-Temperaturen unterstützt werden. Weitere Hilfen sind Messgeräte zur Ermittlung
des Wärmedurchganges durch Bauteile, als Berechnungsgrundlage bei unbekanntem energetischen Verhalten der Baustoffe bzw. bei unbekanntem Bauteilaufbau (U-Wert).

Nachfolgend werden einige bauphysikalische Prüfungen der energetischen Analyse kurz dargestellt.

3.9.3 Energetische Beurteilung der Gebäudehülle mittels Thermografie

Mithilfe einer Thermografie kann der energetische Zustand eines Gebäudes besser beurteilt
werden. Die Thermografie macht Wärmestrahlung durch Falschfarbenbilder für das menschliche Auge sichtbar. Bei anstehender Gebäudesanierung werden Schwachpunkte in der Gebäudehülle, wie schlecht oder nicht gedämmte Bereiche und Wärmebrücken sichtbar gemacht.
Wasserschäden und Durchfeuchtungen können mit Hilfe der Thermografie aufgedeckt werden,
hauptsächlich geht es aber um die Dämmqualität der Gebäudehülle. Wasserschäden werden
sichtbar gemacht, weil feuchtes Material Wärme schneller ableitet. Hydraulische Heizungsab-
gleiche (unabdingbar für effektiv arbeitende Heizungsanlagen) lassen sich sichtbar auf Funktion überprüfen; Leckagen in der Gebäudehülle (siehe Luftdichtheit) werden geortet ebenso wie
undichte Rohre in der Fußbodenheizung. Messung von Oberflächentemperaturen und der
Temperaturverteilung können erfolgen, so dass austretende Energie (Wärme) zuverlässig erkannt und dargestellt wird. Bei der Thermografie (Infrarotmessung) handelt es sich um eine
zerstörungsfreie, schnell einsetzbare Messmethode zur Mängelanalyse oder zur baubegleiten-
den Qualitätssicherung. Das Messverfahren ist nicht nur bei beheizten, sondern auch bei ge-
kühlten oder klimatisierten Gebäuden einsetzbar (s. Kap. 3.4.2.6).

Bild 3-77
Bauteil eines Schulgebäudes

Bild 3-78
Analyse von Wärmebrücken mit
Thermografiekamera

3.9.4 Messung des U-Wertes

Folgende Vorgehensweise empfiehlt sich zur Messung des Wärmedurchgangskoeffizienten
(U-Wert):

1. Ist der Bauteilaufbau bekannt, so kann der U-Wert berechnet werden.

2. Ist der Bauteilaufbau nicht bekannt, kann der U-Wert als Pauschalwert aus den Richtlinien zur Datenerhebung entnommen werden.

3. Die Messung eines U-Wertes kommt zum Einsatz bei unbekannten Bauteilaufbauten und damit nicht bekannten Wärmedurchgangskoeffizient (U-Wert).

Als Messgerät zur Ermittlung des Wärmedurchganges durch Bauteile (U-Wert Ermittlung), dient bei unbekanntem energetischen Verhalten der Baustoffe bzw. bei unbekanntem Bauteilaufbau das U-Wert Messgerät: Mit speziellen Temperaturfühlern zur U-Wert-Bestimmung kann der Wärmedurchgangskoeffizient (U-Wert) eines Bauteiles am Einsatzort zerstörungsfrei ermittelt werden. Der U-Wert ist ein wichtiger Indikator für die Beurteilung der wärmetechnischen Eigenschaften der Gebäudehülle. Für die Messung des U-Wertes müssen folgende Kennwerte ermittelt werden: Oberflächeninnentemperatur des Bauteils, die Innentemperatur im Gebäude, die Außentemperatur. Zur Messung der Außentemperatur wird ein Funkfühler verwendet. Alle Daten werden über ein Messprogramm im Messgerät aufgezeichnet, gespeichert und anschließend mit Hilfe einer Software ausgewertet und dokumentiert. Für einigermaßen zuverlässige Messergebnisse müssen folgende Voraussetzungen erfüllt werden: Temperaturdifferenz zwischen Innen und Außen, ideal > 15 K, konstante Bedingungen (keine Sonneneinstrahlung, keine Heizstrahlung) im Messbereich. Es eignen sich daher vornehmlich die Nacht- oder frühen Morgenstunden vor Sonnenaufgang. Dies gilt auch für die Thermografie, welche in der Vergangenheit ebenfalls für die überschlägige Ermittlung des U-Wertes angewandt wurde.

3

3.9.5 Luftdichtheitsprüfung (Blower-Door-Test)

Ungewollte Lüftungswärmeverluste entstehen in der kalten Jahreszeit durch die Thermik im Haus, die durch die Beheizung verursacht wird, in Verbindung mit nicht geschlossenen Fugen oder Ritzen in der Gebäudehülle. Die Verluste aus diesen Leckagen lassen sich, abhängig vom Standort des Gebäudes errechnen. Die Luftdichtheit der Gebäudehülle kann aber auch gemessen werden. Hierzu wurde der „Blower-Door-Test" entwickelt, bei dem das Gebäude zur Luftdichtigkeitsüberprüfung vorbereitet wird und dann die Luftdichtigkeit anhand einer Überdruckmessung sowie einer Unterdruckmessung bei einem Differenzdruck von 50 pa bestimmt wird. Leckagen können bei diesem Verfahren zuverlässig lokalisiert werden. Die dann errechnete Luftwechselzahl n50 beschreibt die Klassifizierung des Gebäudes hinsichtlich des Leckageluftwechsels und der Einhaltung (oder eben Nichteinhaltung) der gesetzlichen Forderungen.

Leckagen an Gebäuden können beispielsweise entstehen durch:

- Verbindungen von Bauteilen
- Rohr- und Kabeldurchführungen
- Fugen an Fenster- und Türlaibungen
- Mängel der luftdichten Ebene vor allem in Dachgeschossen
- Dachflächenfenster und Gauben
- Bodenluken
- Kellertüren
- Steckdosen …

Bild 3-79
Ventilator eines Blower-Door-Messgerätes

3.9.6 Feuchtemessungen bei vermuteten oder angetroffenen Bauteilschäden

Es gibt verschiedene Arten von Feuchteproblemen an der Gebäudehülle, welche in direktem Zusammenhang mit den innenklimatischen Randbedingungen und dem Wärmedämmvermögen des Bauteiles stehen, z. B. Algenbefall an Außenwänden oder Schimmelpilzbefall im Eckbe-

reich von Wänden und Decken. Ein geeignetes Messgerät zur Messung der Feuchte in Baustoffen ist das Mikrowellen – Feuchtemessgerät. Durch Mikrowellentechnik können bis zu
einer Tiefe von 30 Zentimetern zerstörungsfreie Messungen der Mauerwerksfeuchte vorgenommen werden. Neben der großen Messtiefe ist ein weiterer Vorteil dieses Verfahrens auch
die Unabhängigkeit des Messergebnisses vom Versalzungsgrad des jeweiligen Baumaterials.
Der Feuchtegehalt kann am Gerät sofort abgelesen werden. Durch das Mikrowellenmessgerät
sind auch großflächige Rastermessungen zur Darstellung unterschiedlicher Feuchtehorizonte
in unterschiedlichen Tiefen möglich. Hierdurch kann zwischen aufsteigender oder horizontal
eindringender Feuchte, oder dem Fall Oberflächenkondensation (in Verbindung mit den energetischen Messgeräten) unterschieden werden.

3.9.7 Anlagentechnik

Neben der Qualität der Gebäudehülle wird der Energiebedarf nicht unerheblich von der Anlagentechnik beeinflusst. Die Anlagentechnik umfasst u. a. die Heizwärme sowie die Warmwas-
serbereitung. Folgende Daten müssen u. a. erhoben werden, um die Wärmeerzeugung rechnerisch erfassen zu können.

- Aufstellort (beheizt oder unbeheizt)
- Baujahr der Anlage
- Vor- und Rücklauftemperatur
- Abgas- und Bereitschaftsverlust (Ablesen vom Typenschild, aus der Kesselbeschrei-
  bung oder vom Schornsteinfegerprotokoll (wenn vorhanden) oder nach entsprechender
  DIN in Abhängigkeit der Nennleistung, Baujahr und Kesseltyp bestimmen)
- Elektrische Leistungsaufnahme
- Brennstoff
- Dämmung der Rohrleitungen
- Heizflächenanordnung (Innen- oder Außenwand)
- Art der Regulierung

Zur Datenerhebung und damit zur Berechnung der energetischen Gebäudebewertung sieht die
Energieeinsparverordnung Vereinfachungen vor, die z. B. bei der U-Wert Bestimmung und der
Anlagenerfassung angewandt werden können. Diese Regeln zur Datenaufnahme und Daten-
verwendung im Wohn- bzw. Nichtwohngebäudebestand vom 30. Juli 2009, erlassen vom
Bundesministerium für Verkehr, Bau und Stadtentwicklung, enthalten:

- Vereinfachungen bei der Aufnahme geometrischer Abmessungen
- Vereinfachungen zur Ermittlung energetischer Kennwerte für bestehende Bauteile und
  Anlagenkomponenten
- Gesicherte Erfahrungswerte für Bauteile und Anlagenkomponenten

So ist es z. B. möglich den Wärmedurchgangskoeffizienten der obersten Geschossdecke des
betrachteten Gebäudes in Abhängigkeit der Baualtersklasse aus einer Tabelle abzulesen.

3.9.8 Berechnung des IST-Zustandes

Nachdem die Bestandsaufnahme des IST-Zustandes des Gebäudes abgeschlossen ist, wird das Gebäude nach den Regelungen der Energieeinsparverordnung in Verbindung mit verschiedenen Normen (DIN V 4108, DIN V 18599) energetisch bewertet. Für Wohngebäude kann die energetische Bewertung nach DIN V 18599[120] und alternativ nach DIN EN 832[121] in Verbindung mit DIN V 4108-6[122] und DIN V 4701-10[123] erfolgen. Die energetische Bewertung für Nichtwohngebäude erfolgt nach DIN V 18599. Diese Regelwerke beschreiben die Berechnungsverfahren für die energetische Bewertung von Wohn- und Nichtwohngebäuden.

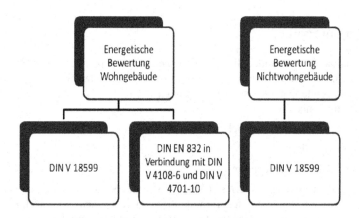

Bild 3-80   Berechnungsverfahren zur energetischen Bewertung für Wohn- und Nichtwohngebäude

Die ermittelten Daten werden in der Regel mittels EDV-gestützter Rechenprogramme aufbereitet, da es nach diesen Regelwerken aufgrund der aufwändigen Rechenwege in der Praxis kaum mehr möglich ist, eine Handrechnung durchzuführen. Durch die Berechnung erhält man einen Überblick über die Energieverluste jedes einzelnen Bauteils, die Effizienz der Heizungsanlage, sowie über ungewollte Lüftungswärmeverluste (Kennwerte der Berechnung sind der Endenergiebedarf sowie der Jahre-Primärenergiebedarf) und somit würde sich aus der baulichen und technischen Bestandsaufnahme und der IST-Zustandsberechnung des Gebäudes ein Sanierungskonzept erstellen lassen.

---

[120]   DIN V 18599: Energetische Bewertung von Gebäuden – Berechnung des Nutz-, End- und Primärenergiebedarfs für Heizung, Kühlung, Lüftung, Trinkwarmwasser und Beleuchtung

[121]   DIN EN 832: Wärmetechnisches Verhalten von Gebäuden – Berechnung des Heizwärmebedarf: Wohngebäude

[122]   DIN V 4108-6: Wärmeschutz und Energieeinsparung in Gebäuden – Berechnung des Jahresheizwärme- und des Jahresheizenergiebedarfs

[123]   DIN V 4701-10: Energetische Bewertung heiz- und raumlufttechnischer Anlagen – Teil 10: Heizung, Trinkwarmwasser, Lüftung

Energetische Sanierungsmaßnahmen

Nach der Beurteilung der Gebäudesubstanz werden mögliche Energieeinsparmaßnahmen aufgelistet. Der Energieausweis ist inzwischen für fast alle Gebäude verpflichtend eingeführt worden. Bei dem Energieausweis handelt es sich um ein Dokument, das ein Gebäude energetisch bewertet (ganzheitliches Instrument zur energetischen Gebäudebewertung). Weiterhin enthält der Energieausweis Vorschläge zur sinnvollen und wirtschaftlichen Modernisierung.[124]

Tabelle 3.3 Gegenüberstellung errechneter Bauteileigenschaften und dem Ist-Zustand als Vorbereitung der Sanierung eines Schulgebäudes

Bauteile	Vor der Sanierung		Nach der Sanierung	
Oberste Geschossdecke	ca. 5–10 cm Dämmung	$0,80 \ W(m^2 \cdot K)$	20 cm Mineralfaser	$0,18 \ W(m^2 \cdot K)$
Außenwand	Vorgehängte Waschbetonfertigteile, ca. 4 cm Dämmplatten	$1,11 \ W(m^2 \cdot K)$	Wärmedämmverbundsystem, 18 cm	$0,21 \ W(m^2 \cdot K)$
Kellerwand	30 cm Stahlbeton, ungedämmt	$1,80 \ W(m^2 \cdot K)$	PC-Extruderschaum, 12 cm	$0,30 \ W(m^2 \cdot K)$
Sockelzone	Stahlbetonstreifenfundamente, ungedämmt		Dämmung des Sockelbereichs	
Boden gegen Erdreich	15 cm Stahlbetonbodenplatte auf Kiesbett, ungedämmt	$1,36 \ W(m^2 \cdot K)$	Neuer Bodenbelag mit Innendämmung, 13 cm	$0,21 \ W(m^2 \cdot K)$
Kellerdecke	24 cm Stahlbetondecke, ungedämmt	$1,20 \ W(m^2 \cdot K)$	Dämmplatten, unterseitig, 13 cm	$0,27 \ W(m^2 \cdot K)$
Fassade			Doppelfassade (Kastenfassade)	
Fenster	Doppelverglasung in Metallrahmen, Schiebefenster, Undichtigkeiten	$3,00 \ W(m^2 \cdot K)$	Wärmeschutzverglasung in Aluminium-Rahmen	$1,11 \ W(m^2 \cdot K)$
Brüstung	Waschbetonfertigteile, ca. 4 cm Dämmplatten	$1,11 \ W(m^2 \cdot K)$	Sandwichelemente mit 15 cm Kerndämmung	$0,20 \ W(m^2 \cdot K)$
Wärmebrücken	$\Delta U_W = 0,15 \ W(m^2 \cdot K)$		$\Delta U_W = 0,10 \ W(m^2 \cdot K)$	
Sockel Haupteingangsbereich	Wärmeverlust über durchläufige Bodenplatte		Thermisch getrennt	
Anschluss Brücke	Wärmeverlust aufgrund mangelnder Dämmung		Wärmedämmverbundsystem-Ummantelung	
Erschließung Gebäudeteil B	Wärmeverlust über Bodenanschluss Erschließungsbrücke		Thermisch getrennt	

3

---

[124] Nähere Angaben über den Energieausweis sowie Ausstellungsberechtigte findet man in der aktuellen Verordnung zur Änderung der Energieeinsparverordnung (EnEV)

3.10 Denkmalpflege und historische Bausubstanz

Autor: Arne Semmler, Dienstleistung Denkmal

Grundsätzlich sind die Methoden des Planens und Bauens im Bestand auch für das Bauen im Denkmal oder in denkmalwerter historischer Bausubstanz gültig. Es sind jedoch eine ganze Reihe Spezifika zu beachten, die sich aus den Grundlagen der Denkmalpflege heraus erklären, in einigen Bereichen zusätzliche Untersuchungen erfordern und teilweise anderer Bewertungsmaßstäbe bedürfen. Die nachfolgenden Abschnitte spannen den Bogen von einer überblicksartigen Einführung in das Wesen und das Selbstverständnis der Denkmalpflege bis hin zu den für Bestandsanalyse, Entwurf und Maßnahmenkonzept zweckmäßigen Systematiken. In den einzelnen Fachrichtungen der Bestandsanalyse und -bewertung werden die entsprechenden Kapitel zum Bauen im Bestand als bekannt voraus gesetzt und lediglich die für Denkmale und historische Bauwerke relevanten Aspekte ergänzt.

3.10.1 Grundlagen der Denkmalpflege

Bevor eine ernsthafte Beschäftigung mit denkmalgeschützter oder historischer Bausubstanz beginnen kann, müssen zunächst die Herkunft, das Wesen und die Entscheidungskriterien der Denkmalpflege verstanden werden. Findet keine Auseinandersetzung mit diesen Fragen statt, so werden Planer, Bauherr oder Projektentwickler die Wünsche und Forderungen der Denkmalschutzbehörden für nicht nachvollziehbar halten und als willkürlich auffassen. Das ist zumeist jedoch nicht der Fall, denn Denkmalschutzbehörden sind gehalten, ihre Entscheidungen nach wissenschaftlichen Kriterien zu fällen. Durch die Kenntnis der Grundsätze der Denkmalpflege ist es nicht nur möglich, die Standpunkte des Denkmalpflegers zu verstehen, sondern auch eigene Argumentationsketten aufzubauen, die wissenschaftlich ebenso begründet sind.

Hierbei lässt sich schnell feststellen, dass ein Denkmal fast nie nur einen richtigen Weg des Umgangs kennt, sondern sich vielfältige Optionen finden lassen, die jede für sich genommen denkmalgerecht sein können. Mit dem Verständnis der Grundlagen des Denkmalschutzes werden sich Diskussionen mit Denkmalschutzbehörden auf Augenhöhe führen lassen, statt blind gegen vermeintlich unbegründete Forderungen vorzugehen und dabei konsensfähige Lösungswege zu übersehen.

3.10.1.1 Historische Entwicklung des Denkmalschutzes

Denkmalpflege im heutigen Sinne nimmt in Deutschland ihren Anfang im ausgehenden 19. Jahrhundert. Angestoßen durch die Antikensehnsucht des Klassizismus (18. Jhd.) sowie die folgenden Strömungen der Romantik, sind bauliche historische Zeugnisse wieder stärker ins Bewusstsein gelangt. Es fand eine Auseinandersetzung in der Weise statt, dass die überkommenen Bauformen wieder als wertvoll und vorbildlich sowie als schützens- und nachahmenswert wahrgenommen wurden. Dies führte im Historismus zu einer teilweise fast willkürlichen Übernahme historischer Bauformen. Insbesondere ab der Mitte des 19. Jahrhunderts mündete dies in zahllosen, teils äußerst ambitionierten Wiederaufbau- und Rekonstruktionsprojekten – verlorene oder nie vollendete historische Bauwerke wurden wieder aufgebaut oder in häufig recht verspielter Fortschreibung der vorgefundenen Formensprache zu Ende gebaut. Berühmtestes Beispiel für derartige Weiterbau-Projekte ist sicher der Kölner Dom, der bis dahin unvollendet geblieben war und nur teilweise aufgrund mittelalterlicher Pläne, ansonsten in damals zeitgemäßer Technik und nach zeitgenössischen Entwürfen zu Ende geführt wurde.[125]

Gegen Ende des 19. Jahrhunderts regte sich in Gelehrtenkreisen Widerstand gegen das Kopieren historischer Formen, insbesondere aber gegen das „Vollenden" bestehender Bausubstanz. Die Diskussion spitzte sich am Streit um den Wiederaufbau des 1693 zerstörten Heidelberger Schlosses zu, der seit 1868 sehr kontrovers diskutiert wurden. Wurde hier zunächst emotional argumentiert – auf der einen Seite standen die ruinenbegeisterten Romantiker, auf der anderen die Verfechter eines Wiederaufbaus in alter Pracht – erschien schließlich 1901 eine epochemachende Schrift des deutschen Kunsthistorikers Georg Dehio[126] mit dem Titel „Was wird aus dem Heidelberger Schloss werden?". Dehio legt mit dieser und folgenden Schriften bis heute fast unverändert gültige Grundthesen für das Wesen der Denkmalpflege vor:

„Den Raub der Zeit durch Trugbilder ersetzen zu wollen, ist das Gegenteil von historischer Pietät [...]."[127]

*„[...] Nach langen Erfahrungen und schweren Mißgriffen ist die Denkmalpflege nun zu dem Grundsatze gelangt, den sie nie mehr verlassen kann: **erhalten** und nur **erhalten!** ergänzen erst dann, wenn die Erhaltung materiell unmöglich geworden ist; [...]."[128]*

„Wir konservieren ein Denkmal nicht, weil wir es für schön halten [...]."[129]

*„Der Historismus des 19. Jahrhunderts hat aber außer seiner echten Tochter, der Denkmalpflege, auch ein illegitimes Kind gezeugt, das Restaurationswesen [**Rekonstruktionswesen**][130]. Sie werden oft miteinander verwechselt und sind doch Antipoden. Die Denkmalpflege will Bestehendes erhalten, die Restauration [**Rekonstruktion**][131] will Nichtbestehendes wiederherstellen."[132]*

Georg Dehios Thesen haben letztendlich dazu geführt, dass das Heidelberger Schloss nicht abschließend wieder aufgebaut wurde und heute als authentische Teilruine überliefert ist. Seine Lehrmeinung setzte sich in Fachkreisen immer mehr durch und findet sich auch in der **Charta von Venedig** wieder, einem international für die Denkmalpflege verbindlichen Dokument, das 1964 auf dem „II. Internationalen Kongress der Architekten und Techniker der Denkmalpflege" in Venedig beschlossen wurde. Diese Charta wurde inzwischen natürlich vielfach ausgelegt, interpretiert und kommentiert. Letztendlich ist sie aber als Grundlagenpapier bis heute unverändert gültig und wird nach wie vor häufig zitiert. Zwar nehmen die Denkmalschutzgesetze der Länder keinen direkten Bezug auf die Charta, geben aber inhaltlich ihre Grundsätze wieder. Verstoßen Wünsche des Bauherrn oder Anordnungen der Denkmalbehörden gegen diese Grundsätze, so werden sie im Einzelfall einer verwaltungsrichterlichen

---

[125] Ursprüngliche Bauzeit: Mitte 13. Jhd. bis Anfang 16. Jhd. Weiterbau von 1842 bis 1880

[126] (1850-1932). u. a. wichtiger Denkmalpflegetheoretiker und -inventarist, Herausgeber des „Handbuchs der deutschen Kunstdenkmäler", das noch heute dort geführt wird, in keinem Bücherregal eines Denkmalpflegers fehlt und allgemein „Der Dehio" genannt wird.

[127] Vgl. Dehio, Georg: Was wird aus dem Heidelberger Schloss werden?, 1901

[128] a. a. O.

[129] Vgl. Dehio, Georg: Denkmalschutz und Denkmalpflege im neunzehnten Jahrhundert, 1905

[130] Der korrekte Begriff lautet heute „Rekonstruktionswesen"

[131] Restauration bedeutet heute „Gastwirtschaft". Nach heutiger Begriffsbestimmung ist „Rekonstruktion" gemeint.

[132] Vgl. Dehio, Georg: Denkmalschutz und Denkmalpflege im neunzehnten Jahrhundert, 1905

Überprüfung nicht standhalten. Daher ist bei der Suche nach Antworten auf denkmalpflegerische Fragen die Lektüre der Charta von Venedig vielfach erhellender als die Recherche im Denkmalschutzgesetz des jeweiligen Bundeslandes:

Artikel 3: „*Ziel der **Konservierung** und **Restaurierung** von Denkmälern ist ebenso die Erhaltung des Kunstwerks wie die Bewahrung des geschichtlichen Zeugnisses.*"[133]

Artikel 4: „*Die Erhaltung der Denkmäler erfordert zunächst ihre dauernde Pflege.*"[134]

Artikel 5: „*Die Erhaltung der Denkmäler wird immer begünstigt durch eine der Gesellschaft nützliche Funktion. Ein solcher Gebrauch ist daher wünschenswert, darf aber Struktur und Gestalt der Denkmäler nicht verändern. Nur innerhalb dieser Grenzen können durch die Entwicklung gesellschaftlicher Ansprüche und durch Nutzungsänderungen bedingte Eingriffe geplant und bewilligt werden.*"[135]

Artikel 11: „*Die Beiträge aller Epochen zu einem Denkmal müssen respektiert werden: Stileinheit ist kein Restaurierungsziel. Wenn ein Werk verschiedene sich überlagernde Zustände aufweist, ist eine Aufdeckung verdeckter Zustände nur dann gerechtfertigt, wenn das zu Entfernende von geringer Bedeutung ist, wenn der aufzudeckende Bestand von hervorragendem historischem, wissenschaftlichem oder ästhetischem Wert ist und wenn sein Erhaltungszustand die Maßnahme rechtfertigt. Das Urteil über den Wert der zur Diskussion stehenden Zustände und die Entscheidung darüber, was beseitigt werden kann, dürfen nicht allein von dem für das Projekt Verantwortlichen abhängen.*"[136]

Durch die Zitate sind bereits verschiedene Denkmalfachbegriffe eingeführt worden, die einer Abgrenzung bedürfen.

3.10.1.2 *Baudenkmal und Denkmaleigenschaft*

Was ein Denkmal an sich ist, ist im §2 der jeweiligen Denkmalschutzgesetze der Länder definiert (**Denkmalbegriff**):

„*(1) Denkmale im Sinne dieses Gesetzes sind Sachen, Mehrheiten von Sachen und Teile von Sachen, an deren Erhaltung und Nutzung ein öffentliches Interesse besteht, wenn die Sachen*

---

[133] Charta von Venedig: Internationale Charta über die Konservierung und Restaurierung von Denkmälern und Ensembles (Denkmalbereiche), Venedig 1964. Die Charta wurde 1964 in den UNESCO-Sprachen Englisch, Spanisch, Französisch und Russisch vorgelegt, wobei der französische Text die Urfassung darstellte. Eine Publikation der viersprachigen Originalfassung der Charta besorgte 1966 ICOMOS (International Council of Monuments and Sites). In deutscher Übersetzung erschien die Charta seit 1965 mehrfach (Deutsche Bauzeitung 12/1965, Österreichische Zeitschrift für Kunst und Denkmalpflege, Jg. XXII/1968, u. a.). Da den publizierten deutschen Fassungen z. T. sehr voneinander abweichende Übersetzungen zugrunde liegen, erschien es geboten, für den deutschsprachigen Raum eine einheitliche Übersetzung und Formulierung dieser für die Denkmalpflege nach wie vor gültigen internationalen Generalinstruktion vorzulegen. Diese besorgten auf der Grundlage des französischen und englischen Originaltextes und vorhandener deutscher Fassungen im April 1989: Ernst Bacher (Präsident des ICOMOS Nationalkomitees Österreich), Ludwig Deiters (Präsident des ICOMOS Nationalkomitees Deutsche Demokratische Republik), Michael Petzet (Präsident des ICOMOS Nationalkomitees Bundesrepublik Deutschland) und Alfred Wyss (Vizepräsident des ICOMOS Nationalkomitees Schweiz).

[134] a. a. O.

[135] a. a. O.

[136] a. a. O.

bedeutend für die Geschichte des Menschen, für Städte und Siedlungen oder für die Entwicklung der Arbeits- und Wirtschaftsbedingungen sind und für die Erhaltung und Nutzung künstlerische, wissenschaftliche, geschichtliche, volkskundliche oder städtebauliche Gründe vorliegen."[137]

Baudenkmale sind eine Untergruppe der Denkmale, die aus baulichen Anlagen oder aus Teilen baulicher Anlagen bestehen. Die Charta von Venedig fasst den Denkmalbegriff wie folgt:

„Der Denkmalbegriff umfaßt sowohl das einzelne Denkmal als auch das städtische oder ländliche Ensemble (Denkmalbereich), das von einer ihm eigentümlichen Kultur, einer bezeichnenden Entwicklung oder einem historischen Ereignis Zeugnis ablegt. Er bezieht sich nicht nur auf große künstlerische Schöpfungen, sondern auch auf bescheidene Werke, die im Lauf der Zeit eine kulturelle Bedeutung bekommen haben."[138]

Daraus folgt, dass Denkmale nicht nach Kriterien wie Schönheit, Alter oder Größe unter Schutz stehen, sondern aus ihrem kulturellem Zeugniswert heraus. Die **Denkmaleigenschaft** eines Baudenkmals ist weiterhin aus dem baulichen Zeugnis selbst heraus begründet und prinzipiell zunächst nicht, wie häufig fälschlich angenommen, abhängig von der formalrechtlichen Eintragung in Denkmallisten – der §2 der Denkmalschutzgesetze formuliert eindeutig nicht, dass ein Denkmal nur dann ein Denkmal ist, wenn es in einer Denkmalliste steht. Folglich fallen vom Grundsatz her auch solche Bauten unter den Schutz des Gesetzes, die eine Denkmaleigenschaft nach der Definition des §2 der Denkmalschutzgesetze aufweisen, aber nicht in den Denkmallisten geführt sind. Es empfiehlt sich daher auch bei denkmalwerter historischer Bausubstanz, die nicht in einer Denkmalliste eingetragen ist, gewisse Kriterien des Bauens im Denkmal einzuhalten. **Abweichungen** von den „**allgemein anerkannten Regeln der Technik**" (aaRT) für Neubauten können auch bei denkmalwerten historischen Gebäuden, die nicht in Denkmallisten eingetragen sind, notwendig und mit Verweis auf die Denkmaleigenschaft statthaft sein. In den Denkmalschutzgesetzen ist aber auch geregelt, dass die Denkmalbehörden nur Anordnungen und Bescheide erlassen können, wenn die Denkmaleigenschaft durch ein Denkmalwertgutachten, das mit der Denkmalakte abgelegt ist, begründet ist. Gerade in den neuen Bundesländern kommt es häufig vor, dass zwar Einträge in der Denkmalliste vorhanden sind, die Denkmalwertgutachten jedoch nie erstellt wurden, weil dies nach dem Denkmalrecht der damaligen DDR nicht in dieser Form erforderlich war. Bei allen in jüngster Zeit eingetragenen Baudenkmalen sollte jedoch ein entsprechendes Denkmalwertgutachten vorhanden sein.

Kommt es zum Streit über das Vorliegen der Denkmaleigenschaft eines konkreten Gebäudes, muss die zuständige Denkmalschutzbehörde (im Allgemeinen die Denkmalfachämter der Oberen Denkmalschutzbehörde eines Bundeslandes) eine Begründung des Denkmalwertes nach dem jeweiligen Denkmalschutzgesetz vorlegen. Betroffene Eigentümer können sowohl die bejahende als auch die versagende Beurteilung der Denkmaleigenschaft gerichtlich prüfen lassen.

3.10.1.3 Umgebungsschutz

Sowohl nach der Charta von Venedig als auch den Denkmalschutzgesetzen der Länder ist auch die nähere Umgebung eines Denkmals geschützt:

---

[137] Denkmalschutzgesetz Mecklenburg-Vorpommern DSchG M-V §2 Abs. 1

[138] Charta von Venedig, 1964, Artikel 1

„Zur Erhaltung eines Denkmals gehört die Bewahrung eines seinem Maßstab entsprechenden Rahmens. Wenn die überlieferte Umgebung noch vorhanden ist, muß sie erhalten werden, und es verbietet sich jede neue Baumaßnahme, jede Zerstörung, jede Umgestaltung, die das Zusammenwirken von Bauvolumen und Farbigkeit verändern könnte. [...] Das Denkmal ist untrennbar mit der Geschichte verbunden, von der es Zeugnis ablegt, sowie mit der Umgebung, zu der es gehört. [...]"[139]

Bei einem Bauvorhaben an einem Baudenkmal oder in seinem Umfeld sind daher stets denkmalpflegerische Belange zu berücksichtigen.

3.10.1.4 Denkmalrechtliche Genehmigung und steuerliche Begünstigung

Umbau-, Umgestaltungs- oder Instandsetzungsmaßnahmen – selbst Instandhaltungsmaßnahmen, wenn sie das Erscheinungsbild oder die Materialzusammensetzung beeinflussen – bedürfen einer denkmalrechtlichen Genehmigung. Diese ist bei den Unteren Denkmalschutzbehörden zu beantragen. Hierzu ist ein meist formloser Antrag mit denkmalgerechter Bestandsdokumentation, denkmalpflegerischer Zielstellung und Entwurfskonzept erforderlich. Bestehen keine nennenswerten Bedenken und kein weiterer Abstimmungsbedarf bezüglich des Vorhabens, so wird die Genehmigung erfahrungsgemäß innerhalb von vier bis acht Wochen erteilt.

Im Rahmen von Baugenehmigungsverfahren wird die Bauaufsicht die Denkmalschutzbehörden als Träger öffentlicher Belange beteiligen. Die Baugenehmigung schließt in diesem Fall die denkmalrechtliche Genehmigung mit ein.

Die denkmalrechtliche Genehmigung ist Voraussetzung für das Geltendmachen der als Sonderabschreibung realisierten steuerlichen Begünstigung nach §§7i, 10f und 11b Einkommensteuergesetz. Da die Sonderabschreibung bis zu 9% der Herstellungskosten über einer Abschreibungsfrist von 9 Jahre beträgt, kann diese Form der steuerlichen Begünstigung von Denkmalen durchaus einen nennenswerten Beitrag zur Wirtschaftlichkeitsbetrachtung eines Denkmals ausmachen. Die Sonderabschreibung kann hierbei nicht nur für die erstmalige Instandsetzung, sondern auch für die folgende Instandhaltung des Denkmals in Anspruch genommen werden. Bevor das Finanzamt diese Sonderabschreibungen akzeptiert, ist die Kostenfeststellung mit sämtlichen Belegen von der Denkmalschutzbehörde positionsweise zu prüfen. Hierbei dürfen nur Aufwendungen als für die Abschreibung wirksam anerkannt werden, die nach Art und Umfang erforderlich sind, um das Gebäude als Baudenkmal zu erhalten oder sinnvoll zu nutzen. Dachgeschossausbauten, Anbauten oder besonders exklusive Ausstattungen, die nicht zur Denkmaleigenschaft beitragen, können folglich zumeist nicht angerechnet werden.

3.10.1.5 Erhalten, Instandsetzen und Ergänzen – reversibel planen und bauen

Im Zusammenhang mit Sanierungsvorhaben werden einige Begriffe häufig unscharf verwendet, obgleich sie Grundprinzipien der Denkmalpflege berühren. Hier soll eine kurze Definition Klarheit schaffen.

Erhaltung oder **Konservierung**: Oberstes Ziel der Denkmalpflege ist die Konservierung oder Erhaltung eines Denkmals, also die Bewahrung des überlieferten Zustandes.

---

[139] Charta von Venedig, 1964, Artikel 6 und 7

Instandsetzung, Reparatur und **Restaurierung**: Sind Teile der überlieferten Bausubstanz geschädigt oder in einem so nachteiligen Zustand, dass sie nur noch schwer ablesbar sind oder weiteren Schaden erleiden könnten, so darf zum Mittel der Restaurierung gegriffen werden[140], also der Aufarbeitung eines denkmalwerten Bauteils unter Verwendung der vorgefundenen Materialien und Techniken. Wenn diese Verfahren nicht ausreichen, dürfen moderne Restaurierungs- und Schadbekämpfungsmethoden angewendet werden, sofern deren Wirksamkeit wissenschaftlich, möglichst in Langzeitstudien, nachgewiesen wurde. Eine Restaurierung muss immer durch restauratorische und fallweise weitere wissenschaftliche Untersuchungen vorbereitet und im Vorzustand, in der Ausführung und im Endzustand fotografisch und textlich dokumentiert werden.

Ergänzung und **Ertüchtigung**: Historische Konstruktionen und Bauteile können so lückenhaft erhalten sein, dass sie nicht mehr funktionsfähig, sondern zusammenhanglos, unverständlich und möglicherweise ästhetisch fragwürdig sind. Auch wenn das Konservieren im Vordergrund stehen soll, heißt Denkmalpflege nicht, dogmatisch im Fragment verharren zu müssen: In solchen Fällen dürfen die historischen Versatzstücke auch in der Formensprache unserer Zeit abgesetzt ergänzt werden – auch bisweilen etwas missverständlich als „wiederholende Rekonstruktion" bezeichnet. Welchen Grad der Architekt hier zwischen Kontrast und Annäherung wählt, ist seine künstlerische Freiheit – sein Eingriff oder seine Ergänzung sollte aber begründet sein.[141] Eine Ertüchtigung ist die Wiederherstellung einer nicht mehr gegebenen technischen Funktionsfähigkeit oder die Anhebung der technischen Funktion auf das heutige Niveau – etwa bezüglich Brandschutz, Wärmeschutz und Standsicherheit. Die Ertüchtigung geht aber stets vom Erhalt des Originalbauteils aus! Andernfalls handelt es sich um **Ersatz**, der naturgemäß im Denkmal die letzte Lösung ist, aber etwa aufgrund eines hohen Schädigungsgrades notwendig werden kann. Ersatz sollte in der am Objekt überlieferten Technik und mittels des vorgefundenen Materialkanons vorgenommen werden.

Rekonstruktion: Wenngleich zwingend bleibt, dass eine vollständige Rekonstruktion eines Bauwerks nichts mit Denkmalpflege zu tun hat, ist die Rekonstruktion – also die exakte Nachfertigung auch in Bezug auf Material und Technik – angewandt auf Teile eines Baudenkmals eine zulässige denkmalpflegerische Methode. Man spricht hier von **Partieller Rekonstruktion** oder Teilrekonstruktion.[142] So könnten etwa an einem Baudenkmal eine Reihe bauzeitlicher Fenster neben weiteren, nicht denkmalwerten existieren. Hier wären die bauzeitlichen Fenster zu restaurieren, während die nicht denkmalwerten durch neue Fenster ersetzt werden können, die anhand der überlieferten rekonstruiert werden können. Dies ist allerdings streng genommen nur dann eine exakte Rekonstruktion, wenn wissenschaftlich nachgewiesen werden konnte, dass an dieser Stelle derartige Fenster überhaupt zuvor existierten. Daher ist die Rekonstruktion der fehlenden Fenster entgegen landläufiger Meinung auch keineswegs zwingende denk-

---

[140] Die Charta von Venedig formuliert hier recht restriktiv in Artikel 9: *„Die Restaurierung ist eine Maßnahme, die Ausnahmecharakter behalten sollte. Ihr Ziel ist es, die ästhetischen und historischen Werte des Denkmals zu bewahren und zu erschließen. Sie gründet sich auf die Respektierung des überlieferten Bestandes und auf authentische Dokumente. Sie findet dort ihre Grenze, wo die Hypothese beginnt. [...]"*

[141] Charta von Venedig, Auszug aus Artikel 9: *[...] „Wenn es aus ästhetischen oder technischen Gründen notwendig ist, etwas wiederherzustellen, von dem man nicht weiß, wie es ausgesehen hat, wird sich das ergänzende Werk von der bestehenden Komposition abheben und den Stempel unserer Zeit tragen."*

[142] Vgl. Vereinigung der Landesdenkmalpfleger der Bundesrepublik Deutschland, Arbeitsblatt 3: *Zur Verwendung neu entwickelter Ersatzstoffe bei der Instandsetzung von Baudenkmälern*, S. 2

malpflegerischer Praxis. Der Architekt oder Bauherr kann hier genauso auf einen ganz neuen Fensterentwurf setzen – allerdings darf dieser wiederum den Maßstab des Denkmals nicht sprengen und muss sich in die überlieferte Fassadenkomposition einfügen.

Eine lediglich **abbildende Rekonstruktion**, die nur an der Oberfläche historische Formen repliziert ohne dabei auf tradierte und am Objekt nachgewiesene Handwerkstechniken und Materialien zu setzen, ist keine Denkmalpflege und wird daher auch von den Denkmalämtern abgelehnt werden, wenn sie etwa zum Weiterbau bestehender Denkmale verwendet werden soll. Ein kompletter Wiederaufbau ist ebenfalls eine abbildende Rekonstruktion, hat aber weder mit Bauen im Bestand noch mit Denkmalpflege etwas zu tun.

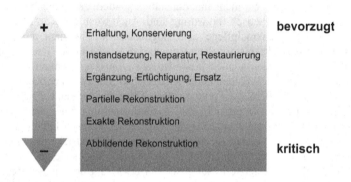

Bild 3-81   Gradient der Begriffe in Bezug auf ihre denkmalpflegerische Wertung

Aufbauend auf diesen Grundsätzen leitet ein weiteres Prinzip die denkmalverträgliche Sanierung: Die **Reversibilität**.

Alle hinzugefügten Materialien, Bauteile, Funktionsschichten und Ausstattungen – von der Farbfassung der Wände über den neuen Fußbodenaufbau für Nassbereiche bis hin zur Haustechnik – sollten unter der Maßgabe einer möglichst rückstandsfreien Rückbaubarkeit ausgewählt werden. Reversibilität bedeutet im Denkmal, dass sich neu aufgebrachte Schichten vom überlieferten Bestand ablösen oder abheben lassen sollten, ohne dass das historische Bauteil darunter leidet. Auf dieses Ziel hin sind alle Maßnahmen, ob sie nun restaurierenden, ergänzenden oder rekonstruierenden Charakter haben, zu optimieren. Baupraktisch lässt sich dies etwa bei Fußbodenaufbauten leicht durch Trennlagen erreichen. Bei Wänden oder Decken muss mit verträglichen Materialien oder mit Kaschierungen gearbeitet werden. Wenn ein neuer Aufbau (etwa wegen Fußbodenhöhen oder bauphysikalischer Probleme) nicht ohne Verlust überlieferter, denkmalwerter Schichten möglich ist, so sollte wenn irgend möglich wenigstens ein kleiner Ausschnitt in einem nicht betroffenen Bereich in situ erhalten werden, um Zeugnis von der ursprünglichen Konstruktion abzulegen. Häufig sind aber Alternativen möglich, die zumindest einen Wiedereinbau der vorgefundenen Bausubstanz (etwa Dielenböden) erlauben.

3.10.2 Bestandsaufnahme am Denkmal

Wie schon heraus gestellt wurde, ist eine gründliche Bestandsanalyse nicht nur beim Bauen im Bestand ohnehin geboten, sondern beim Bauen im Denkmal sogar gesetzlich vorgeschrieben. Die Mindestanforderungen werden im Einzelfall für das jeweilige Denkmal fest gelegt und unterscheiden sich natürlich je nach Denkmalwert und nach durchzuführender Maßnahme. Ausgehend von einer in Vorbereitung befindlichen vollständigen Instandsetzung eines Baudenkmals sind üblicherweise mindestens folgende Unterlagen über das beim Bauen im Bestand ohnehin Erforderliche hinaus zu erstellen:

- Verformungsgerechtes Aufmaß (geometrische Information),
- Bauhistorische Untersuchung (semantische Information),
- Fotodokumentation (archivgeeignet).

Die Detaillierungs- und Genauigkeitsanforderungen hängen natürlich vom konkreten Objekt ab. Je nachdem können weitere denkmalspezifische Analysen erforderlich sein, die von den Denkmalbehörden auch zur Auflage gemacht werden können:

- Baualtersplan, fallweise mit exakter Datierung,
- Raumbuch,
- Restauratorische Untersuchung.

Wie bei anderen Bauvorhaben im Bestand kommen fallweise auch Schadstoffuntersuchungen, Schadenskartierungen, statische Untersuchungen, bauphysikalische oder bauchemische Untersuchungen hinzu, wobei im Denkmal hier nach Möglichkeit zerstörungsfreie oder wenigstens zerstörungsarme Methoden Anwendung finden müssen.

3.10.2.1 Verformungsgerechtes Aufmaß

Das verformungsgerechte oder verformungsgetreue Aufmaß ist hierbei eine seit langem bewährte Methode, einerseits Erkenntnisse über das Denkmal zu gewinnen und andererseits im späteren Prozess eine Planungsgenauigkeit und -schärfe zu erreichen, die das geforderte präzise und substanzschonende Eingreifen überhaupt ermöglicht. Ein solches Aufmaß zeigt auch Schiefstellungen der Bausubstanz in Auf- oder Grundriss, die sich mit einiger Übung schnell als Ergebnis unterschiedlicher Bauphasen (Baualter) oder aber als Ergebnis historischer (häufig nicht mehr fortschreitender) oder aber akuter Schädigungen lesen lassen. Eine im Schnitt durchhängende Deckenlinie mit einem darüber befindlichen exakt horizontalen Fußboden wird sich im verformungsgerechten Aufmaß auch so darstellen und lässt sofort den Schluss zu, dass der Fußboden auf der bereits verformten Decke neu eingebracht wurde. Ohne eine einzige zerstörende Sondage sind hiermit gleich mehrere Punkte klar:

- Der Fußboden ist jünger als die Deckenkonstruktion, möglicherweise ist er auch von geringerem Denkmalwert.
- Sofern der Fußboden erkennbar schon einige Jahre im Gebäude ist und selbst weder verformt ist, noch Verwerfungen oder Risse zeigt, ist die von unten möglicherweise bedrohlich wirkende Verformung der Decke höchstwahrscheinlich abgeschlossen und es ist dahingehend keine weitere Maßnahme erforderlich; natürlich werden die Deckenbalken überschlägig statisch nachgewiesen, um zu zeigen, dass hier kein permanenter

Überlastungszustand vorliegt. Doch solche Zustände wären meist ohnehin an Rissbildungen oder Verwerfungen in der Decke oder im aufliegenden Fußboden erkennbar.

Moderne Verfahren wie das 3D-Laserscanning ermöglichen es seit einiger Zeit sogar, solche Informationen dreidimensional zu erhalten und zu verarbeiten, womit die Aussagekraft noch weiter wächst und Gründe für Verformungen noch leichter ohne zusätzliche, möglicherweise substanzschädigende Untersuchungen zu erschließen sind.[143]

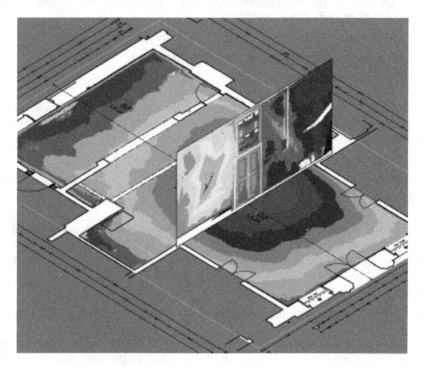

Bild 3-82   Verformung einer Decke und einer aufstehenden Wand aus den Messdaten eines 3D-Laserscanners.

In der Wand im Bild 3-82 zeichnet sich links eine Strebe eines überlasteten Sprengwerks ab. Rechts wurde bei einem nachträglichen Ofeneinbau (Ofenrohr zeichnet sich weiß ab) die Strebe durchtrennt. Alle Last ruht nun auf der linken Strebe. Die Verformung der Strebe und der Decke ist die Folge. Die im Deckenspiegel ablesbare Wand hinten und der mittige schmale Unterzug wurden eingezogen, nachdem sich die Verformung eingestellt hatte. Daher haben sie nahezu keinen Einfluss auf das Verformungsverhalten der Decke. Alle diese Erkenntnisse ließen sich aus diesem verformungsgerechten Aufmaß ohne zusätzliche, substanzschädigende Sondagen ablesen.

---

[143]   Vgl. Semmler, Arne: *Das terrestrische Laserscanning als Dokumentationsmethode in Bauforschung und Denkmalpflege*, in: DVW-Schriftenreihe Band 48, Wißner-Verlag 2005

Für das verformungsgerechte Aufmaß gibt es verschiedene Standards, die derzeit noch nicht harmonisiert sind. In Reihenfolge ihrer Anwendungshäufigkeit in der Praxis seien genannt:

- Eckstein 1999: Genauigkeitsstufen II bis IV[144]
- Groß 2002:　　Kategorie 1 bis 3[145]
- DIN 1356-6:　Informationsdichte 1 und 2[146]
- DIN 18710-1:　Genauigkeitsklassen L1 bis L5 und H1 bis H5[147]

Welches Regelwerk im Einzelfall zu vereinbaren ist, muss sich nach den Erfordernissen des Projekts richten, da sie unterschiedliche Vor- und Nachteile aufweisen. Eckstein und Groß unterscheiden nicht scharf nach geometrischer und semantischer Information, was insbesondere bei größeren Projekten problematisch sein kann, da hier für die vermessungstechnische und die inhaltliche Datenerhebung in aller Regel viele unterschiedliche Fachdisziplinen tätig werden. Hier kann eine Beschreibung der geometrischen Genauigkeit nach DIN 18710-1 (Ingenieurvermessung) zielführender sein. Wünschenswert wäre eine systematische Verknüpfung der Standards, die bisher jedoch nicht existiert.[148]

3.10.2.2 Bauhistorische Untersuchungen und Baualtersplan[149]

Die bauhistorischen Untersuchungen erfolgen auf Basis des verformungsgerechten Aufmaßes und haben mindestens die Feststellung der zeitlichen Abfolge der einzelnen Bauteile eines Denkmals zum Inhalt (relative Baualtersausscheidung).

Mindestens ist hierbei eine Unterscheidung in

- bauzeitliche oder bauzeitnahe Bauzeitschichten
- zwischenzeitliche Veränderungen und
- nicht denkmalwerte Zutaten (meist der jüngeren Vergangenheit) erforderlich.

3

---

[144] Vgl. Eckstein, Günter: *Empfehlungen für Baudokumentationen. Bauaufnahme – Bauuntersuchung*, Arbeitshefte des Landesdenkmalamtes Baden-Württemberg, Nr. 7, Konrad Theiss Verlag 1999, S. 12–13

[145] Vgl. Groß, Vera (Redaktion): *Anforderungen an eine Bestandsdokumentation in der Baudenkmalpflege*, Arbeitsmaterialien zur Denkmalpflege in Brandenburg, Nr. 1, 2002, Herausgeber: Brandenburgisches Landesamt für Denkmalpflege und Archäologisches Landesmuseum, Landeskonservator Prof. Dr. Detlef Karg, Michael Imhof Verlag 2002, S. 8

[146] DIN 1356 Technische Produktdokumentation – Bauzeichnungen – Teil 6: Bauaufnahmezeichnungen, Beuth Verlag 2006

[147] Norm-Entwurf DIN 18710 Ingenieurvermessung – Teil 1: Allgemeine Anforderungen, Beuth Verlag 2009

[148] Vgl. Semmler, Arne: *Qualitätsstandards in der Architekturvermessung*, in: Luhmann, Thomas / Müller, Christina (Hrsg.): Photogrammetrie-Laserscanning – Optische 3D-Messtechnik, Wichmann-Verlag 2006

[149] Der Baualtersplan wird auch als Bauphasenplan bezeichnet. Hier besteht jedoch eine Verwechslungsgefahr mit dem Begriff Bauausführung oder dem für die Planung der Bauausführung verwendeten Bauzeitenplane. Daher wird hier der Begriff Baualtersplan statt Bauphasenplan und Baualtersschicht statt Bauphase vorgezogen.

Sobald Eingriffe in die Substanz – etwa in die Grundrissdisposition – geplant werden sollen, ist eine differenziertere Baualtersausscheidung bis hin zu einer absoluten Chronologie notwendig, die den einzelnen Bauteilen über naturwissenschaftliche, inschriftliche oder urkundliche Datierung exakte Jahreszahlen oder Zeiträume zuzuweisen versucht. Um die Nachvollziehbarkeit im wissenschaftlichen Sinne zu gewährleisten, müssen die Untersuchungen und alle Befunde dokumentiert werden. Häufig wird dies in Form eines Raumbuchs (s.u.) vorgenommen.

Bei einfacheren Befundsituationen reicht auch eine Darstellung in einem Befundplan aus. Aus den Befunden und den geometrischen Verhältnissen des verformungsgerechten Aufmaßes leitet die historische Bauforschung die Ergebnisse zur Baugeschichte des Denkmals ab, die in einem Bericht und einem Baualtersplan niedergelegt werden.

Der Planer sollte diese Ergebnisse zur Grundlage aller seiner weiteren Untersuchungen und derer von anderen Fachdisziplinen erheben. Zu jeder Zeit muss sich der Untersuchende bewusst sein, wie alt das gerade untersuchte Bauteil ist und auch die Ergebnisse seiner Fachuntersuchung auf das Baualter beziehen. Die größten Fehler beim Bauen im Denkmal entstehen, wenn die bauhistorische Untersuchung unterbleibt oder vom Planer ungelesen im Regal stehen bleibt.

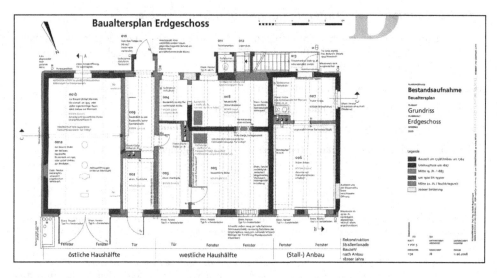

Bild 3-83   Beispiel eines Baualtersplans

3.10.2.3 Fotodokumentation

Eine Fotodokumentation gehört beim Bauen im Denkmal zum verpflichtenden Bestandteil der Arbeit. Sie dient anders als beim Bauen im nicht denkmalgeschützten Bestand nicht nur als Arbeitsmittel für den Planer, um sich die Räume bildlich in Erinnerung zu rufen oder als Mittel der Beweissicherung, sondern ist auch als Archivmaterial zu betrachten, dass die nach Charta von Venedig und Denkmalschutzgesetz geforderte Dokumentationspflicht des Vorzustands erfüllen muss. Eine denkmalgerechte Fotodokumentation muss daher mindestens einfach im Original dem Denkmalamt zur Archivierung übergeben werden. Häufig werden auch mehr

Exemplare oder die Abgabe als Papierabzüge auf archivgerechtem Papier gefordert. Bei wertvollen Denkmalen können analoge Planfilmaufnahmen oder Schwarzweiß-Fotografien verlangt werden, die eine besonders hohe Genauigkeit oder lange Haltbarkeit aufweisen.

Sofern ein Raumbuch ohnehin angelegt wird, empfiehlt es sich, die Fotodokumentation in der Raumbuchsystematik anzulegen und für die Außenbereiche eine Fassadenbuch anzulegen.

3.10.2.4 Raumbuch

Raumbücher sind nicht nur beim Bauen im Bestand ein übliches Planungswerkzeug. Beim Bauen im Denkmal hat sich eine besondere Systematik bewährt, die nicht nur den gewünschten Ausstattungsstandard raumweise wie in der Neubauplanung festlegt, sondern den Fokus auf den denkmalgeschützten Bestand legt. Getreu dem wissenschaftlichen Anspruch der Denkmalpflege werden sämtliche Befunde der restauratorischen und bauhistorischen Untersuchung, idealerweise auch relevante darüber hinaus erhobene Daten etwa aus den Bereichen Holzschäden, Bauchemie oder Statik in das Raumbuch eingetragen, und zwar getrennt nach Befund und Interpretation. Die ohnehin erforderliche Fotodokumentation wird mit im Raumbuch abgelegt.[150]

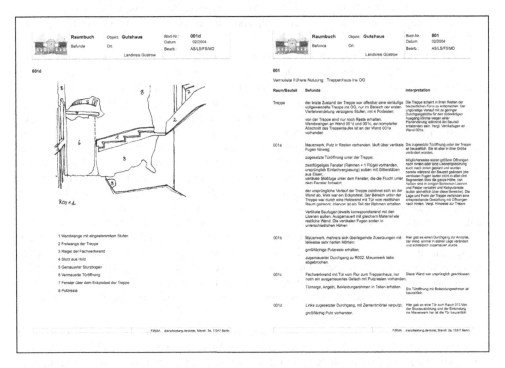

Bild 3-84   Beispiel eines Raumbuchs des Vorzustands. Links Skizzenseite mit Verortung der Befunde, rechts Befundprotokoll mit Interpretationsspalte

---

[150] Vgl. Schmidt, Wolf: *Das Raumbuch*, Arbeitshefte des bayerischen Landesamtes für Denkmalpflege, Band 44, Karl M. Lipp Verlag, München 2002

Wird das Raumbuch nicht nur für die Bestandsdokumentation, sondern auch für die Maßnahmenplanung verwendet, so erhält das Raumbuch neben der Rubrik „Vorzustand" eine neue Rubrik „Maßnahmenplanung". Nach Abschluss der Maßnahme, bei denkmalpflegerisch komplexen Vorhaben auch während der Ausführung, wird erneut fotografisch und textlich dokumentiert und in der Rubrik „Ausführung" und „Endzustand" abgelegt.

3.10.2.5 *Restauratorische Untersuchung*

Restauratorische Untersuchungen beziehen sich beim Baudenkmal zunächst auf die Farbfassungsfolge auf der historischen Bausubstanz, da diese einerseits Hinweise auf die Baugeschichte und andererseits auf das Erscheinungsbild des untersuchten Bauteils in früheren Baualtersschichten gibt. Sie werden immer dann erforderlich, wenn die Farbe und Material einer Oberfläche bestimmt werden sollen. Häufige Fragestellungen betreffen hier Fassaden, bei denen zu klären sein könnte, ob sie ursprünglich backsteinsichtig, fachwerksichtig, geschlämmt oder verputzt waren und wie sich das Erscheinungsbild über die Zeit verändert hat. Auch ob Putzfassaden beispielsweise putzsichtig oder von Beginn an farbig gestrichen waren können Farbrestauratoren anhand feinster Unterschiede in einer mikroskopischen Untersuchung klären. Weiteres Betätigungsfeld sind natürlich die Ausgestaltungen der Innenoberflächen und der Ausstattungsteile wie Türen, Fenster, Treppen, Paneele oder Stuckaturen bis hin zur Aufdeckung von möglicherweise später überstrichenen aufgemalten Ornamenten oder gar Wandgemälden.

Zu solchen Funden ist zu bemerken, dass ihr Vorhandensein den Denkmaleigentümer keineswegs zur aufwendigen kompletten Freilegung und Restaurierung verpflichtet. Es ist lediglich dafür Sorge zu tragen, dass die unter schützenden Farb- oder Putzschichten verborgene wertvolle Wandfassung nicht beschädigt oder beseitigt wird. Wanddurchbrüche verbieten sich in diesem Bereich dann ebenso selbstverständlich wie Installationsschlitze, Dübel oder Nägel. Auch ist zu beachten, dass die auf einem Wandgemälde liegenden Farbschichten dem Denkmalschutz unterliegen und aus verschiedenen Erwägungen heraus einen ebenso hohen oder sogar höheren Denkmalwert haben könnten. Nicht selten finden sich mehrere für sich genommen denkmalwerte historische Wandfassungen übereinander. Hier beginnt dann ein auch für Fachleute häufig schwerer Entscheidungsprozess, falls über Freilegungen diskutiert wird. Entscheidungen für oder gegen die eine oder andere Fassung werden nur im Rahmen eines denkmalpflegerischen Gesamtkonzepts mit klarer Zielstellung gefällt werden können. Die einfachste Lösung ist hierbei übrigens streng nach den Grundsätzen der Denkmalpflege immer richtig: gar nicht erst freilegen, sondern die erhobenen Befunde dokumentieren, kaschieren und überstreichen, wobei hierbei vom Restaurator reversible und mit dem Untergrund verträgliche Materialien vorzugeben sind. Vorzugsweise wird für den wertvollen Bereich eine leichte abgesetzte Oberfläche gewählt, damit für den späteren Nutzer die „nagelfreie Zone" erkennbar bleibt.

Solche Untersuchungen sollten nur von Diplom-Restauratoren mit der Spezialisierung auf Farbrestaurierung durchgeführt werden. Für andere Aspekte werden je nach Gebäude weiterhin Steinrestauratoren (etwa für Natursteinfassaden), Papierrestauratoren (etwa für historische Tapeten) oder Holzrestauratoren (für Ausstattungsgegenstände) gebraucht.

Für den Planer ist zu beachten, dass restauratorische Untersuchungen aufgrund der notwendigen Akribie nicht unter Zeitdruck stehen sollten – eine zeitgleiche Ausführung mit den bauhistorischen Untersuchungen bietet sich an. Die Auswertung der restauratorischen Untersuchung erfolgt unter Einbeziehung der bauhistorischen Untersuchungen. Die Befunddokumentation erfolgt wiederum textlich und fotografisch und getrennt von der interpretierenden Auswertung. Bei Vorliegen eines Raumbuchs werden Befunde und Ergebnisse im Raumbuch hinterlegt. Eine zusätzliche Eintragung der Untersuchungspunkte und Fundstellen im verformungsgerechten Aufmaß sollte unbedingt vorgenommen werden, damit wertvolle Befunde bei der Planung nicht buchstäblich übersehen werden.

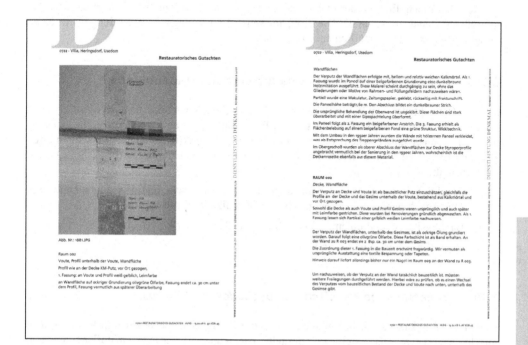

Bild 3-85 Beispiel einer restauratorischen Untersuchung. Links fotografische Dokumentation einer Sondage, rechts interpretierende Zusammenfassung. Nicht abgebildet ist die textliche Dokumentation der Fassungsfolge mit Materialangabe und Farbnummer.

3.10.3 Schadstoffe und Kontamination im Denkmal

Baudenkmale unterscheiden sich im Umgang mit vorgefundenen Schadstoffen und Kontaminationen von sonstigen Bestandsgebäuden in der Regel nur in einem Punkt: Bei der Erarbeitung eines Sanierungskonzeptes für Schadstoffbelastungen muss immer der Denkmalwert der betroffenen Bauteile mitgeführt werden. Zur Lösung des Ausbaus und Ersatzes durch ein neues Bauteil darf nur gegriffen werden, wenn keine vertretbare technische Lösung besteht, die Kontamination anderweitig – etwa durch Umschließung und Kapselung – unschädlich zu machen.

Generell sind nahezu alle Baumaterialien, die vor 1900 eingesetzt wurden, baubiologisch positiv zu bewerten. Giftige Bestandteile finden sich jedoch bisweilen in Lacken und Anstrichen, seltener in Verglasungen: Blei (Bleiweiß) und Arsenverbindungen („Schweinfurter Grün") sind die bekanntesten Schadstoffe, wobei ersteres nur während der Ver- oder Bearbeitung

gefährlich ist. Auch die in Ölfarben vorkommenden Terpene sind aufgrund der langen Stand-
zeiten in aller Regel nicht mehr bedenklich.

Asbest kann auch in älteren Schichten eines Baudenkmals vorkommen – seit etwa 1820 wird
es vor allem für Isolierungen beispielsweise an alten Schwerkraftheizungen oder Öfen verwendet – betroffen sind aus dieser Zeit vor allem technische Denkmale wie Manufakturgebäu-
de oder Maschinen. Erst mit der Erfindung von Faserzement im Jahr 1900 kommt das Material
in größerer Menge zum Einsatz. Die Probleme seiner Entsorgung oder Kapselung betreffen ab
dieser Zeitschicht daher natürlich auch Denkmale.

3.10.4 Bauteilschäden an denkmalgeschützter Bausubstanz

Bei der Betrachtung von Bauteilschäden an historischen Konstruktionen ist zwischen zwei
Bereichen zu unterscheiden: den **klassischen Bauschäden**, die auch zeitgenössische Gebäude
betreffen können und solchen, die an historischen Konstruktionen durch **unsachgemäßen
Umgang** (etwa fehlerhafte Sanierungen / Umbauten) entstanden sind. Die klassischen Bauschäden sind:

- Feuchtigkeit von außen oder innen (in der Folge: tierische und pflanzliche Holz- und
  Mauerwerksschäden, Korrosionsschäden, Versalzung, Frostschäden)
- Bauphysikalische Probleme (Dampfdiffusion / Tauwasser)
- Querschnittsminderungen an Bauteilen

3.10.4.1 Untersuchung klassischer Bauschäden im Denkmal

Hier sind die Schadensursachen ähnlich wie in den vorangegangenen Kapiteln für das Bauen
im Bestand generell dargestellt zu ermitteln. Die Auswahl eines denkmalpflege-kundigen
Holz- und Bautenschutzgutachters bestimmt hier wesentlich den Erfolg der Maßnahme und
wie viel Verlust an denkmalgeschützter Bausubstanz vermieden wird. Die Grundsätze der
Charta von Venedig und die WTA-Merkblätter zur denkmalgerechten Schadensanalyse und
-bekämpfung[151] sollten auch einem Gutachter bekannt sein, bevor er seine verantwortungsvolle
Aufgabe am Denkmal wahr nimmt. Wiederum ist sowohl bei der Ermittlung als auch bei der
späteren Beseitigung auf zerstörungsfreie oder wenn unvermeidbar auch zerstörungsarme
Verfahren zu achten. Neben der zerstörungsarmen Endoskopie stehen dem Fachmann zerstörungsfreie Methoden wie Thermografie, Radar oder 3D-Laserscanning zur Verfügung, die in
Kombination die Erforschung des inneren Aufbaus denkmalwerter Bauteile ohne jegliche
Zerstörung erlauben. In der Thermografie zeichnen sich verborgene Konstruktionen wie etwa
beidseitig verputzte Fachwerkstiele und mögliche Fehl- und Hohlstellen ab, der Radar kann
weitere Materialwechsel im Inneren einer Konstruktion wie zum Beispiel Eisenanker lokalisie-
ren und das 3D-Laserscanning kann Verformungen und – sofern der Laserscanner mit rotem
Laser arbeitet – Durchfeuchtungen darstellen.

---

[151] Herausgegeben von: Wissenschaftlich-Technische Arbeitsgemeinschaft für Bauwerkserhaltung und
Denkmalpflege e.V. -WTA-, München

3.10.4.2 Umgang mit historischen Konstruktionen und Baumaterialien

Historische Konstruktionen sind über einen sehr langen Entwicklungszeitraum verfeinert worden. Neben der Auswahl an verfügbaren Baumaterialien bestimmte auch das Kriterium der Reparier- und Wartbarkeit ihre Ausformung. Somit sind historische Konstruktion in der Regel gut reparier- und wartbar und bei entsprechender Pflege vielfach sehr dauerhaft. Dies kommt einer Sanierung heute entgegen.

Neben unterlassener Wartung oder bauzeitlicher konstruktiver Einschränkungen entstehen Bauteilschäden häufig auch durch unsachgemäße Um- oder Einbauten sowie Restaurierungsversuchen aus jüngerer Zeit. Schäden wurden in der jüngeren Vergangenheit (ca. seit 1910) auch durch Nachrüstungen von haustechnischen Ausstattungen verursacht.

Sanierungen unserer Zeit fügen der historischen Substanz durch Verwendung nicht mit dem Bestand harmonierender Baustoffe ebenfalls nicht selten Bauteilschäden zu, die sich in einem Zeitraum, der häufig genug knapp nach Ablauf der Gewährleistungsfristen liegt, auswirken.

Funktionierende historische **Baustoffkombinationen** sollten beibehalten und soweit erforderlich mit gleichartigen Materialien ergänzt werden. Die historischen Baustoffe sind über Jahrhunderte in ihren Grundbestandteilen im wesentlichen gleich geblieben:

- Holz
- Lehm
- Sand
- Naturstein
- Ziegel
- Kalk
- Stroh, Schilf, sonstige Pflanzenteile
- Pflanzenöle, Tierfette und Knochenleim
- Kreide und Pigmente
- Glas
- Eisen, Zink, Kupfer.

Hier gibt es im Übrigen eine faktische Deckungsgleichheit zu heutigen ökologischen Baumaterialien. Denkmalsanierung ist damit fast immer auch gleichzeitig ökologisches Bauen. Werden historische Baustoffe zur Ergänzung oder Reparatur eingesetzt, sind konservatorisch und denkmalpflegerisch keine Probleme zu erwarten. Schwierig ist jedoch häufig die mängelfreie Ausführung, da die Auswahl an Fachbetrieben, die mit Baustoffen und Handwerktechniken jenseits der konfektionierten, auf leichte Verarbeitung optimierten heutigen Baustoffe umgehen können, klein ist. In die Abwägung mit einbezogen werden sollten aber auch die gegenüber der Bauzeit veränderten Nutzungsgewohnheiten und Nutzeranforderungen. Beispielhaft sei hier die möglicherweise mangelnde Abriebfestigkeit oder Beständigkeit gegen Luftschadstoffe historischer Farbsysteme genannt. Inzwischen haben jedoch einige Hersteller unter Berücksichtigung und in Weiterentwicklung historischer Rezepturen für viele Bereiche Produkte entwickelt, die hier heutigen Anforderungen genügen. Um bei den Oberflächen zu bleiben seien hier genannt:

3

- Anwendungsfertige Kalk- und Lehmfarben und -putze
- Silikatfarben und Silikatharzfarben
- Ölfarben
- nicht kreidende Leimfarben.

Der Einsatz von historischen Baustoffen oder sensibel weiter entwickelten Produkten bietet insgesamt weniger Risiken für die Bausubstanz und bei fachgerechter Ausführung weniger Gewährleistungsmängel. Es kommt hinzu, dass viele der weiter entwickelten Produkte auch nach den einschlägigen Normen geprüft sind und die entsprechenden Prüfzeichen aufweisen. Für das Bauen im Denkmal werden aber grundsätzlich auch Abweichungen von solchen Anforderungen genehmigt, sofern es sich um erprobte Verfahren handelt und keine Gefahren durch den Einsatz historischer Techniken entstehen. Der Bauherr sollte jedoch über solche Abweichungen informiert und über die Beweggründe aufgeklärt werden.

Moderne Materialien sind hingegen im Verbund mit historischen vielfach nicht ausreichend – das heißt im Denkmal über eine Spanne von mindestens zehn, besser zwanzig Jahren – erprobt, weshalb die Gefahr besteht, dass die Materialien nicht harmonieren. Meistens gehen solche Unverträglichkeiten zu Lasten des historischen Baustoffs und führen in der Folge zu ernst zu nehmenden Bauschäden. Typische Beispiele sind Zementputze auf Lehm- oder Kalkuntergründen oder Dispersionsanstriche auf historischen Putzen. Auch unter dem Aspekt der Reversibilität sind Verbundkonstruktionen zwischen Neu und Alt kritisch zu bewerten. Sollten sie im Einzelfall nicht zu vermeiden sein, so sollten alte und neue Baustoffe von Restaurator, Statiker, Bauphysiker und Bauchemiker im Diskurs untersucht und bewertet werden, und zwar mindestens im Hinblick auf:

- Festigkeiten, bauphysikalische Verträglichkeit,
- bauchemische Verträglichkeit und
- Reversibilität.

Zusammenfassend bleibt fest zu halten, dass moderne Baustoffe im denkmalgeschützten Bestand nur mit äußerstem Bedacht eingesetzt werden dürfen. Auf Herstellerangaben ist hier längst nicht immer Verlass. Im Zweifel sollten wissenschaftliche Studien zu den in Frage stehenden Materialergänzungen herangezogen und insbesondere das eigene bauphysikalische und bauchemische Verständnis geschult und eingesetzt werden. Stets kritisch zu beleuchten ist der Einsatz von:

- vergüteten Baustoffen mit synthetischen Zusätzen,
- hochhydraulischer Kalk und Zemente oder Betone im Verbund mit weicheren, diffusionsoffeneren Baustoffen (das sind die allermeisten historischen Baustoffe mit Ausnahme von einigen Natursteinsorten und manche historischen Betone),
- Kunstharzen,
- Abdichtungssytemen und Kunststoffbahnen.

Unproblematisch sind moderne Baustoffe meistens dann, wenn sie aus den Grundstoffen bestehen, die auch historische Baustoffe aufweisen. Moderne Baustoffe mit Eignung für denkmalgerechte Sanierungen sind etwa Holzweichfaserplatten oder Schaumglasschotter – beides hochentwickelte Baustoffe, die aber ausschließlich aus den historischen Grundkomponenten Holz oder Glas bestehen.

Insofern sind innovative, moderne Baustoffe nicht grundsätzlich ausgeschlossen, sie können sogar wertvolle Beiträge zur Ertüchtigung historischer Konstruktionen leisten. Neben Holz-weichfaserplatten und Schaumglas sind zum Beispiel auch Glasvliese und textilbewehrte Be-tone innovative und recht neue Baustoffe, die ein hohes Potential in der denkmal- und materi-algerechten Sanierung haben. Meist handelt es sich aber nicht um die typischen Baustoffe des Massenmarktes.

Sollen oder müssen moderne Baustoffe zum Einsatz kommen, empfiehlt sich die Anlage von Musterflächen. So kann über die Zeit für die eigene Arbeit ein Katalog von Detaillösungen geschaffen werden, die sich auf vergleichbare Konstruktionen übertragen lassen.

Auch die aus Unkenntnis entstandene Missachtung der **Funktionsweise historischer Kons-truktionen** führt über kurz oder lang zu Bauteilschäden. Zur Sicherung der Schadensfreiheit setzen historische Konstruktionen meist auf Belüftung statt Abdichtung, weil entsprechende Abdichtungsbaustoffe zur damaligen Zeit nicht verfügbar waren. Werden nun Bauteilbelüftun-gen nachträglich unbedacht verschlossen, so ist die Funktionsweise gestört und Schäden ent-stehen fast unweigerlich. Bei der Analyse von Bauteilschäden sollte daher immer auch nach Indizien für frühere Veränderungen an Konstruktionen gesucht und abgewogen werden, ob diese sich positiv oder negativ auf die Funktionsfähigkeit ausgewirkt haben und auswirken werden.

Bei der häufig für heutige Ansprüche unvermeidlichen nachträglichen Abdichtung erdberühr-ter Bauteile kann nicht auf den Einsatz moderner Baustoffe verzichtet werden. Hier ist jedoch in besonderer Weise auf die Verträglichkeit zu achten. Bei der Abdichtung sollten nicht die DIN-Normen, sondern die entsprechenden WTA-Merkblätter[152] zur Abdichtung als erste An-laufstelle für die Auswahl geeigneter Verfahren herangezogen werden, da sie die Bedingungen des Bauens im (denkmalgeschützten) Bestand berücksichtigen. Neubaudetails zur Bauwerks-abdichtung sind hier wertlos – der Versuch, solche Lösungen in einen Altbau zu implementie-ren, wird vielfach scheitern, mindestens aber unsinnigen Aufwand und möglicherweise spätere Bauschäden verursachen.

3.10.4.3 Schadensbehebung

Sind diagnostizierte Bauschäden zu beheben, sollte zunächst wieder das Alter des Schadens und ob er noch fortschreitet fest gestellt werden. Oft genug werden längst nicht mehr aktive, statisch nicht relevante Fraßschäden von Insekten durch Bebeilen „saniert". Bebeilungen stel-len eine Beeinträchtigung einer historischen Konstruktion dar und sind weder eine geeignete Untersuchungs- noch Instandsetzungsmethode.

Bei tatsächlichem, von Statiker *und* Bautenschutzgutachter festgestelltem Handlungsbedarf, muss im zweiten Schritt nach einer möglichst substanzschonenden Methode gesucht werden. Nicht immer ist der Ersatz eines geschädigten Bauteils die einzige Möglichkeit. So lassen sich tierische Schädlinge und unter gewissen Bedingungen auch schädigende Pilze beispielsweise

---

[152] Herausgegeben von: Wissenschaftlich-Technische Arbeitsgemeinschaft für Bauwerkserhaltung und Denkmalpflege e.V. -WTA-, München: 2-3-92: Bestimmung der Wasserdampfdiffusion von Be-schichtungsstoffen entsprechend DIN 55 945; 3-13-01: Zerstörungsfreies Entsalzen von Natursteinen und anderen porösen Baustoffen mittels Kompressen; 4-4-04: Mauerwerksinjektion gegen kapillare Feuchtigkeit (überarbeitete Fassung vom Oktober 2004, ersetzt Merkblatt 4-4-96/D); 4-6-05: Nach-trägliches Abdichten erdberührter Bauteile; 4-7-02: Nachträgliche Mechanische Horizontalsperren

auch mit Hyperthermie[153] bekämpfen. Bleibt der Ersatz die sinnvollere Methode, so ist hier zu beachten, dass die DIN 68800 im Denkmal die Einhaltung geringerer Sicherheitsabstände in der Schwammbekämpfung zulässt. Hierdurch wird nicht nur das Bauteil selbst, sondern auch die umgebende Substanz vor unnötiger Zerstörung bewahrt. Die Verwendung von bekämpfenden Holzschutzmitteln sollte ebenfalls in Betracht gezogen werden, wobei zu beachten ist, dass es in der DIN 68800 Obergrenzen für die behandelte Fläche in genutzten Innenräumen gibt. Auch bei der Schadensbekämpfung sollten die WTA-Merkblätter[154] erste Anlaufstelle sein.

3.10.5 Statische Prüfung und Bewertung historischer Konstruktionen

Die statische Bewertung von historischen, denkmalgeschützten Konstruktionen ist eine komplexe Aufgabe, die nur Tragwerksplaner erfüllen können, die bereit sind, jenseits der Tabellen- und Regelwerke in Ausnahmen und Alternativen zu denken und mit dem Architekten und den anderen Planungsbeteiligten im konstruktiven Diskurs Lösungen zu erarbeiten. Hat eine historische Konstruktion keine erkennbaren Schäden und ändert sich die Nutzung nicht, so kann ein Statiker den Nachweis der Standsicherheit auch darüber führen, dass das Bauteil seine Gebrauchstauglichkeit über einen langen Zeitraum bewiesen hat. Erst bei Nutzungsänderungen oder zusätzlich eingebrachten Lasten muss ein Nachweis nach geltenden Regelwerken erfolgen.

Hierbei verletzen dann viele historische Konstruktionen vor allem in Bezug auf Durchbiegung und Schwingungsverhalten heutige Grenzwerte. An dieser Stelle ist die Kreativität des federführenden Architekten und der Einfallsreichtum des Tragwerksplaners gefragt: Sind heutige Parameter für die zu lösende Aufgabe heran zu ziehen oder genügt beispielsweise der Hinweis an den Ausführenden, dass er beim Anschluss neuer Konstruktionen größere Bewegungsfugen berücksichtigen muss? Kommen alle Planungsbeteiligten zu der Bewertung, dass die erzielten Werte nicht hinreichend für die neue Nutzung sind, lassen sich wieder die Grundsätze der Charta von Venedig auf den Einzelfall anwenden:

Unterdimensionierte, denkmalwerte Bauteile sollten nicht ersetzt, sondern ertüchtigt werden. Hinzufügungen sollten sich vom Bestand absetzen. Beispielsweise kann einer ausknickende historische Fachwerkstütze eine neue Stahlstütze zur Seite gestellt bekommen, ein überlastetes Stuhlrähm eines Dachstuhls eine Unterspannung erhalten.

Sind statische Schäden bereits entstanden und zu beheben, lässt sich in Zusammenarbeit zwischen Bauhistoriker, Restaurator und Statiker auch der Entstehungszeitpunkt und die Entwicklung des Schadens über die Zeit klären. Diese Erkenntnisse müssen in die Bewertung des Schadens und in die Erklärung der Ursache mit einfließen. Bisweilen sind die Ursachen für noch ablesbare Schäden längst nicht mehr vorhanden – etwa Setzungen abgeschlossen, Risse seit Jahrzehnten nicht mehr in Bewegung. Dann reicht vielleicht eine Behebung des Schadbildes, und auf weitere Maßnahmen kann möglicherweise verzichtet werden. Die zielführende Bewertung gelingt keinem Statiker ohne Kenntnis der konkreten Baugeschichte des Baudenkmals und dem konstruktiven Sinn der vorgefundenen Bauteile.

---

[153] WTA-Merkblatt 1-1-08: Heißluftverfahren zur Bekämpfung tierischer Holzzerstörer, herausgegeben von: Wissenschaftlich-Technische Arbeitsgemeinschaft für Bauwerkserhaltung und Denkmalpflege e.V. -WTA-, München

[154] Herausgegeben von: Wissenschaftlich-Technische Arbeitsgemeinschaft für Bauwerkserhaltung und Denkmalpflege e.V. -WTA-, München: 1-2-05: Der Echte Hausschwamm (überarbeitete Fassung : März 2004, ersetzt Merkblatt 1-2-91/D); 1-4-00: Baulicher Holzschutz Teil 2: Dachwerke

Ergänzungen sollten wieder die Grundsätze der Materialgerechtigkeit und der Reversibilität beachten. Bei neu zu schaffenden Trennwänden hat es sich bewährt, heutige Leichtbaukonstruktionen zu verwenden, die die vorgefundene Konstruktion möglichst wenig belasten und tangieren. Über Schattenfugen lassen sie sich auch gestalterisch absetzen. Bei der Befestigung im Bestand ist neben den Aspekten des Schallschutzes auch der Aspekt des Schutzes der Substanz zu bedenken: Keine Dübel in historisches Tafelparkett oder in unter den Putzschichten liegende Wandmalereien! Da leichte Trennwände weitgehend additiv und reversibel sind, spricht hier nichts gegen den Einsatz gängiger, preiswerter Systeme: etwa Gipskarton auf Metallständerwerk. Ob solche Konstruktionen in ihrer Wertigkeit möglicherweise zu stark gegenüber dem denkmalgeschützten Bestand abfallen, ist mehr eine architektonische als eine denkmalpflegerische Frage.

3.10.6 Haustechnik im Denkmal

Gegenüber dem Bauen im nicht denkmalgeschützten Bestand muss nicht nur die bestehende, jüngere Haustechnik auf Weiterverwendbarkeit untersucht werden, sondern es ist auch eine Auseinandersetzung mit möglicherweise denkmalwerter, nicht mehr zeitgemäßer Haustechnik erforderlich.

3.10.6.1 Historische Haustechnik

Historische Haustechnik entspricht in aller Regel nicht mehr heutigen Anforderungen. Nichts desto trotz können solche Anlagen unter Denkmalschutz stehen, weil ältere haustechnische Anlagen aufgrund des in diesem Bereich besonders hohen Modernisierungsdrucks (nicht nur in heutiger, sondern auch schon in früheren Zeiten) selten geworden sind. Wenn sie noch funktionsfähig sind, können sie im Zusammenspiel mit moderner Haustechnik weiterhin Berechtigung haben:

Grundöfen, Kachelöfen und Schornsteinzüge. Sie können als Notheizung, als Schmuckstück oder sogar über Nachrüstung eines Wärmetauschers als Teil eines modernen Heizsytems erhalten werden. Die Schornsteinzüge eignen sich als Installationsschächte.

Lüftungsschächte. Insbesondere jüngere Altbauten ab 1900 besitzen teilweise einfache Lüftungssysteme aus Schächten und Lüftungsklappen, die für die Führung neuer Lüftungsanlagen weiter genutzt werden können.

Trinkwasser- und Abwasserleitungen sollten jedoch ab einem Alter von mehr als dreißig Jahren regelmäßig ausgetauscht werden. Ausnahmen bilden natürlich auch hier einmalige Zeugnisse historischer Ver- und Entsorgungssysteme, die mit musealem Charakter erhalten werden müssen. Beim Ausbau nicht mehr verwendbarer und nicht denkmalwerter Altsysteme kann es sinnvoll sein, die Positionen beizubehalten, um bestehende Löcher in Böden und Wänden weiter zu nutzen.

3.10.6.2 Nachrüstung moderner Haustechnik

Beim Einbau neuer Haustechnik sind zwei Planungsziele maßgeblich: Die Wahl eines Systems, das raumklimatisch mit dem geschützten und zumeist nicht heutigen Normen im Hinblick auf Wärme- und Feuchteschutz entsprechenden Bestand harmonieren muss. Und die Führung der Medien um die geschützte Substanz herum ohne diese optisch oder substanziell zu beeinträchtigen.

Durchführungen durch Wände und Decken erfordern eine akribische Planung auf Grundlage des verformungsgerechten Aufmaßes. Trassen sind, sofern sie nicht in freien Schornsteinzügen angeordnet werden können, so zu legen, dass der geringste Verlust und die geringste gestalterische Beeinträchtigung historischer Substanz entsteht. Hierzu sind auch die Bauschadens- und bauhistorischen Pläne heran zu ziehen: Muss in einem ohnehin stark geschädigten Bereich geschützte Substanz ersetzt werden, kann genau dieser Bereich für die Durchführung von Medien verwendet werden. Das Ergebnis ist geringerer Verlust und einfachere Bauausführung, da die brand- und schallschutzgerechte Durchführung durch ein ohnehin neu zu errichtendes oder zu ergänzendes Bauteil unproblematisch ist. Im Ergebnis führt eine dergestalt erarbeitete Planung zu geringeren Baukosten bei gleichzeitig größerer Denkmalgerechtigkeit.

Hilfreich bei der mitunter komplexen Führung der Medien durch ein historisches Gebäude sind auch flexible Trinkwasser-Rohrsysteme aus Kunststoff oder Verbundwerkstoffen mit Quetschverbindungen, da sie sich buchstäblich um jede Ecke verlegen und auch problemlos in vorhandene Schächte einführen lassen. Da bei Verwendung bestehender Schächte fast immer jeder Zentimeter zählt, kann im Einzelfall die Entwässerung von Nassräumen über DN80-Fallleitungen realisiert werden.

Wie bereits angeführt, kann historischer Bestand nicht stets in der Weise bauphysikalisch ertüchtigt werden, dass er zu neu errichteten Gebäuden identische Werte aufweist, da dies zumeist die Substanz beeinträchtigen würde (vgl. auch folgenden Abschnitt). Gerade deshalb kann eine zeitgemäße Haustechnik einen sehr wertvollen Beitrag zu Steigerung der Energieeffizienz leisten und an anderer Stelle zu Lasten der Energieeinsparung entstandene Kompromisse kompensieren. Daher sollten bei der **Wahl der Haustechnik-Systeme** innovative und hocheffiziente Systeme besondere Aufmerksamkeit erhalten. Die bei fortschrittlichen Bürobauten inzwischen anerkannte Methode der **Bauteilaktivierung** als Mittel für ein besseres Raumklima bei gleichzeitiger Energieeinsparung ist in der Denkmalpflege unter dem Begriff **Temperierung** bereits deutlich länger etabliert. Das Prinzip beruht darauf, dass anstelle konvektiv arbeitender Raumheizkörper flächige Bauteile der massiven Substanz thermisch aktiviert, also über Rohrschlangen aufgeheizt oder abgekühlt werden. Bei der Anwendung im Denkmal ist natürlich zu bedenken, dass das temperierte Bauteil durch die Verlegung der Rohrsysteme je nach Einbausituation in seiner Substanz beschädigt werden kann, als auch durch die thermischen Belastungen Schaden nehmen kann.

Während bei Bürobauten zumeist die massiven Decken aktiviert werden, hat sich bei Denkmalen die Temperierung der Wandsockel etabliert. Hier bietet sich häufig das Verlegen der Technik in Fußleisten oder Wandpaneelen oder aber in zu früheren Zeiten durch unsachgemäße Elektroinstallation ohnehin entstandenen Schlitzen an. Im unteren Bereich sind Wände durch die Nutzungen ohnehin vielfach beschädigt, so dass der Restaurator hier oft Putzbereiche wird ausweisen können, die nicht erhaltenswert sind. In diesen Bereichen kann der Putz abgeschlagen und die Temperierung (meistens 16 mm Kupferrohr) in ausgekratzte Fugen des Mauerwerks verlegt werden. Anschließend werden die Rohre ohne Schutzschläuche oder andere die Wärmeübertragung hindernde Materialien eingeputzt. Damit der Putz nicht reißt, wird er armiert und die Rohre während des Abbindens einmal langsam aufgeheizt und wieder abgekühlt. Auch Sockelleistenheizungen und Wärmeverteiler unter Dielenböden haben sich bewährt und sind als denkmalgerechte Temperierung oder Beheizung realisierbar. Temperierung darf nicht mit Wand- oder Fußbodenheizung verwechselt werden, da die Temperierung nicht den Anspruch erhebt, den Wärmebedarf allein und mit geringer Reaktionszeit zu decken. Sie ist vielmehr ein Mittel, eine gleichbleibende Grundklimatisierung mit optimierter Wärmeverteilung bereit zu stellen. Zusätzliche Bedarfskreisläufe oder Heizflächen sollen den kurzfristigen und Spitzenlastfall abdecken.

Im Zusammenspiel mit denkmalgeschützter Bausubstanz haben sich **Raumklimatisierungs-** und **-konditionierungsanlagen** als problematisch erwiesen, wenn bei ihrer Auslegung nicht explizit das bauphysikalische Verhalten der wertvollen Substanz berücksichtigt wurde. Selbstregelnde Klimaanlagen verursachen meist deutlich kleinere, aber häufigere Schwankungen als die Umwelteinflüsse durch Wetter, Klima und Nutzer. Die meisten historischen Rohbau-Konstruktionen sind sehr massiv und dampfdiffusionsfähig und daher in der Lage, das Raumklima durch verzögerte Aufnahme und Abgabe von Luftfeuchtigkeit und Wärme in gewissem Rahmen selbst zu regeln (meist sehr guter sommerlicher Wärmeschutz, guter Luftfeuchteausgleich und gutes Wärmespeichervermögen). Andererseits vertragen etwa hölzerne Ausstattungsteile und vielfach auch Exponate aus organischen Materialien langsame und größere Raumklimaschwankungen besser als häufige kleine, wie sie von Luftheizungen und -kühlungen sowie die Raumluftfeuchte regulierenden Anlagen hervor gerufen werden. Die Folge des Einsatzes solcher Anlagen können schleichende Bauschäden sein.

Außerdem stellen die für diese Anlagentechnik erforderlichen großen Luftschächte eine Herausforderung für die Planung dar. Ihre Projektierung sollte nur vorgenommen werden, wenn es die Nutzung unbedingt erfordert und alternative Konzepte wie die Bauteilaktivierung in Verbindung mit Entlüftungssystemen mit Wärmerückgewinnung keine Lösung versprechen. Sie ist dann in enger Verzahnung zwischen Architekt, Bauphysiker und Anlagenplaner auszulegen. Gelungene Beispiele, denen es mit Kreativität gelingt, moderne Anlagentechnik und denkmalgeschützten Bestand zu vereinbaren, lassen sich finden. Ein Beispiel ist die Raumklimatisierungstechnik im Deutschen Historischen Museum (ehemaliges Zeughaus) in Berlin, die durch Dezentralisierung die im Bestand problematische Führung großer Luftkanäle vermeidet und durch angepasste Regeltechnik die raumklimatische Problematik löst.

In zeitgemäß genutzten Gebäuden gehören auch barrierefrei Zugänge und damit zumeist **Aufzüge** zu den notwendigen technischen Anlagen. Ihre Unterbringung im Denkmal stellt alle Beteiligten regelmäßig vor Probleme, da das Durchbrechen historischer Decken nur selten denkmalverträglich sein kann. Gerne werden Lösungen gewählt, die den Aufzug und einen gegebenenfalls auch notwendigen zweiten baulichen Rettungsweg auf einer Seite des Gebäudes als Anbau oder nebengestellten Erschließungsturm realisieren. Soll aber der Aufzug aus den Nutzungsabläufen heraus oder wegen einer allseitig besonders schützenswerten Fassade doch im Inneren eines Denkmals angeordnet werden, so steht am Anfang wieder die Suche in der verformungsgerechten Bestandsaufnahme mit bauhistorischen Wichtungen und Schäden der Bauteile. Möglicherweise findet sich eine Stelle, an der ein heute nicht mehr existenter Treppenlauf ohnehin einen Wechsel in der Decke hinterlassen hat. Oder aber ein über mehrere Stockwerke reichender Feuchteschaden (beispielsweise im Bereich nicht sachgerecht ausgeführter, vertikaler Sanitärinstallationen) hat ohnehin nicht unerheblichen Verlust zur Folge. Auch wenn ein solch günstiger Standort gefunden ist, der den Verlust an Denkmalsubstanz so weit wie möglich reduziert, wird der Planer mit dem Aufzugsbauer um jeden Zentimeter und um jeden weniger durchtrennten Deckenbalken feilschen. Hierbei können sogenannte Plattformaufzüge, also Aufzüge ohne eigene Kabine, sondern mit einer in einem zur Anlage gehörenden glatten Schacht fahrenden Plattform, die denkmalgerechte Planung extrem erleichtern. Wenngleich ihr Vorschlag bei Baubehörden teilweise noch auf Befremden stößt, sind sie in Deutschland seit einigen Jahren zugelassen und auch für öffentliche Gebäude einsetzbar. Ihre Steigehöhe endet zwar bei etwa zwölf Meter und ihre Fahrgeschwindigkeit liegt auf dem Niveau langsamer konventioneller Fahrstühle. Im Gegenzug benötigen sie aber sowohl im

Grundriss viel weniger Fläche als auch weder Über- noch Unterfahrt. In schwierigen Situationen sollten sie im Denkmal in jedem Fall in Betracht gezogen werden, zumal die Anlage selbst schon deutlich kostengünstiger als ein vergleichbarer Fahrstuhl ist, was durch den geringeren umgebenden baulichen Aufwand noch verbessert wird.

3.10.7 Energetische Bewertung und Ertüchtigung denkmalgeschützter Bauten

Die energetische Bewertung und Ertüchtigung historischer und denkmalgeschützter Bauten ist ein komplexes Aufgabenfeld, in dem es fast unweigerlich zu Konflikten mit der Denkmaleigenschaft von Bauwerken kommt, wenn übliche, großflächige Dämmverfahren vorgesehen werden. Die Thematik kann hier nur angerissen und versucht werden, Ansätze für die Lösung widerstreitender Interessen zu geben.

Bezüglich der energetischen Bewertung ist die Beobachtung zu machen, dass die geltenden Berechnungsverfahren für Energiebilanzen im Kontext der Energieeinsparverordnung (EnEV) für historische Konstruktionen häufig nicht zutreffende Ergebnisse liefern. Offenbar gehen in die Bewertung beispielsweise von Kastenfenstern schlecht gewartete Konstruktionen mit ein, jedenfalls sollte eine gut gewartete oder erst recht eine aufgearbeitete und minimal ertüchtigte historische Kastenfenster-Lösung zumeist erheblich bessere Werte erreichen, als die Normung ihr zuspricht.

Die EnEV räumt denkmalgeschützten Bauwerken insofern einen Sonderstatus ein, als für sie die Aufstellung eines Energiebedarfsausweises nicht gesetzlich vorgeschrieben ist. Wie bei Bestandsgebäuden üblich, reicht für die Planung in vielen Fällen die Einhaltung der in Anhang 3, Tabelle 3 der EnEV aufgeführten Obergrenzen für den Wärmedurchgangskoeffizienten U aus. Es wird in einem Denkmal jedoch Bauteile geben, die sich nicht ohne weiteres auf diese Werte ertüchtigen lassen. Hier lassen sich dann Abweichungen beantragen oder gar eine generelle Befreiung von der EnEV begründen.[155] Auch wenn eine Befreiung genehmigt wird, sollten die bauteilweisen Berechnungen durchgeführt und wenigstens durch Taupunktberechnungen nach dem Glaserverfahren ergänzt werden, um bauphysikalisch schwierige Punkte zu erkennen. Dabei sollten fallweise die Normklimawerte entsprechend den tatsächlichen Bedingungen angepasst werden: beispielsweise ist die Raumluftfeuchte in einem Gewölbekeller meist deutlich höher, als von der Norm vorgegeben.

Lassen sich einzelne Bauteile aus bauphysikalischen oder denkmalpflegerischen Erwägungen heraus nicht in der gewünschten Weise optimieren – etwa Außenwände und Fenster – bleibt die Möglichkeit denkmalpflegerisch unkritische Bereiche – beispielsweise oberste Geschossdecke – verstärkt zu dämmen, um eine Kompensation zu schaffen. Auf diese Weise lässt sich in Verbindung mit besonders energieeffizienter Haustechnik mit vielen Denkmalen der Mindeststandard für Neubauten nach EnEV 2007 einfacher erreichen als gängige Vorurteile behaupten. Erst bei noch weitergehenden Energiesparwünschen muss größerer Aufwand getrieben werden.

---

[155] Vgl. Vereinigung der Landesdenkmalpfleger der Bundesrepublik Deutschland, Arbeitsblatt 25: *Stellungnahme zur Energieeinsparverordnung (EnEV) und zum Energiepass*

Zweifelsfrei nicht heutigen Ansprüchen genügen in der Regel folgende Bauteile:

- Einfachverglasungen,
- Dämmung und Abdichtung erdberührter Bauteile, insbesondere der Bodenkonstruktion bei nicht unterkellertem Erdgeschoss,
- die Dämmung der obersten Geschossdecke sowie
- die Dämmung ausgebauter Dachkammern oder Mansarden.

Im Einzelfall zu prüfen sind Eingriffe in

- die Dämmung der Außenwände,
- vorhandener Kastenfenster und die
- Dämmung der Kellerdecke.

Grundsätzlich ist zwischen den möglichen Eingriffen abzuwägen, wo der Aufwand sowie die denkmalpflegerischen und statischen Nachteile einer energetischen Ertüchtigung am geringsten sind. Die folgende Maßnahmenmatrix soll häufig angewandte, zumeist als denkmalverträglich anzusehende Lösungen aufzeigen:

Tabelle 3.4 Matrix energetische Ertüchtigung[156]

Bauteil	Lösungsansatz hoher Denkmalwert	Lösungsansatz geringerer Denkmalwert
Einfachverglasung[157]	Innenfenster vorsetzen, wahlweise als rahmenlose Verbundkonstruktion oder als herkömmliches Isolierglasfenster in der Innendämmebene (in Art eines Kastenfensters).	Ersatz durch isolierverglaste Fenster. Bei partieller Rekonstruktion Isolierfenster mit gleichen Ansichtsbreiten (auch der Sprossen) herstellen. Eine partielle Rekonstruktion als Kastenfenster ist natürlich auf möglich. Bei Neuentwurf ist die technische Lösung entsprechend freier, als Rahmenmaterialien kommen Holz oder Metall in Frage.
Empfehlenswerte Materialien/Techniken: Rahmenmaterialien: Holz oder Metall; Isolierverglasung: Warm-Edge-Kanten, Kryptonfüllung, Wiener Sprosse; Anstriche: Ölfarbe		
Kastenfenster[27]	Unverändert belassen, Oberflächen auffrischen. Gutes Anliegen der Flügelhölzer auf den Rahmenhölzern prüfen, ggf. vorsichtig richten.	Gutes Anliegen von Flügel- und Rahmenhölzern prüfen, ggf. richten. Bei Bedarf Dichtung am Innenfenster nachrüsten. Für noch höhere Ansprüche lässt sich zusätzlich das Glas am Innenfenster ersetzen.
Empfehlenswerte Materialien/Techniken: Rahmenmaterialien: Holz oder Metall; Isolierverglasung: Warm-Edge-Kanten < 12 mm, Kryptonfüllung, Wiener Sprosse; Einfachverglasung mit verringerter Wärmeleitfähigkeit: K-Glas; Anstriche: Ölfarbe		

[156] a. a. O.

[157] Vgl. Vereinigung der Landesdenkmalpfleger der Bundesrepublik Deutschland, Arbeitsblatt 8: Hinweise zur Behandlung historischer Fenster bei Baudenkmälern

Bauteil	Lösungsansatz hoher Denkmalwert	Lösungsansatz geringerer Denkmalwert
Erdberührte Bodenplatte Erdgeschoss	Einzelfallentscheidung erforderlich. Mögliche, aber eine starke Beeinträchtigung des Denkmals darstellende Ertüchtigungen könnten sein: neuer Aufbau auf Trennlage über der unveränderten historischen Konstruktion historische Konstruktion nummerieren und bergen; nach Einbau der neuen Dämm- und Abdichtungsschichten wird mindestens die historische Oberfläche wieder am gleichen Ort eingebaut.	Die historische Konstruktion wird geborgen, die neuen Funktionsschichten Dämmung und Abdichtung werden eingezogen. Der neue Fußboden wird ggf. unter Wiederverwendung geborgener Materialien oder in Anlehnung an die ursprüngliche Situation hergestellt.

Empfehlenswerte Materialien/Techniken: Schaumglasschotter als Dämmung mit dampfbremsender Wirkung, Gussasphalt als baufeuchtefreier Estrich mit dampfbremsender und abdichtender Wirkung[158]

Oberste Geschossdecke	Nachträgliche Dämmung ist hier auch bei hohem Denkmalwert in der Regel unproblematisch. Passendes Dämmmaterial wird aufgelegt, eine Dampfsperre zwischen historischer Konstruktion und Dämmung muss vermieden werden. Besser diffusionsoffene Konstruktionen verwenden oder, falls unvermeidlich, Dampfbremse unterhalb der historischen Konstruktion anordnen.	Das Vorgehen ist meist am preiswertesten in der für hohen Denkmalwert beschriebenen Form (Dämmung auflegen). Wenn diese Ausführung wegen der zusätzlichen Aufbauhöhe nicht gewünscht ist, kann bei Balkendecken auch der Einschub durch Dämmstoffe ersetzt werden, da hier keine Schallschutzanforderungen zu erfüllen sind (allerdings Verschlechterung des sommerlichen Wärmeschutzes).

Empfehlenswerte Materialien/Techniken: Druckfeste Holzweichfaserplatten, Zelluloseflocken. Hinweis: Dämmschichtstärke möglichst so wählen, dass der neue Aufbau inkl. Bodenbelag die Steigungshöhe einer Stufe der Bodentreppe aufweist und diese damit um genau eine Stufe verlängert.

Dachdämmung[159]	Bei hohem Denkmalwert des Dachstuhls ist eine Zwischensparrendämmung möglichst zu vermeiden, wenn dann ist sie nicht mit Konterlattung sondern mit senkrechter Fluglatte in der Sparrenfeldmitte auszuführen. Eine Untersparrendämmung ist zu prüfen, schränkt aber ebenfalls die Wartbarkeit ein. Alternativ zur Dachdämmung ist zu prüfen, ob eine „Box" aus modernen Baustoffen im Dachboden ohne Nutzung der Dachschrägen die Nutzungsanforderungen nicht ebenso gut erfüllt.	Bei Zwischensparrendämmung beachten, dass bisher belüftetes Holz durch diese Maßnahme in eine höhere Gefahrenklasse nach DIN 68800 einzuordnen ist. Wenngleich die Verwendung entsprechender Dämmsysteme den Verzicht auf vorbeugenden Holzschutz ermöglichen kann, sollte dennoch eine dampfbremsende Innenschale und eine hochgradig diffusionsoffene Unterdachkonstruktion gewählt werden.

---

[158] Beide Baumaterialien sind nach DIN 18195 nicht als Bauwerksabdichtung zu werten, haben sich in der Praxis aber als wirkungsvolle Teile einer Bodenkonstruktion mit ausreichendem Schutz vor Bodenfeuchte bewährt. Mit Verweis auf die Denkmaleigenschaft ist bei Verwendung dieser Materialien in dieser Funktion eine Abweichung von dieser Norm mit Bauherrn und Bauamt zu vereinbaren.

[159] Vgl. Vereinigung der Landesdenkmalpfleger der Bundesrepublik Deutschland, Arbeitsblatt 7: *Ausbau von Dachräumen in historischen Gebäuden*

Bauteil	Lösungsansatz hoher Denkmalwert	Lösungsansatz geringerer Denkmalwert
	Aufsparrendämmungen kommen wg. der Veränderung an Traufe und Ortgang fast nie Betracht. Evtl. erlauben extrem dünne Vakuumdämmungen hier in Zukunft neue Lösungen.	

Empfehlenswerte Materialien/Techniken: Holzweichfasermatten, Zelluloseflocken; Unterdachplatten aus latexierter Holzweichfaser oder MDF

Bauteil	Lösungsansatz hoher Denkmalwert	Lösungsansatz geringerer Denkmalwert
Außenwand	Wenn möglich Verzicht. Teilweise Innendämmung möglich. Einzelfallentscheidungen notwendig. Wenn innen schützenswerte Oberflächen vorhanden sind, können diese Befunde eventuell dennoch sachgerecht konserviert und kaschiert werden. Die Innendämmung wird dann innen vorgesetzt, wobei die Befestigung so gewählt werden muss, dass die konservierten Befunde nicht durchlöchert werden. Die Befestigungspunkte sind planerisch vorzugeben.	Zumeist Innendämmung zweckmäßig. Bei ohnehin erforderlichem Ersatz des Außenputzes kann ein mineralischer Dämmputz mit gegenüber dem Bestand nur leicht erhöhter Stärke in Erwägung gezogen werden.
	Innendämmungen bei Fachwerken dürfen einen U-Wert von 0,8 W/m²K nicht unterschreiten, da ansonsten die außen liegende Holzkonstruktion Schaden nimmt.[160]	

Empfehlenswerte Materialien/Techniken: Innendämmung aus Schilfrohrplatten in Lehmvorspritz, Kalziumsilikatplatten, Leichtlehm

Bauteil	Lösungsansatz hoher Denkmalwert	Lösungsansatz geringerer Denkmalwert
Dämmung Kellerdecke	Bei Gewölben meist nicht von unten möglich. Ist eine Dämmung von oben denkmalpflegerisch vertretbar, können Teile der Schüttung in den Gewölbezwickeln durch Dämmstoffe ersetzt werden, wobei vom Statiker zu prüfen ist, inwieweit die Auflast der Schüttung zur Standsicherheit der Gewölbe beitragen. Bei Flachdecken ist eine Dämmung von unten möglich. Die Anordnung einer Dampfbremse ist zumeist verzichtbar, die erhöhte Luftfeuchte in historischen Kellern ist ebenso wie die im Kellergeschoss häufig erhöhten Anforderung an den Brandschutz jedoch zu beachten.	

Empfehlenswerte Materialien / Techniken: Schaumglas und andere feuchtebeständige Dämmschüttungen für die Dämmung von oben, Holzweichfaser, Holzwolleleichtbau- oder Mineralwolleplatten (verputzt)

3.10.8 Brandschutz und Denkmalschutz

Neben dem Wärmeschutz ist der Brandschutz eine derjenigen Anforderungen unserer Zeit, die denkmalpflegerisch am schwierigsten zufriedenstellend zu lösen ist. Zwar lassen sich alle historischen Konstruktionen mit Brandschutzplatten kaschieren, dabei geht jedoch jegliche denkmalpflegerische Aussage verloren und eine F90A-Anforderung wird damit immer noch nicht erreicht. Folglich benötigt das Bauen im Denkmal wiederum ein differenziertes Vorgehen. Ähnlich wie beim Wärmeschutz sollte bei brandschutztechnisch aufwendigeren Gebäuden – also Bauten mit mehreren Nutzungseinheiten oder Sonderbauten – statt des Nachweises jedes einzelnen Bauteils immer ein übergreifendes Brandschutzkonzept erarbeitet werden, das

---

[160] Vgl. WTA-Merkblatt 8-5-08: Fachwerkinstandsetzen nach WTA V - Innendämmungen (überarbeitete Fassung: Mai 2008, ersetzt Merkblatt 8-5-00/D)

Defizite auf der einen Seite durch Kompensationen an anderer Stelle löst, auch wenn dieses bauaufsichtlich nicht gefordert sein sollte. Diese aufwendigere Planung kann sich wiederum in geringeren Baukosten niederschlagen und erzielt in jedem Fall ein hochwertigeres Ergebnis.

Im Brandschutzkonzept werden zunächst die historischen Konstruktionen bewertet und Stärken und Schwächen aufgezeigt. Untererfüllung der Vorschriften im einen wird Übererfüllung im anderen Bereich gegenüber gestellt. Rettungswege werden so geführt, dass sie möglichst in Bereichen verlaufen, die ohnehin schon gute Werte aufweisen. Bei der Bewertung der historischen Konstruktionen ist zu beachten, dass die Werte der DIN 4102, Teil 4 hier nur Anhaltspunkte liefern. Ein in den Gefachen beidseitig verputztes Sichtfachwerk aus Hartholz hat beispielsweise eine viel höhere Feuerwiderstandsdauer, als die bestenfalls F30-B, die nach der DIN für gewöhnlich angesetzt werden.[161]

Dort wo die Untererfüllung bauordnungsrechtlich erforderlicher Werte nicht zu vermeiden ist, ist im Brandschutzkonzept eine Kompensation vorzusehen. So können einerseits Ersatzmaßnahmen zur Brandausbreitung oder Brandfrüherkennung über die Mindestanforderungen hinaus vorgesehen werden und andererseits möglicherweise zusätzliche Rettungswege einbezogen werden. Ersatzmaßnahmen zur Brandausbreitung können neben Sprinkleranlagen auch selbstschließende Türen zu den oder innerhalb der Nutzungseinheiten darstellen. Selbst die Aufrüstung eines vorhandenen Steintreppenhauses zu einem Sicherheitstreppenhaus ist in denkmalgerechter Ausführung möglich.

Die folgende Matrix gibt einen kurzen Überblick über brandschutztechnische Schwachstellen traditioneller Gebäude verbunden mit Lösungsansätzen.

3

---

[161] Vgl. WTA-Merkblatt 8-12-04: Fachwerkinstandsetzung nach WTA XII – Brandschutz bei Fachwerkgebäuden

Tabelle 3.5   Matrix Brandschutz problematischer Bauteile

Bauteil	Lösungsansätze
Holzbalkendecke	Bei unterseitigem Verputz in der Regel mit F30-B angesetzt. Bei gefordert F60 wird meist eine Abweichung mit Verweis auf den Denkmalschutz genehmigt. Bei gefordert F90 führt oft kein Weg an einer wenigsten unterseitigen Brandschutzbekleidung vorbei. Evtl. vorhandene Stuckaturen oder Deckenmalereien müssen dabei unversehrt erhalten werden.
Sichtfachwerkwand	Holzart und Ausfachung bestimmen! Rückgriff auf WTA-Merkblatt 8-12-04.
Offene Treppenhäuser ohne Abschlüsse zu notwendigen Fluren	Repräsentative Treppenhäuser in historischen Gebäuden haben häufig keine Abschlüsse zu den anschließenden Fluren. Hier sollten die erforderlichen Türen möglichst transparent gehalten werden, sich vom Bestand abheben und möglichst weit nach hinten in den Flur hinein versetzt angeordnet werden, damit sie das Erscheinungsbild des Treppenhauses nicht übermäßig beeinträchtigen. Die gewollte Offenheit des historischen Entwurfes muss erkennbar bleiben!
Holztreppen und Brandlasten durch hölzerne Ausstattungen in Rettungswegen.	Von der Bauaufsicht wird häufig eine unterseitige Feuerschutzverkleidung für hölzerne Treppenläufe gefordert. Sie ist im Zusammenhang mit frei im Treppenraum angeordneten Treppenläufen jedoch meist wirkungslos, da Treppenläufe im Falle unterseitig gegen stehender Flammen unabhängig von ihrer Feuerwiderstandsdauer in der Regel nicht mehr nutzbar sind. Vorzugsweise sollte darauf verzichtet werden und über anderweitige Kompensationen nachgedacht werden, die die Brandausbreitung behindern und die Rettung beschleunigen. Hat die Treppe etwa eine Feuerwiderstandsdauer von 30 Minuten, so muss nachgewiesen werden, dass diese Zeitspanne für die Rettung aller im Gebäude befindlichen Personen ausreicht. Brandfrüherkennung und zusätzliche Rettungswege können die notwendige Rettungszeit verkürzen, Maßnahmen zur Verhinderung der Brandausbreitung die zur Verfügung stehende Zeit erhöhen.
Kassettentüren, Holztüren	Ob eine hölzerne Kassettentür als vollwandig angesehen werden kann, hängt von der Ausführung (spaltfrei) und der Stärke des Türblattes ab. Unstrittig sind schwere Holztüren, die an der dünnsten Stelle immer noch ca. 3 cm dick sind. Einzelheiten und Abweichungen müssen mit einem Brandschutzingenieur abgestimmt werden. Einseitig aufgesetzte Multiplex- oder Brandschutzplatten o.ä. können erforderlichenfalls zur Ertüchtigung dünnerer Türblätter herangezogen werden. Das Nachrüsten von Dichtungen und Obertürschließern ist bei Auswahl passender Produkte meistens möglich.

3.10.9 Denkmalpflegerische Zielstellung und Maßnahmenkonzept

Die **denkmalpflegerische Zielstellung** ist die Zusammenfassung und Auswertung aller Analyseergebnisse aus den voran stehenden Aufgabenfeldern im Hinblick auf die denkmalpflegerische Vertretbarkeit. Sie ist vergleichbar der Entwurfsidee im Neubau und bildet eine Art „roten Faden" für die Entwicklung von Details und die Lösung von Konflikten. In der denkmalpflegerischen Zielstellung wird eine begründete Wichtung und Wertung der verschiedenen Analyseergebnisse vorgenommen. Sie ist die Grundlage für den Entwurf und das resultierende **Maßnahmenkonzept**. Sie muss so stark und schlüssig sein, dass die Zielstellung am fertigen Objekt ablesbar ist – auch nachdem bauaufsichtliche Anforderungen, Kostenzwänge und unabdingbare Nutzerwünsche ihre Spuren hinterlassen haben. Hier geht es der denkmalpflegerischen Zielstellung nicht anders, als der Entwurfsidee im Neubau: Der Planer muss – will er gute und überzeugende Architektur schaffen – dafür Sorge tragen, dass sie ablesbar bleiben.

Der grundsätzliche Weg von der Analyse über die Auswertung bis zum Maßnahmenplan wird im Folgenden beschrieben und sei in einem Schaubild verdeutlicht:

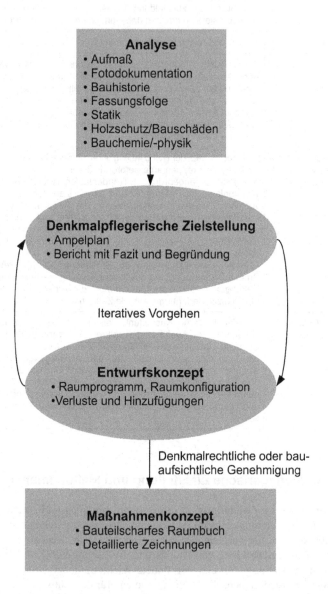

Bild 3-86   Planungsablauf für das Bauen im Denkmal

3.10.9.1 Erarbeitung der denkmalpflegerischen Zielstellung

Die denkmalpflegerische Zielstellung wird aus den drei Bestandteilen

- Dokumentation des Ist-Bestandes,
- den Analyseergebnissen und
- der wertenden Quintessenz aus beidem

gebildet.

Liegen alle Analyseergebnisse aus den voran gestellten Abschnitten vor, sieht sich der Planer einer derartigen Fülle von Informationen und Einzelbefunden gegenüber, dass die Synthese zunächst oft unmöglich scheint. Sind alle Fachinformationen auf Basis des verformungsgerechten Aufmaßes und bei vielschichtigen Vorhaben ergänzend über das Raumbuch verortet und systematisch abgelegt, wird diese Aufgabe deutlich erleichtert. Der Architekt muss die Systematik für die Erhebung der Daten daher vor Beginn der Arbeiten verbindlich für alle Fachplaner vorgeben. Im Idealfall fügen sich die Pläne der einzelnen Fachschalen übereinander gelegt zu einem alle Belange berücksichtigenden Planwerk zusammen. Die Überlagerung der einzelnen Aspekte ergibt einen gewichtenden, auswertbaren Plan. In der Büropraxis des Autors wird dieses Planwerk wegen der verwendeten Farben „rot" für unbedingt erhaltenswürdig/unveränderbar, „gelb" für diskussionswürdig/bedingt veränderbar und „grün" für Entfernung möglich/veränderbar als **Ampelplan**[162] bezeichnet. Andere gebräuchliche Bezeichnungen sind Bindungsplan, Schutzgutplan oder Denkmalpflegeplan.[163]

Der erste, vorläufige Ampelplan sollte nach dem verformungsgerechten Aufmaß und einer überblicksartigen bauhistorischen Untersuchung als Bestandsaufnahmegrundlage für alle Fachrichtungen vorgelegt werden. Er kennzeichnet besonders denkmalwerte Bauteile mit einem roten Punkt, um so auch den Fachingenieuren Hinweise zu geben, welche Bauteile bei der Untersuchung mit besonderer Rücksicht behandelt werden müssen. Der für die Vorplanung bis zur Genehmigungsplanung fortgeschriebene Ampelplan enthält dann eine Überlagerung folgender Aspekte:

- Denkmalwert des Einzelbauteils in drei Graden
- Bauschäden in drei Graden
- Schadstoffe/Kontaminationen in drei Graden
- Statische Unzulänglichkeiten in drei Graden

Die Reduktion auf nur drei Grade hat sich in der Praxis bewährt, da mehr Kategorien die Übersichtlichkeit gefährden. Für die Signaturen gibt es keine allgemeingültigen Standards. Ein Vorschlag für eine Systematik ist in der Tabelle 3.6 „Ampelplan" dargestellt.

---

[162] Das Büro Dienstleistung Denkmal verwendet das System auch schon zu einem sehr frühen Zeitpunkt im Planungsprozess. Der Plan wird zunächst als vorläufiger Ampelplan während der Grundlagenermittlung erstellt und in der Vorplanungs- und Entwurfsphase fort geschrieben. Neben der Zusammenfassung der Ergebnisse für den Planer ist er auch Grundlage für verbindliche Abstimmungen mit den Denkmalschutzbehörden und dem Bauherrn.

[163] Vgl. Cramer, Johannes /Breitling, Stefan: *Architektur im Bestand*, Birkhäuser Verlag 2007, S. 92

Tabelle 3.6 Legende Ampelplan

Denkmalwert		Schädigungsgrad		Fachschale	
Rot: Erhaltenswert, hoher Denkmalwert, unveränderbar.		Starke, irreversible Schäden	Grün	Holzschutzgutachter	
Gelb: Diskussionswürdig, geringerer Denkmalwert, bedingt veränderbar		Mittelstarke Schäden, die im Bestand reparabel sind	Orange	Restaurator	
Grün: ohne Denkmalwert, Entfernung oder Veränderung möglich.		Oberflächliche, geringe, nicht substanzielle Schäden	Dunkelblau	Statiker	
Cyan: störend, Entfernung wünschenswert[164]		Schadensfrei, Konservierung oder einfache Restaurierung möglich.	Braun	Bauchemiker	

Die Legende ist nicht abschließend und hat lediglich Vorschlagscharakter

Die Farben der verschiedenen Fachschalen können insbesondere zur Ausweisung der Schäden als Feuchteschäden, statische Schäden etc. verwendet werden. Für einen erste Übersicht ist das jedoch häufig nicht zwangsläufig erforderlich, so dass es ausreichend ist, alle Schadenssignaturen in einer Farbe darzustellen. Dadurch ergibt sich eine grobe Matrix, die schnell die Problempunkte aufzeigt und einen guten Überblick über die bauteilweise in der Ausführungsplanung zu differenzierenden Maßnahmen gibt (s. Tabelle 3.7).

Aus der Überlagerung des Ampelplans wird schnell erkennbar, in welchen Bereichen aus neutral erhobenen Gründen heraus die größten Verluste am Denkmal entstehen und dadurch entweder besondere Anstrengungen zum Erhalt abgeleitet werden müssen oder aber Planungsspielräume für die Unterbringung von für die neue Nutzung zwingend erforderlichen Funktionen (etwa Haustechnik, Belichtung, evtl. sogar Rettungswege) entstehen.

Es wird auch ablesbar, welche Bauschichten prägend für das Gebäude sind oder werden könnten – meist empfiehlt es sich, hieraus ein Thema zu entwickeln, das im Konfliktfall die Entscheidung für oder gegen den Erhalt eines Befundes erleichtert. Die Entwicklung eines Themas darf nicht verwechselt werden mit dem Anstreben einer Stileinheit oder des prinzipiellen Verwerfens bestimmter Baualtersschichten zugunsten anderer – das ist nach der Charta von

---

[164] Vorsicht: Diese Kategorie enthält eine starke Wertung, die möglicherweise geschmackliche Züge trägt. Hierüber können berechtigte Auseinandersetzungen geführt werden und die gut gemeinte Wertung kann den Plan angreifbar machen. Im Zweifel sollte diese Kategorie daher lieber nicht verwendet und die Signatur grün verwendet werden.

Tabelle 3.7 Matrix Ampelplan

Schädigung \ Denkmalwert			
☐	Unproblematisch, ggf. mit gleichem Material auffrischen (streichen, ölen, reinigen).	Unproblematisch, auffrischen evtl. auch nicht durchgreifende Veränderung (etwa andere Farbe möglich).	Unproblematisch, Veränderungen bis hin zum Abbruch möglich, aber nicht zwingend.
(gepunktet)	Aufarbeiten, restauratorische Belange beachten.	Aufarbeiten, evtl. Oberfläche mit angepassten Materialien neu herstellen.	Unproblematisch, Veränderungen bis hin zum Abbruch möglich, aber nicht zwingend. Ggf. Oberfläche neu herstellen oder Ersatz
(schraffiert)	Sanierung durch Ertüchtigung oder Reparatur, notfalls Teilaustausch.	Sanierung durch Teilaustausch, partielle Rekonstruktion oder Ersatz.	Ersatz
(gekreuzt)	Sonderlösungen und Einzelfallabstimmung mit Spezialisten und Denkmalfachamt erforderlich.	Ersatz	Ersatz

Venedig nicht Inhalt einer denkmalgerechten Instandsetzung. Vielmehr gilt es, Besonderheiten des Baudenkmals zu erkennen und sie dadurch heraus zu stellen, dass ihnen bei kritischen Entscheidungen eine höhere Priorität zugewiesen wird. Die Besonderheit eines Baudenkmals kann dabei auch gerade seine Diversität und eben nicht Stileinheit sein. Der Architekt hat die Möglichkeit, in seinen für die Nutzung oder durch die Schadensbehebung erforderlichen Zutaten auf diese Besonderheiten einzugehen, sie aufzugreifen oder zu transformieren.

Diese Abwägung und Priorisierung ist das wesentliches Gestaltungsmittel des Architekten beim Bauen im Denkmal – er sollte sich dieses von keinem der Planungsbeteiligten streitig machen lassen. Er sollte hierzu eine eigene Idee vertreten, die sich aus der Analyse begründen lässt. Im textlichen Teil der denkmalpflegerischen Zielstellung ist diese Absicht darzulegen. Sie muss später Bauherrn und Denkmalbehörde überzeugen. Je nachvollziehbarer sie aus der Kette Dokumentation, Analyse und Schwerpunktsetzung hervorgeht, desto eher wird dies gelingen. Zuvor aber sollte das Entwurfskonzept aus den Nutzungsanforderungen entwickelt werden, denn nicht selten müssen sich denkmalpflegerische Zielstellung und Entwurfskonzept in einem iterativen Vorgang entwickeln.

3.10.9.2 Entwicklung des Entwurfskonzepts

Parallel zu den Bestandsanalysen und dem Ampelplan wird im Rahmen der Vor- und Entwurfsplanung das Nutzungskonzept und das Raumprogramm aufgestellt. Das Raumprogramm ist dabei zunächst unabhängig vom Denkmalbestand und verkörpert ausschließlich die Wünsche des Bauherrn. Im nächsten Schritt muss der Planer den Ampelplan und die denkmalpflegerische Zielstellung in Deckung mit dem Raumprogramm und den Nutzungsanforderungen bringen.

Nun werden zunächst Bauteile, die im Ampelplan mit grün (veränderbar) oder cyan (störend) markiert sind zur Disposition gestellt, wenn es gilt, die neuen Nutzungen zeitgemäß unterzubringen. Diese Freiräume bilden zusammen mit den besonders denkmalwerten Bauteilen des Gebäudes das Potential des architektonischen Entwurfs: Historisches Zeugnis und damit räumliche Setzung einerseits – Freiraum und architektonische Deutungsmöglichkeit andererseits. Innerhalb dieses Spielraumes hat der Entwerfende die Möglichkeit, Elemente und Aspekte des historischen Entwurfes zu stärken, indem sie aufgegriffen oder inszeniert werden. Die denkmalpflegerische Zielstellung wird ihn dabei leiten. Hier bedarf es des Gespürs des Architekten, um das richtige Maß an Gegenüberstellung und Anpassung, Abgrenzung und Annäherung, Inszenierung oder Zurücknahme zu finden, das dem Bestand und der neuen Nutzung gerecht wird. Niemals sollte dabei aber das Neue das Denkmal übertrumpfen wollen, da dies den Grundsätzen der Denkmalpflege aus der Charta von Venedig widerspräche.

Erst wenn die Potentiale des Bestands unter Ausnutzung der Freiräume durch gedankliche Entfernung der im Ampelplan als veränderbar oder störend gekennzeichneten Bauteile nicht ausreichen, um die Nutzungsaufgabe zu erfüllen, sollten die folgenden Schritte geprüft werden:

- bedingt veränderbare Bauteile („gelb") zur Disposition stellen,

- ggf. Anbau erwägen,

- stark geschädigte Bereiche, auch wenn sie hohen Denkmalwert besitzen ausblenden und ebenfalls als Veränderungspotential betrachten,

- Hinweise auf frühere Bauzustände deuten und unter Wiederherstellung früher nachweislich vorhandener Raumkonfigurationen durch Hinzufügen oder Wegnahme von Wänden oder sonstigen Bauteilen wieder gewinnen, wenn diese der beabsichtigten Nutzung näher kommen.[165]

Es kommt vor, dass die Ergebnisse aus der Entwurfskonzeption eine Anpassung der denkmalpflegerischen Zielstellung notwendig machen, indem der Fokus anders gesetzt wird. Hiervor sollte sich ein Planer nicht grundsätzlich scheuen. Er wird dabei lernen, dass ein Denkmal fast nie nur eine Option für seine Umnutzung bietet, fast immer gibt es viele denkmalpflegerisch richtige Wege. Der Planer muss sie erkennen, den für die Aufgabe passenden auswählen und diese Wahl mit bauhistorischem Wissen aus dem Bestand heraus begründen können.

Die fertige Synthese aus denkmalpflegerischer Zielstellung und Entwurfskonzept bildet den Abschluss für die Entwurfsplanung und ist gute Grundlage sowohl für die Kostenschätzung als auch für die Erstellung der Genehmigungsplanung. Der Genehmigungsplanung wird die denkmalpflegerische Zielstellung mit allen Bestandteilen zweifach beigelegt (für die Untere und Obere Denkmalschutzbehörde).

---

[165] Vorsicht: Hier begibt sich der Planer in den Bereich der Rekonstruktion. Sie sollte gut begründet und gegen Alternativen abgewogen werden. Vorzugsweise sollten die Hinzufügungen als solche ablesbar sein, auch wenn sie an alter Stelle statt finden.

3.10.9.3 Detaillierung zum Maßnahmenkonzept

Das detaillierte Maßnahmenkonzept wird auf Grundlage der Genehmigungsplanung (Entwurf und denkmalpflegerische Zielstellung) unter Berücksichtigung der im Genehmigungsprozess ausgehandelten Abweichungen und Auflagen als Teil der Ausführungs- oder Werkplanung erstellt. Bauteilweise wird nun der Umgang mit der Substanz fest gelegt, bei komplexen Vorhaben und hochwertigen Denkmalen anhand eines bauteilscharfen Raumbuchs oder in Form eines detaillierten, verformungsgerechten Ausführungsplanes. Bei wertvollen Denkmalen mit vielen verschiedenen erhaltenswerten Bauteilen kann es bei Arbeit ohne Raumbuch ratsam sein, die Pläne aufgrund der Vielzahl an textlichen Informationen im Maßstab 1:25 zu fertigen, sowie von befundreichen oder dekorativ ausgestatteten Räumen Wandansichten und Deckenspiegel zu verwenden.

Bei der digitalen Arbeit an den Plänen sollte die CAD-Software so genutzt werden, dass die Ergebnisse der Bestandsaufnahme auf gesperrten Layern, Klassen oder Teilbildern organisiert sind, damit diese nicht versehentlich – insbesondere beim Durchspielen von Varianten – geändert, verschoben oder teilweise gelöscht werden. In modernen CAD-Systemen lassen sich Bauteile etwa als Abbruch kennzeichnen, ohne dass ihre sonstigen Attribute verloren gehen. Soll in einer anderen Variante das gleiche Bauteil nicht abgebrochen und neu aufgebaut, sondern statt dessen instand gesetzt werden, so wird hierfür lediglich das Attribut wieder von Abbruch auf Bestand geändert. So kann kein Informationsverlust eintreten, der in der Ausführung zu einem Verlust an geschützter Bausubstanz führen könnte.

Aktuelle AVA-Systeme[166] für das Bauwesen erlauben teilweise das Führen eines Raumbuchs mit Anbindung an die Mengenermittlung für die Leistungsverzeichnisse. Richtig eingesetzt kann dieses Instrument vor allem wieder beim Durchspielen von Varianten sehr viel Arbeit ersparen und die Treffsicherheit der Kostenberechnung erhöhen.

Mit diesen Systematiken an der Hand wird das Bauen im Denkmal zu einer planbaren Aufgabe, die nicht mehr Unwägbarkeiten bietet als andere Bauvorhaben auch. Kostensicheres und mängelfreies Bauen im Denkmal sind so keine Geheimnisse mehr, sondern Ergebnisse sorgfältiger Vorbereitung. Gleichzeitig entstehen Kriterien, um die Planungsaufgabe nicht nur technisch, sondern auch mit akademischem und architektonischen Anspruch zu lösen.

---

[166] Computerprogramme für Ausschreibung, Vergabe, Abrechnung; teilweise als mehrplatzfähige Datenbank implementiert und damit auch für große Vorhaben anwendbar.

4 Durchführung von Projekten im Bestand

4.1 Planungs- und Bauprozess

Autor: Roland Schneider

Die Planungs- und Bauprozesse im Bestand sind von großer Heterogenität geprägt. Dies wird bereits allein durch unterschiedliche Bauzeit, Konstruktion und Nutzung der Gebäude hervorgerufen und durch die neuen Anforderungen aus Modernisierung und ggf. Zuführung einer neuen Nutzung weitergehend verstärkt.

Der eigentliche Umfang bzw. Aufwand einer Baumaßnahme im Bestand wird durch die Diskrepanz zwischen IST- und SOLL-Zustand hinsichtlich technischer, rechtlicher, ästhetischer und nutzungsbedingter Anforderungen definiert. Nachdem im vorangegangenen Kapitel die Erfassung und Bewertung des IST-Zustands ausführlich beschrieben wurde, soll dieses Kapitel dabei helfen, einen Überblick über die grundlegenden Arbeitsschritte, Methoden und Werkzeuge im Planungs- und Bauprozess zu erhalten, die das Erreichen des SOLL-Zustands nach Fertigstellung sicherstellen sollen.

Projektphasenübergreifend gilt es, die festgelegten Qualitätsstandards unter Einhaltung des Zeit- und Kostenrahmens zu sichern und eine größtmögliche Planungssicherheit zu gewährleisten (vgl. Kap. 2.5.4). Es bleibt anzumerken, dass sich der planerische Umgang mit Umbaumaßnahmen nicht verallgemeinern lässt, da jedes Bauvorhaben bis zu einem gewissen Grad einzigartig bleibt. Gegenüber einem Neubauprojekt gibt es viele zusätzliche Randbedingungen und es kann weniger auf standardisierte Verfahren zurückgegriffen werden. Der Planungsprozess kann in einem parallelen oder aber kausalen Bauablauf münden. Die Abbildungen 4-1 und 4-2 zeigen die jeweiligen Unterschiede.

Dieses Kapitel ist nicht als Leitfaden zur Abwicklung von Bestandsumbauten konzipiert, sondern soll lediglich auf die wesentlichen Problempunkte aufmerksam machen und somit beim Leser die nötige Sensibilität für das Bauen im Bestand wecken.

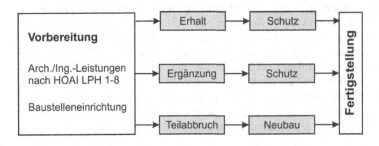

Bild 4-1   Paralleler Bauablauf von Bestandsprojekten

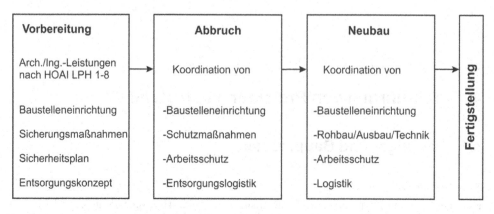

Bild 4-2   Kausaler Bauablauf von Bestandsprojekten

4.1.1 Erarbeiten der Planungsgrundlagen

Initiiert werden Neubau- bzw. Umbauprojekte in der Regel durch den Bauherrn. Der wesentliche Unterschied von Um- zu Neubau besteht darin, dass hier der Ausgangspunkt einer jeden Überlegung ein vorhandenes Gebäude ist. Oft ist die Bestandsimmobilie bereits im Besitz des Bauherrn, so dass der Planer mit den vorgefundenen Gegebenheiten und dem Anforderungsprofil der zukünftigen Nutzung haushalten muss. Ist der Bauherr hingegen noch auf der Suche nach einer Bestandsimmobilie, ist es hingegen ratsam, den Architekten oder Bauingenieur in die Objektbesichtigung und in die Kaufberatung einzubinden. Durch die unabhängige Einschätzung eines Planers lassen sich Probleme, die der Durchführung eines Bauvorhabens im Weg stehen könnten, vorab ohne großen Kostenaufwand verringern. Je größer das Bauvolumen und damit die Bausumme ist, desto höher ist natürlich auch das finanzielle Risiko, das durch bestandsbedingte Unwägbarkeiten hervorgerufen wird, so dass auch eine umfassende Bestandsanalyse (vgl. Kap. 2.4, 3.1-3.4) angemessen ist.

Der Aufwand zur Erstellung ausreichend genauer Planungsgrundlagen kann von Projekt zu Projekt stark differieren und lässt sich nur im Hinblick auf den Gesamtumfang der Baumaßnahme feststellen. Gerade Entscheidungen, welche Analysen objektbezogene typische Risiken reduzieren können, sollten nur mit einem bestandserfahrenen Planer getroffen werden.

Für die rein geometrische Bestandsaufnahme stehen verschiedene Methoden zur Verfügung. Der hier zu betreibende Aufwand (Umfang, Genauigkeit) ist stark von dem jeweiligen Projekt abhängig (vgl. Kap. 3.2–3.3). Geometrische Eckdaten zum Gebäude in Form von überprüften Bestandsplänen als Grundlage zur Massenermittlung für eine erste Kostenprognose während der Projektinitiierung erscheinen zunächst als völlig ausreichend. Da eine detaillierte Bestandsaufnahme für den weiteren Projektablauf unabdingbar wird, empfiehlt sich jedoch diese möglichst früh durchzuführen. Im besten Fall führt der planende Architekt die Bestandsaufnahme in Zusammenarbeit mit eventuell notwendigen Fachleuten (Statiker, Bodengutachter, Bauphysiker, Baubiologen, etc.) selbst durch, da er die Kollisionspunkte zwischen SOLL-Planung und IST-Zustand am besten kennt. Ein Fremdaufmaß unkontrolliert zu übernehmen, ist in der Regel nicht zu empfehlen.[167] Im Weiteren ist ein genaues Studium der Bestandsunterlagen zwingend erforderlich. Hierbei ist die Bestandsstatik mit den damals zu Grunde gelegten Nutzlasten von großer Bedeutung (vgl. Kap. 3.1).

Der Abgleich des statisch berechneten Systems mit den tatsächlich umgesetzten Konstruktionen sorgt oftmals ebenso für Überraschungen im positiven wie im negativen Sinne (s. Bild 4-3). Weiterhin hat man die Möglichkeit, mit Hilfe neuer Rechenmethoden (z. B. Finite Elemente Simulationsrechnungen, s. Bild 4-9) die nicht dokumentierten Änderungen und Ergänzungen zu überprüfen.

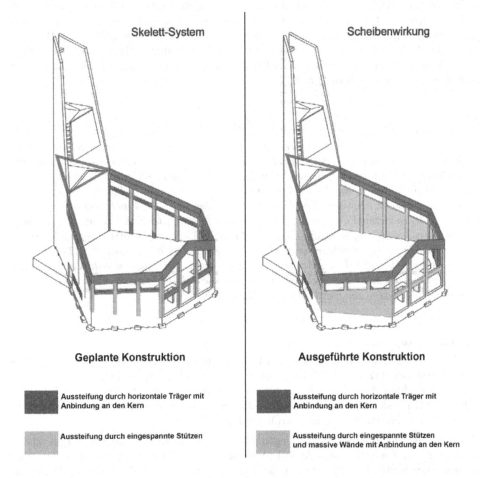

Bild 4-3   Ergebnis einer baukonstruktiven Analyse als Planungsgrundlage:
Von den Bauzeichnungen und statischen Berechnung abweichende Ausführung,
Tragsystem einer Kirche

---

[167] Anzumerken ist, dass die Bestandsaufnahme gemäß HOAI als besondere Leistung der Grundlagenermittlung gesondert zu vergüten ist. Für die Höhe der Vergütung gibt es keine verbindliche Regelung in der HOAI, so dass diese stets mit dem Bauherrn zu verhandeln ist. Vgl. HOAI 2009, Teil 1 Allgemeine Vorschriften, § 3, Absatz 3 und Anlage 2

Alte Planunterlagen und auch statische Berechnungen sind ggf. in den Bauamtsarchiven unter Vorlage einer Bevollmächtigung zur Akteneinsicht seitens des Bauherrn zugänglich und können gegen Gebühr vervielfältigt werden. Ebenso finden sich oft alte Unterlagen und auch bauzeitliche Fotos in privaten Archiven, die genaue Aufschlüsse über den gestalterischen Urzustand und baukonstruktiven Aufbau des Gebäudes geben können. Die Sammlung und Auswertung von interdisziplinären Planungsgrundlagen kann teilweise bis zur Fertigstellung des Gebäudes andauern (vgl. Kap. 3.2).

Anpassung an aktuelle Normen und Gesetze, Bestandsschutz

Beim Planen und Bauen im Bestand ist man oft mit Gegebenheiten konfrontiert, die auf nicht mehr existierenden Rechtsgrundlagen basieren können. Somit stellt sich die Frage, ab wann man hier die Anforderungen aktueller Normen und Gesetze erfüllen muss, oder ob Bestandsschutz gilt. Da es sich bei der Durchführung von Baumaßnahmen im Bestand in der Mehrheit um nicht generalisierbare Einzelfälle handelt, ist die Anpassung an aktuelle Normen und Gesetze folglich im Einzelfall zu klären.

Beispiel

Besonders im Bereich der Energieeinsparung sind zurzeit gesetzliche Regelungen ausschlaggebend, die sowohl in ihrer Intention als auch in der praktischen Umsetzung diskussionswürdig sind. Ein solches Beispiel sind die Bundesrechtsverordnungen zur Energieeinsparung bei Gebäuden, welche verdeutlichen, wie oft sich die Rechtslage im Verlauf weniger Jahre grundsätzlich verändern kann: In den Jahren 1977, 1984 und 1995 wurde die 1., 2. und 3. WärmeschutzVO erlassen, 2002 die erste Fassung der EnEV veröffentlicht sowie die WärmeschutzVO außer Kraft gesetzt. 2004 und 2007 wurden die ersten beiden Novellierungen der EnEV veröffentlicht, im Verlauf des Jahres 2009 tritt bereits die dritte Neufassung der EnEV in Kraft. Eine sukzessive Heranführung an den Passivhausstandard ist langfristig abzusehen. Alle Fassungen haben erheblichen Einfluss auf die Planung eines Gebäudes genommen und waren nur wenige Jahre lang verbindlich.

Gründe für Anpassungen

Die Europäische Union hat zunehmenden Einfluss auf die Gesetzeslage der Bundesrepublik Deutschland. Der zurzeit unter 27 EU-Staaten zu ermittelnde Konsens findet in einigen Bereichen auch konkrete Anwendung in der für das Baurecht relevanten Rechtslage der Bundesrepublik Deutschland. Im Bereich des Bauwesens sind z. B. DIN-Normen zur Bemessung von Bauteilen in sogenannte Eurocodes überführt worden.

Neben politisch motivierten Entwicklungen der Gesetzeslage können durch neue Erkenntnisse im Bereich der Forschung und Technik Änderungen von bestehenden Normen erforderlich werden. Dies betrifft u. a. den Bereich der Materialentwicklung und -forschung. Die immer fortwährende Weiterentwicklung von Untersuchungsmethoden wird auch in der Zukunft viele heute gängige und als unbedenklich angesehene Baustoffe als gesundheitsbeeinträchtigend enttarnen. (Beispiel: Asbestproblematik, vgl. Kap. 3.6).

Allgemein anerkannte Regeln der Technik

Auch beim Bauen im Bestand schuldet der Planer dem Bauherrn ein plangerechtes und mängelfreies Gebäude. Somit ist er verpflichtet, bei der Bauausführung den aktuellen Stand der Technik zugrunde zu legen. Beim Umbau von Bestandsgebäuden ist es jedoch teilweise weder gestalterisch noch finanziell tragbar, den Neubaustandard zugrunde zu legen. Der Planer muss hier jedoch gegenüber dem Bauherrn deutlich auf die diesbezüglichen Besonderheiten beim Bauen im Bestand hinweisen. Zudem ist, z. B. beim Einverständnis des Bauherrn zur Abweichung von DIN-Normen, der Schutz vor einer möglichen deliktischen Haftung (Haftung gegenüber unbeteiligten Dritten) zu beachten. Hierzu können z. B. Absturzsicherungen, Verkehrssicherheit oder der Brandschutz zählen.

Bestandsschutz

Bei der Erweiterung oder Veränderung von bestehenden Gebäuden bzw. bei Nutzungsänderung sind je nach Art und Umfang der geplanten Maßnahme die aktuelle Gesetzeslage und die zuvor bereits erwähnten allgemein anerkannten Regeln der Technik zu beachten. Vorhandene Gebäude und Nutzungen, die nach ursprünglich gültigen Vorschriften errichtet wurden, müssen jedoch auch bei inzwischen veränderter Gesetzeslage weiterhin eine Rechtsgrundlage beibehalten. Gebäude oder Gebäudeteile, die zum Zeitpunkt der Errichtung keine rechtliche Grundlage hatten und auch bauzeitlich nicht dem damaligen Stand der Technik entsprachen, haben auch heute keinen Bestandsschutz.

Die grundlegende Definition des Bestandschutzes leitet sich nur mittelbar aus dem im Rahmen des Artikel 14 Abs.1 des Grundgesetzes der Bundesrepublik vom 23.03.1949 wie folgt ab: „Das Eigentum und das Erbrecht werden gewährleistet. Inhalt und Schranken werden durch die Gesetze bestimmt." Aus der Formulierung des Satz 1 leitet sich der eigentliche Bestandsschutz eines Gebäudes ab. Bedingt durch die vage Formulierung des Satz 2 ist der Umfang des Bestandschutzes folglich Gegenstand der politischen Meinungsbildung und dem entsprechend ständigen Veränderungen unterworfen. Der Bestandsschutz ist damit grundsätzlich immer nur aus der jeweiligen gültigen Rechtsprechung abzuleiten.

Allgemein unterscheidet man zwei Arten von Bestandsschutz, deren Definition sich aus dem Inhalt der geplanten Maßnahmen ableitet:

1. **Passiver Bestandschutz**: Der passive Bestandsschutz bewahrt ein Gebäude oder eine Nutzung vor Anforderungen, die sich durch eine Veränderung der Rechtslage ergeben haben. Wenn ein Gebäude zu einem früheren Zeitpunkt nach damals gültigen Vorschriften errichtet wurde und sich diese Rechtsgrundlage verändert, bleibt das Gebäude weiterhin in seinem Bestand geschützt.

2. **Aktiver Bestandsschutz**: Der aktive Bestandsschutz bezieht sich auf Baumaßnahmen, die Änderungen des bestehenden Gebäudes oder der bisherigen Nutzung beinhalten. Nach herrschender Meinung muss deren Charakter in der wesentlichen Substanz erhalten bleiben, um sich auf den aktiven Bestandschutz berufen zu können. Der aktive Bestandschutz schließt ebenfalls Maßnahmen ein, die der Erhaltung, Instandsetzung oder Renovierung des Gebäudes dienen bzw. die das bestehende Gebäude an moderne Lebensbedürfnisse heranführen.

Bei weitgreifenden baukonstruktiven Maßnahmen, die eine erneute statische Berechnung des Gebäudes erforderlich machen, sowie beim Austausch von Bauteilen oder einer wesentlichen Volumenerweiterung des Gebäudes kann der Bestandsschutz erlöschen.[168] Weiterhin können Nutzungsänderungen, bei denen sich grundsätzlich die Genehmigungsfrage der Nutzung neu

---

[168] BVerwG NVwZ 2002, 92

stellt[169] oder die bestehende Nutzung wesentlich erweitert wird[170], die Gültigkeit des Bestands-schutzes aufheben. Der Bestandsschutz wird weiterhin beim Bevorstehen einer konkreten Gefahr für die Rechtsgüter Leben und Gesundheit, die in absehbarer Zukunft eintreten könnte, außer Kraft gesetzt.

In diesem Zusammenhang sei vor allem die Standsicherheit und der Brandschutz von Gebäuden erwähnt.

Anmerkung: Einheitliche Vorschriften, die den Bestandsschutz eindeutig bestimmen, gibt es weder im Bundes- noch im Länderrecht. Durch die inhaltlich verschiedenen Landesbauordnungen werden unterschiedliche Interpretationen vielmehr begünstigt. Bei der Entwicklung und Durchführung von Bauprojekten im Bestand sind daher häufig Ermessensentscheidungen einer Behörde Bestandteil des Genehmigungsverfahrens. Bei Ermessensentscheidung hat die Behörde jedoch den so genannten „Grundsatz der Verhältnismäßigkeit" zu beachten, sodass unbillige Härte vermieden wird. Für den Projekterfolg ist eine frühzeitige Einbindung der zuständigen Behörden und der beteiligten Fachplaner – besonders im Bereich des vorbeugenden Brandschutzes – bereits vor Beginn der Genehmigungsplanung zu empfehlen.

4.1.2 Vom Entwurf zur Baugenehmigung

Neue Bauaufgaben im Bestand entstehen, wenn der Gebäudebestand technisch-konstruktiv, nutzungsbedingt, sicherheitstechnisch oder aber rein ästhetisch nicht den heutigen Anforderungen entspricht. Die Aufgabe des Planers liegt darin, das genehmigungsfähige Optimum für den Bauherrn aus dem Bestandsgebäude unter Nutzung vorhandener Ressourcen und dem veranschlagten Budget herauszuarbeiten. Das zur Verfügung stehende Budget sollte bereits bei den ersten Entwurfsüberlegungen grob feststehen, da sich gewisse Maßnahmen aufgrund der Finanzierung ausschließen und sich so der Aufwand in der Entwurfsphase minimieren lässt.

Die Reichweite von Baumaßnahmen im Bestand kann sehr unterschiedlich sein, daher sind die zur Differenzierung gebräuchlichen Begriffsdefinitionen[171] nachfolgend kurz umschrieben – zunächst ohne dass sie eine direkte Aussage über die gestalterische Herangehensweise treffen.

4.1.2.1 Begriffsdefinitionen

Instandhaltung

Die Instandhaltung von Gebäuden bedeutet die oberflächliche Pflege zum Erhalt des Gebäudes. Diese Ausbesserungen sollen im Wesentlichen Mängel beseitigen, die während der Nutzungsdauer anfallen. Hierzu gehören selbstredend Malerarbeiten im Inneren und Äußeren. Ebenso können aber auch kleinere Reparaturen an Türen, Fenstern, Elektro-, Sanitär- oder Heizungsinstallationen bzw. Einrichtungen zu Instandhaltungsarbeiten gezählt werden. Umgangssprachlich werden Instandhaltungsarbeiten auch gerne als „Schönheitsreparaturen" bezeichnet. Instandhaltungsarbeiten werden meistens ohne Unterstützung eines Planers in regelmäßigen Intervallen durchgeführt.

---

[169] OVG Münster, BRS 57 Nr. 184

[170] BVerwG BRS 60, Nr. 83

[171] Vgl. Giebeler, Fisch, Krause, Musso, Petzinka, Rudoplhi: *Atlas Sanierung,* Birkhäuser Verlag 2008, S. 12 ff

Instandsetzung

Die Instandsetzung beschränkt sich nicht nur auf oberflächliche Ausbesserungen, sondern meint den Komplett-Austausch bzw. die Reparatur von gesamten Bauteilen. Eine Beschädigung bzw. das Versagen des Bauteils wird hier vorausgesetzt. Ein Beispiel ist der Austausch von schadhaften Tragwerkselementen (gefaulte oder befallene Holzquerschnitte, verrostete Stahlträger, Stahlbetoninstandsetzung, etc.). Anders als bei der Instandhaltung können durch Instandsetzungsmaßnahmen auch Schäden an benachbarten Bauteilen/Konstruktionen entstehen, die sich kostenmäßig stark niederschlagen können.

Sanierung

Gegenüber Instandsetzungsarbeiten beschränken sich Sanierungsmaßnahmen nicht nur auf beschädigte Bauteile. Eigentlich intakte Bauteile können bei einer Sanierung ebenfalls ausgetauscht werden. Genau wie bei Instandhaltungs- und Instandsetzungsarbeiten geht mit Sanierungsmaßnahmen aber kein sehr weitreichender Eingriff in die Tragstruktur oder die Grundrissorganisation des Gebäudes einher. Die Sanierungsmaßnahmen können ein gesamtes Gebäude umfassen oder sich auf einzelne Gebäudetrakte oder Gebäudeteile beschränken. Das wohl aktuellste Sanierungsthema ist derzeit die energetische Sanierung von minderwertig wärmegedämmten Fassaden. Der Übergang zu dem Begriff Modernisierung ist hier fließend. Wie auch Instandhaltung und Instandsetzung haben übliche Sanierungsmaßnahmen keine genehmigungsrechtliche Relevanz. Sanierungsmaßnahmen fallen i. d. R. unter Bestandsschutz.

Kernsanierung

Die Kernsanierung meint das Zurückführen eines Gebäudes bis hin zu seinem „Rohbau-Skelett". Weitreichende Veränderungen des Tragsystems sind allerdings hiermit nicht gemeint. Dies bedeutet gleichsam meistens den Verlust des Bestandschutzes. Für die wesentlichen Bestandteile des Gebäudes müssen somit aktuelle Normen und Gesetze erfüllt werden, was gleichzeitig eine Annäherung an den Neubaustandard mit sich bringt. Unter den Begriff Kernsanierung können auch Schadstoffsanierungen (vgl. Kap. 3.6) und Brandschutzsanierungen fallen, die unweigerlich einen massiven Eingriff in den Bestand erforderlich machen. Bei einer Kernsanierung wird die komplette Gebäudetechnik zurückgebaut und durch Geräte und Installationen gemäß heutigen Standards ausgetauscht.

Modernisierung

Der Begriff Modernisierung ist unter anderem im deutschen Mietrecht verankert und meint sämtliche Maßnahmen, die dazu beitragen, dass entweder eine Komfortsteigerung oder aber eine Betriebskostensenkung erzielt wird. Unter Modernisierungsmaßnahmen fallen z. B. auch energetische Sanierung der Fassade, Wärmedämmung von Wänden, Decken und Dächern, Fenster, Türen, Erneuerung der Heizungstechnik, schallschutztechnische Ertüchtigungsmaßnahmen, der Austausch von Sanitärobjekten oder die Erweiterung von Elektroinstallationen zur Komfortsteigerung.

Umbau

Umbauen meint das Verändern des Gebäudes durch Eingriffe in das Tragsystem und das Raumgefüge zur Anpassung an eine veränderte Nutzung. Gegenüber den zuvor genannten Baumaßnahmen im Bestand bietet der Umbau vermehrt Freiräume für gestalterische Änderungen. Zum Umbau kann auch eine komplett neue innere Strukturierung von Verkehrsflächen und Nutzungsbereichen gehören. Bei Umbauten ist auch immer der Einfluss auf das Tragvermögens des Bestandsgebäudes zu beachten, so dass ggf. eine ganzheitliche Gebäudestatik erstellt werden muss.

4

Ausbau

Der Begriff Ausbau beim Bauen im Bestand meint, genau wie beim Neubau, die an den Rohbau anschließenden Arbeiten der Ausbaugewerke (Dämmung des Daches, Trockenbauarbeiten, etc.). Eine Erweiterung der Gebäudekubatur ist hiermit nicht gemeint. Der wesentliche Unterschied zum Neubau ist allerdings, dass die auszubauenden Räume (vorzugsweise ungenutzte Dachgeschosse oder Keller- bzw. Lagerräume) eigentlich nicht für eine höherwertige Nutzung konzipiert und ausgelegt sind. Baukonstruktive, bauphysikalische oder nutzungsbezogene Probleme (Belichtung/Belüftung/Brandschutz) können somit vorprogrammiert sein.

Erweiterung

Eine veränderte Nutzung eines Gebäudes kann auch eine Vergrößerung der Gebäudekubatur in Form von An- oder Ergänzungsbauten oder aber Aufstockungen notwendig machen. Hierbei handelt es sich näher betrachtet eigentlich um einen Neubau, der statisch-, konstruktiv- und nutzungsbedingt über eine Schnittstelle zum Bestand verfügt. Anbauten können konstruktiv eigenständige Bauten sein oder sich statisch an den Bestand „anlehnen", insofern die Tragfähigkeit dies erlaubt. Bei Aufstockungen ist die direkte Einleitungen der neuen Lasten in den Bestand nur durch erheblichen Aufwand zu umgehen. Planungsaufwändig und problemträchtig ist bei Erweiterungsbauten immer das Setzungsverhalten des neuen Baukörpers im Verhältnis zu dem bereits gesetzten Bestand, wodurch sich mögliche Schäden (Risse) im Bestand ergeben können.

Entkernung

Von einer Entkernung spricht man dann, wenn das Gebäude bis auf die Außenwände oder Teile der Außenhülle zurückgebaut/abgerissen wird und hinter der „Altbaukulisse" ein Neubau erstellt wird. Eine Entkernung findet dann Anwendung wenn der Umbau der internen Strukturen wirtschaftlich oder technisch nicht realisierbar und somit der gewünschte Neubaustandard nicht erreichbar ist. Die Entkernung macht weitreichende statische Sicherungsmaßnahmen der alleine nicht mehr tragfähigen Gebäudehülle notwendig.

4.1.2.2 Gestalterische Herangehensweise im Entwurf

Bei reinen Instandhaltungsarbeiten ist generell wenig Spielraum für gestalterische Veränderung vorhanden. Bei Um- und Erweiterungsbauten gibt es grundsätzlich die gleichen architektonischen Richtungen wie auch bei Neubauten, so dass der gestalterischen Vielfalt eigentlich keine Grenzen gesetzt sind. Ein architektonisch qualitätvoller Entwurfsansatz reagiert auf den Bestand und bezieht den Ort als „genius loci"[172] in das Entwurfskonzept mit ein. Der Entwurfsprozess selbst lässt sich genau wie beim Neubau als „iteratives Herantasten" beschreiben, mit dem Unterschied, dass sich gewisse Verbindlichkeiten aus dem Bestand heraus ergeben.

Der Architekt Gunnar Asplund, der unter anderem durch die Erweiterung des Rathauses in Göteborg einen größeren Bekanntheitsgrad erlangt hat, antwortet seinen Studenten auf die Frage *Wie geht man mit der vorhanden Gebäudesubstanz gestalterisch um?* Folgendes:

„Als zukünftige Architekten sollt ihr bei der Begegnung von Alt und Neu von den vier wesentlichen Komponenten architektonischer Gestaltung

- *Proportionsverhältnisse*
- *Maßstabsbeziehungen*

---

[172] lateinisch: *genius* = (Schutz-)geist, *loci* = Genitiv Singular von *locus* = Ort

> – *Architekturmerkmale sowie*
> – *Material- und Farbwerte*
>
> *jeweils nur zwei aufnehmen, damit unsere gegenwärtige Zutat, das Weiterbauen, nicht den Vorwurf eklektizistischer Verhaftung erhält"* [173]

Je nach Art und erforderlichem Umfang des Umbaus, der sich durch die bestehende oder veränderte Nutzung ergibt, stehen dem Planer im Entwurf verschiedene gestalterische Grundhaltungen im Umgang mit dem Bestand zur Wahl, die sich z. B. mit den Schlagworten Fügen, Trennen, Kontrastieren, Überformen, Anpassen, Verbinden beschreiben lassen. Nachfolgend werden einige Begriffe diskutiert, die in vielen verschiedenen Auslegungen in der gängigen Architekten-Fachsprache für das Themengebiet Bauen im Bestand im Gebrauch sind.

Weiterbauen

Hiermit ist zunächst das Ergänzen des bestehenden Gebäudes gemeint. Weiterbauen ist aber eigentlich als das *bewusste Bauen im bzw. mit Bestand* zu verstehen. Weiterbauen heißt auch, dass neue Teile im jeweiligen „architektonischen Zeitgeist" errichtet werden. Alte Teile können dabei entweder angepasst werden oder unverändert bleiben. Der Umgang mit dem Bestand unterscheidet sich eben durch die bewusste Entscheidung, welche architektonische „Zutat" für passend empfunden wird. Die Entscheidungsfindung sollte innerhalb eines Abstraktionsvorgangs auf einer intellektuell reflektierten Ebene vollzogen werden.

Das Weiterbauen hat allerdings zahlreiche Facetten, so dass eine allgemeingültige Begriffsdefinition schwer fällt. Der Versuch, das heutige Bauen im Bestand in seinem Wesen und seiner Vielfalt zu beschreiben, erfordert dementsprechend weitere umschreibende Begriffe.

Überformen

Die Überformung von Bestandsgebäuden ist ebenso alt wie das Prinzip des Weiterbauens im unreflektierten Sinne. Seit jeher sind Kirchengebäude, Schlösser aber auch Privathäuser im Sinne des jeweils aktuellen Baustils umgewidmet und dabei veränderten Nutzungsanforderungen angepasst worden. Die Überformung des Bestands kann letztendlich gewollt oder ungewollt zum Identitätsverlust führen. Die Überformung kann in den verschiedensten gestalterischen Richtungen vollzogen werden. Das fertiggestellte Gebäude lässt dann entweder ganz deutlich erkennen, dass es nun ein umgebautes und verändertes Gebäude ist, oder aber der Umbau ist so selbstverständlich und Identität gebend, dass sich die Frage nach dem *„Gestern"* gar nicht mehr stellt. Über die sinnvolle Anwendung einer Überformung kann man mit Sicherheit differenzierter Meinung sein. In die Überlegungen sollte auch immer der ideologische und gesellschaftliche Stellenwert des Bestandsgebäudes einfließen. Ist der Bestand lediglich eine formbare Hülle für etwas ganz Neues oder hat das Bestandsgebäude einen Charakter, der auch nach dem Umbau beibehalten werden soll?

4

---

[173] Gunnar Asplund zitiert nach Schattner, Karljosef: *Gratwanderung in einer historischen Stadt*. In: Schirmbeck, E. (Hrsg.): Zukunft der Gegenwart – über neues Bauen in historischem Kontext, Stuttgart 1994, S. 13

Beim Umbau eines Wohnhauses der 60er Jahre (s. Bild 4-4) wurde der Bestand durch weit-reichende Eingriffe in die Substanz verändert und an die Nutzungsanforderungen bzw. Qua-litätsansprüche der heutigen Zeit herangeführt. Hierbei wurde das Gebäude gestalterisch überformt und gleichzeitig energetisch weit über den Neubaustandard hinaus saniert.

Bild 4-4   Umbau eines 60er-Jahre Wohnhauses (Falke Architekten, Köln)

Kontrastierung/Schichtung/Fuge[174]

Mit dem Prinzip der Kontrastierung bzw. Schichtung ist natürlich zunächst auch Weiterbauen gemeint. Das wesentliche Merkmal besteht darin, dass durch die bewusste Andersartigkeit der Materialität oder Farbgebung bzw. durch eine differenzierte, gestalterische Herangehensweise gewollt Gegensätze geschaffen werden, die sich im besten Fall gegenseitig aufwerten. Wenn bei mehreren Um- und Erweiterungsbauten eines Gebäudes wiederholt bewusst das Prinzip der Kontrastierung angewendet wird, entsteht eine regelrechte Schichtung, die die Bauwerksgeschichte widerspiegelt. Die deutliche Abbildung der Schnittstelle zwischen Alt und Neu kann in Form einer Fuge vollzogen werden. Fugen können gleichzeitig neue Erschließungszonen aufnehmen, die dann in sehr direkter Form das Aufeinandertreffen von Alt und Neu erlebbar machen können. Eine weitverbreitete Methode ist die Ausbildung einer Glasfuge zwischen Alt und Neu. Hierdurch wird eine Immaterialität der Fuge suggeriert, die sonst kein Baustoff erzeugen kann. Eine weniger aufwändige Methode zur Ausbildung eine Fuge ist das Zurückspringen des neuen Baukörpers, so dass Neu und Alt nicht stumpf „aneinander geraten" oder zumindest durch eine Schattenfuge getrennt sind. Die Ausbildung von Fugen erfolgt in der Regel vertikal, kann aber z. B. bei Aufstockungen auch horizontal ausgebildet werden. Im übertragenden Sinne spricht das ergänzte Bauteil durch die Fuge Respekt gegenüber dem bestehenden Gebäude aus.

---

[174] Als frühes Beispiel für den subtilen Umgang mit dem Bestand ist der Wiederaufbau der Alten Pinakothek in München (1946-1957) unter Hans Döllgast zu nennen. Spricht man vom *modernen Bauen im Bestand* und dem bewussten Umgang mit historischer Bausubstanz, so sind sicherlich an erster Stelle Karljosef Schattner, der unter Döllgast studierte, sowie Carlo Scarpa zu nennen, die beide einen ähnlichen Umgang bei der Schichtung von Alt und Neu pflegten. Für weitere Informationen siehe u. A. Wolfgang Pehnt: *Karljosef Schattner. Ein Architekt aus Eichstätt.* Hatje, Stuttgart 1988, Neuauflage 1999 sowie Karljosef Schattner: *Scarpa als Vorbild und Anregung.* In: *Baumeister.* Heft 10. Callwey, München 1981

*Bei der Erweiterung des Diözesanarchivs in Eichstätt durch Karljosef Schattner wurden (s.
Bild 4-5) eine breite Glasfuge zwischen Alt und Neu ausgebildet und die Lochfassade des
historischen Gebäudes im Anbau neu interpretiert. Die Glasfuge trennt die Gebäude und
spiegelt dennoch das Alte wieder. Das fliegende Dach löst sich optisch vom Anbau und
nähert sich dem Bestand somit gleichsam wieder an.*

Bild 4-5   Erweiterung Diözesanarchiv Eichstätt, Architekt Karljosef Schattner

Symbiose/Parasitismus

Eine Symbiose beim Bauen im Bestand ist ein Zusammenspiel verschiedener Elemente ähnlich
wie bei der Kontrastierung (s.o.), die sich allerdings nicht den Stilmitteln Fügen und Schichten
bedient. Die *Symbiose* ist das Eingehen einer Partnerschaft, die den freien Willen beider Partei-
en suggeriert und wird durch Gegenüberstellen von einem eigenständigen *Alt* und einem
selbstbewussten *Neu* erzielt. Eine Symbiose kann auch mit einer gleichzeitigen Überformung
einhergehen. Sinnbildlich ist der Bestand in einer Symbiose der Wirt und alle hinzugefügten
Teile sind Parasiten. Der Parasit kann aus dem Bestand herauswachsen, sich über den Bestand
legen oder sich an den Bestand anhängen. Eine Symbiose von Alt und Neu funktioniert nur
dann, wenn beide Parteien im Sinne eines Miteinanders davon profitieren. Bauvorhaben, die
auf der Grundlage einer Symbiose basieren, sind jedoch keineswegs von Einschränkungen und
Kompromissen freigesprochen.

4

*Beim Umbau der Hochschule für Kunst und Design in Halle (s. Bild 4-6) überwächst der
parasitäre Ergänzungsbau den Bestand in Form eines Anbaus, der in eine Aufstockung des
Bestandes übergeht. Zusätzlich wurde der Bestand aufgrund massiver Anpassung an das
neue Raumprogramm in großen Teilen entkernt.*

Bild 4-6   Hochschule für Kunst und Design, Halle (Anderhalten Architekten, Berlin)

Haus im Haus (Implantieren)

Das Entwurfsprinzip Haus-im-Haus geht von einem konstruktiv autarken Baukörper als Implantat in der Hülle des Bestandes aus. Somit handelt es sich eigentlich um einen Neubau innerhalb des Bestandes. Gestalterisch kann das Implantat dann mehr oder minder im Kontrast zum Bestand stehen. Dieses Prinzip ist allerdings hauptsächlich auf leer stehende Industriehallen oder aber großzügig entkernte Gebäude anwendbar, bei denen die Außenhülle dann statisch gesichert werden muss. Nicht vermeidbare Problempunkte sind hierbei die natürliche Belichtung und Belüftung. Da man je nach Nutzung so gezwungenermaßen an die Außenhülle anschließen muss, wird das gestalterische Konzept teilweise verletzt. Bei manchen Nutzungen ist eine direkte Belichtung unerwünscht, so dass hier das Haus-im-Haus Konzept prädestiniert scheint.

4

Beispiel

Bei der Stadtpfarrkirche Müncheberg (s. Bild 4-7) wurde ein autarker Baukörper (Bibliothek und Sitzungssaal) in die restaurierte Kirchenruine eingebaut. Der Baukörper lehnt sich einseitig an die Kirchenaußenwand und ist über verglaste Stege zur natürlichen Belüftung an Fenster angeschlossen. Gleichzeitig wird so ein zweiter Rettungsweg hergestellt.

Bild 4-7   Umbau und Restaurierung Stadtpfarrkirche Müncheberg (Architekt Klaus Block)

Benachbarte Begriffe

Neben den oben erwähnten gestalterischen Haltungen beim Bauen im Bestand, werden hier die Begriffe wie Anpassen, Rekonstruktion und Nachbildung erläutert und abgegrenzt, auch wenn sie aus architektonischer Sicht nur peripher mit Bauen im Bestand in Verbindung gesetzt werden können, da hier eine gestalterische Auseinandersetzung mit dem Bestand nicht stattfindet.

Anpassen

Hiermit ist ein historisierendes Angleichen des Neuen an das Vorhandene gemeint. Im Gegenteil zur Überformung, bei der der Bestand an den aktuellen Zeitgeist angepasst wird, wird die äußere Gesamthülle so geglättet, dass sich das Gebäude als Ganzes eine unechte Originalität zu Eigen macht. Anpassen kann auch als das historische Angleichen an vorhandene Bestandsbauten in der direkten Nachbarschaft verstanden werden.

Rekonstruktion

Die Rekonstruktion von historischen Gebäuden wird nicht erst seit den letzten Jahren praktiziert. Es handelt sich hier jedoch eher um das Nachbilden von Bestand und hat mit Bauen im Bestand sehr wenig zu tun. Die Grenzen zwischen einer wirklichen Rekonstruktion und einem historisierenden Neubau sind dabei fließend, da die historisch erscheinende äußere Hülle losgelöst vom Neubau im Gebäudeinnern darstellt. Ein bekanntes Beispiel für eine Rekonstruktion ist der Wiederaufbau der Frauenkirche in Dresden, der in der Öffentlichkeit breit diskutiert wurde, sich aber durch die geschichtlichen Hintergründe nicht ausschließlich auf einer architekturtheoretischen Basis diskutieren lässt und somit eine Sonderstellung einnimmt.

Nachbildung

Bei einer Nachbildung bedient man sich beim Neubau historischer Bauformen, die anlässlich einer gewünschten Imagebildung der Immobilie ausgewählt wurde. So werden zum Beispiel

Einkaufszentren und Shopping Malls im Stile von Schlössern errichtet, weil man sich hierdurch die Andersartigkeit zu konkurrierenden Firmen eine breitere Akzeptanz beim Kunden erhofft. Nachbildung ist in diesem Sinne ein reines Neubauphänomen.

4.1.2.3 Vorüberlegungen mit Überleitung zur Entwurfsplanung

Zu Beginn jedes Bestandsprojektes ist generell zu überprüfen, ob sich das gewünschte Raumprogramm innerhalb der Kubatur des Bestandes verwirklichen lässt, oder ob eine Erweiterung (Anbau oder Aufstockung) notwendig wird. Hier kann die Haltung „less is more" durchaus begründet sein, da sich jeder unnötig hinzugefügte Teil der Frage stellen muss, ob es bloßer Schmuck ist oder ob er einen Mehrwert darstellt. Bei denkmalgeschützter Substanz hingegen können Erweiterungsbauten sinnvoll sein, auch wenn das Raumprogramm zunächst komplett im Bestand unterzukommen scheint. Die Erweiterung kann hier als Entlastung des historischen Bestands dienen, indem intensiv genutzte Räume oder stark frequentierte Verkehrsflächen in den Neubau verlagert werden. Erhaltenswerte Räume werden somit geschont.

Eine integrale Planung der verschiedenen Fachdisziplinen (Architektur, Tragwerk, Haustechnik) ist beim Bauen im Bestand noch wichtiger als beim Neubau. Gestalterische Ideen ergeben sich z. B. mitunter aus tragwerkplanerischen Überlegungen, wenn Lasten aus einer veränderten Nutzung bzw. aus einer Aufstockung bis zur Gründung abgeleitet werden müssen (s. Bild 4-8).

Beispiel

Beim Umbau der DORMA Hauptverwaltung, Ennepetal, wurden die aufgestockten Geschosse über eine Stahlkonstruktion abgehangen, die gleichzeitig ein markantes Gestaltungsmerkmal des Entwurfes ist (s. Bild 4-8).

Bild 4-8   Umbau und Erweiterung der DORMA Hauptverwaltung, Ennepetal
(KSP Engel & Zimmermann Architekten, Köln)

Um nach Umbau des Bestandes ein Ergebnis zu erhalten, bei dem der Kostenaufwand gegenüber dem Mehrwert der Immobilie nach Fertigstellung in einer angemessenen Relation steht, muss der Entwurf in irgendeiner Form auf die bestehenden Konstruktionen und Tragstrukturen Rücksicht nehmen. Damit einher gehen eventuell gestalterische Einschränkungen und Kompromisse in der Grundrissorganisation, der Anordnung neuer vertikaler und horizontaler Erschließungswege (s. Bild 4-9) oder der Führung von Installationsleitungen.

Bild 4-9   Integrale Planung bereits im Entwurf, Überprüfung von Entwurfsideen mittels Finite-Elemente-Methode (Durchbiegung von Decken mit Durchlaufwirkung bei unterschiedlicher Anordnung längs bzw. quer zur Spannrichtung)

Gelingt es dem Planer jedoch, den Bestand sinnvoll technisch und gestalterisch in das Entwurfskonzept einzubinden, so können Qualitäten entstehen, die im Neubau nicht realisierbar wären. Die Nutzung der Identität und Historie von bestehenden Gebäuden kann somit z. B. direkt zur Imagebildung von Firmen genutzt werden.

Neben reinen Instandhaltungsarbeiten oder Maßnahmen zur energetischen Sanierung, bei denen der gestalterische Einfluss zunächst auf die Gebäudehülle begrenzt ist, lassen sich die weitergehenden konstruktiven Eingriffe bei Bestandsgebäuden von „minimal-invasiv" bis hin zu „radikal-invasiv" mit gleichsam steigenden Baukosten beschreiben. Zu beachten ist, dass der Bestandschutz bei massiven Eingriffen in den Bestand eventuell erlischt und sich dadurch andere genehmigungsrechtliche Grundlagen ergeben können (vgl. Kap. 4.1.1).

Die zuvor besprochenen Herangehensweisen wie die bewusste Gegenüberstellung (Kontrastierung/Schichtung), die Symbiose (Parasitismus) von Alt und Neu bzw. auch die Überformung sind durchaus als Erweiterung des Entwurfsrepertoires zu sehen.

Die Wahl des gestalterischen Umgangs ist meist direkt mit Bauzeit und Bautyp des Bestandes verknüpft. Für Gebäude unter Denkmalschutz ist somit eine Überformung von vornherein komplett auszuschließen. Im Kontext von denkmalgeschützter Substanz bedarf allerdings jede gestalterische Herangehensweise der Absprache mit dem zuständigen Amt für Denkmalschutz, so dass bereits beim Entwickeln eines Entwurfskonzepts eine enge Zusammenarbeit mit dem Amt für Denkmalschutz ratsam ist (vgl. Kap. 3.10). Durch eine frühe Einbeziehung innerhalb der Entwurfsphase aller Ämter, die später bei der Baugenehmigung Entscheidungsgewalt innehaben, wird eine erhöhte Planungssicherheit erzielt.

Die Aufgabenfelder reichen von der Reintegration alter Industriebrachen im innerstädtischen Bereich im Zuge einer Nachverdichtung bis hin zur Umnutzung von leer stehenden Kirchen und Gemeindezentren (hierbei spielen immer auch viele sozioökonomische Aspekte eine Rolle, die einen direkten Einfluss auf den Entwurf haben können).

Der Hauptanteil der Bauaufgaben im Bestand befasst sich jedoch nicht mit denkmalgeschützter Substanz, Industriebrachen oder der Umnutzung von Sakralbauten. Diese Sondergebiete stellen für den Planer zwar eine besondere Herausforderung und auch gleichzeitig eine Chance dar, bleiben allerdings, so attraktiv die Planungsaufgaben auch sein mögen, Ausnahmen.

Zum gegenwärtigen Architektenalltag gehört viel mehr die Anpassung der Bauten der Nachkriegszeit (betroffen sind Gebäude aller Nutzungsgruppen) an heutige Standards und Nutzungsbedürfnisse. Innerhalb dieses Arbeitsfeldes kann ein radikal-invasiver Umgang mit dem Bestand durchaus legitim und rentabel sein. Viele Gebäude sind im Laufe der Zeit Stück für Stück bis zur Unkenntlichkeit ergänzt und umgebaut worden oder aber notdürftig saniert worden, so dass man hier eigentlich von der Sanierung der Sanierung sprechen müsste. Meistens bedingt eingeschränkte finanzielle Liquidität, dass das Gebäude nicht als Ganzes betrachtet wird und nur Einzelmaßnahmen als Reaktion auf die eklatantesten Mängel durchgeführt werden können. Erschwerend kommt hinzu, dass mitunter Einzelmaßnahmen ohne Mitwirken eines Planers durchgeführt worden sind oder mangels Baugenehmigung als „Schwarzbau" zu bezeichnen sind. Die Eruierung dieser Defizite muss Teil der Bestandsanalyse und –bewertung sein. Die Behebung der Probleme kann bereits den Grundstein für das Entwurfskonzept bilden. Oftmals ist es somit ratsam, den Bestand zu seiner ursprünglichen Gestalt zurückzuführen, in der er lange Jahre „konstruktiv funktionsfähig" war. Somit versucht man gewissermaßen die ursprünglichen Entwurfsintentionen des Bestandsarchitekten zu ergründen und beim Umbau "im Sinne" des Bestands zu entwerfen.

Nachhaltigkeit bereits im Entwurf anstreben

Bei allen Umbau- oder Sanierungsmaßnahmen sind die Lebenszyklen von Rohbau, Ausbau, Haustechnik und auch Oberflächen bereits im Entwurfsstadium zu berücksichtigen. Die Wahrung von Reversibilität und Nachrüstbarkeit (z. B. durch frei zugängliche Leitungstrassen für Heizung, Lüftung, Sanitär, Elektro und Telekommunikation) als Vorsorgemaßnahme bedingt nicht zwingend zusätzliche Kosten und kann im Entwurf ohne großen Aufwand integriert werden. Im Gegenzug können somit Kosten bei zukünftigen Modernisierungsmaßnahmen im Rahmen der gestaffelten Erneuerungszyklen eingespart werden. (s. Bild 2-2)

4.1.2.4 Nutzungsänderung – Abrissgenehmigung – Baugenehmigung

Wie bei jedem Bauvorhaben muss der Planer auch bei Bestandsumbauten zunächst die rechtlichen Grundlagen der Genehmigungsfähigkeit überprüfen. Hierfür sind die jeweils gültigen Landesbauordnungen des Gebäudestandorts zu beachten. Zunächst gilt es festzustellen, ob das Bauvorhaben überhaupt genehmigungspflichtig ist oder lediglich der Anzeige bedarf. Ebenso ist es von Bedeutung, ob ein Bebauungsplan vorliegt oder der §34 des BauGB[175] Anwendung findet (vgl. Kap. 2.5.1). Der § 34 des Baugesetzbuchs regelt die *Zulässigkeit von Vorhaben innerhalb der im Zusammenhang bebauten Ortsteile* in sogenannten Innenbereichen, bei denen kein Bebauungsplan existiert. Grundlage zur Genehmigungsfähigkeit ist nach § 34 die Art und das Maß der baulichen Nutzung. Trifft man zum Beispiel im direkten Umfeld vorherherrschend eingeschossige Häuser mit Satteldach an, so wird es problematisch sein eine Genehmi-

---

[175] Da die verbindliche Bauleitplanung (Bebauungsplan) erst seit 1960 im Baugesetzbuch geregelt ist, sind die meisten Gebäude folglich vorher errichtet worden. Mittlerweile sind aber bereits viele Bereiche nachträglich überplant worden.

gung für den Ausbau eines Dachgeschosses mit Flachdach zu erhalten, da so ein zusätzliches Vollgeschoss entsteht und zu dem der „Gebietscharakter" uneinheitlich werden könnte. Da es sich allerdings größtenteils um eine Ermessenssache handelt, ab wann der Gebietscharakter „Schaden" nehmen könnte, obliegt es dem Architekten anhand einer stichhaltigen Dokumentation (Fotos, Luftbilder) der umliegenden Gebäude seine Argumentation zu bestärken. In Gebieten ohne Bebauungsplan kann eine Bauvoranfrage zur Überprüfung der Genehmigungsfähigkeit Sinn machen. Eine Bauvoranfrage kann auch gestellt werden, wenn das Bestandsgebäude noch nicht im Besitz des Bauherrn ist. Die genehmigungsrechtlichen Bestandteile des Vorbescheids sorgen durch Ihre Gültigkeit bei einem zukünftig gestellten Bauantrag für erhöhte Planungssicherheit. Neben dem eigentlichen Bauantragsverfahren kann weiterhin die Notwendigkeit zur Stellung eines Antrages auf Abriss oder auf Nutzungsänderung bestehen. Ob eine Abbruchgenehmigung eingeholt werden muss, ist in der jeweils gültigen Landesbauordnung geregelt. Ohne Genehmigung können mitunter auch Gebäude bis zu 300m³ BRI abgerissen werden, die dann aber immer noch der Anzeige bedürfen. Eine Nutzungsänderung kann bereits dann vorliegen, wenn die Nutzung in ihrer Intensität deutlich gesteigert wird (z. B. bei der Umwandlung von einem Zweifamilienhaus in ein Dreifamilienhaus). Die geänderten gesetzlichen Anforderungen an das Gebäude müssen somit überprüft und angepasst werden.

4.1.3 Vorbereitung der Ausführung

Der Transfer des Entwurfes hin zu einer genehmigungsfähigen Planung hat bisher nur wenige Informationen zu den tatsächlichen konstruktiven Notwendigkeiten des Bauens im Bestand geliefert. Wenngleich die Ausführungsplanung natürlich auf der Genehmigungsplanung aufbaut, zeichnet sich der Schritt hin zur Bauanweisung in Form der Ausführungs- und Detailplanung dementsprechend durch einen immensen Sprung in der Planungstiefe und Informationsdichte aus. Ein reines „Hochskalieren" der Bauantragspläne, wie es teilweise bei Neubauten zumindest für die Planung im Maßstab 1:50 vollzogen wird, kann Bauaufgaben im Bestand nicht gerecht werden. Bei einigen Bauvorhaben kann es sinnvoll sein, die Abbrucharbeiten zumindest teilweise vorab zur Planung durchführen zu lassen. Im Speziellen ist dies anzuraten, wenn eine großzügige Entkernung des Gebäudes sowieso durchgeführt werden muss und unabdingbar ist. Sobald das Gebäude weitestgehend entkernt wurde, kann dann ein genaues Aufmaß erstellt werden, was zuvor durch die Kleinteiligkeit des Innenausbaus nicht möglich war. Viele konstruktive Probleme sind oft durch den späteren Innenausbau kaschiert worden. Je früher Schäden an primären Konstruktionen entdeckt werden, desto kleiner wird der finanzielle Aufwand sein, diese zu bewältigen. Die Vorwegnahme von Abbrucharbeiten bis zu einem gewissen Grad vorm Entwurf bzw. vor der Ausführungsplanung ist als Versuch anzusehen, die Unwägbarkeiten des Bestandes zu minimieren. Hierbei muss man dann allerdings Mehrkosten durch den eventuell doch zu umfangreichen Abbruch gegenrechnen.

4.1.4 Ausführungs- und Detailplanung

Das Hauptziel der Ausführungs- und Detailplanung sollte die Fortschreibung der Entwurfs- und Genehmigungsplanung sein, die eine Umsetzung des Entwurfsgedankens durch die zeichnerische Vorwegnahme des Bauprozess ermöglicht. Gleichsam bildet die Ausführungs- und Detailplanung die Grundlage für die Ausschreibung und sollte mit ihr somit qualitativ und quantitativ deckungsgleich sein. Kommt es zu groben Abweichungen zur genehmigten Planung, so kann die Bauaufsichtsbehörde im schlimmsten Fall den Rückbau Verlangen oder ein Bußgeld festlegen. Weitere strafrechtliche Folgen für den bauleitenden Architekten sind ebenfalls nicht auszuschließen. Planung und Ausführung müssen deswegen in den genehmigungs-rechtlichen Belangen unbedingt konform sein.

Die Fertigstellung der Ausführungsplanung vor Beginn der Abbrucharbeiten, wenigstens aber vor Baubeginn, ist stark anzuraten. Das Vorziehen von Abbrucharbeiten vor die Fertigstellung der Ausführungsplanung kann zur Folge haben, dass Teile beschädigt oder abgerissen werden, die im Nachhinein doch Verwendung gefunden hätten. Das Widerherstellen dieser Konstruktionen sorgt natürlich für Zusatzkosten. Unberührt davon, wird die Ausführungsplanung beim Bauen im Bestand bis zu einem gewissen Maß immer parallel zum Bauprozess laufen müssen. Während des Bauablaufs ergeben sich möglicherweise neue Erkenntnisse, die eine planerische Reaktion erfordern.

Die Ausführungs- und Detailplanung beim Bauen im Bestand unterscheidet sich am deutlichsten von der Neubauplanung in der Ausbildung der konstruktiven Schnittstelle zwischen Alt und Neu. Ergänzende Anbauten bzw. Einbauten hingegen unterscheiden sich kaum zum konventionellen Neubau.

Wie auch in der Entwurfsphase gilt es innerhalb der Ausführungs- und Detailplanung funktionsfähige und ästhetisch ansprechende Kompromisse zu finden.

Die baukonstruktiven Minimalanforderungen werden durch den allgemein anerkannten Stand der Technik definiert (s. Kap. 4.1.1). In der Ausführungs- und Detailplanung ist zunächst die maximal notwendige Informationsdichte bei Plänen im Maßstab ab 1:50 anzuraten. Bei größeren Gebäudekomplexen kann aber genauso der Maßstab 1:100 bis hin zu 1:200 angemessen sein. Die zusätzliche Herausgabe von gewerkspezifisch vereinfachten Handblättern kann im Einzelfall ebenso ratsam sein, da die Vielzahl von Informationen innerhalb einer Zeichnung mitunter auch dem Überblick schaden kann.

Die im Baufortschritt angepasste Ausführungsplanung muss natürlich auch an die ausführenden Firmen weitergetragen werden, so dass jede Firma den aktuellen Planungsstand vorliegen hat. Das Anlegen von Indizes und Planversandlisten ist für den Planer bei späteren Streitigkeiten aufgrund von Ausführungsfehlern hilfreich, da so belegt werden kann, dass die Baufirmen Kenntnis von Änderungen hatten.

Das den Bestandsplänen zu Grunde liegende Aufmaß wird meistens geschossweise erstellt. In den seltensten Fällen wird mittels Tachymetrie oder anderen Methoden ein geschossübergreifender Bezug der Einzelaufmaße hergestellt, sodass vor allem bei der Integration von neuen vertikalen Erschließungswegen Probleme entstehen können (z. B. leicht zueinander versetzte Wände in Geschossen übereinander). Gerade hier muss auch in der Ausführungsplanung dreidimensional gedacht werden. Den möglicherweise festgestellten Problemen bei der Integration kann mit der Festlegung von Bezugsmaßen bzw. Fluchtlinien begegnet werden, so dass die Entwurfsidee auch tatsächlich auf der Baustelle umgesetzt werden kann.

Abbruch-/Rückbauplanung innerhalb der Ausführungsplanung

Abzubrechende Gebäudeteile sind bereits in den Bauantragsplänen zu kennzeichnen. Für die Bauausführung eignen sich sowohl eine gesonderte Rückbauplanung als auch die überlagernde Darstellung in der Ausführungsplanung. Bei Bauvorhaben, bei denen die Abbrucharbeiten baubegleitend durch das Rohbauunternehmen selbst und nicht durch ein Abbruchunternehmen durchgeführt werden, muss ein separater Satz Rückbaupläne nicht zwingend notwendig sein. Die Überlagerung von Abbruchplanung und der eigentlichen Ausführungsplanung kann den Vorteil mit sich bringen, dass die ausführenden Firmen so aufwandsreduzierende, konstruktiv einfachere Alternativlösungen vorschlagen, die den Umfang der Abbrucharbeiten und somit auch Kosten verringern können.

Der wichtigste Bestandteil der Abbruch- bzw. Rückbauplanung ist natürlich die zeichnerische Darstellung der abzubrechenden Gebäudeteile (z. B. Wände, Decken, Stützen, Einbauten, Sanitärobjekte). Die einfachste Form der Rückbau- bzw. Abbruchplanung ist die Überlagerung innerhalb der normalen Architekten-Ausführungszeichnungen in Schnitten, Ansichten und Grundrissen mittels Umrisslinien. Geschnittene Bauteile des Bestands werden in der Regel vollflächig grau schraffiert. Materialbezogene Schraffuren der vorhanden Wand- und Deckenaufbauten sollten nur dann Verwendung finden, wenn der Aufbau wirklich bekannt ist - anderweitig entstehen sonst Probleme durch Annahme falscher konstruktiver Tatsachen. Neue Bauteile werden meist durch rote Farbe gekennzeichnet.

Für die Bauantragsplanung wird die Hervorhebung der Abbruchplanung meist durch gelbe Farbe vollzogen. Eine Kennzeichnung der abzubrechenden Gebäudeteile durch ausgekreuzte Linien sowie schwarz als Bestandsschraffur innerhalb einer schwarz/weiß Darstellung kann nach Absprache mit der Bauaufsichtsbehörde ebenfalls zulässig sein. Eine einheitliche Regelung in den Bauvorlagenverordnungen der Länder besteht allerdings nicht. Der Vorteil der farbigen Darstellung liegt jedoch in der Möglichkeit der Überlagerung von Schraffuren und Text, so dass die Informationsdichte der Pläne deutlich höher sein kann.

Bei kleineren Umbauvorhaben wie z. B. Ein- und Zweifamilienhäusern scheint die Überlagerung von Alt und Neu, wie für die Genehmigungspläne festgesetzt, ausreichend zu sein (s. Bild 4-10). Mit zunehmender Komplexität des Umbaus bzw. Reichweite der konstruktiven Eingriffe können eine separate Rückbauplanung oder sogar eine spezielle Abbruchstatik notwendig werden. Egal welche Variante der Darstellung gewählt wird, die Korrektheit der Pläne ist sehr genau einzuhalten. Im Hinblick auf Maßketten ist allerdings festzuhalten, dass Qualität hier mehr als Quantität zählt. Unabhängig von dem bei der Erfassung betriebenem Aufwand, können geometrische Bestandsaufnahmen Fehler und Ungenauigkeiten enthalten. Innerhalb der Abbruchplanung muss diesen Ungenauigkeiten Rechnung getragen werden. So haben lichte Öffnungsmaße von Fenster- und Türöffnungen (vor allem bei Rettungswegen) bei der Umsetzung vom Entwurf bis hin zum fertigen Objekt Priorität. Ob das verbleibende Wandstück nach Herstellen eines Türdurchbruchs 2cm länger oder kürzer ist spielt in der Regel eine untergeordnete Rolle. Generell muss folglich eine Gewichtung der Maße durch Unterscheidung zwischen "bindenden und unsicheren Maßen"[176] getroffen werden. Sowohl bindende als auch unsichere Maße werden bei der Massenermittlung für Ausschreibungen verwendet. Innerhalb der Ausführungsplanung sind jedoch nur bindende Maße relevant. Komplett-Maßketten sorgen hier eventuell nur für zusätzliche Irritationen.

Bei einigen Bauvorhaben müssen evtl. neue Öffnungen in den bestehenden Außenwänden hergestellt werden, so dass es sinnvoll ist, Bezugsachsen und Fluchten auch in Ansichten anzugeben (s. Bild 4-10), die dann auf der Baustelle von der ausführenden Firma ohne Probleme mit einem Pendellot oder einer Wasserwaage an die Gebäudewand übertragen werden können.

4

---

[176] Vgl. Giebeler, Fisch, Krause, Musso, Petzinka, Rudoplhi: *Atlas Sanierung,* Birkhäuser Verlag 2008, S. 26

4

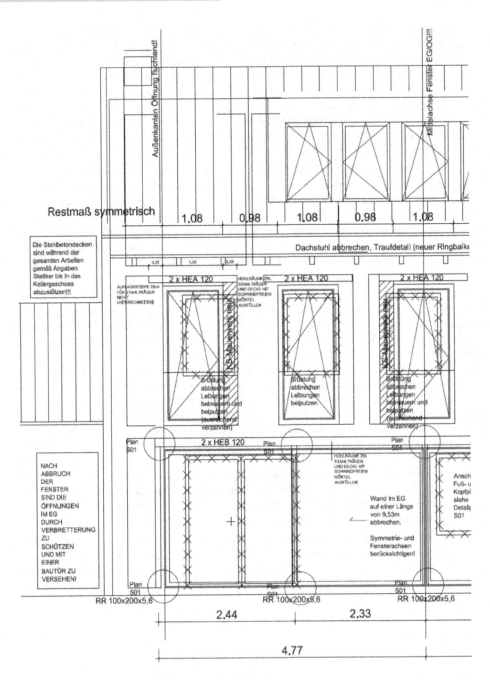

Bild 4-10   Ausführung: Abbruchplanung als Überlagerung in der Ausführungsplanung innerhalb einer schwarz/weiß Darstellung

Neben der bloßen Darstellung von abzubrechenden Bauteilen sollten auch die Konstruktionen und Einbauten gekennzeichnet werden, die mit besonderer Sorgsamkeit und Vorsicht zu behandeln bzw. zu schützen sind (im Speziellen bei denkmalgeschützter Bausubstanz). So sind nicht selten hochwertige Bodenbeläge (Holzböden, Terrazzoböden, Fliesen) oder Treppenanlagen in Bestandsgebäuden vorhanden, die nach Abschluss der Umbauarbeiten aufgearbeitet werden sollen.

Eine genaue Definition der Abbrucharbeiten innerhalb der Leistungsbeschreibungen ist sehr wesentlich und die zeichnerische Darstellung sollte im Sinne einer Abbruchanleitung die gleiche Aussagekraft besitzen. Erforderliche Sicherungsmaßnahmen sind auch in den zeichnerischen Darstellungen anzugeben. Die Lesbarkeit der Pläne ist von immenser Wichtigkeit, da auch Hilfskräfte auf der Baustelle die Zeichnungen verstehen müssen.

Damit sich die Abbrucharbeiten auch wirklich auf den gewünschten Bereich beschränken und keine Schäden an benachbarten Konstruktionen entstehen, sind die Qualitäten von Schnitt- und Abbruchkanten durch textliche Beschreibungen zu nennen (ggf. unter Angabe des zu verwendenden Werkzeugs: z. B. Abbruchhammer, Kernbohrer, Stemmmeißel, Betonsäge, Trennscheibe). Situationsbedingt kann an der einen Stelle ein sauberer Trennschnitt (z. B. für eine neue Treppenöffnung) woanders aber ein „grobes" Abstemmen einer Stahlbetondecke konstruktiv erforderlich sein (z. B. zum Einbinden der vorhandenen Bewehrungseisen in neu zu errichtende Stahlbetonbauteile, s. Bild 4-11).

Bild 4-11   Vorh. Bewehrungseisen u. grobe Abbruchkanten für den kraftschlüssigen Verbund der neu ergänzten Stahlbetonkonstruktion

4.1.5 Ausführung

Im nachfolgenden Kapitel werden Besonderheiten innerhalb der Ausführung von Projekten des Themengebietes Bauen im Bestand besprochen, die eine sorgfältige Planung und die erhöhte Aufmerksamkeit der Bauleitung nötig machen. Im Speziellen ist hier die Baustelleneinrichtung

4

zu nennen. Ebenfalls müssen Personen und auch Sachwerte vor Staub, Schmutz, Lärm, herab-
fallenden Teilen etc. geschützt werden.

4.1.5.1 Abweichungen von der Ausführungsplanung

Generell sollte die Ausführungs- und Abbruchplanung von Architekt und den beteiligten Fach-
planern während der gesamten Planungs- und Bauphase aufeinander abgestimmt werden. Zusätzlich muss die Planung aber auch immer wieder mit der tatsächlichen Situation auf der Baustelle abgestimmt werden.

Durch geänderte Rahmenbedingungen der Bestandssituation während oder nach Abschluss der
Abbruchmaßnahmen können Abweichungen von der Ausführungsplanung notwendig werden.
Zum Beispiel können Schäden an tragenden Bauteilen entdeckt worden sein oder nichtragende
Trennwände an der Lastabtragung beteiligt sein.

Beispiel 1

*Nach Entfernen einer Gipskartondecke eines Wohnhauses von 1920 wird ein Brandschaden
an der Holzbalkendecke sichtbar. Als Kompensationsmaßnahme werden in Absprache mit
dem Statiker seitlich neue Holzbalken ergänzt und mit den beschädigten Balken verschraubt.*

Bild 4-12   Links: Verdeckter Brandschaden einer Holzbalkendecke, rechts: Ertüchtigung

Beim Umbau eines Reihenhauses soll das Dachgeschoss großzügig ausgebaut werden. Die Statik sah vor, die neuen Lasten des gedämmten Daches über die Firstpfette in die nach bisherigen Annahmen mindestens 24cm starke Gebäudetrennwand einzuleiten. Da tatsächlich nur eine einschalige 11,5cm starke Gebäudetrennwand im Bestand vorhanden war, wurden die Lasten über Stützen in die tragende Mittelwand des Hauses eingeleitet. Nach Rücksprache mit einem Brandschutzsachverständigen wurde die bestehende Gebäudetrennwand brandschutztechnisch ertüchtigt (Trockenbauvorsatzschale).

Bild 4-13   Links: Ungewollter Durchbruch der Haustrennwand (Wand, einschalig 11,5 cm), rechts: Auflagerstütze, Brandschutzertüchtigung durch Trockenbauvorsatzschale

Weiterhin kann es im Zuge der Arbeiten zu Beschädigung von Querschnitten tragender Bauteile oder sonstiger Beeinträchtigungen des Tragwerks (z. B. eine ungewollte Durchtrennung von Bewehrungseisen) kommen. Der Planer sollte alle Änderungen auch zeichnerisch in den Ausführungsplänen im Rahmen einer lückenlosen Dokumentation des Bauvorhabens nachführen. Für zukünftige Umbau- und Instandsetzungsarbeiten ist somit auch eine korrekte Plangrundlage vorhanden. Die Abweichungen von der Ausführungsplanung können Probleme mit der Standsicherheit, dem Brandschutz oder aber dem Wärme- bzw. Feuchteschutz mit sich bringen. Gerade beim Thema Standsicherheit und Brandschutz kann dadurch unmittelbare Gefahr für Leib und Leben bestehen, so dass die beteiligten Fachplaner über die neuen Erkenntnisse unverzüglich informiert werden müssen.

Da die statischen Berechnungen beim Bauen im Bestand unter Zugrundelegung eines theoretischen Rechenmodells durchgeführt werden, wird es im Laufe der fortschreitenden Abbrucharbeiten wiederholt nötig sein, den Statiker zur Kontrolle seiner theoretischen Annahmen die Situation auf der Baustelle begutachten zu lassen. Es obliegt dem Statiker dann, entweder im Rahmen einer Ermessensentscheidung vor Ort die Abweichung zum theoretischen Rechenmodell als unbedeutend zu erklären oder sich Gewissheit durch eine erneute Berechnung zu verschaffen. Ergebnis einer erneuten Berechnung können dann konstruktive Kompensationsmaßnahmen zur Ertüchtigung des Tragwerks sein.

4.1.5.2 Logistik

Räumlich beengte Situation

Gegenüber dem Neubau „auf der grünen Wiese" gestalten sich alle logistischen Überlegungen bei Bauvorhaben im Bestand wesentlich aufwändiger, da sich die Bestandsobjekte meist in beengter räumlicher Situation befinden. Hierdurch wird zunächst die Einrichtung der Baustelle komplizierter, weil notwendige Stellflächen für Lager, Parkplätze, sanitäre Einrichtungen oder Bauschuttcontainer nur eingeschränkt zur Verfügung stehen können.[177] Über eventuell erforderliche Absperrgenehmigungen sollte sich der Planer vorab bei den zuständigen Behörden informieren. Teilweise können zur Eingrenzung der Belästigung der direkten Anwohner lärmintensive Arbeiten aufgrund behördlicher Anweisung nur zu festgelegten Zeiten durchgeführt werden (z. B. Abbruch-, Bohr- und Stemmarbeiten), wodurch sich die Bauzeit verlängern kann.

Die räumlich beengte Situation beschränkt sich nicht nur auf die „äußere" Einrichtung der Baustelle selbst, sondern betrifft auch das Gebäudeinnere. Beim Neubau ist es oft unproblematisch, neue Baustoffe, Stahlträger oder Treppenkonstruktionen einzubringen, da dies mit dem fortschreitenden Bauablauf sukzessive Geschoss für Geschoss durchgeführt werden kann. Beim Bauen im Bestand hingegen können der bloße Transport innerhalb des Gebäudes und das passgenaue Einbringen eines Bauteils (z. B. Stahlträger als neuer Unterzug von entfernten Wänden oder Treppenanlagen) an die richtige Stelle durch die bereits komplett vorhandene Gebäudehülle zur großen Herausforderung werden. Beim Umbau eines innerstädtischen Reihenhauses kann es durch die zweiseitige, direkte Grenzbebauung so bereits zum Problem werden, das Fassadengerüst an die straßenabgewandte Grundstücksseite zu transportieren. Ganz banale Dinge wie der Transport einer neuen Heizungsanlage können durch enge Bestandstreppenhäuser entweder alternative Aufstellorte erforderlich machen oder aber sogar einen Teilrückbau bestehender Decken bedingen. Der bauleitende Architekt muss deswegen erhöhtes Augenmerk auf die Koordination der Anlieferungstermine der verschiedenen Firmen legen, so dass nach Möglichkeit nicht zwei Materialgroßlieferungen zur gleichen Zeit erfolgen.

Die Höhe des logistischen Aufwands ist in der Regel das Ergebnis aus der Kombination von Nutzung des Gebäudes, Größe des Gebäudes, Umfang der Baumaßnahme und somit auch der Anzahl der beteiligten Firmen.

Beispiel 1

Beim Umbau eines Reihenhauses mussten Absperrgenehmigungen eingeholt werden. Da durch herabfallende Teile beim Abriss des Dachstuhls Personen gefährdet werden könnten, wurden Fußgänger- und Radweg gesperrt. Um Schäden am Gebäudebestand zu vermeiden wurde der Dachstuhl am gleichen Tag wieder neu errichtet. Die Baustelleneinrichtung zum Abriss und zur Neuerrichtung (Schuttcontainer, Autokran, Lager der teils vorgefertigten Dachelemente) machte eine Teilsperrung der Straße sowie die Sperrung von mehreren Parkplätzen notwendig (s. Bild 4-14).

---

[177] Anmerkung: Bei innerstädtischen Neubauprojekten bzw. generell bei Baulückenschließung kann die räumliche Situation auf der Baustelle gleichermaßen beengt sein.

Bild 4-14   Baustelleneinrichtung bei Abriss und Widererrichtung eines Dachstuhls: Teilsperrung der Straße, Sperrung von Parkplätzen und des Fußgänger- bzw. Radwegs

Beispiel 2

Bauvorhaben bei Gebäuden ab mittlerer Höhe sind logistisch als sehr aufwändig einzustufen. Allein aufgrund des Verhältnisses von Grundfläche zur Anzahl der Geschosse entsteht durch die auf diversen Etagen tätigen Baukolonnen im Erdgeschoss ein Nadelöhr der vertikalen Erschließung. Ist ein Personenaufzug vorhanden, so kann dieser auch zum Materialtransport herangezogen werden. Sicherungsmaßnahmen in Form von Baustützen oder sonstigen temporären Tragkonstruktionen verschärfen die räumliche Enge weitergehend.

Bild 4-15   Eingeschränkte Mobilität durch Sicherungsmaßnahmen während der Bauphase

4

Die erste logistische Aufgabe während der Abbrucharbeiten bzw. nach Beginn der Umbauarbeiten ist meistens die Entsorgung des anfallenden Bauschutts aus dem Gebäude. Auf die ordnungsgemäße Abfolge der Abbrucharbeiten muss besonders geachtet werden. Eine Anhäufung von hohen Schuttbergen im Gebäude ist schon aus statischen Gründen strikt zu unterbinden. Bis zur Entsorgung sollte Abbruchmaterial im Gebäude immer flächig gelagert werden. Innerhalb einer gesonderten Abbruchstatik ist die vorübergehende Zusatzbelastung aus Abbruchmaterial im Einzelfall rechnerisch zu überprüfen (s. Bild 4-16). [178]

Bild 4-16
Flächig gelagerter Bauschutt bei der Entkernung eines Bürogebäudes

4.1.5.3 Bauen unter fortlaufendem Betrieb

Erhöhte Anforderungen an die logistische Planung bestehen vor Allem dann, wenn der Bau unter laufendem Betrieb von Statten gehen muss.

Beispiel

Um- und Erweiterungsbauten bei Krankenhäusern bedingen eine komplexe Logistik, da eine zeitweise Stilllegung des Betriebs in vielen Fällen ausgeschlossen ist. Alternativ müssten durch die hohen Anforderungen einer sterilen Umgebung mit jederzeit verfügbaren Spezialgeräten sehr aufwändige Provisorien geschaffen werden, die in keinem Verhältnis zu den Mehrkosten eines zusätzlichen logistischen Aufwands stehen. Gerade OP-Trakte und Ambulanzen bilden sehr sensible Bereiche, die bei Umbaumaßnahmen besonderer Aufmerksamkeit bedürfen (s. Bild 4-17).

---

[178] Anmerkung: Für weiterführende Informationen zu Abbrucharbeiten vgl. Deutscher Abbruchverband e.V., Lippok, Korth, *Abbrucharbeiten- Grundlagen, Vorbereitung, Durchführung*, Rudolf Müller Verlag 2004

Bild 4-17   Umbau und Erweiterung eines Krankenhauses mit vorgefertigten Sanitärmodulen

Bei unvermeidbaren Eingriffen in die Gebäudesubstanz, bei denen der fortlaufende Betrieb gefährdet ist, behilft man sich in den Überbrückungsphasen oft mit Ausweichstationen (z. B. in Form von fliegenden Containerbauten), die dann nach dem Rotationsprinzip je nach Baufortschritt alternierend belegt werden können. Diese Methode findet bei vielen Nutzungstypen Anwendung (Büros, Banken, Krankenhäuser). Da die verlängerte Bauzeit durch gewisse Restriktionen des Bauens unter fortlaufendem Betrieb und Kompensationsmaßnahmen wie Ausweichstationen einen erhöhten finanziellen Aufwand bedeuten, ist es wichtig, in der Planung Methoden zu finden, die eine Verkürzung des gesamten Bauablaufs ermöglichen. Eine Möglichkeit, den „Belastungszeitraum" des laufenden Betriebs zu minimieren, bietet die Vorfabrikation von Erweiterungsmodulen, wie z. B. Sanitär- und Nasszellen, die im besten Fall durch Verwendung bei ähnlichen Bauvorhaben bereits erprobt sind (s. Bild 4-17). [179]

Ein hoher Grad der technischen Gebäudeausrüstung (nicht nur im Krankenhausbau) birgt weiterhin Problempotential, da je nach Führung der Leitungstrassen auch Bereiche des Gebäudes tangiert werden, die eigentlich nicht Bestandteil der Baumaßnahme sind. Bei größeren Bürokomplexen, die nach und nach durch weitere Gebäude ergänzt worden sind, können sich so die versorgungstechnischen Räume bzw. Rechenzentralen z. B. im ursprünglichen Hauptgebäude befinden, von dem dann eine Unterverteilung zu den Nebengebäuden besteht. Dies hat zur

4

---

[179] Bei der Krankenhauserweiterung Kredenbach (Latsch&Dietewich Architekten, Siegen), sowie einer *vorausgegangenen* Erweiterung des Bethesda Krankenhauses in Freudenberg wurden vorgefertigte Nasszellen vor die bestehende Fassade gebaut, wodurch die Störung des laufenden Betriebs erheblich minimiert werden konnte.

Folge, dass die entsprechenden Räumlichkeiten gesichert und abgesperrt werden müssen, um Nutzungseinschränkungen der Nebengebäude zu vermeiden.[180]

4.1.5.4 Medienfreiheit

Je nach Umfang der Baumaßnahme muss im Rahmen der Sicherheitsvorkehrungen auf der Baustelle gewährleistet sein, dass alle Installationsleitungen innerhalb des Hauses, aber auch eventuelle Ver- und Entsorgungsleitungen im Anschlussbereich zwischen öffentlichem und privatem Netz außer Betrieb genommen worden sind bzw. entleert wurden. In der Fachsprache bezeichnet man dies als Medienfreiheit. Trotz Medienfreiheit muss natürlich während der Bauarbeiten weiterhin Wasser und Strom für die ausführenden Firmen zur Verfügung stehen. Hierfür wird dann ein separater Baustrom- (eventuell zeitweise auch mittels Notstromaggregaten) bzw. Bauwasseranschluss erstellt (ggf. Vorhalten von Wasser in großen Behältnissen).

Besondere Gefahren sowohl für die Umwelt, wie auch für die Gesundheit, stellen brennbare und explosive Betriebsstoffe wie Heizöl, Gas etc. dar. Beim Bauen unter laufendem Betrieb kann die Medienfreiheit meist nicht gewährleistet werden, so dass bei den Bauarbeiten an der Substanz höchste Vorsicht geboten ist.

Die Medienfreiheit des Gebäudes ist entweder durch den Auftraggeber zu gewährleisten oder muss als gesonderte Leistung ausgeschrieben werden. Aufgrund der kontinuierlichen Wandlung und Abänderung von Gebäuden, die auch größten Teils ohne Planer durchgeführt worden sind, ergibt sich das zusätzliche Problem, dass die gesamten medienführenden Leitungen und Installationen nirgendwo zeichnerisch erfasst worden sind. Generell sind die durch nicht gewährleistete Medienfreiheit hervorgerufenen Gefahren in drei unterschiedlich gewichtete Gefahrengruppen zu unterscheiden.

1. Gefahr für Leib und Leben

2. Umweltverschmutzung

3. Sachbeschädigung

Besondere Vorsicht gilt bei freigelegten elektrischen Leitungen, bei denen nicht sicher ist, ob sie immer noch unter Spannung stehen. Durch einen ungeschickten Hammerschlag oder bei sonstigen Abbrucharbeiten kann dann mitunter Lebensgefahr bestehen. Natürlich kann das Auslaufen bzw. Entweichen von brennbaren Stoffen ebenfalls lebensbedrohlich sein. Bereits durch geringe Mengen Öl können erhebliche Umweltbeeinträchtigungen entstehen. Das Durchtrennen von nicht stillgelegten Wasserleitungen stellt weniger eine Gefahr für Leib und Leben dar, es kann aber weitreichende Sachbeschädigungen an Bauteilen, schützenswertem Inventar oder elektronischen Geräten bedeuten.

Die Erkundung der im Haus vorhanden Installationsleitungen gehört mit zur Bestandsanalyse. Hierbei können die in Kap. 3 diskutierten Methoden wie z. B. Endoskopie oder aber andere Detektionsverfahren in teilweise zweckentfremdeter Art und Weise Anwendung finden.

---

[180] Beim Umbau bzw. Aufstockung der Dorma Hauptverwaltung in Ennepetal (KSP Engel & Zimmermann Architekten, Köln) befand sich die gesamte Heizungstechnik und Rechenzentrale für das gesamte Firmengelände im Keller des Hauptgebäudes. Da durch die Aufstockung eine Ertüchtigung der Fundamente im Keller nötig wurde, mussten die Versorgungstechnischen Räume während der gesamten Bauphase geschützt werden.

Gerade beim Bauen im Bestand bleibt selbst bei der ausgiebigsten Bestandsanalyse immer noch ein Restrisiko. Ein nicht abschaltbares Risiko ist das menschliche Versagen selbst. Dies ist meistens auch bis zu einem gewissen Grad tolerierbar, insofern lediglich ein Sachschaden, nicht aber Gefahr für Leib und Leben bzw. Umwelt entsteht.

4.1.5.5 Auswirkungen des Denkmalschutzes auf den Bauablauf

Der Bauablauf kann durch die Zusammenarbeit mit der Denkmalschutzbehörde und den mitwirkenden Fachleuten und deren baubegleitende Untersuchung stark beeinflusst werden. Dies bringt unter Umständen eine zeitliche Verzögerung mit sich. Teilweise werden diverse Farbfassungen von Wänden und anderen Bauteilen untersucht und katalogisiert. Die Ergebnisse dieser Untersuchungen können dann z. B. Grundlage eines neuen Farbkonzeptes sein, das auch im Sinne der Denkmalpflege die größte historische Gewichtung hat. Grundsätzlich gilt allerdings, dass der Schutz des Bestandes Vorrang hat. Historische Putzschichten und Wandaufbauten werden auch im Sinne der Denkmalpflege am besten durch reversible Vorsatzwände geschützt. Die Freilegung des Befundes ist somit nicht das erste Ziel, da sie gleichzeitig eine Beschädigung durch die Nutzung oder sonstige Einflüsse bedingen kann.

Nicht selten kommt es aber auch vor, dass archäologische Funde in der Umgebung bzw. sogar direkt unter bestehender Bausubstanz vermutet werden. Jegliche Erdarbeiten können somit durch archäologische Grabungen begleitet werden. Während der Arbeiten werden dann Funde dokumentiert und ausgewertet. Generell gilt allerdings, dass nur die bei der Baumaßnahme sowieso erforderlichen Erdarbeiten durchgeführt werden. Hier gilt ebenfalls der Grundsatz, dass historische Befunde am langlebigsten erhalten bleiben, wenn sie nicht freigelegt werden. Besonders häufig kommt es natürlich bei Sakralbauten zu historischen Grabungen, da hier z. B. Grabstätten vermutet werden können (s. Bild 4-7).

4.1.5.6 Qualitätssicherung

Neben den verschiedenen zur Verfügung stehenden Methoden zur Qualitätssicherung innerhalb der Planungs- und Ausschreibungsphase liegt die größte Beeinflussbarkeit der Qualitätssicherung innerhalb der Bauüberwachung. Der Qualitätsbegriff im Bauwesen lässt sich grundsätzlich in Produkt- und Prozessqualität unterscheiden.[181]

Unter Prozessqualität versteht man die wirtschaftliche und mängelfreie Planungs- und Bauausführung eines Bauwerks. Die Produktqualität wird in erster Linie durch die verwendeten Baustoffe garantiert, so dass hiermit in direkter Weise die Qualität des fertigen Bauwerks beeinflusst wird. Prozess- und Produktqualität beeinflussen sich immerwährend gegenseitig. Eine regelrechte Prozesskontrolle bis hin zu einer zertifizierten Qualitätssicherung, wie sie in manchen Industrie- und Dienstleistungsbereichen praktiziert wird, ist durch die im Baugewerbe vorhandene Dynamik nur schwer umsetzbar. Da Bauen im Bestand weitaus vielschichtiger ist als der Neubau von Gebäuden, ist die Qualitätssicherung noch schwieriger zu gewährleisten. Hier hat man es oft mit nicht normierten oder eigentlich nicht den allgemein anerkannten Regeln der Technik entsprechenden Baustoffen zu tun. Eine weitere Problematik innerhalb der Qualitätssicherung sind natürlich die teilweise gravierenden Maßtoleranzen.

4

---

[181] Vgl. Würfele, Falk/Bielefeld, Bert/Gralla, Mike, *Bauobjektüberwachung*, Vieweg Verlag 2007, S. 65 ff

Umgang mit Maßtoleranzen

Die Maßtoleranzen im Hochbau sind nach DIN 18201 ff. geregelt und bereits beim Neubau oft Gegenstand von Streitigkeiten, da selbst bei gewerkeübergreifender Einhaltung aller Maßtoleranzen optische Mängel entstehen können. Aufgrund wiederholter Streitigkeiten wurden so für gewisse Qualitätsstandards Einstufungen eingeführt. Für Spachtel- und Putzarbeiten sei hier die Beschreibung der Oberflächengüte von Q1 bis Q4 genannt. Qualitätsstandards müssen mit dem Bauherrn abgestimmt sein und in der Ausschreibung deutlich beschrieben werden. Um nachträgliche Streitigkeiten zu vermeiden, ist es anzuraten Musterflächen anzulegen. Als Beispiel sei hier das Anlegen von verschiedenen Musterflächen von freigelegten Stahlbetonunterzügen in neu verputzter, gestrichener, gespachtelter oder beschichteter Ausführung genannt. Alle genannten Ausführungen, eingeschlossen der roh belassenen patinierten Betonoberfläche, sind mit unterschiedlichen Kosten verbunden, können aber jeweils völlig subjektiv den Ansprüchen von Bauherr und Architekt genügen.

Der bauleitende Architekt ist verpflichtet, die einzelnen Gewerke auf Einhaltung der Maßtoleranzen hin zu überprüfen. Kommt es zu Überschreitungen der Toleranzen, so muss dies sorgfältig dokumentiert werden. Die Behebung der Maßungenauigkeiten führt in der Regel zu Mehrkosten beim Folgegewerk, die dann beim Verursacher geltend gemacht werden müssen.

Beispiel 1

Durch Ungenauigkeiten im Rohbau des Bestands und Beschädigungen während der Abbrucharbeiten wird ein dickerer Putzauftrag sowie diverse Ausbesserungsarbeiten erforderlich, die Mehrkosten zur Folge haben.

Beispiel 2

Bei der Sanierung eines Gebäudes sollen die verputzten Wände weitestgehend erhalten bleiben. Da der Bauherr eine möglichst glatte Wandoberfläche wünscht müssen im Zuge der Malerarbeiten aufwändige Spachtelarbeiten durchgeführt werden.

Die grundsätzlich bestehende Problematik der Einhaltung von Maßtoleranzen wird beim Bauen im Bestand verstärkt. Die gesamten Maßungenauigkeiten des vorgefundenen Bestandes, die bauzeitliche Gründe haben können oder aber durch Abnutzung oder Verformung hervorgerufen worden sind, sind meistens nicht zeichnerisch und damit auch nicht quantitativ erfasst. Die „Behebung" durch An- und Ausgleichsarbeiten wird oft innerhalb der Ausschreibung aufwandsmäßig grob überschläglich durch Stundenlohnarbeiten berücksichtigt. Die Abrechnung mittels Stundenlohnarbeiten sollte allerdings auf ein Minimum reduziert werden. Für die Abrechnung einfacher gestaltet sich die Ausschreibung von Anpassungs- und Ausgleichsarbeiten mit einem Flächen- oder Mengenbezug.

Umgang mit alten Baustoffen

Beim Umbau eines Bestandsgebäudes wird man zwangsweise auch mit alten Baustoffen konfrontiert, die unter Umständen über keine Zertifizierung oder bautechnische Zulassung verfügen.[182] Die Konstruktionen und Baustoffe können mitunter wesentlich langlebiger sein, als Baustoffe die dem heutigen Standard entsprechend. Dennoch sind sie zunächst nirgendwo normiert. Die Materialeigenschaften (Materialkennwerte) dieser historischen Baustoffe und die Verträglichkeit mit anderen Baustoffen sind somit nicht bekannt. Die Sanierung bzw. Ergänzung dieser Baustoffe ist oft nicht durch heutige Baustoffe (mit den gängigen Gütesiegeln wie z. B. RAL) möglich.

Die Wissenschaftlich-Technische Arbeitsgemeinschaft für Bauwerkserhaltung und Denkmalpflege (WTA)[183] mit regionalen Abteilungen in Deutschland, den Niederlanden, der Tschechei und der Schweiz versucht, diese Lücke zu füllen. In zahlreichen Schriften und auch Veranstaltungen werden wissenschaftliche Erkenntnisse zu historischen Baustoffen und Konstruktionen sowie deren Sanierung und Instandhaltung thematisiert, die durch viele Erfahrungen aus der Baupraxis hintermauert sind. Die WTA sorgt für einen stetigen Wissens- und Technologietransfer zwischen Theorie und Praxis, so dass ihre Veröffentlichungen immer sehr aktuell sind. Die WTA untergliedert sich wie folgt in 8 verschiedene Referate:

1. Holz/Holzschutz
2. Oberflächentechnologie
3. Naturstein
4. Mauerwerk
5. Beton
6. Bauphysik/Bauchemie
7. Statik
8. Fachwerk/Holzkonstruktionen

Jedes Referat verfasst themenbezogene Regelwerke in Form von WTA-Merkblättern, die auf regionale Besonderheiten hin angepasst werden und auch in die jeweilige Landessprache übersetzt werden. Baustoffhersteller haben die Möglichkeit, ihre speziell für die Sanierung entwickelten Materialien durch die WTA zertifizieren zu lassen. Die Anforderungen einer WTA Zertifizierung können mitunter strenger als die Anforderungen gemäß der jeweiligen DIN sein, da sie speziell für die Sanierung und den Bauwerkserhalt konzipiert wurden.

4.2 Kostenplanung

Die Einhaltung der Kosten ist bei fast allen Bauprojekten von elementarer Bedeutung für den Bauherrn. Gerade Bestandsprojekte beinhalten im Vergleich zum Neubau jedoch hohe Kostenrisiken auf Grund von Unwägbarkeiten in der bestehenden Substanz. Somit ist im Bestand ein

---

[182] Das Deutsche Institut für Bautechnik (DIBt) in Berlin ist die zuständige Stelle für die Erteilung europäischer technischer Zulassungen für Baustoffe (ETA). Weiterhin ist das DIBt für die Erteilung bauaufsichtlicher Zulassungen, der Vorbereitung technischer Erlasse sowie für die Anerkennung von Prüf-, Überwachungs- und Zertifizierungsstellen verantwortlich. Als weitere Tätigkeitsfelder, des als gemeinsame Einrichtung des Bundes und der Länder konstituierten DIBt, sind die Ausarbeitung bautechnischer Regeln sowie das Erstellen von bautechnischen Gutachten zu nennen. Für weitere Infos siehe http://www.dibt.de

[183] Für weitere Informationen siehe http://www.wta.de

besonders substantieller Umgang mit dem Thema Kostenplanung in der Projektplanung notwendig.

Da die bestehenden Kostenplanungssystematiken der HOAI und DIN 276 sich strukturell eher auf den Neubau beziehen, werden im folgenden Kapitel neben deren Grundlagen die Besonderheiten und sinnvollen Vorgehensweisen im Bestand besprochen.

4.2.1 Grundlagen der Kostenplanung nach DIN 276

Die DIN 276 wurde mit dem Übergang von Stand 1993 zu Stand 2006 einem Paradigmenwechsel unterzogen. Die Kostenermittlung des Planers wird nun direkt auf das Investitionsziel des Bauherrn ausgerichtet, indem dieser eine **Kostenvorgabe** zu Beginn des Projektes macht. Alle folgenden Kostenermittlungen werden gegen diese Kostenvorgabe kontrolliert und müssen sich daran orientieren. Die DIN 276 unterscheidet formal zwischen dem Minimal- und dem Maximalprinzip, wobei sich in der Realität beide Prinzipien oft vermischen. Das **Minimalprinzip** geht von festen Qualitäten aus, die zu möglichst minimalen Kosten umzusetzen sind. Das **Maximalprinzip** hingegen geht von einem festen Kostenlimit aus, zu dem möglichst hohe Qualitäten zu erreichen sind.[184]

Der Begriff **Kostenplanung** ist in der DIN 276 als Oberbegriff für folgende Tätigkeiten definiert:

- **Kostenermittlung:** Zu verschiedenen Entscheidungsebenen im Planungsprozess werden Kosten auf Grund des aktuellen Planungs- und Baufortschritts zusammengestellt.

- **Kostenkontrolle:** Die Ergebnisse der Kostenermittlungen werden kontinuierlich mit der Kostenvorgabe und der vorigen Stufen verglichen, um Abweichungen und deren Ursachen herauszufiltern.

- **Kostensteuerung:** Falls Kostenabweichungen bzw. -überschreitungen vorliegen, muss steuernd eingegriffen werden, um die Kosten z. B. innerhalb eines Kostenlimits zu halten.

Die Kostenermittlungen nach DIN 276 lassen sich nach zwei verschiedenen Gliederungsarten aufstellen. Einerseits wird die **Kostengliederung** bauteilbezogen nach der in Tab. 4.1 dargestellten Struktur vollzogen, andererseits können die Kosten vergabeorientiert nach Vergabeeinheiten strukturiert werden.

Bei der bauteilbezogenen Kostengliederung unterscheidet man drei Ebenen in der Detaillierung, in der jede einzelne **Kostengruppe** durch eine dreistellige Kennzahl definiert werden (s. Bild 4-18).

---

[184] Vgl. DIN 276-1, Stand 2008, Pkt. 3.1

Tabelle 4.1 Kostengliederung bis zur 2. Ebene nach Tabelle 1, DIN 276 Stand 2008

100 Grundstück	110 Grundstückswert
	120 Grundstücksnebenkosten
	130 Freimachen
200 Herrichten und Erschließen	210 Herrichten
	220 Öffentliche Erschließung
	230 Nichtöffentliche Erschließung
	240 Ausgleichsabgaben
	250 Übergangsmaßnahmen
300 Bauwerk – Baukonstruktionen	310 Baugrube
	320 Gründung
	330 Außenwände
	340 Innenwände
	350 Decken
	360 Dächer
	370 Baukonstruktive Einbauten
	390 Sonstige Maßnahmen für Baukonstruktionen
400 Bauwerk – Technische Anlagen	410 Abwasser-, Wasser-, Gasanlagen
	420 Wärmeversorgungsanlagen
	430 Lufttechnische Anlagen
	440 Starkstromanlagen
	450 Fernmelde- und informationstechnische Anlagen
	460 Förderanlagen
	470 Nutzungsspezifische Anlagen
	480 Gebäudeautomation
	490 Sonstige Maßnahmen für technische Anlagen
500 Außenanlagen	510 Geländeflächen
	520 Befestigte Flächen
	530 Baukonstruktionen in Außenanlagen
	540 Technische Anlagen in Außenanlagen
	550 Einbauten in Außenanlagen
	560 Wasserflächen
	570 Pflanz- und Saatflächen
	590 Sonstige Außenanlagen
600 Ausstattungen und Kunstwerke	610 Ausstattung
	620 Kunstwerke
700 Baunebenkosten	710 Bauherrenaufgaben
	720 Vorbereitung der Objektplanung
	730 Architekten- und Ingenieurleistungen
	740 Gutachten und Beratung
	750 Künstlerische Leistungen
	760 Finanzierungskosten
	770 Allgemeine Baunebenkosten
	790 Sonstige Baunebenkosten

4

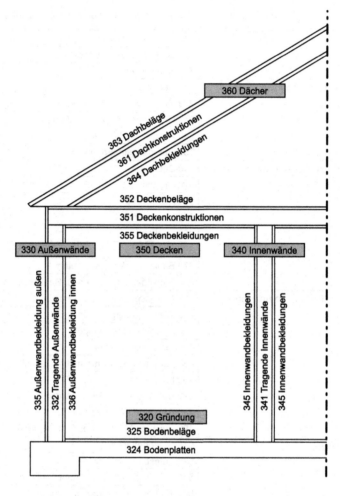

Bild 4-18   Ebenen der Kostengliederung nach DIN 276 am Beispiel Kostengruppe 300[185]

In der **Kostenermittlung** fordert die DIN 276 fünf Kostenermittlungsstufen. Diese sind im Projektverlauf an verschiedenen Entscheidungsebenen des Bauherrn angegliedert (s. auch Bild 4.19):

1. Kostenrahmen
2. Kostenschätzung
3. Kostenberechnung
4. Kostenanschlag
5. Kostenfeststellung

---

[185] Quelle: Bielefeld, Bert/Feuerabend, Thomas: *Baukosten- und Terminplanung*, Birkhäuser Verlag 2007, S. 26

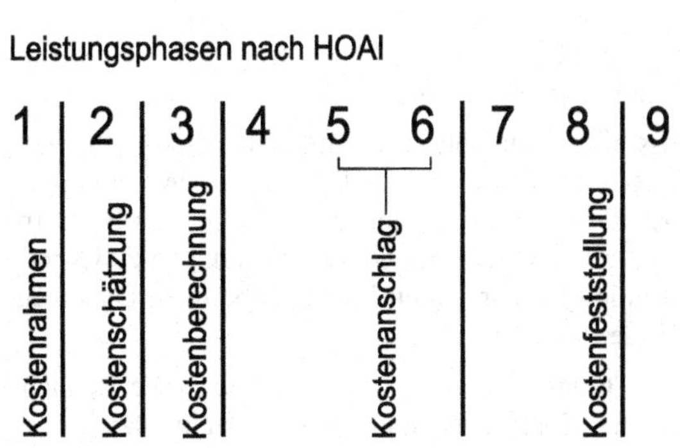

Leistungsphasen nach HOAI

Bild 4-19 Zuordnung der Kostenermittlungsstufen zu den Leistungsphasen der HOAI

Der **Kostenrahmen** wird in der Regel während der Leistungsphase 1 (Grundlagenermittlung) durchgeführt. Hierbei wird die vom Bauherrn angesetzte Kostenvorgabe im Verhältnis zu Projektart, -größe und Qualitätsvorstellungen des Bauherrn auf die Umsetzbarkeit geprüft, ohne dass bereits eine planerische Grundlage existiert. Zweck des Kostenrahmens ist die grundsätzliche Entscheidung des Bauherrn, auf Basis der gegebenen Rahmenbedingungen die Planung zu beginnen. Die Kosten müssen hierbei lediglich bis zur ersten Ebene der Kostengliederung aufgeschlüsselt werden, wobei die Kostengruppen 300 und 400 zusammengefasst werden können.

Die **Kostenschätzung** in der Leistungsphase 2 (Vorentwurf) ist die nächste Entscheidungsebene des Bauherrn, da nun erste Vorentwurfspläne vorliegen und er über die Weiterverfolgung des Konzeptes auch auf Basis der Rahmenbedingungen entscheiden muss. Der Planer kann auf Basis der Pläne Kennwerte nach DIN 277 wie Bruttorauminhalt, Bruttogrundfläche oder Nutzfläche ableiten und auf dieser Basis die Kosten genauer schätzen als im Kostenrahmen. Die Ermittlung erfolgt bis zur ersten Ebene der Kostengliederung.

Die **Kostenberechnung** wird in Leistungsphase 3 (Entwurfsplanung) durchgeführt. Da die Entwurfsplanung Grundlage des Bauantrags ist und sich nach Durchschreiten des Baugenehmigungsverfahren nur noch bedingt Planungsinhalte ändern lassen, muss der Bauherr über den abgestimmten Entwurf und dessen Rahmenbedingungen entscheiden. In dieser Phase liegen bereits erste Informationen zu Tragwerk, Haustechnik und bauphysikalischen Bedingungen vor, weshalb der Planer in dieser Phase bis zur zweiten Ebene der bauteilorientierten Kostengliederung aufschlüsseln sollte.

Der **Kostenanschlag** in der DIN 276, Stand 2006 bzw. 2008, stellt eine Neuerung dar. In den vorigen Fassungen der Norm war der Kostenanschlag als Zusammenstellung von Angebotspreisen im Anschluss an die Vergabe in Leistungsphase 7 angelegt. Er erfüllte somit eine Überprüfungsfunktion der Kostenschätzung des Planers mit Marktpreisen, beinhaltete jedoch große strukturelle Probleme, da auf Grund baubegleitender Planung, Ausschreibung und Vergabe letzte Vergaben erst kurz vor Baufertigstellung durchgeführt werden. In der aktuellen Fassung der DIN 276 ist der Kostenanschlag vor Einholung von Angeboten durchzuführen. Er erfüllt damit den Zweck, dem Bauherrn vor Durchführung des Vergabeverfahren eine Entscheidung über die Qualitäten im Detail zu ermöglichen. Da in der Ausführungsplanung und der Vorbereitung der Ausschreibungen neue Qualitätsinformationen vorliegen, soll der Kostenanschlag bis zur dritten Ebenen durchgeführt werden. Als Vorbereitung der Vergabe werden die Kosten zudem in die vergabeorientierte Sichtweise umsortiert, so dass Budgets für die jeweiligen Vergabeeinheiten entstehen, die direkt bei Einholung von Angeboten gegengeprüft werden können. So erfolgt die Verifizierung der planerseitigen Kosten mit Marktpreisen sukzessive und fortschreibend während der Vergabe- und Bauphase.[186]

Die **Kostenfeststellung** wird nach Abschluss aller Baumaßnahmen in Leistungsphase 8 (Bauobjektüberwachung) durchgeführt. Zweck ist eine dokumentarische Zusammenstellung der schlussendlich im Projekt entstandenen Kosten, die u.a. für Finanzierungsträger des Bauherrn eine Notwendigkeit darstellt. Hierzu werden die Ergebnisse der Schlussrechnungen zu Grunde gelegt und die Kosten nun wieder bauteilorientiert bis zur dritten Ebene aufbereitet. Dies dient dem Planer zur Kennwertbildung für zukünftige Projekte.

Bei **Projekten im Bestand** fordert die DIN 276 eine Unterteilung der Kosten in die Bereiche Abbruch, Instandsetzung und Neubau, um die Kostenentstehung besser nachvollziehen zu können. Auch soll der Wert vorhandener Bausubstanz und wieder verwendeter Bauteile gesondert ausgewiesen werden. Dies hat vor allem Gründe in der Berechnung der anrechenbaren Kosten der Planer gemäß HOAI.[187]

Tabelle 4.2 Bestandsprojektbezogene Kostengruppen nach Tabelle 1, DIN 276 Stand 2008

200 Herrichten und Erschließen	211 Sicherungsmaßnahmen
	212 Abbruchmaßnahmen
	213 Altlastenbeseitigung
300 Bauwerk – Baukonstruktionen	393 Sicherungsmaßnahmen
	394 Abbruchmaßnahmen
	395 Instandsetzungen
	396 Materialentsorgung
400 Bauwerk – Technische Anlagen	493 Sicherungsmaßnahmen
	494 Abbruchmaßnahmen
	495 Instandsetzungen
	496 Materialentsorgung
500 Außenanlagen	593 Sicherungsmaßnahmen
	594 Abbruchmaßnahmen
	595 Instandsetzungen
	596 Materialentsorgung

4.2.2 Kosteneinflüsse und Kostenrisiken im Bestand

Bevor im folgenden Kapitel über die Kostenermittlungsverfahren im Bestand gesprochen wird, sind zum Verständnis die besonderen Kosteneinflüsse und Kostenrisiken im Bestand zu erläutern. Grundsätzlich versuchen alle Kostenermittlungsstufen vor Vergabe, ein möglichst exaktes Abbild des späteren Marktpreises zu erreichen.

---

[186] In der DIN 276 Stand 2008 ist eine durchlaufende Kostenkontrolle und -steuerung unter Pkt. 3.5 festgeschrieben. So wird der Prozesscharakter des Planungs- und Bauprozesses auch in der Kostenplanung berücksichtigt.

[187] In der HOAI 2009 wird vorgesehen, dass die anrechenbaren Kosten möglichst zu Beginn des Projektes als Grundlage der Honorarvereinbarung schriftlich vereinbart werden, um die Honorare von den Baukosten zu entkoppeln. Zudem kann bei Projekten im Bestand ein Zuschlag von bis zu 80 % vereinbart werden. Fehlt eine Vereinbarung, ist ab Honorarzone II ein Zuschlag von 20 % anzunehmen.

4.2.2.1 Kosteneinflüsse

Die bauwirtschaftliche Entwicklung während der Projektlaufzeit ist nicht immer voraussehbar, wodurch deutliche Schwankungsbreiten resultieren können. Je nach Auftragslage eines Bauunternehmens werden Angebote bei Notwendigkeit eines Auftrags mit deutlichen Abschlägen oder bei vollen Auftragsbüchern mit deutlichen Gewinnzuschlägen kalkuliert. Ebenfalls können durch regionale Marktsituationen oder besondere Konkurrenzsituationen bei einzelnen Gewerken Angebotspreisschwankungen auftreten. Auch unplanmäßige Ereignisse wie Insolvenzen von ausführenden Firmen oder illegale Preisabsprachen von Unternehmern untereinander führen zu Verzerrungen in der Kostenplanung. Gerade Vergabeeinheiten wie der Abbruch sind oft nur schwierig monetär vorauszuplanen, da Unternehmen teilweise Angebote ohne exakte Kalkulationsgrundlage abgeben.

Die Kosten werden jedoch nicht nur durch die Marktlage beeinflusst. Für die Einflüsse auf Angebotspreise ist ein Verständnis für die unternehmerseitige Kalkulation sinnvoll. Hierbei werden Kosten, die direkt einer Position in der Ausschreibung des AG zuzuordnen sind, als **Einzelkosten der Teilleistung (EKT)** bezeichnet. Hierzu gehören Lohnkosten, Material- und Stoffkosten, Gerätekosten und eventuelle Fremdleistungskosten.

Bild 4-20   Bauunternehmerseitiges Kalkulationsschema

Zu den Kalkulationen der einzelnen Leistungspositionen werden drei Zuschläge hinzugerechnet:

- **Baustellengemeinkosten (BGK)**: Hierunter werden alle Kosten subsumiert, die auf der Baustelle anfallen, die jedoch nicht direkt einer Position zuzuordnen sind (z. B. Container, Poliere, Toilettenwagen etc.)

- **Allgemeine Geschäftskosten der Unternehmung (AGK)**: Die Kosten der Geschäftsleitung und -führung (Gehälter, Mieten, Bürokosten, Bauhof, Versicherungen etc.) werden umsatzbezogen auf alle Projekte eines Bauunternehmens umgelegt, um die Kosten zu erwirtschaften.

- **Wagnis und Gewinn (WuG)**: Der angestrebte Unternehmensgewinn wird umsatzbezogen auf die Kalkulationen der Projekte aufgeschlagen.

Vor allem die Projektgröße ist entscheidend für die Relation von Einzelkosten der Teilleistung und Baustellengemeinkosten.

Legt man durchschnittliche Kennwerte für schwimmenden Estrich bei einer kleinen Sanierung (z. B. ein Raum von 20 qm) zu Grunde, werden i. d. R. die vorausberechneten Kosten deutlich überschritten. Grund ist die im Verhältnis zur Fläche unverhältnismäßig aufwändige Baustelleneinrichtung (Materialanlieferung, Transport und Aufstellen der Estrichmaschinen, Strom- und Wasseranschlüsse, Säuberung etc.), so dass die eigentlich produktiven Material- und Lohnkosten des Estrichlegens den geringeren Kostenanteil ausmachen.

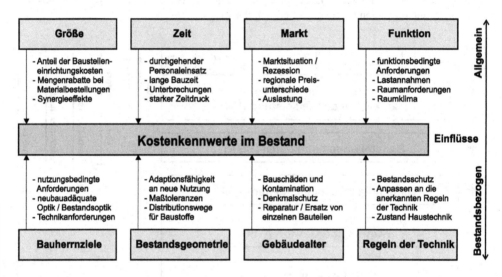

Bild 4-21   Kosteneinflüsse im Bestand

Viele weitere Rahmenbedingungen eines Projektes können durchschnittliche Kennwerte verändern. Sollen die Arbeiten beispielsweise in extrem kurzer Zeit durchgeführt werden, wird der Kalkulator zusätzliches Personal bzw. Überstunden- und Wochenendzuschläge einrechnen. Werden besondere Anforderungen an die Ausführungsqualität gestellt oder sind Leistungen besonders kompliziert in der Ausschreibung beschrieben, kann dies ebenfalls zu Mehrkosten führen.

Bei Bestandsprojekten werden unternehmerseitig oft höhere Arbeitsstunden kalkuliert als im Neubau. Dies ist u. a. durch den aufwändigeren Materialtransport im Gebäude oder die notwendigen Anpassarbeiten an den Bestand begründet, wird oft aber auch als interner Sicherheitszuschlag für nicht vorhersehbare Einflüsse gesehen.

Da viele Bestandsbaustoffe nicht mehr hergestellt werden, müssen Einbauten ggf. individuell hergestellt und angepasst werden. Dadurch werden oft höhere Aufwendungen notwendig. Eine Orientierung an Neubau-Kostenkennwerten ist daher nur bedingt zu empfehlen.

Beispiel

Eine Natursteintreppe weist an verschiedenen Stellen Schäden auf und muss repariert werden. Die neu eingebauten Steine sollen dem Bestand entsprechen, so dass hierbei nicht die kostengünstigsten Baustoffe genutzt werden können. Gegebenenfalls sind dickere Materialstärken zu verwenden, als es heute üblich wäre. Der Einbau ist auf Grund der Schneide-, Stemm- und Einpassarbeiten aufwändiger als im Neubau.

Die benannten Einflussmöglichkeiten so zu interpretieren, dass ein belastbarer Kostenkennwert eingesetzt werden kann, ist eine der wichtigsten Aufgaben in der Kostenplanung von Bestandsprojekten.

4.2.2.2 Kostenkennwerte

Grundsätzlich lassen sich verschiedene Arten von Kostenkennwerten unterscheiden:

- Kostenkennwerte auf Grund von Gebäudekennwerten (Brutto-Rauminhalt, Brutto-Grundfläche, Nutzfläche etc.)
- Inklusivpreise bezogen auf Kostenverursacher inkl. Nebenleistungen (z. B. m² Gipskarton-Wandfläche, lfdm Fußleiste, Stück Innentüren)
- Einheitspreise

Kostenkennwerte auf Grund von Gebäudekennwerten werden anhand von abgerechneten Beispielobjekten ermittelt. Ein großes Problem dabei ist die Tatsache, dass die Gesamtkosten des Gebäudes auf eine Mengeneinheit bezogen werden, die nicht direkt die Kosten verursacht. Werden Kennwerte auf den Bruttorauminhalt bezogen, werden beispielsweise Gebäude mit kleinteiligen Innenwänden und hochwertigen Türen und Oberflächen genauso behandelt wie Gebäude mit gleichem BRI ohne derartige Einbauten. Ähnliche Probleme entstehen bei Flächenberechnungen, wenn bei BGF-Werten neben oben benannten Inhalten die Raumhöhen nicht einbezogen werden oder bei Nutzflächen die Anteile der Verkehrs- und Technikflächen nicht berücksichtigt werden. Im Bestand sind diese Kennwerte nur in seltenen Fällen anwendbar, da hier die Kostenverursacher grundsätzlich wenig Bezug zu den Mengeneinheiten haben. Ob ein Gebäude kernsaniert wird oder nur eine Oberflächenaufwertung im Inneren erhält, lässt sich über den Bruttorauminhalt oder Flächenkennwerte nicht abbilden.[188]

Die als **Inklusivpreis**[189] bezeichneten Kostenkennwerte bilden hingegen die Kosten der Kostenverursacher ab. So werden die Maßnahmen in einem Gebäude aufgelistet (z. B. schwim-

[188] Das Baukosteninformationszentrum deutscher Architektenkammern (BKI) gibt entsprechende Publikationen zum Altbau heraus, die jedoch auf Grund der allgemein gehaltenen Maßnahmenbeschreibungen und anteiligen Kostenansätze meist nicht direkt für eigene Projekte zu übernehmen sind.

[189] Zur Definition vgl. Bielefeld, Bert/Feuerabend, Thomas: *Baukosten- und Terminplanung*, Birkhäuser Verlag 2007, S. 46 sowie Langen, Werner/Schiffers, Karl-Heinz: *Bauplanung und Bauausführung*, Werner-Verlag 2005, Rdn. 76 ff

mender Estrich, Gipskarton-Wand, Treppengeländer etc.) und mit spezifischen Kostenkennwerten hinterlegt. Beim Inklusivpreis sind auf Bauelementeebene (dritte Ebene nach DIN 276) alle weiteren Nebenbestandteile wie z. B. Anpassarbeiten des Bauteils enthalten. Demgegenüber spiegelt der **Einheitspreis** (EP) eine Bepreisung einer einzelnen Leistungsposition einer Ausschreibung wider.

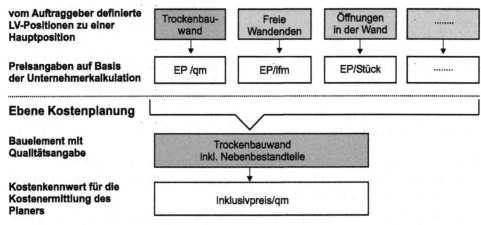

Bild 4-22 Abgrenzung von Inklusivpreis und Einheitspreis

Bei der Übernahme von Kostenkennwerten als Inklusivpreise sind die Hintergründe und Rahmenbedingungen ihrer Erfassung zu berücksichtigen. So sind die Bausubstanzgrundlagen (z. B. bei Putzarbeiten: großflächig erneuert auf Mauerwerk oder partiell nachgebessert auf Betonwänden) zu vergleichen und die zu Grunde gelegten Mengenermittlungsmethoden zu beachten. Resultieren Kennwerte aus bauteilorientierten Erfassungen wie den BKI-Publikationen, basieren die Berechnungen auf der Mengenermittlung nach DIN 277. Bei Herstellerangaben sind in der Regel Materialverkaufspreise pro Mengeneinheit zu erhalten, die jedoch weder Materialverluste (wie Verschnitt, Diebstahl etc.) noch Lohnkosten sowie Kalkulationszuschläge enthalten. Bei Kennwerten, die aus abgerechneten Schlussrechnungen stammen, sind die Berechnungsregeln der VOB/C zu Grunde zu legen, da die Aufmaße in der Rechnungsstellung die Regeln zum Übermessen z. B. von kleinen Öffnungen oder Unterbrechungen berücksichtigen.

Dies kann deutliche Unterschiede in der Menge und somit in der Höhe des Kennwertes mit sich bringen, so dass eigene Mengenansätze möglichst entsprechend der Mengenermittlungsmethode der Kennwerte berechnet werden sollten. Zudem sollten Kennwerte daraufhin geprüft werden, ob sie die Umsatzsteuer enthalten oder als Nettosumme erfasst wurden.

Eine Anpassung älterer Kennwerte an aktuelle Marktpreise kann über den öffentlich zugänglichen Baukostenindex bzw. die Baupreisindizes des Statistischen Bundesamtes erfolgen. Diese zeigen die prozentuale Entwicklung der Baupreise, so dass sich alte Kennwerte an aktuelle Preise anpassen lassen.[190]

4.2.2.3 Kostenrisiken in der Bausubstanz

Neben den beschriebenen Einflüssen auf die Höhe eines Kennwerts und die grundsätzlichen Risiken in der Bestandsprojektentwicklung (s. Kap. 2.4) ist in der Planungs- und Bauphase vor allem die Bausubstanz das größte Risiko. Wie in Kap. 3 beschrieben muss zunächst das Wissen über das bestehende Objekt erarbeitet werden.

Besonders hohe Risiken unter dem Blickwinkel der Baukosten sind oft:

- **Kontamination**: Auch bei alten Gebäuden sind durch Sanierungszyklen z. B. in den 70er Jahren oft Schadstoffe im Gebäude anzufinden. Die Entsorgung ist oft sehr kostenintensiv (s. Kap. 3.6).

- **Statik**: Ist das Tragwerk marode bzw. nicht auf dem heutigen Standard, so muss kostenintensiv in die Grundsubstanz des Gebäudes eingegriffen werden (s. Kap. 3.7).

- **Haustechnik**: Im Verhältnis zur Rohbausubstanz sind haustechnische Installation kurzlebig, da bei Eingriffen in der Regel nicht mehr der Bestandsschutz greift und das gesamte System erneuert werden muss. So entsprechen Elektroinstallationen nicht mehr den aktuellen Vorschriften, die Querschnitte von Rohrleitungen sind nicht mehr mit aktuellen Systemen kombinierbar oder eine Lüftungs- oder Brandmeldeanlage kann auf Grund fehlender Ersatzteile nicht mehr betrieben werden. Dadurch muss vielfach auch intakte Bausubstanz zerstört werden (z. B. bei Unterputzverlegung oder bei Dach-, Decken- und Wanddurchdringungen).

- **Geometrie**: Vielfach fehlen detaillierte Bauunterlagen zum Objekt und der Auftraggeber ist nicht bereit, ein umfassendes geometrisches Aufmaß zu finanzieren. Dadurch werden geometrische Probleme (z. B. Fluchtwegbreiten, Treppenmaße, Brüstungshöhen, Ebenheit von Räumen etc.) nicht erkannt und führen im weiteren Prozess zu Mehrkosten durch nicht vorhergesehene Umbaumaßnahmen.

Die Besonderheit bei Bestandsprojekten ist, dass diese Risiken vielfach erst in der Bauphase auftreten bzw. final bestimmt werden können. Während im Neubau mit zunehmendem Planungs- und Vergabefortschritt die Kostenrisiken abnehmen, bleiben diese im Bestand bis in die Bauphase in hohem Maße bestehen.

Oftmals werden keine oder nur wenige der in Kap. 3 beschriebenen Verfahren zu Projektbeginn durchgeführt. Selbst bei intensiven und umfangreichen Voruntersuchungen bleibt ein hohes Restrisiko, da Voruntersuchungen in der Regel nur stichprobenartig durchgeführt werden können und niemals das ganze Gebäude abbilden. So beschränkt man sich bei Untersuchungen auf die Bereiche, die nach Augenscheinnahme oder Wissen über die Geschichte des Gebäudes die höchsten Unsicherheiten beinhalten.

4

---

[190] Da es sich bei den Kennwerten um bundesdurchschnittliche Werte handelt, lassen sich die hohen Preisschwankungsbreiten bei individuellen Bestandsprojekten nur bedingt über diese Statistik verifizieren. Prozentuale Aktualisierungen von einzelnen Kennwerten sind daher in ihrer mathematischen Exaktheit inhaltlich zu hinterfragen.

Bild 4-23   Beispiele für Wandoberflächen nach Entfernen der Tapeten- /Fliesenbeläge

Beispiel 1

Die Untersuchung eines Gebäudes auf tragfähige Putze erfolgt stichprobenartig durch Klopfen nach Hohlstellen und partiellem Entfernen der Tapetenbeläge zur Überprüfung der Putzoberfläche. Hiernach werden Mengen für die Ausschreibung festgelegt. Wie viel Putz tatsächlich erneuert werden muss, wird erst nach Entfernen der Tapetenbeläge deutlich (s. Bild 4-23).

Beispiel 2

Bei älteren Gebäuden existieren meist keine Installationspläne der haustechnischen Leitungsführungen. Somit sind z. B. Leitungswege in der Planung nicht nachvollziehbar oder bei Wandöffnung in der Bauphase (s. Bild 4-23) treten unbekannte Öffnungen auf. Sollten an dieser Stelle beispielsweise neue Auflager für Abfangträger geplant sein, führt dies zu Mehrkosten.

Beispiel 3

Alte Kappendecken werden auf Korrosionsschäden überprüft. Hierzu werden Abhangdecken partiell entfernt und der Überdeckungsputz auf den Kappen abgeschlagen. Trotz eines guten Erhaltungszustandes an allen Prüfstellen können im Gebäude große Risiken auftreten, wenn Teilbereiche durch frühere Wasserschäden oder Kriegseinwirkungen betroffen sind. Teilzerstörte Bauten wurden nach dem Zweiten Weltkrieg oft mit den vor Ort zur Verfügung stehenden Mitteln wieder hergerichtet, so dass die Konstruktionen nicht mit den Unterlagen in den Bauakten übereinstimmen und teilweise statisch nicht nachweisbar sind.

Auf Grund der hohen Projektrisiken über weite Teile des Planungs- und Bauprozesses sind die möglichen Risiken einzuschätzen und mit dem Auftraggeber inhaltlich abzustimmen. Gemäß DIN 276 sollen vorhersehbare Risiken nach Art, Umfang und Eintrittswahrscheinlichkeit bewertet werden.[191] Dies kann über eine Einzelaufstellung erfolgen, im Bestand wird die Risikobewertung sinnvoller Weise im Zusammenhang mit der Kostenermittlung und -fortschreibung durchgeführt, da Kostenrisiken hier eine besondere Relevanz einnehmen.

So können auf Basis der Analyseergebnisse und Anzahl von Stichproben prozentuale Restrisiken monetär geschätzt werden (s. Tab. 4.3). Eine Aufaddierung aller Risiken zu einem „Worst Case"- Szenario (s. Tab. 4.3, Spalte 3) ist jedoch nur bedingt sinnvoll, da in seltensten Fällen alle Risiken zugleich auftreten.

Tabelle 4.3   Beispiel einer Risikobewertung

KG	Bauelemente	Kosten	Risikoart	Prozen- tuales Risiko	Risiko- kosten
352	Deckenbeläge	140.000,- €	„Worst Case"-Mehrkosten		38.400,- €
	Vorhandene Linoleum- und PVC-Böden entfernen	20.000,- €	Höhere Entsorgungskosten durch Schadstoffe	20 %	4.000,- €
	Estrich schleifen und für neuen Bodenbelag vorbe- reiten	40.000,-€	Estrich brüchig oder nicht mehr tragfähig – teilweise Neuverlegung	70 %	28.000,- €
			PAK-kontaminierte Abdich- tungen unter herausgenom- menen Estrich – Entsorgung	10 %	4.000,- €
	Neuer Teppichboden	80.000,- €	Preissteigerungen Material	3 %	2.400,- €

Eine Möglichkeit der monetären Ermittlung eines Risikobudgets besteht in der Nutzung folgender Formel:[192]

$$Risikobudget = \sqrt{K_{Risiko1}^2 + K_{Risiko2}^2 + K_{Risiko3}^2 + \dots}$$

$$Risikobudget_{Beispiel} = \sqrt{4.000,-^2 + 28.000,-^2 + 4.000,-^2 + 2.400,-^2} \cong 28.700,-€$$

Gegenüber der einfachen Addierung aller Risikokosten entsteht so ein realistisches Budget der gesamten Risikokosten. Dieses Budget sollte vom Auftraggeber im Falle des Eintritts innerhalb des Projektbudgets oder über zusätzliche Finanzmittel tragbar sein, ohne das Projekt grundsätzlich zu gefährden (s. Kap. 2.4).

Grundsätzlich sollten Bestandsprojekte in der Kostenermittlung nicht ohne Puffer gerechnet werden, da bei fast jedem Projekt während der Bauphase zusätzliche Maßnahmen und Kosten

---

[191] Vgl. DIN 276-1:2008, 3.3.9 Kostenrisiken, S. 7

[192] Eine detaillierte Methode zur Risikobewertung über das „Value at Risk"-Verfahren findet man in Blecken, Udo/Hasselmann, Willi: *Kosten im Hochbau*, Rudolf Müller Verlag 2007, S. 55 ff

durch Unvorhergesehenes erforderlich werden. Eine modulare Herangehensweise (wie in Kap. 4.2.4 beschrieben) ist zusätzlich zu empfehlen.

4.2.3 Kostenermittlung im Bestand

In der Regel werden im Architektenvertrag die in der HOAI beschriebenen Leistungsinhalte vertraglich vereinbart, so dass für die Kostenplanung die Kostenermittlungsstufen der DIN 276 geschuldet sind. Nachdem sich die HOAI, Stand 2002, auf die DIN 276 mit Stand von 1981 bezog, wurde in der aktuellen Fassung von 2009 die DIN 276 mit Stand 2008 verankert. Da in der HOAI 2009 die Leistungsphasen zwar redaktionell in die Anlage 11 verschoben, jedoch inhaltlich nicht überarbeitet wurden, entsteht nun ein inhaltlicher Widerspruch insbesondere bei den Kostenermittlungsstufen Kostenrahmen und Kostenanschlag (s. Tab. 4.4).[193]

Tabelle 4.4   Unterschiede zwischen HOAI und DIN 276

Kostenermitt-lungsstufe	Zweck für den Auftraggeber	DIN 276	HOAI
Kostenrahmen	Prüfung der generellen Machbarkeit	Bei der Grundlagenermittlung (LP 1)	Nicht verankert
Kosten-schätzung	Entscheidung der weiteren Verfolgung des Entwurfsansatzes	Zur Vorplanung (LP 2)	LP 2 Vorplanung
Kosten-berechnung	Entscheidung zur Vorbereitung und Einreichung des Bauantrags	Zur Entwurfsplanung (LP 3)	LP 3 Entwurfsplanung
Kosten-anschlag	Entscheidung zur Einholung von Angeboten und zur Vergabe der Bauleistungen	Zur Ausführungsplanung/Ausschreibung (LP 5/6) – **Vor Vergabe**	LP 7 Mitwirkung bei der Vergabe – **Nach Vergabe**
Kosten-feststellung	Feststellung der tatsächlich entstandenen Kosten	Am Ende der Objektüberwachung (LP 8)	LP 8 Objektüberwachung

4.2.3.1 Kostenaufstellung im Bestand

Die Kostenermittlung über Kennwerte nach Bruttorauminhalt (BRI), Brutto-Grundfläche (BGF) oder Nutzfläche (NF), wie sie die DIN 276 in den ersten beiden Kostenermittlungsstufen vorsieht, ist im Bestand auf Grund der in Kapitel 4.2.2 beschriebenen Risiken nicht praktikabel. Ein Bestandsprojekt lässt sich wegen der individuellen Eingriffe und Veränderungen im Bestand nur über eine Verknüpfung von Kostenkennwert und Kostenverursacher praktikabel darstellen. Die Basis hierzu bilden die in Kapitel 3 beschriebenen Analyseverfahren, die alle notwendigen Maßnahmen zur technischen Sanierung des Gebäudes zum Ergebnis haben soll-

---

[193]   Auf Grund der Abweichung der im Bestand sinnvollen Kostenplanung zu den Vorgaben der HOAI empfiehlt es sich, diese als Leistungen individuell bereits in den Planungsvertrag einzubinden und sich dabei nicht pauschal auf die Anlage 11 der HOAI zu beziehen. Für frühzeitige Kostenermittlungen nach Bauelement-Methode sollten auf Grund des erhöhten Arbeitsaufwandes auch entsprechende Honoraransätze vereinbart werden. Eine Abschätzung des Aufwandes findet sich in Siemon, Klaus D.: *Baukosten bei Neu- und Umbauten*, Vieweg+Teubner Verlag 2009, S. 144

ten. Zudem sind alle aus einer möglichen Änderung der Funktion resultierenden Eingriffe in den Bestand und die sich aus den Qualitätsvorstellungen des Bauherrn ergebenen Baumaßnahmen aufzunehmen.

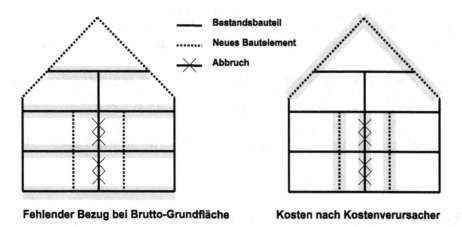

Bild 4-24   Abgrenzung von Kostenkennwert und Kostenverursacher

Die projektbezogenen Einzelmaßnahmen sind bauteilbezogen entweder entlang der Kostengliederung der DIN 276 oder anhand eines individuellen Maßnahmenkatalogs aufzustellen. Die Untergliederung der DIN 276 bildet Neubauprojekte sehr gut ab. Da wie in Tab. 4.2 aufgezeigt Abbruch und Instandsetzungen jeweils komplett unter einer Kostengruppe der dritten Ebene subsumiert werden, sind bei starken Bestandseingriffen die Kosten unproportional in ihrer Darstellung gewichtet. Daher sind für diese Bereiche individuelle Aufschlüsselungen sinnvoll. Es empfiehlt sich, die Kosten (wie in der DIN 276 textlich gefordert) nach Abbruch-, Instandsetzungs- und Neubaukosten zu differenzieren (s. Tab. 4.5).

Tabelle 4.5   Beispiel einer bauteilbezogenen Kostenaufschlüsselung im Bestand

KG	Bauelemente	Gewerk/ Vergabeeinheit	Menge ME	Kosten Abbruch	Kosten Instandsetzung	Kosten Neubau
344	Rückbau Zargen + Türblätter	Abbruch	22 St.	550,- €		
	Neue Öffnungen im Mauerwerk	Rohbau	35 St.	1575,- €		
	Schließen vorhandener Öffnungen	Rohbau	12 St.			1320,- €
	Aufarbeiten Bestandsholztüren	Tischler	55 St.		9900,- €	
	Neue Zimmerholztüren	Tischler	30 St.			12.000,- €
	Neue Wohnungseingangstüren	Tischler	15 St.			22.500,- €

Die Beschreibung der Maßnahmen (Bauelemente) sollte kurz und prägnant erfolgen, so dass alle Projektbeteiligten die Qualitätsanforderungen erkennen können, der Maßnahmenkatalog jedoch überschaubar bleibt. Kostenbeeinflussende Anforderungen sollten auf jeden Fall aufgenommen werden, um den ermittelten Kostenkennwert zu begründen.

Ein **Bauelement** sollte dabei eindeutig einer Kostengruppe der dritten Ebene nach Kostenglie-derung DIN 276 <u>und</u> einer Vergabeeinheit zuzuordnen sein.[194] So lässt sich die von der DIN 276 im Kostenanschlag geforderte Aufschlüsselung der Kosten in Bauteilorientierung und Ausführungsorientierung problemlos durchführen (s. hierzu Kap. 4.2.1).

Die **bauteilorientierte Sichtweise** ist während des Planungsprozesses sinnvoll, da sie alle Bauelemente nach ihrer Funktion im Gebäude gliedert.[195] Sie entspricht somit der Arbeitsweise im Planungsprozess und hilft, Qualitäten zu erfassen, mit dem Bauherrn zu besprechen und fortzuschreiben.

Die **ausführungsorientierte Sichtweise** ist für die Vorbereitung der Bauausführung und die Kostensteuerung im Bauprozess sinnvoll, da über Angebote und Rechnungen eine auf Verga-beeinheiten bezogene Kostenkontrolle erfolgt (s. hierzu Kap. 4.2.4).

Grundsätzlich kann beliebig zwischen den beiden Sichtweisen gewechselt werden, da die In-halte je Bauelement identisch sind und sich lediglich die Art der Sortierung ändert (s. Bild 4-25).

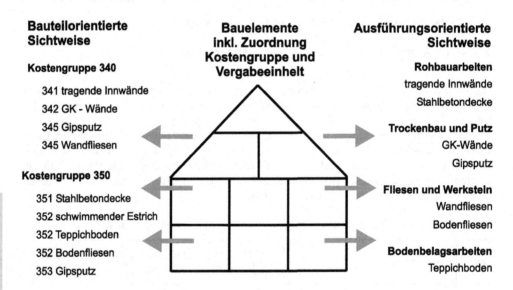

Bild 4-25   Bauteilorientierte und ausführungsorientierte Sichtweise

---

[194] Die dritte Ebene der DIN 276 muss hierzu ggf. weiter aufgeschlüsselt werden. Die Kostengruppe 352 (Deckenbeläge) muss z.B. in ein Bauelement schwimmender Estrich (352 – Estricharbeiten) und ein Bauelement Bodenbelag (352 – Bodenbelagsarbeiten) unterteilt werden. Eine Wandbekleidung be-steht ggf. aus den einzelnen Bauelementen Wandputz und Anstrich.

[195] Vgl. Bielefeld, Bert/Feuerabend, Thomas: *Baukosten- und Terminplanung*, Birkhäuser Verlag 2007, S. 44 f

4.2.3.2 Kostenermittlung für Abbruchmaßnahmen

Die Vorausberechnung von Kosten im Rückbau/Abbruch ist in der Regel schwierig, da die Bedingungen für den Abbruch bzw. Rückbau bei jedem Objekt höchst individuell sind. Wie schon in Kap. 4.2.2 beschrieben kalkulieren Abbruchunternehmen ihre Arbeiten in der Regel nach Erfahrungswerten und wenden selten präzise Kalkulationsschemata (s. Bild 4-20) wie im Rohbau an. Dies liegt einerseits an den vielen Unwägbarkeiten, die in einem Bestandsobjekt liegen, andererseits lassen sich einige Faktoren recht gut vorab definieren.

So ist die Wahl des Rückbauverfahren entscheidend für die Rückbaukosten. Dabei ist selektiver Abbruch arbeitsintensiver, in Hinsicht auf die Entsorgungskosten jedoch oft vorteilhafter. Sind Arbeiten mit schwerem Gerät (z. B. Abbruchbagger) möglich, ist dies in der Regel erheblich effizienter als der händische Rückbau mit Kleingeräten.[196] Selbst, wenn in der Planung ein Rückbauverfahren angedacht und kalkuliert wurde, bleibt es dem Unternehmer selbst überlassen, die Art des Rückbaus zu planen. So tritt die Situation ein, dass einige Anbieter je nach Ausstattung des Unternehmens ihre Kalkulation auf einen professionellen Maschineneinsatz ausrichten, andere mit hohem Personalaufwand und nur einfachen Abbruchhämmern planen. Hieraus resultieren oft starke Unterschiede in den Submissionsergebnissen.

Bild 4-26   Beispiele für arbeitsintensiven, selektiven Abbruch

Ebenso entscheidend für die Höhe der Abbruchkosten können Transportwege sein. Einerseits kann der Abtransport innerhalb des Gebäudes (z. B. durch intakte oder genutzte Bereiche) aufwändig sein, andererseits ist der Transport bis zur Entsorgung des Abbruchmaterials ein wichtiger Kostenfaktor. Wird mineralischer Abbruch vor Ort zerkleinert und wieder verwendet (z. B. als Füllmaterial im Wegebau), sind sowohl Transportkosten wie auch Entsorgungskosten überschaubar. Sind große Abbruchmengen selektiv auf eine weit entfernte Deponie zu fahren, kann der Transport entsprechend kostenintensiv sein. Auch unterscheiden sich regional Depo-

---

[196] Eine gute Übersicht über Rückbauverfahren findet man in: Lippok, Jürgen/Korth, Dietrich: *Abbrucharbeiten*, Rudolf-Müller-Verlag 2007

niegebühren und Aufarbeitungskosten und teilweise sind unterschiedliche Nachweise gefordert.

Sind spezielle Sicherungsmaßnahmen im Bereich Staubschutz oder Lärmschutz notwendig, weil z. B. bei laufendem Betrieb abgebrochen wird oder die Nachbarschaft geschützt werden muss, sind diese ebenfalls monetär zu berücksichtigen. Teilweise müssen dabei enge Arbeitszeiträume außerhalb von Arbeits- oder Ruhezeiten eingehalten werden.

Ein oft unterschätztes Kostenelement sind die Folgekosten des Abbruchs. Da vielfach aus zeitlichen Gründen der Abbruch beauftragt wird, bevor alle Planungen fertig gestellt sind, sind Schnittstellen zwischen Abbruch und Neubau oft nicht genau definiert. So müssen abgebrochene Bereiche wiederhergestellt werden oder von Folgegewerken sind nachträgliche, ungeplante Abbrucharbeiten auf Stundenlohnbasis durchzuführen. In der Festlegung von Abbruchkanten stecken hohe Kosten.

Beispiel

Werden anzulegende Türöffnungen nicht geschnitten oder werden sie zu groß angelegt, muss der Rohbau anschließend diese arbeitsintensiv anarbeiten und beimauern. Werden Kleineisenteile (Heizkörperhalter, Geländerdorne etc.) nur oberflächennah abgetrennt, müssen diese bei der Oberflächenherstellung einzeln ausgestemmt werden.

4.2.3.3 Kostenermittlung für Instandsetzungen

Unter den Kostenbereich Instandsetzungen fallen alle Arbeiten, die bestehende Bauteile aufarbeiten bzw. optisch aufwerten. Die Ursachen für den Instandsetzungsbedarf können hierbei technischer, rechtlicher oder ästhetischer Art sein:[197]

- **Statik**: z. B. Ergänzung von Tragquerschnitten, Entrostung und Korrosionsschutz an Stahltragwerken, Austausch von Holzbauteilen mit Befall und Holzschutz
- **Wärmeschutz**: Reduktion von Wärmeverlusten, Erhöhung der Winddichtigkeit
- **Schallschutz**: Erhöhung Tritt- bzw. Körperschallschutz
- **Feuchteschutz**: Undichtigkeiten z. B. bei Dachdurchdringungen, Schimmelbefall etc.
- **Brandschutz**: z. B. Herstellen der Rauchdichtigkeit bei alten Türen, Zulassungen für Bestandsbauteile
- **Geometrische und rechtliche Anforderungen**: z. B. Höhe der Treppengeländer und Brüstungshöhen, Rutschfestigkeit von Böden
- **Technische/optische Schäden**: Abplatzungen, Abbrüche, Setzungen, Risse
- **Verschleiß**: z. B. Oberflächenbeschädigungen bei Böden, Wänden, Zargen in Verkehrswegen, verschlissene Oberböden
- **Oberflächenanforderungen des Bauherrn/von Mietern**

---

[197] in Anlehnung an Bielefeld, Bert/Feuerabend, Thomas: *Baukosten- und Terminplanung*, Birkhäuser Verlag 2007, S. 86 f

Gerade die Oberflächenanforderungen des Auftraggebers können für die Kostenplanung der Instandsetzung eine ausschlaggebende Rolle spielen, wenn dieser ein neubauadäquates Gebäude fordert.

Beispiel

Das in Bild 4-27 gezeigte Stahltragwerk zeigt Farbabplatzungen im Hallentragwerk, jedoch keine Korrosion. Akzeptiert der Bauherr den optischen Zustand, müssen keine Maßnahmen durchgeführt werden. Soll das Tragwerk eine neue Beschichtung erhalten, ist neben den umfangreichen Abschleif- und Lackierarbeiten auch eine komplette Einrüstung der Halle einzurechnen. Alleine durch diese Entscheidung können hohe Mehrkosten in das Budget einfließen.

Bild 4-27   Beispiele für Bauteile, die einer Instandsetzung bedürfen

Belastbare Kostenkennwerte in der Instandsetzung ohne ausreichende Bestandserfahrung zu ermitteln, ist ebenso schwierig wie im Rückbau. Da keine Kosten für ein vergleichbares Neubauteil angesetzt werden können, ist im Detail zu analysieren, welche Arbeitsschritte für die Instandsetzung notwendig sind. In der Regel sind hier die Lohnkosten und Materialkosten für Beschichtungen, Ersatzbaustoffe etc. maßgebend.

4.2.3.4 Kostenermittlung für Neu- und Umbau

Die Kostenermittlung für die hinzugefügten Bauteile ist zu den vorig genannten Bereichen vergleichsweise einfach, da hier ausreichend Kennwerte aus dem Neubaubereich zur Verfügung stehen. Kostenkennwerte aus dem Neubau jedoch unreflektiert zu übernehmen, führt oft zu Kostenüberschreitungen nach Einholung von Angeboten. Wird ein kompletter Anbau an ein Gebäude gesetzt, so sind Kennwerte für den Neubau sicherlich angemessen, sobald jedoch innerhalb des Bestandsgebäudes gearbeitet wird, sollten die Besonderheiten des Bestandes auch monetär berücksichtigt werden. Viele Arbeiten in einem Bestandsgebäude sind aufwändiger als bei Neubauten und die Arbeitsbedingungen weniger optimal und effizient. So müssen beispielsweise Mauerwerkssteine aufwändig in das Gebäude getragen werden, anstatt sie im Zuge der Errichtung per Kran in den jeweiligen Einsatzorten zu platzieren. Oftmals sind auch Anpassarbeiten an den Bestand auf Grund nicht normierter Bauteile und großer Maßtoleranzen aufwändiger als im Neubau. Daher sollten Neubaukennwerte ggf. durch Zuschläge auf Besonderheiten im Bestandsgebäude angepasst werden.

Bild 4-28   Beispiel für besondere Arbeitsbedingungen und Anpassarbeiten im Bestand

Selbst wenn bei einigen Arbeiten die Bedingungen im Bestand denen im Neubau entsprechen, werden in unternehmerseitigen Kalkulationen oft allgemeine Umbauzuschläge eingerechnet, um etwaig im Bauprozess auftretende Unwägbarkeiten auffangen zu können.

4.2.4 Kostenverfolgung im Planungs- und Bauprozess

Da sich trotz intensiver Grundlagenarbeit zu Beginn eines Projektes auch während des Planungs- und Bauprozesses immer wieder neue Erkenntnisse und unvorgesehene Ereignisse ergeben, die zu Kostenveränderungen führen, ist eine flexible Kostenplanung notwendig.

4.2.4.1 Kostenplanung als Planungsinstrument

Eine Kostenaufstellung zu Beginn des Projektes beinhaltet noch viele Annahmen und Schätzungen auf Grund fehlender Plangrundlagen. In der Regel sollten auf Basis eines Bestandsraumbuchs die technisch notwendigen Maßnahmen herausgearbeitet werden. Funktional begründete Maßnahmen und Qualitätsvorstellungen des Auftraggebers lassen sich in der Regel erst in Zusammenhang mit den ersten Entwurfsüberlegungen festlegen. So können Abbrucharbeiten vorab nur überschlägig und Instandsetzungsarbeiten oft nur an Hand grober Qualitätsstandards geschätzt werden.

Der Maßnahmenkatalog muss daher als aktives Planungsinstrument parallel zu den sukzessive fortzuschreibenden Zeichnungen gesehen werden. Da im Laufe eines Planungsprozesses die Informationen über die Bausubstanz, technische und rechtliche Anforderungen an das Projekt, die Entwurfsinhalte und die Qualitäten immer präziser werden, sollte parallel der Maßnahmenkatalog bei jeder Änderung bzw. Detaillierung direkt angepasst und durchgehend fortgeschrieben werden. Dadurch lassen sich Kostenänderungen direkt erkennen und gegenüber dem Bauherrn kommunizieren. Zudem dient der Maßnahmenkatalog der internen Dokumentation z. B. bei zusätzlichen Qualitätsanforderungen des Bauherrn vor dem Hintergrund eines festgelegten Kostenbudgets.[198]

4.2.4.2 Kostenmodule

Hat der Bauherr nur ein klar limitiertes Budget zur Verfügung, können derartige Kostenveränderungen den Projekterfolg gefährden. Daher ist es wichtig, das in der Kostenermittlung gewählte Kostenniveau offen mit dem Bauherrn zu besprechen. Darüber hinaus sollte man zusammen mit dem Auftraggeber Module ausarbeiten, die als Puffer für unvorhergesehene und deutliche Kostenveränderungen dienen könnten (s. Kap. 4.2.2), um das Projekt gegebenenfalls finanziell zu retten. In der Regel handelt es sich hierbei um Ausbauqualitäten von Vergabeeinheiten, die erst später im Bauprozess vergeben werden (etwa Bodenbeläge aller Art, Außenanlagen o.Ä.). Über eine Änderung von Oberflächenanforderungen (Q2 bis Q4) oder Materialien (unterschiedliche Werksteine) lassen sich überschaubare Kostenerhöhungen wieder auffangen. Grundvoraussetzung ist dabei:

- das Einverständnis des Bauherrn
- die Kostenrelevanz der gewählten Bauelemente (bei einem Projekt von 20 Mio. Euro bildet etwa die Qualität der WC-Trennwände nur einen sehr kleinen Puffer)
- die noch nicht erfolgte Vergabe der Leistung (kündigt man Teile eines bereits geschlossenen Bauvertrags, so ist die volle Vergütung minus der ersparten Aufwendungen zu zahlen)[199]

Tabelle 4.6 Beispiel einer Übersicht von Kostenmodulen

Kostenmodul	Gesamtkosten des Moduls	Einsparungs-potential	Verfügbar bis Vergabetermin
Ausbau Dachgeschoss inkl. Dachdämmung	180.000,- €	150.000,- €	Juni 2010
Spachtelung von Wandoberflächen	30.000,- €	20.000,- €	September 2010
Sanitärgegenstände	90.000,- €	25.000,- €	August 2010
Richtfest + Grundsteinlegung	10.000,- €	10.000,- €	November 2010
Außenanlagen	240.000,- €	70.000,- €	März 2011

---

[198] Die Pflicht des Kostenplaners ist es, im Falle einer Kostenänderung (z. B. höhere Angebote von Bauunternehmen als im Budget vorgesehen) den Auftraggeber umgehend zu informieren, so dass dieser steuernd eingreifen kann. Eventuell vermeidbare Mehrkosten, die aus einer verspäteten Information des AG resultieren, können ggf. einen Haftungsfall auslösen.

[199] Vgl. Bielefeld, Bert: *Kalkulation des Unberechenbaren*, in Metamorphose 02/08, S. 60 ff

Mögliche Kostenmodule sind individuell an Hand der Anforderungen des Projekts bzw. des Bauherrn zu klären und zu besprechen. Auch das Zurückstellen des Innenausbaus nicht vermieteter Teile oder eines Übertragung auf die Mieter unter Mietenreduzierung für einen bestimmten Zeitraum könnte beispielsweise als Puffer dienen.

4.2.4.3 Ausführungsorientierte Kostensteuerung

Wird die Kostenplanung konsequent fortgeschrieben, so sollte im Zuge der Festlegung der endgültigen Ausbauqualitäten die Kostenermittlung von der bauteilorientierten Sichtweise auf die ausführungsorientierte Sichtweise umsortiert werden. Dies entspricht sowohl den Anforderungen der DIN 276 in der Kostenermittlungsstufe Kostenanschlag wie auch dem praktischen Planungsfortschritt, denn die bisherige bauteilorientierte Planung wird mit Ausschreibung der Leistungen nun gewerkeweise aufgeschlüsselt.

Tabelle 4.7   Beispiel einer ausführungsorientierten Kostenermittlung (vgl. Tab. 4.5)

Gewerk/ Vergabe- einheit	Bauelemente	Menge ME	Kosten Abbruch	Kosten Instand- setzung	Kosten Neubau	Budget Vergabe- einheit
Rohbau						2895,- €
	Neue Öffnungen im Mauerwerk	35 St.	1575,- €			
	Schließen vorhandener Öffnungen	12 St.			1320,- €	
Tischler						44.400,- €
	Aufarbeiten Bestandsholztüren	55 St.		9900,- €		
	Neue Zimmerholztüren	30 St.			12.000,- €	
	Neue Wohnungseingangstüren	15 St.			22.500,- €	

So lassen sich den einzelnen Vergabeeinheiten Budgets zuordnen, die bei Einholung von Angeboten direkt zu vergleichen sind. Nach Prüfung der Angebote und ggf. Veränderungen durch Vergabeverhandlungen im privaten Sektor werden im Sinne der Kostenkontrolle eventuell auftretende Mehr- oder Minderkosten aufgezeigt. Sollten Kostenerhöhungen auftreten, können diese über Kostenmodule oder Qualitätsanpassungen kommender Ausschreibungen und Vergaben aufgefangen werden.

Mit der sukzessiven Einholung von Angeboten für die jeweiligen Vergabeeinheiten wird die bisherige schätzende Kostenvoraussage des Planers mit realen Marktpreisen hinterlegt. So gewinnt die Kostenermittlung zunehmend an Sicherheit bezüglich der Kostenrisiken im Markt. Bausubstanzbezogene Risiken werden jedoch erst mit Fortschreiten der Bautätigkeit reduziert.

Da bei den meisten Projekten die Ausführungsplanung, die Ausschreibung, die Vergabe und die Bauausführung in weiten Teilen parallel ablaufen[200], können die bisher strikt den Leistungsphasen zugeordneten Kostenermittlungsstufen nun nicht mehr schrittweise bearbeitet werden. Vielmehr ist eine parallele Betrachtung aller Vergabeeinheiten in ihrem derzeitigen

---

[200] Man spricht dabei von baubegleitender Planung.

Fortschritt notwendig. Für jede einzelne Vergabeeinheit entsteht eine eigener Ablauf mit folgenden Schritten:

1. Festlegung des Budgets der Vergabeeinheit
2. Auswertung und Kontrolle der Angebotssumme im Vergabeverfahren
3. Kostenverfolgung während des Bauprozesses/Nachhalten von Nachträgen
4. Kostenfeststellung nach Prüfung der Schlussrechnung

Diese Schritte können auf Basis der ausführungsorientierten Kostenermittlung fortgeschrieben werden. So werden für jedes Gewerk die gerade aktuellen Kosten zu Grunde gelegt, um das Gesamtbudget des Projektes aktuell vorzuhalten (s. Bild 4-29).

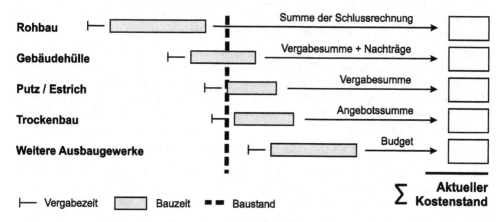

Bild 4-29 Aktualisierung des Gesamtbudgets während der Bauphase

Da sich gerade im Bestand auch nach Festlegung des Bausolls und Vergabe der Leistungen regelmäßige **Änderungen am Leistungsumfang** ergeben, ist eine durchgehende Kostenkontrolle wichtig. Sobald sich durch die Bausubstanz oder Anweisungen des Bauherrn Änderungen am Bausoll ergeben, sollten diese als Kostenprognose in die Kostenermittlung mit aufgenommen werden (s. Tab. 4.8). Wenn diese dann als Nachträge (s. Kap. Nachtragsmanagement) vereinbart werden, ersetzen sie monetär die Kostenprognosen. Sollten sich größere Mengenänderungen bei kostenrelevanten Positionen ergeben, ohne dass hierfür ein Nachtrag gestellt wird, sollten die Kostenänderungen ebenfalls aufgenommen werden.

Tabelle 4.8 Schema einer Kostenverfolgung im Vergabe- und Bauprozess

Gewerk/ Vergabe- einheit	Bauelemente	Menge ME	Budget Kosten- anschlag	Vergabe- summe	Nachtrag/ Kosten- prognose	Schluss- rechnung	Aktueller Kosten- stand
Gewerk 1	Bauelement 1						
	Bauelement 2						

Nach Fertigstellung der Arbeiten wird die **Schlussrechnung** gestellt und durch den Bauleiter geprüft. Das Ergebnis wird als festgestellte Kosten der Vergabeeinheit in die Kostenermittlung aufgenommen und erzeugt in diesem Bereich eine finale Kostensicherheit.

Nach Prüfung aller Schlussrechnungen der am Projekt beteiligten Bauunternehmen wird nach DIN 276 die Kostenermittlungsstufe **Kostenfeststellung** durchgeführt, die insbesondere für die Finanzierungsträger des Auftraggebers wichtig sind. Hierzu werden in der Regel alle Kosten gewerkeweise zusammengefasst. Die DIN 276 fordert in der Fassung von 2008 eine bauteilorientierte Aufschlüsselung bis zur dritten Ebene. Diese ist zur Kennwertbildung des Planers für zukünftige Projekte sinnvoll.

4.2.4.4 Auswertung und Bildung von Kennwerten

Nach Abschluss des Projektes sind die Ergebnisse der Kostenfeststellung ein wertvolles Wissen für das betreuende Planungsbüro. Daher sollten die entstandenen Kosten ausgewertet und für zukünftige Projekte als Kennwert-Datenbank aufbereitet werden.

Wenn die Auswertung auf einer durchgehenden Kostenfortschreibung basiert, ist der Aufwand in der Regel überschaubar und schafft einen wesentlichen Wissensvorsprung gegenüber anderen Marktteilnehmern. Hierzu sollten Leistungsverzeichnisse so aufgebaut werden, dass die Titel und Untertitel möglichst den Bauelementen der Kostenermittlung entsprechen (s. Bild 4-22). So können die im Inklusivpreis inbegriffenen Nebenbestandteile einfach nach folgender Formel umgerechnet werden:

$$Kostenkennwert = \sum des\ Titels/Menge\ der\ abgerechneten\ Hauptposition\ (Bauelement)$$

Die Kennwerte bilden ein wesentliches Know-How für Bestandsprojekte. Durch die spezifische Projektkenntnis des Büros können die archivierten Kennwerte weitaus besser an aktuelle Projekte angepasst werden als veröffentlichte Kennwerte allgemeiner Datenbanken wie BKI.

Grundsätzlich sollten Kennwerte als Netto-Kennwerte archiviert werden, um bei zukünftigen Umsatzsteueranpassungen keine Umrechnungen vornehmen zu müssen. Durch die Grundlage aus Schlussrechnungen ist zudem zu beachten, dass Mengenermittlungen bei zukünftigen Projekten nach den Regeln der VOB/C durchzuführen sind.

4

4.3 Terminplanung

Autor: Dr. Peter Wotschke

4.3.1 Grundlagen der Terminplanung

Sinn und Zweck eines Terminplans ist die Organisation und Darstellung von Prozessen, die notwendig sind, um ein Projektziel zu erreichen. Bei Bauvorhaben heißt das Projektziel: Fertigstellung des Bauwerks innerhalb zeitlicher, monetärer und qualitativer Vorgaben.

Im Bauwesen werden vornehmlich Balkenpläne verwendet, da sie bei entsprechender Fachkenntnis mit standardisierter Software einfach zu erstellen und zu modifizieren, gut zu lesen und im Hinblick auf den Projektfortschritt schnell auszuwerten sind.

4.3.1.1 Elemente eines Terminplans

Vorgänge

In Balkenplänen werden Tätigkeiten als Vorgangsbalken mit einer Länge auf der Zeitachse dargestellt, die proportional zu der Dauer ist, die mit dem Vorgangsbalken abgebildet wird.

Meilensteine

Hat ein Vorgangsbalken die Dauer Null, so bildet er keine Tätigkeit ab, sondern einen Zustand bzw. ein Ereignis. Diese Darstellung wird als Meilenstein bezeichnet. Typische Meilensteine sind Startmeilenstein, Endmeilenstein oder „Hülle dicht".

Sammel- und Summenvorgänge

Sammel- und Summenvorgänge sind Strukturierungselemente, die keine Tätigkeiten abbilden. Aus diesem Grunde werden sie nicht verknüpft und nicht mit Ressourcen (Arbeit, Geld, Material, Gerät etc.) hinterlegt.

Begleitvorgänge

Vorgänge, die ihre Dauer variabel an den Terminplan anpassen, werden als Begleitvorgänge bezeichnet. Praktischerweise werden Begleitvorgänge durch zwei Meilensteine bedingt. Ein Meilenstein definiert den Beginn des Vorgangs, während ein zweiter Meilenstein das Ende des Vorgangs bestimmt.

Eingesetzt werden Begleitvorgänge beispielsweise für die Darstellung von Baustelleneinrichtung und Baustellengemeinkosten.

Puffervorgänge

Vorgänge, die einen Puffer abbilden und ihre Dauer dementsprechend bei Veränderungen des Bauablaufs variabel an den Terminplan anpassen, bilden keine Tätigkeit ab und sollten daher nicht mit Ressourcen belegt werden.

4.3.1.2 Verknüpfungen

Verknüpfungstypen

Kausale Zusammenhänge zwischen Vorgängen und/ oder Meilensteinen werden als Abhängigkeiten bezeichnet und durch Verknüpfungspfeile dargestellt. In der Regel werden Anfangs- und/ oder Endpunkte von Vorgangsbalken verknüpft. Der Vorgangsbalken, an dem die Verknüpfung ihren Anfang hat, wird zum Vorgänger, während der Vorgangsbalken, an dem die Verknüpfung ihre Ende hat, zum Nachfolger wird.

Dabei sind folgende Konstellationen möglich[201]:

4

---

[201] Vgl. Bielefeld, Bert/Feuerabend, Thomas: *Baukosten- und Terminplanung*, Birkhäuser Verlag 2007, S. 111 f

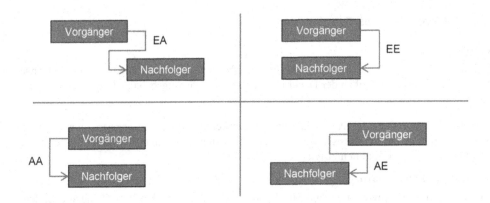

Bild 4-30   Verknüpfungstypen in einem Balkenplan

Ende-Anfang (EA): Der Nachfolger kann erst beginnen, wenn der Vorgänger beendet ist.

Beispiel: Wand mauern **EA** Wand verputzen
Bedeutet: Das Ende des Mauerns der Wand ist Voraussetzung dafür, dass mit dem Verputzen der Wand begonnen werden kann. Diese Konstellation bezeichnet man auch als Normalfolge.

Ende-Ende (EE): Der Nachfolger kann erst beendet werden, wenn der Vorgänger beendet ist.

Beispiel: Leitungen installieren **EE** Leitungen prüfen
Bedeutet: Das Ende der Leitungsinstallation ist Voraussetzung dafür, dass das Prüfen der Leitungen abgeschlossen werden kann. Diese Konstellation bezeichnet man auch als Endfolge.

Anfang-Anfang (AA): Der Nachfolger kann erst beginnen, wenn der Vorgänger begonnen hat.

Beispiel: Beton einbringen **AA** Beton verdichten
Bedeutet: Das Verdichten des Betons kann erst begonnen werden, wenn mit dem Einbringen des Betons begonnen wurde. Diese Konstellation bezeichnet man auch als Anfangsfolge.

Anfang-Ende (AE): Der Nachfolger kann erst enden, wenn der Vorgänger begonnen hat.

Beispiel: Fertigteile liefern **AE** Fertigteile einbauen
Bedeutet: Der Beginn der Fertigteillieferung ist Voraussetzung dafür, dass die Fertigteile eingebaut werden können. Diese Konstellation bezeichnet man auch als Sprungfolge.

Vorgangsbeziehungen werden häufig mit zeitlichen Distanzen versehen. Diese Distanzen stellen beispielsweise Wartezeiten dar. Wartezeiten sind keine Tätigkeiten und werden daher nicht durch Vorgangsbalken dargestellt.

Stattdessen werden Abhängigkeiten mit einer Abstandsdauer versehen. Auf diese Weise wird es möglich, ein und dieselbe zeitliche Lage zweier Vorgänge in unterschiedliche Kausalzusammenhänge zu bringen. Dies verdeutlicht das nachfolgende Bild 4-31.

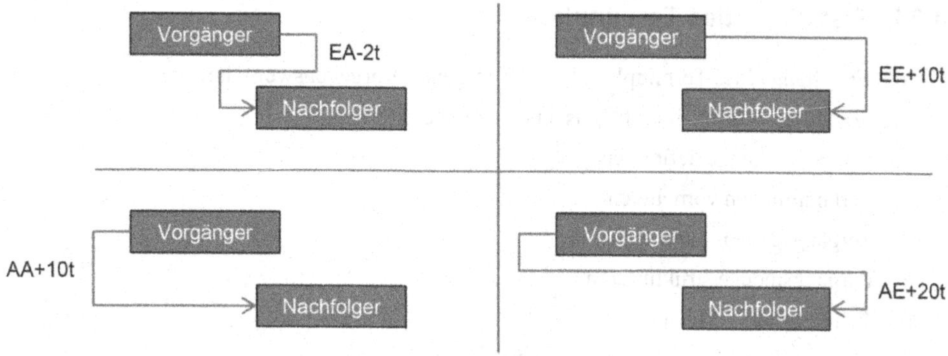

Bild 4-31 Einsatz von unterschiedlichen Verknüpfungstypen und Abstandsdauern zur Darstellung desselben zeitlichen Versatzes zwischen zwei Vorgängen

Oben links ist dargestellt, dass der Nachfolger zwei Tage früher beginnen kann als der Vorgänger endet. Oben rechts hingegen kann der Nachfolger erst zehn Tage nach dem Ende des Vorgängers enden. Unten links ist dargestellt, dass der Nachfolger zehn Tage nach dem Beginn des Vorgängers beginnt. Unten rechts dagegen kann der Nachfolger erst 20 Tage nach dem Beginn des Vorgängers enden.

Verknüpfungsarten

In einem vollständig verknüpften Terminplan hat in der Regel jedes Element einen Vorgänger und einen Nachfolger.

Vollständig verknüpfte Terminpläne werden benötigt, um kritische Vorgänge identifizieren zu können. Als „kritisch" werden Vorgänge bezeichnet, deren Endverschiebung auch direkt zu einer Verschiebung des Projektendes führen.

Man unterscheidet drei Arten von Verknüpfungen:

- **Technologische Verknüpfungen**: Diese sind zwingend einzuhalten und erlauben keine Wahlmöglichkeit, da sie sich unmittelbar aus den technischen Erfordernissen der Leistungserstellung, wie etwa allgemeinen Naturgesetzen oder konkreten Bauinhalten, ergeben.

- **Kapazitive Verknüpfungen**: Sie verdeutlichen, dass die Kapazitäten des Ausführenden, vor allem Personal und Gerät, nicht uneingeschränkt zur Verfügung stehen. Derartige Verknüpfungen stellen also dar, dass zwei Vorgänge nacheinander erfolgen sollen, weil nicht genug Kapazitäten bereitgestellt werden können, um die Vorgänge zeitgleich ablaufen zu lassen.

- **Präferentielle Verknüpfungen**: In Terminpläne finden sich aber auch Verknüpfungen, die weder technologisch noch kapazitiv begründet sind. Diese haben ihren Ursprung meist in bauablauftechnischen Vorgaben des Terminplaners oder in den Vorstellungen anderer am Bauvorhaben Beteiligter.[202]

4

---

[202] Vgl. Hornuff, Maik, R.: *Flexibilität in der Bauablaufplanung und ihre Nutzung bei Bauverzögerungen*. Schriftenreihe des Instituts für Bauwirtschaft Baubetrieb Braunschweig, Heft 36. Dissertation 2003, S. 46

4.3.2 Erstellung des Terminplans

Für die Erstellung eines Terminplans hat sich folgende Vorgehensweise bewährt

1. Grundlagen ermitteln und Basisentscheidungen treffen
2. Einheitsvorgänge definieren
3. Verknüpfungen vornehmen
4. Vorgangsdauern ermitteln
5. Vorgangsmenge strukturieren
6. Korrekturlauf vornehmen

Die einzelnen Arbeitsschritte werden nachfolgend dargestellt.

SCHRITT 1: GRUNDLAGEN UND BASISENTSCHEIDUNGEN

Motivation und Ziele feststellen

Die Möglichkeiten, einen Terminplan zu nutzen, sind vielfältig und hängen davon ab, welche Rolle der Ersteller im Projekt spielt und welche Aufgaben dieser mit dem Terminplan erfüllen möchte. Dies entscheidet, welche Inhalte der Terminplan enthalten soll und welche Informationen aus dem Terminplan entnommen werden sollen. Nachfolgend sind ein paar Beispiele genannt, um dies zu verdeutlichen.

Bauherr   Zum einen interessiert den Bauherrn als Gesamtverantwortlichen die Gesamtsituation des Projektes. Die Einhaltung der Vertragstermine, des Budgets und der vereinbarten Qualitäten. Der Bauherr hat somit ein Interesse, diese Informationen im Terminplan wiederzufinden. Dies geschieht beispielsweise durch Ausweisung der Vertragstermine, durch Hinterlegung von Kosten und durch Ausweisung von Terminen für Abnahmen, Probeläufe und Inbetriebnahmen.

Bild 4-32   Beispiel Terminplan Bauherr

Objektplaner/   Der Bauherr hat zwar die höchste Entscheidungsbefugnis, nicht aber auto-
Bauleiter   matisch die höchste Sachkompetenz in allen relevanten technischen und organisatorischen Fragen. Der Bauherr muss aber Entscheidungswege verstehen und einschätzen können, wann er welche Entscheidungen treffen muss. Der Bauherr wird daher durch Architekten, Fachplaner, Projektsteuerer oder Bauüberwacher beraten. Diese übernehmen Koordinierungsaufga-

ben für den Planungs- und Bauprozess und haben damit ein Interesse, im Terminplan Anhaltspunkte zu finden, wie die jeweiligen Auftragnehmer des Bauherrn untereinander koordiniert werden müssen und welche Entscheidungen zu welchem Zeitpunkt getroffen werden muss. Ein wesentlicher Augenmerk liegt dadurch auf den Schnittstellen verschiedener Planer bzw. Ausführender.

Generalunternehmer

Wird das Projekt über einen Generalunternehmer abgewickelt, hat dieser ein ähnliches Interesse an der Gesamtsituation wie der Objektplaner bzw. Bauleiter des Bauherrn, Termine, Kosten und Qualitäten zu überwachen. Jedoch agiert der Generalunternehmer im Sinne der Gewinnoptimierung mit eigenen Ausführenden bzw. in direktem Vertragsverhältnis mit Subunternehmern.

Der Generalunternehmer hat somit ein Interesse, im Terminplan Anhaltspunkte wiederzufinden, zu welchem Zeitpunkt er welche Subunternehmer, welche eigenen Arbeitskräfte und welche Materialien auf die Baustelle bringen muss. Dies geschieht beispielsweise durch Ausweisung von Terminen für Nachunternehmervergaben, Bemusterungen, Lieferabläufen und Freigaben.

Mit der Ausführungsverantwortung hat der Generalunternehmer im Gegensatz zum Bauherrn ein hohes Interesse an der Planung von Detailabläufen und neben der Überwachung auch an der Steuerung von Abläufen. Der wirtschaftliche Erfolg des Generalunternehmers hängt wesentlich davon ab, wie gut er es versteht, die beteiligten Gewerke zu koordinieren und zeitnah auf Probleme zu reagieren und eine Lösung herbei zu führen.

Generalunternehmer wie auch Bauleiter des Bauherrn haben ein Interesse, im Terminplan detailliert auszuweisen, welche Tätigkeiten ausgeführt werden sollen und wie diese – vor allem Gewerke übergreifend – voneinander abhängen. Zudem müssen sie zeitnah den Fortschritt überwachen, um Abweichungen vom Plan erkennen und Probleme identifizieren zu können. Dies geschieht beispielsweise durch Ausweisung von verknüpften Detailabläufen und Terminen und einer Baufortschrittsüberwachung.

Ausführende

Der Ausführende ist daran interessiert, seine Ressourcen – also Arbeitskräfte, Materialien und Geräte – zu koordinieren bzw. zu disponieren, um diese wirtschaftlich einzusetzen. Andererseits muss er seinen Leistungsumfang von dem des Auftraggebers und von dem anderer Ausführender abgrenzen.

Die Terminplanung eröffnet ihm dabei die Möglichkeit, eine Schnittstellenliste grafisch umzusetzen und zu verdeutlichen, welche Vorleistungen er für seine ungestörte Leistungserbringung benötigt.

Sofern nicht eine leistungsunabhängige Vergütung vereinbart ist, kann der Ausführende eine Baufortschrittsdokumentation vornehmen, um seine Vergütungsansprüche begründet darstellen zu können. Der Ausführende hat somit ein Interesse, im Terminplan detailliert auszuweisen, welche Tätigkeiten von ihm ausgeführt werden sollen und wie diese – vor allem von baulichen bzw. planerischen Vorleistungen – abhängen. Weiter kann er Zeit- und Kostenrahmen und den Einsatz von Personal, Material, Gerät darstellen.

Diese Darstellung kann er zur eigenen Steuerung verwenden oder Abweichungen von dieser Darstellung für ein Nachtragsmanagement verwenden.

4

Auswahl der Bauverfahren

Häufig sollen einzelne Bauteile in einem Gebäude ertüchtigt oder ausgetauscht werden. Derartige Maßnahmen sollen die angrenzenden Bauteile weitestgehend unbeeinträchtigt lassen. So sollte in Erwägung gezogen werden, Verfahren mit hohem Wassereinsatz zu vermeiden, um die Durchfeuchtung der Altsubstanz und damit die Gefahr der Schädigung oder des Befalls durch Schimmelpilz zu minimieren. Dies betrifft beispielsweise den Einsatz von Trockenputz, statt Nassputz oder Gussasphaltestrich statt wassergebundenem Estrich.

Auch bei der Wahl der Abbruchmaßnahmen ist auf die Altsubstanz Rücksicht zu nehmen. Abbrucharbeiten mit schwerem Gerät verursachen Erschütterungen und Vibrationen, die schützenswerte Bauteile schädigen können. Daher sollte der Einsatz erschütterungsarmer Maßnahmen, wie Trennschleifen, anstelle des Einsatzes eines Drucklufthammers geprüft werden. Vor allem bei innerstädtischen Baustellen sollten die räumlichen Gegebenheiten geprüft werden, damit das vorgesehene Gerät auch zum Einsatz kommen kann (vgl. Bild 4-33).

Derartige Entscheidungen haben auch terminplanerische Konsequenzen, da sie im Hinblick auf die Bauzeit und die Einbindung in den Bauablauf maßnahmenspezifisch bewertet werden müssen.

Bild 4-33   **O**ptimale Nutzung der Zugangsmöglichkeiten für den Einsatz von Großgerät

Methodik der Problemlösung

Die Abbildung komplexer Bauvorhaben kann nur mit einer großen Anzahl an Details erfolgen, die zueinander in Relation gesetzt werden müssen. Das hat zur Folge, dass Terminpläne für Großbaustellen oder Großanlagen einen Umfang von mehreren Tausend oder gar Zehntausend Zeilen haben.

Die Erstellung eines solchen Terminplans muss also gut strukturiert vorgenommen werden. Dabei haben sich zwei grundsätzliche Herangehensweisen etabliert: **Top-down**, also vom Allgemeinen zum Speziellen, oder **Bottom-up**, also vom Detail hin zur Gesamtmaßnahme.

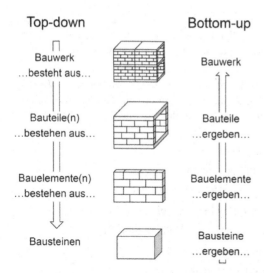

Top-down		Bottom-up
Bauwerk …besteht aus…		Bauwerk
Bauteile(n) …bestehen aus…		Bauteile …ergeben…
Bauelemente(n) …bestehen aus…		Bauelemente …ergeben…
Bausteinen		Bausteine …ergeben…

Bild 4-34   Methodik der Problemlösung in der Terminplanung

Von welcher Seite sich der Planer diesem komplexen Problem nähert, ob nun „von oben" oder „von unten", ist dabei nicht relevant. Die Aufgabe, den Erstellungsprozess eines komplexen Bauvorhabens zu modellieren, ist in jedem Fall anspruchsvoll.

Grundsätzlich empfiehlt es sich, frühzeitig eine Projektstruktur zu entwickeln bzw. eine bereits vorhandene Struktur – etwa aus der Planung, der Ausschreibung oder der Kalkulation zu übertragen, um einen Vergleich der Daten unterschiedlicher Herkunft zu ermöglichen. Zumindest sollten räumliche Strukturen wie Ebenen, Bauteile, Bauabschnitte und Bauelemente in der Strukturierung des Projektes Berücksichtigung finden. Daneben empfiehlt es sich, auch durch Definition von Meilensteinen, Abgrenzung von Projektphasen oder Installation von Teilprojekten dem Projekt eine übersichtliche Struktur zu geben.

Top-down   Terminpläne dieser oben skizzierten Ausmaße sind als Ganzes unübersichtlich und auf der Baustelle kaum einsetzbar. Aus diesem Grund wird die Top-down-Methode häufig angewendet, um mit dem Projektfortschritt den Detaillierungsgrad der Planung zu erhöhen.

Empfohlen wird beispielsweise ein dreistufiges Vorgehen:[203]

- Gesamtrealisierungsplan mit den wesentlichen Planungs- und Ausführungsphasen des Projektes, der während der Projektvorbereitung aufgestellt wird.

- Rahmenterminpläne mit Bezug zu den einzelnen Bauwerken von Bauabschnitten, die in der Regel getrennt für die Planung und Ausführungsphase aufgestellt werden und vor allem der Ableitung von Verzugsmeldungen dienen.

---

[203] Vgl. Ahrens, Hannsjörg/Bastian, Klemens/Muchowski, Lucian: *Handbuch Projektsteuerung – Baumanagement*, 2., aktualisierte Auflage. Fraunhofer IRB Verlag 2006, S. 320

Detailablaufpläne mit Bezug zu den einzelnen Bauwerken bzw. Bauabschnitten und einzelnen Phasen der Planung oder Ausführung. Sie dienen als Grundlage für die organisatorische Koordinierung und Steuerung des Projektes.

Ein ähnliches Vorgehen ist dem Aufbau der HOAI zu entnehmen. Mit den Leistungsphasen, die zeitlich nacheinander ablaufen, nimmt auch die Detailtiefe zu. Folglich detailliert auch die Terminplanung, die daran angelehnt ist, mit dem Projektfortschritt:

- Terminrahmen (HOAI Phase 1 bis 9)
- Generalablaufplan (HOAI Phase 1 bis 8)
- Grob-/Detailablaufplan Planung (HOAI Phase 2 bis 7)
- Grobablaufplan Ausführung (HOAI Phase 3 bis 8)
- Steuerungsablaufpläne Ausführung (HOAI Phase 5 bis 8)
- Bauzeitenpläne/ Terminlisten (HOAI Phase 8)
- Detailablaufplan Übergabe (HOAI Phase 9)

Der Vorteil der Top-down-Methode liegt darin, dass die Detaillierung der Planung mit dem Projektfortschritt und damit mit dem Bedarf an Detailvorgaben wächst. Die Gefahr einer „Überplanung" ist damit sehr gering und der Planungsumfang orientiert sich am Bedarf. Nachteilig ist hingegen, dass die nachträgliche Detaillierung eines Vorganges dazu führen kann, dass sich erst zu einem späten Zeitpunkt herausstellt, dass die unter einem Vorgang subsummierten Teilvorgänge nicht im vorgegebenen Zeitfenster realisierbar sind. Aufgrund der fehlenden Detailtiefe werden bei der Top-down-Methode häufig Verknüpfungen verwendet, für die es keine exakte Ursache gibt. Nachfolgendes Beispiel verdeutlicht dies vereinfachend:

In einem Terminplan wird in der ersten Detaillierungsstufe der Zusammenhang zwischen der Erstellung einer Stahlbetondecke und den darauf zu errichtenden Stahlbetonwänden dargestellt. Die Abhängigkeit zwischen den beiden Vorgängen wird durch eine EA-Verknüpfung dargestellt, die einen negativen Abstand enthält – also beispielsweise EA-10t. Die Darstellung sagt damit aus, dass mit der Erstellung der Stahlbetonwände zehn Tage vor dem Abschluss der Stahlbetondeckenerstellung begonnen werden kann.

Einen derartigen Zusammenhang gibt es nicht. Vielmehr muss die frisch betonierte Decke erst eine Festigkeit erreichen, die es erlaubt, auf der Decke mit dem Stellen der Wandschalung zu beginnen. Dieser Zusammenhang wird aber erst mit der zweiten Detaillierungsstufe darstellbar (vgl. Bild 4-35).

Wenn nun aber derartige technologisch bedingte Abhängigkeiten erst mit zunehmender Detaillierung darstellbar werden, besteht die Gefahr, dass die Zusammenhänge nicht angemessen berücksichtigt werden können und so Terminpläne erstellt und vertraglich vereinbart werden, die nicht umsetzbar sind.

Detaillierungsstufe 1

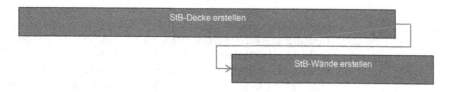

Detaillierungsstufe 2

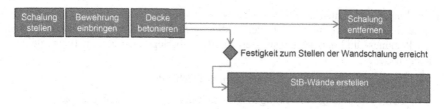

Bild 4-35   Detaillierung von Vorgängen zur Verdeutlichung Ihrer Abhängigkeiten

Bottom-up

Bei der Bottom-up-Methode versucht der Planer, den Bauprozess so abzubilden, wie er tatsächlich stattfindet, nämlich beginnend mit der kleinsten sinnvoll darzustellenden Einheit hin zum Gesamtbauwerk.

Die kleinste sinnvoll darzustellende Einheit ergibt sich aus individuell aus dem jeweiligen Kontext und ist beispielsweise abhängig von:

- der Größe und Komplexität des Bauvorhabens,
- dem Umfang der geschuldeten Leistungen,
- der Anzahl der abzubildenden Gewerke

Dabei kann die kleinste sinnvoll darzustellende Einheit durchaus eine ganze Wand oder ein ganzes Geschoss sein. Zu beachten ist, dass der Terminplan im Nachhinein nicht weiter als auf diese Einheit detailliert werden.

Auf diese Weise kann ein Bauprozess als multiple Reproduktion von Elementareinheiten abgebildet werden. Wegen der Vielzahl wiederkehrender Vorgänge und Verknüpfungen sollte die Erstellung des Terminplans datenbankgestützt vorgenommen werden.

> Durch den Einsatz eines Datenbanksystems kann – im Vergleich zur nutzergestützten Bearbeitung – ein Terminplan generiert werden, der im Hinblick auf seine Vollständigkeit, Richtigkeit und Konsistenz signifikant verbessert werden kann.[204]

---

[204] Vgl. Richter, Sven/Huhnt, Wolfgang/Wotschke, Peter: *Applying a New Approach for Generating Construction Schedules to Real Projects*, Computation In Civil Engineering – Computing in Engineering. Shaker Verlag 2009. S. 234 ff.

Der Vorteil der Bottom-up-Methode liegt darin, dass für ausgewiesene Dauern und Verknüpfungen exakte Ursache vorhanden sind. Das oben genannte Beispiel würde sich in der Art darstellen, dass zuerst in der Detaillierungsstufe 2 geplant wurde, die dann in der Darstellung zur Detaillierungsstufe 1 zusammengefasst wird, um beispielsweise die Lesbarkeit des Terminplans zu erhöhen. Der Nachteil liegt jedoch darin, dass dieser erst nach Vorliegen aller Detailinformationen aufgestellt werden kann. Sofern die benötigten Detailinformationen nicht hinreichend bekannt sind, kann dieser Nachteil dazu führen, dass von der Verwendung einer Bottom-up-Methode Abstand genommen werden muss.

Beim Planen und Bauen im Bestand sind wesentliche Einflussfaktoren zu berücksichtigen, die ggf. auch in einem Terminplan Berücksichtigung finden sollten. Dazu zählen neben den üblichen Planungs- und Ausführungsprozessen auch Überlegungen zu den Baubegleitumständen, wie etwa:

- Umgang mit Nutzern und Bewohnern des Gebäudes,
- Berücksichtigung von Auflagen des Denkmal- bzw. Ensembleschutzes,
- Räumliche Einschränkungen der Baustellenlogistik und -infrastruktur.

Besonderes Gewicht sollte auf die Vorbereitung der Maßnahmen gelegt werden. Noch vor einer detaillierten Planung muss die bestehende Bausubstanz angemessen berücksichtigt werden. Hierbei sollte die Aufnahme, die Analyse und die Bewertung der Bestandsbauten sorgfältig betrachtet werden.

„Nichts ist so beständig wie der Wandel"[205] ist eine Weisheit, die sich aus dem Bauen im Bestand hätte entwickeln können. Sie verdeutlicht sehr anschaulich, wie dynamisch der Prozess der Terminplanung sein kann bzw. sein muss.

Im Gegensatz zu Neubauten, in denen Leistungspakete klar beschrieben werden können und – bei gründlicher und vorausschauender Planung – nicht geändert werden müssen, kristallisiert sich beim Bestandsbau erst mit dem Projektfortschritt heraus, welche Leistungen tatsächlich in welchem Maße erforderlich werden.

Folglich muss der Baufortschritt kontinuierlich überwacht und der Terminplan fortgeschrieben werden. Um sicher stellen zu können, dass mit der erforderlichen Dynamik geplant und gesteuert werden kann, sind Planungs- und Ausführungsprozesse einem Qualitätsmanagement zu unterwerfen.

Ein derartiges Qualitätsmanagement sollte Anforderungen an Beteiligte und Materialien formulieren und überwachen, wie etwa:

- Eindeutige Leistungsbeschreibung und Schnittstellendefinition,
- Umfangreiche Bestandsdokumentation,
- Festlegung von Änderungs- und Entscheidungsprozessen,
- Sicherstellung der Kommunikationswege und
- Umfangreiche Qualitätsprüfung über die gesamte Projektlaufzeit.

---

[205] Heraklit von Ephesus

SCHRITT 2: EINHEITSVORGÄNGE

Nach der Festlegung der Grundlagen und der Basisentscheidungen empfiehlt sich, die Arbeitsschritte zu identifizieren, die für die geplanten Tätigkeiten erforderlich sind. Dabei ist es hilfreich, Prozesse so zu beschreiben, dass die Beschreibung als Vorlage für möglichst viele Herstellprozesse unterschiedlicher Bauteile verwendet werden kann.

Auch wenn eine Baumaßnahme als Ganzes einen Unikatprozess darstellt, so besteht dieser Prozess doch aus einer Vielzahl von Teilprozessen, die zu einem Großteil standardisierbar sind.

So läuft der Herstellprozess für ein Bauelement aus Stahlbeton, beispielsweise einer Wand in Ortbeton-Fertigungsweise, immer in derselben Reihenfolge ab, wie Bild 4-36 zeigt.

Bild 4-36   Arbeitsschritte bei der Erstellung einer Stahlbetonwand in Ortbeton

Auch Stahlbetondecken und -stützen aus Ortbeton werden in derselben Sequenz an Arbeitsschritten erstellt, auch wenn im Falle der Stahlbetondecken der Arbeitsschritt „Schalung schließen" entfällt.

Die zu planenden Arbeiten werden auf ihre Einzelvorgänge untersucht und in einem Terminplan benannt. Zunächst werden die Tätigkeiten als Einheitsvorgänge mit der Dauer „1 Tag" zusammengestellt. Dies verdeutlicht das nachfolgende Bild 4-37.

Nr.	Vorgangsname	Dauer	Nachfolger	Vorgänger	So	Mo	Di	Mi	Do	Fr	Sa	So	Mo	Di	Mi	Do	Fr
1	Schalung stellen Wand 1	1 Tag															
2	Bewehren Wand 1	1 Tag															
3	Schalung schließen Wand 1	1 Tag															
4	Betonieren Wand 1	1 Tag															
5	Ausschalen Wand 1	1 Tag															
6	Schalung stellen Wand 2	1 Tag															
7	Bewehren Wand 2	1 Tag															
8	Schalung schließen Wand 2	1 Tag															
9	Betonieren Wand 2	1 Tag															
10	Ausschalen Wand 2	1 Tag															

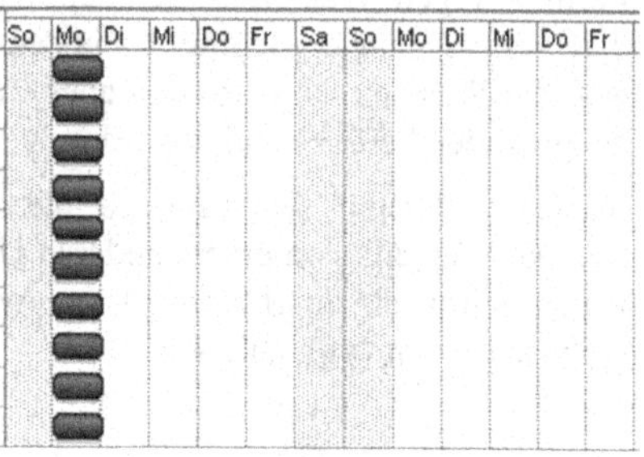

Bild 4-37   Auflistung der Einheitsvorgänge

Wie bereits erwähnt, sollten hierbei auch die besonderen Aktivitäten in Bezug auf die Bestandsbauten Berücksichtigung finden. Dies umfasst alle Bestandsanalysen (s. Kap. 3) in der Planungsphase, die Rückbaumaßnahmen zu Beginn der Bauphase (wie z. B. Ausbau von Heizkörpern, Wandabbruch, Betonschneidearbeiten, statische Abfangungen) und besondere Maßnahmen der späteren Bauarbeiten (z. B. Anpassarbeiten, Begutachtungen nach Bauteilöffnungen, Fundamentunterfangungen, Kernbohrungen etc.). Bei Bestandsbauten sind zudem häufig Zwischen- und Hilfszustände vorzusehen, um beispielsweise alte Wände oder Balken auszutauschen bzw. zu ertüchtigen.

4

SCHRITT 3: VERKNÜPFUNGEN

Nachdem die Einheitsvorgänge wie in Bild 4-37 zusammengestellt wurden, werden die Abhängigkeiten zwischen den einzelnen Vorgängen hinzugefügt, die Vorgänge werden somit zueinander in Relation gesetzt (vgl. Bild 4-38). Dazu werden zweckmäßigerweise in einem ersten Schritt die technologischen Abhängigkeiten eingebracht.

Nr.	Vorgangsname	Dauer	Nachfolger	Vorgänger	So	Mo	Di	Mi	Do	Fr	Sa	So	Mo	Di	Mi	Do	Fr
1	Schalung stellen Wand 1	1 Tag	2														
2	Bewehren Wand 1	1 Tag	3	1													
3	Schalung schließen Wand 1	1 Tag	4	2													
4	Betonieren Wand 1	1 Tag	5EA+2 fTage	3													
5	Ausschalen Wand 1	1 Tag		4EA+2 fTage													
6	Schalung stellen Wand 2	1 Tag	7														
7	Bewehren Wand 2	1 Tag	8	6													
8	Schalung schließen Wand 2	1 Tag	9	7													
9	Betonieren Wand 2	1 Tag	10EA+2 fTage	8													
10	Ausschalen Wand 2	1 Tag		9EA+2 fTage													

Bild 4-38   Berücksichtigung technologischer Abhängigkeiten

Im dargestellten Beispiel werden die Vorgänge der Wand in Ortbeton-Fertigungsweise miteinander verknüpft. Die gewählten Verknüpfungen sind allesamt EA-Verknüpfungen. Zudem wurden Wartezeiten von zwei fortlaufenden Tagen vorgesehen, um den Beton so weit abbinden zu lassen, dass er nach dem Ausschalen eine ausreichende Standfestigkeit hat.

Mit den gewählten Verknüpfungen wird verdeutlicht, dass die Vorgänge in dieser Reihenfolge ablaufen müssen, weil es technologisch bedingt nicht anders geht.

Das bedeutet, dass sich die gesamte Sequenz an Arbeitsschritten auf der Zeitachse in dieser Form bewegen wird, wenn sich der erste Arbeitsschritt (hier: Schalung stellen Wand…) verändert. Ein verspäteter Beginn des ersten Arbeitsschrittes verzögert somit zwangsläufig auch die gesamte Sequenz. Nun müssen aber auch nicht-technologische, also vor allem kapazitive Abhängigkeiten berücksichtigt werden.

In diesem Beispiel sei es nun so, dass die Tätigkeiten der Schalung, der Bewehrung und der Betonage jeweils von einem anderen Unternehmer durchgeführt werden, der nicht zwei Tätigkeiten zeitgleich durchführen kann, weil für dieses Bauvorhaben jeweils nur eine Kolonne vorgesehen war (vgl. Bild 4-39).

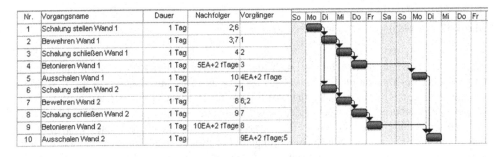

Nr.	Vorgangsname	Dauer	Nachfolger	Vorgänger	So	Mo	Di	Mi	Do	Fr	Sa	So	Mo	Di	Mi	Do	Fr
1	Schalung stellen Wand 1	1 Tag	2;6														
2	Bewehren Wand 1	1 Tag	3;7	1													
3	Schalung schließen Wand 1	1 Tag	4	2													
4	Betonieren Wand 1	1 Tag	5EA+2 fTage	3													
5	Ausschalen Wand 1	1 Tag	10	4EA+2 fTage													
6	Schalung stellen Wand 2	1 Tag	7	1													
7	Bewehren Wand 2	1 Tag	8	6;2													
8	Schalung schließen Wand 2	1 Tag	9	7													
9	Betonieren Wand 2	1 Tag	10EA+2 fTage	8													
10	Ausschalen Wand 2	1 Tag		9EA+2 fTage;5													

Bild 4-39   Berücksichtigung kapazitiver Abhängigkeiten

Folglich können nicht zwei Vorgänge der Schalung, der Bewehrung und der Betonage zeit-gleich ablaufen, sondern müssen nacheinander vorgesehen werden. Derartige Abhängigkeiten entstehen indes nur aus dem Kapazitäten-Pool des Unternehmers und können sich ändern oder entfallen, wenn der Kapazitäten-Pool sich ändert. Das bedeutet, dass sich die gesamte Sequenz an Arbeitsschritten auf der Zeitachse nicht in dieser Form bewegen wird, wenn sich der erste Arbeitsschritt verändert. Ein verspäteter Beginn des ersten Arbeitsschrittes verzögert somit nicht zwangsläufig die gesamte Sequenz.

In vielen Bauverträgen wird vereinbart, dass der Auftragnehmer einen detaillierten Terminplan erstellt, und diesen in regelmäßigem, meist monatlichem, Zyklus fortschreibt. Unter Fort-schreibung ist gemeint, dass der Terminplan baubegleitend an die tatsächlichen Verhältnisse angepasst wird. Ziel muss dabei sein, den Bauablauf zu optimieren und die Abbildung des Bauablaufs im Terminplan „up-to-date" zu halten.

Mit der Kontrolle der Termindaten ist bereits während der Planung und der Vergabe zu begin-nen, über die Ausführungszeit hin fortzuführen und erst mit der Inbetriebnahme und Nutzung abzuschließen. Die Abweichungen, die sich im Zuge der Kontrolle herausstellen, sind zu be-werten und in der weiteren, vorausschauenden Planung zu berücksichtigen. Ein Terminplan, der nicht den aktuellen Stand des Projektes abbildet, ist für eine Steuerung nicht geeignet.

Dem Vergleich der Termindaten sind vor allem die Beginntermine, aber auch die Vorgangs-dauern, als so genanntes „IST" zu unterziehen und in den Terminplan einzuarbeiten. Mit Hilfe eines „SOLL-IST-Vergleichs" kann abgeglichen werden, wie sich der tatsächliche Bauablauf im Verhältnis zum geplanten Bauablauf darstellt.

Zudem kann durch Modifikation des SOLL-Ablaufs unter Berücksichtigung der „IST-Termine" ein modifiziertes „SOLL-1" entwickelt werden. Eine derartige Modifikation ist not-wendig, wenn ermittelt werden soll, welche Auswirkungen Abweichungen vom Vertragszu-stand auf den Bauablauf haben.

So stellt Bild 4-40 dar, dass der um einen Tag verspätete Beginn der Arbeiten dazu führen muss, dass die Arbeiten zwei Tage später zum Abschluss kommen kann – sofern Bauablauf und eingesetzte Kapazitäten unverändert bleibt.

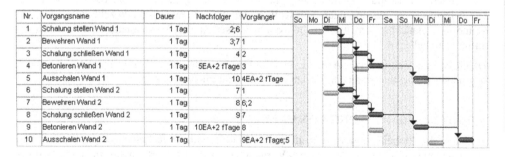

Bild 4-40 Berücksichtigung kapazitiver Abhängigkeiten bei Terminverschiebungen

In Bild 4-40 ist der geplante Zustand in Hellgrau dargestellt (vgl. Situation aus Bild 4-39), während die dunkelgrauen Balken den modifizierten Zustand darstellen.

Der Vergleich zwischen SOLL- und IST-Daten kann zu folgenden Ergebnissen führen:

1. SOLL entspricht IST – in diesem Fall verläuft alles nach Plan, es gibt keinen Steuerungsbedarf.

2. SOLL ist größer als IST – hier ist das IST hinter dem Plan, die Arbeiten befinden sich im Verzug. Die Ursachen sind aufzuklären, Beschleunigungsmaßnahmen zu prüfen.

3. SOLL ist kleiner als IST – hier ist das IST vor dem Plan, die Arbeiten kommen schneller voran, als geplant. Dadurch entstehen im positiven Fall freie Zeiträume (Pufferzeiten), im negativen Fall ist das Zusammenspiel der Gewerke gefährdet, weil ein Gewerk „stur" durcharbeitet (bspw. Schließen der Decken, bevor alle Installationen untergebracht sind).

Das konfliktreichste Vergleichsergebnis ist sicher der Fall 2), wenn das IST hinter dem SOLL liegt und die Ursachen für den Verzug aufgeklärt werden müssen. Da sich meist keine der Konfliktparteien für den Verzug verantwortlich zeichnen will, kommt es zu Behinderungsanzeigen auf der einen, zu Verzugsanzeigen auf der anderen Seite.

Nach geltender Rechtsprechung[206] ist der Auftragnehmer bei der Darstellung seiner Forderungen nach mehr Bauzeit und zusätzlicher Vergütung verpflichtet, für jeden Einzelfall individuell

- die Pflichtverletzung des Auftraggebers nachweisen,

- die Behinderungsdauer nachweisen,

- eine konkrete, bauablaufbezogene Darstellung (Terminplan/Netzplan) vorzunehmen,

- die haftungsbegründende Kausalität zwischen Ursache und Wirkung darzulegen.

Der Auftragnehmer ist somit zu einer transparenten, hinreichend genauen Darstellung mit Hilfe eines Terminplans verpflichtet, um seiner Ansprüche begründet formulieren zu können.

Bei der bauablaufbezogenen Darstellung ist jedoch kritisch zu hinterfragen, ob die dargestellten Verknüpfungen tatsächlich technologisch bedingt sind, oder möglicherweise eine Präferenz des Auftragnehmers darstellen.

So gibt es vor allem in Bestandsbauten häufig keine systematische Taktung von Bauabschnitten, sondern höchst individuelle Lösungen und Verknüpfungen. Für die Ausbaugewerke bestehen beispielsweise bei Störungen oder Kollisionen mit anderen Gewerken zahlreiche Möglichkeiten, den Bauablauf umzustellen und durch Umsetzen des Arbeitsplatzes den Arbeitsfluss aufrecht zu halten.

Damit ist eine Taktung von Arbeiten in verschiedenen Bereichen häufig nicht technologisch begründet, ein Festhalten an den Verknüpfungen nicht immer zulässig.

SCHRITT 4: ERMITTLUNG VON DAUERN

Nachdem die Einheitsvorgänge erstellt und verknüpft sind, ist für jeden Vorgang individuell die Dauer zu ermitteln. Die Dauer eines Vorgangs wird symbolisiert durch seine Länge auf der Zeitachse. Bestimmt wird die Dauer durch den Arbeitsumfang, der mit dem Vorgang abgebildet wird, und durch den Einsatz an Ressourcen und Kapazitäten.

---

[206] Vgl. BGH-Urteil VII ZR 141/03, 225/03 vom 24.02.2005 zu Anforderungen an den Nachweis einer Behinderung des Auftragnehmers und Vereinbarung einer neuen Bauzeit.

Aus den Unterlagen, welche die Leistung beschreiben, können in der Regel die Mengen und Massen ermittelt werden, die verbaut werden sollen. Aus Aufwands- und Leistungswerten lassen sich Arbeitsaufwendungen in Montagestunden ermitteln. Aufwands- und Leistungswerte sind über zahlreiche Quellen verfügbar.[207]

Viele ausführende Unternehmen haben eigene Datenbanken, in welchen sie die Erfahrungswerte abgeschlossener Projekte sammeln und archivieren. Aus diesem Fundus, der in der Regel als Betriebsgeheimnis gewahrt und daher nicht veröffentlicht wird, können sie sehr zielgerichtet ihren Arbeitsaufwand kalkulieren.

Grundlage für eine derartige Datenbank ist eine möglichst umfangreiche und reproduzierbar durchgeführte Aufwandserfassung für zahlreiche Leistungen, die unter definierten bzw. dokumentierten Bedingungen erbracht werden.

Da trotz aller Sorgfalt nicht alle Randbedingungen erfasst werden können, unterliegen derartige Erhebungen zahlreichen Störeinflüssen wie

• Motivation und Qualifikation der Monteure

• Tagesform der Monteure

• Witterungs- und Lichtverhältnisse

• Umgebungsbedingungen wie Lage, Höhe, Zugänglichkeit des Arbeitsplatzes u.v.m.

So ist es nicht verwunderlich, wenn im Rahmen einer Aufwandserfassung die ermittelten Leistungswerte signifikant variieren. Bild 4-41 verdeutlicht, dass Aufwandswerte durchschnittliche Erfahrungswerte sind, die hohen Schwankungen unterworfen sind.

Aufwandswerte können somit nicht die Grundlage einer exakten, alle Randbedingungen eines Bauvorhabens berücksichtigenden Aufwandsermittlung sein. Sie können „nur" Grundlage einer Kalkulation, also einer Prognose sein, die nur unter den Randbedingungen zutreffend sein kann, die der Kalkulator vornimmt.

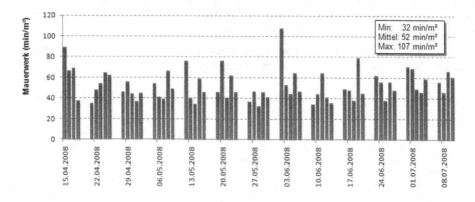

Bild 4-41   Beispiel einer Studie zur Ermittlung von Aufwandswerten

---

[207] Eine übersichtliche Aufstellung von Aufwandswerten für Rohbauarbeiten findet sich in den ARH-Tabellen – eine Zusammenstellung von Aufwandswerten für Ausbaugewerke in Bielefeld, Bert: *Basics Terminplanung*, Birkhäuser Verlag 2008, im Anhang

Wenn also beispielsweise im Rahmen einer Terminplanung die Dauer für die Erstellung von 100 m² Mauerwerk zeitlich geplant werden soll, ließe sich der Aufwand zu (100 m² x 52 min/ m² =) 5.200 min, oder 87 Std. kalkulieren. Sofern dem Ausführenden dafür nur ein Maurer zur Verfügung steht, benötigt dieser dafür kalkulatorisch etwa (87 Std./ 8 Std./ Tag =) elf Tage.

Durch Zuordnung von Ressourcen bzw. Kapazitäten kann die erforderliche Dauer eines Vorgangs beeinflusst werden. Handelt es sich bei dem Vorgang um einen Vorgang, der mit hohem Arbeitskräfteeinsatz durchgeführt werden kann – wie etwa Mauererarbeiten –, verhält sich die erforderliche Dauer eines Vorgangs in erster Näherung umgekehrt-proportional zum Einsatz von Arbeitskräften.

In diesem Falle ließe sich die erforderliche Dauer von elf Tagen mit einem Maurer auf etwa fünf Tage mit zwei Maurern reduzieren. Diese Art der Beeinflussung von Vorgangsdauern ist indes nur eingeschränkt gültig. So kann mit großer Wahrscheinlichkeit die Dauer des Vorgangs nicht auf 0,5 Tage reduziert werden, wenn an dieser Wand 22 Maurer im Einsatz sind.

Auch gibt es Tätigkeiten, die mit erhöhtem Arbeitskräfteeinsatz nicht sinnvoll durchgeführt werden können. Dazu zählen beispielsweise Arbeiten wie Einregulierungen, Inbetriebnahmen, Probetriebe oder Programmierungen. Derartige Arbeiten lassen sich nicht bzw. nur in geringem Maße durch Erhöhung des Arbeitskräfteeinsatzes verkürzen. Auch gibt es maschinelle Abhängigkeiten (z. B. bei Estrichmaschinen), die lediglich von einer bestimmten Anzahl Arbeitskräfte sinnvoll bedient werden können.

Gerade im Bestand sind durch zahlreiche Anpassarbeiten oder erschwerte Arbeitsbedingungen oft höhere Aufwandswerte nötig als im Neubau. Für das Beispiel der Wand in Ortbeton-Fertigungsweise könnte etwa der Aufwand für die Bewehrung der Wand 1 (Vorgang 2 in Bild 4-42) auf Grund von Bestandsanschlüssen an vorhandene Wände und Decken so kompliziert sein, dass dafür statt einem Tag nun zwei Tage veranschlagt werden müssen. Dies hat zur Folge, dass die Arbeiten nun wiederum einen Tag länger dauern müssen und sich folglich das Ende der Arbeiten um einen Tag verspätet.

Die Ermittlung von Dauern auf Grundlage von Aufwandswerten hat grundsätzlich einen Prognose-Charakter. Die Zuverlässigkeit der Prognose hängt dabei wesentlich davon ab, wie zutreffend die Einflussparameter bestimmt werden. Im Falle von Abriss- oder Sanierungsarbeiten sind dies vor allem Kenntnisse über die Bausubstanz.

Die Bestandsdokumentation ist bei Bauwerken, deren Baujahr vor etwa 1980 liegt, häufig nicht oder unvollständig vorhanden. Die Alterung der Gebäude und Ermüdung der Materialien sind

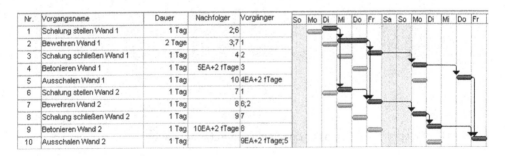

Nr.	Vorgangsname	Dauer	Nachfolger	Vorgänger
1	Schalung stellen Wand 1	1 Tag	2;6	
2	Bewehren Wand 1	2 Tage	3;7	1
3	Schalung schließen Wand 1	1 Tag	4	2
4	Betonieren Wand 1	1 Tag	5EA+2 fTage	3
5	Ausschalen Wand 1	1 Tag	10	4EA+2 fTage
6	Schalung stellen Wand 2	1 Tag	7	1
7	Bewehren Wand 2	1 Tag	8	6;2
8	Schalung schließen Wand 2	1 Tag	9	7
9	Betonieren Wand 2	1 Tag	10EA+2 fTage	8
10	Ausschalen Wand 2	1 Tag		9EA+2 fTage;5

Bild 4-42   Anpassung der Dauer für „Bewehren Wand 1"

meist vorangeschritten, so dass die Arbeiten mit diesen Bauwerken mit einem erhöhten Risiko bezüglich „versteckter Überraschungen" verbunden sind.

Ein typisches Beispiel sind Gebäude oder Wiederaufbauten der Nachkriegszeit, die – durch Baustoffmangel und Improvisation geprägt – nicht die in den Bauakten vermerkten Konstruktionen und Baustoffe beinhalten. Verputzte oder verkleidete Mauerwerke verbergen häufig Schadstellen, die durch Schutt und Bruch aufgefüllt wurden und folglich nicht die Tragwirkung im Verbund entwickeln können.

Diese Umstände führen zur Risikosteigerung, dass für die Arbeiten nicht ausreichende Dauern veranschlagt werden oder sogar Unterbrechungen notwendig werden. So kann der Arbeitsaufwand erheblich steigen, weil schwierigere Arbeitsbedingungen angetroffen werden oder umfangreiche Anpassarbeiten an die bestehende Bausubstanz erforderlich werden.

So ist es bei Bestandsprojekten sinnvoll, zusätzliche Pufferzeiten für z. B. händischen Material- und Gerätetransport oder wiederholten Klärungsbedarf bei Unvorhergesehenem vorzusehen. Das kann beispielsweise dadurch geschehen, dass

- die Aufwandswerte mit einem Risikozuschlag beaufschlagt werden,
- Vorgänge mit einem zeitlichen Puffer in Form von Puffervorgängen versehen werden,
- Verknüpfungen mit Abstandsdauern versehen werden.

SCHRITT 5: STRUKTURIERUNG

Nach Festlegung der Projektstruktur im Zuge der Grundsatzentscheidungen sollte nun auch die Strukturierung der Vorgänge nach dieser Projektstruktur erfolgen. Strukturiert wird dabei meist nach räumlichen Einheiten (z. B. Bauteile, Ebenen, Bereiche), nach Bauphasen (z. B. Planung, Ausführung, Inbetriebnahme/Abnahme) oder nach Gewerken (z. B. Erdbau, Rohbau, Fenster, Estrich, Technischer Ausbau).

In Terminplanprogrammen werden Strukturierungselemente, wie beispielsweise Summen- oder Sammelvorgänge, häufig als Klammern dargestellt. Bild 4-43 stellt die Strukturierung mit Hilfe von Sammelvorgängen dar. Zusätzlich ist im Tabellenbereich der Projektstrukturplan-Code (PSP-Code) eingeblendet. Automatisch erzeugte PSP-Codes erhalten in der Standard-Einstellung die Gliederungsnummer des Elements. Das bedeutet, dass nicht nur Vorgänge, sondern auch Meilensteine und Strukturierungselemente einen PSP-Code erhalten.

Der PSP-Code kann benutzerdefiniert angelegt werden und sich beispielsweise an der Struktur der Kalkulation orientieren. Damit wird transparent dargestellt, in welcher Weise die kalkulierte Leistung im Terminplan Berücksichtigung findet.

Bei Bestandsbauten ist die besondere Bedeutung von Zwischen- und Hilfszuständen, wie auch Abbruch- oder Umbauarbeiten in der Strukturierung des Projektes bzw. des Terminplans zu berücksichtigen. Dabei ist zu beachten, dass Sammelvorgänge in den meisten Terminplanprogrammen nur jene Vorgänge strukturieren können, die sich in den nachfolgenden Zeilen des Terminplans befinden. Eine Strukturierung von Vorgängen, die nicht in aufeinander folgenden Zeilen stehen, ist mit Hilfe von Sammelvorgängen nicht möglich.

Daher muss bei der Erstellung des Terminplans beachtet werden, dass mit Hilfe von Sammelvorgängen nur nach einem Kriterium sortiert werden kann. Zweckmäßigerweise ist eine derartige Projektstruktur an den räumlichen Gegebenheiten des Projektes zu orientieren, zur Koordinierung der Beteiligten wird auf Objektplanerseite oft eine Strukturierung nach Planern/Gewerken vorangestellt.

4

Nr.	PSP-Code	Vorgangsname	Dauer	Nachfolger	Vorgänger	So	Mo	Di	Mi	Do	Fr	Sa	So	Mo	Di	Mi	Do	Fr
1	1	**Bauvorhaben Wände**	**9 Tage**															
2	1.1	**Erdgeschoss**	**9 Tage**															
3	1.1.1	**Wand 1**	**8 Tage**															
4	1.1.1.1	Schalung stellen Wand 1	1 Tag	5;10														
5	1.1.1.2	Bewehren Wand 1	2 Tage	6;11	4													
6	1.1.1.3	Schalung schließen Wand 1	1 Tag	7	5													
7	1.1.1.4	Betonieren Wand 1	1 Tag	8EA+2 fTage	6													
8	1.1.1.5	Ausschalen Wand 1	1 Tag	14	7EA+2 fTage													
9	1.1.2	**Wand 2**	**8 Tage**															
10	1.1.2.1	Schalung stellen Wand 2	1 Tag	11	4													
11	1.1.2.2	Bewehren Wand 2	1 Tag	12	10;5													
12	1.1.2.3	Schalung schließen Wand 2	1 Tag	13	11													
13	1.1.2.4	Betonieren Wand 2	1 Tag	14EA+2 fTage	12													
14	1.1.2.5	Ausschalen Wand 2	1 Tag		13EA+2 fTage;8													

Bild 4-43   Strukturierung des Terminplans durch Sammelvorgänge und PSP-Code

Um innerhalb der räumlichen Gegebenheiten nach Vorgängen zu strukturieren, die beispielsweise zu den Abbrucharbeiten, den Hilfskonstruktionen oder den Neubauarbeiten gehören, empfiehlt sich die Einführung einer derartigen Codierung, nach der dann eine Gruppierung vorgenommen werden kann.

SCHRITT 6: KORREKTURLAUF

Der durch die oben beschriebenen Schritte erstellte Terminplan ist abschließend einem Korrekturlauf zu unterziehen. Im Rahmen des Korrekturlaufes ist der Plan auf Plausibilität, Konsistenz und Vertragskonformität zu prüfen und ggf. zu überarbeiten.

Dabei ist auf Auftragnehmerseite auch eine Leistungs- und Kapazitätsüberprüfung zweckmäßig, um nicht von einen Tag auf den nächsten die Arbeitskräfte unnötigerweise verstärken bzw. zu mindern zu müssen. Etablierte Terminplanprogramme bieten einen so genannten Ressourcenabgleich an, der dafür sorgt, dass keine Ressource überlastet ist, indem Vorgangsdauern verändert oder Vorgänge verschoben werden.

Die größte Fehlerquelle befindet sich indes im Bereich der Verknüpfungen. Da grundsätzlich alle Vorgänge in beliebiger Art und Weise verknüpft werden können, hängt die Qualität eines Terminplans maßgeblich von der Erfahrung, der Akribie und der systematischen Bearbeitung des Planers ab. In Terminplänen, die einen Umfang von mehreren Tausend Vorgängen und ebenso vielen Verknüpfungen haben, ist kaum mehr spontan zu beurteilen, welche Verknüpfungen tatsächlich notwendig, also technologisch bedingt sind, und welche Verknüpfungen verändert werden können – die Arbeit des Terminplaners wird damit kaum vollständig prüfbar, jedoch für die Steuerung der Baustelle unabdingbar.

Im Beispiel in Bild 4-44 wurden die kapazitiven Verknüpfungen in ihrer Richtung geändert, so dass nicht mehr „Wand 1" vor „Wand 2" erstellt wird, sondern umgekehrt „Wand 2" vor „Wand 1". Diese Umstellung hat bewirkt, dass der Ablauf einen Tag früher zum Abschluss kommen kann.

Die Darstellung zeigt im unteren Bereich auch die Einsatzzeiten der Monteure, die mit den Schalungsarbeiten beschäftigt sind. Die Auslastung der Arbeitskräfte ist in diesem Beispiel nicht optimal, da zwischen den Einsätzen Leerstandszeiten entstehen, die nicht vermieden werden können.

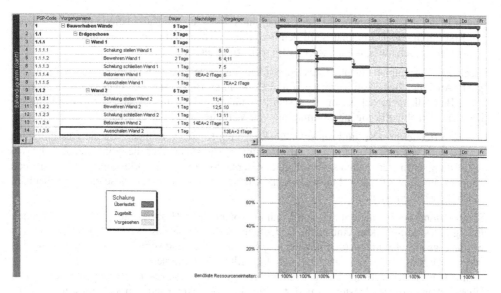

Bild 4-44   Änderung kapazitiver Verknüpfungen zur Optimierung des Ablaufs

4.3.3 Einsatz des Terminplans

Der Einsatz des Terminplans erfolgt

1. Bau vorbereitend – als Instrument der Planung
2. Bau begleitend – als Instrument der Dokumentation und Steuerung
3. Bau nachbereitend – als Instrument der Nachkalkulation

4.3.3.1 Bau vorbereitend

In der Projektvorbereitung kommt dem Terminplan eine Schlüsselfunktion zu. In dieser Phase wird mit dem Terminplan zum einen der zeitliche Rahmen abgesteckt, innerhalb dessen das Projekt realisiert werden soll. Zum anderen wird mit ihm das Fundament für die Überwachung und Steuerung – und in weiterer Folge auch die Abrechnung – des Projektes gelegt, da im Terminplan alle dafür benötigten Werkzeuge zusammengeführt werden.

Im Rahmen der Terminplanung erfolgt beispielsweise die Planung der

- Planung,
- Vergaben,
- Bemusterungen,
- Liefer- und Vorbereitungszeiten (v.a. für vorgefertigte Bauteile),
- Ausführung und
- Inbetriebnahmen und Abnahmen.

Dabei bildet der Terminplan auf Seite der Bauunternehmen die Kalkulation auf der Zeitachse ab. Erst durch den Terminplan wird deutlich, mit welchen Montageaufwendungen pro Monat gerechnet werden muss, um das Ziel fristgerecht zu erreichen.

Doch eine Terminplan gestützte Ressourcenplanung beschränkt sich nicht nur auf den Lohnbereich. Auch der Bedarf an Materialien und Geräten, an Betriebsstoffen oder Baustellencontainern, Baustellenpersonal u.v.m. lässt sich zeitabhängig darstellen. Erst diese Darstellung erlaubt eine bauablaufbezogene Optimierung von Vorhalte- und Einsatzzeiten.

Mit dem Herstellprozess sind selbstverständlich auch Kosten verbunden. Da die Ausführenden – abgesehen von einer Anzahlung – ihre Vergütungsansprüche über die erbrachte, abrechenbare Leistung erarbeiten, gehen sie im Zuge des Herstellprozesses in Vorleistung. Sie müssen erst einmal Löhne und Gehälter, Materialien und Geräte finanzieren, damit diese eine abrechenbare Leistung schaffen können.

Somit kommt der Finanzierungs- und Liquiditätsplanung im Hinblick auf den wirtschaftlichen Erfolg eines Bauprojektes eine große Bedeutung zu. Mit Hilfe des Terminplans kann ermittelt werden, wann Leistungen zur Abrechnung gebracht werden und somit zu welchen Zeitpunkten und in welchem Umfang Finanzmittel bereitgestellt werden müssen.

Schließlich ist der Terminplan auch Grundlage für ein effektives Baustellencontrolling. Die Überwachung von Meilensteinen und das Erstellen von Trendanalysen sind hilfreiche Werkzeuge, um den Gesamtprojektverlauf im Blick zu behalten.

Durch einen kontinuierlichen Abgleich zwischen dem vereinbarten und dem gelieferten Leistungsumfang kann aber auch im Detail verfolgt werden, dass alles „nach (Termin-)Plan" verläuft.

Verbunden mit dem Vergleich und der Kontrolle von IST zu SOLL, welches rückwärts gerichtete Betrachtungen auf das bereits Zurückliegende bedeuten, kann mit Hilfe des Terminplans eine Prognose getroffen werden, wie sich die bis zum Stichtag festgestellten Abweichungen auf den weiteren Projektverlauf auswirken werden.

Durch die Darstellung von Abhängigkeiten im Terminplan können die Veränderungen von Vorgängen in ihrer Wirkung auf nachfolgende Vorgänge transparent gemacht werden. Maßnahmen zur Kompensation bzw. Minderung dieser Auswirkungen können auf dieser Grundlage entwickelt werden.

Während bei Neubauprojekten häufig ein zeitlicher Überwachungs- und Fortschreibungstakt von einem Monat vereinbart wird, empfiehlt sich bei Bestandsprojekten ein kürzerer Zyklus. Bestandsprojekte sind von hoher Dynamik und von vielen, nicht vorhersehbaren Ereignissen geprägt, dass seitens der Projektleitung mit ebenso hoher Dynamik agiert werden muss.

4.3.3.2 Bau begleitend

In der Vorbereitungsphase wird der Terminplan verwendet, um auf der Zeitachse abzubilden, was in der Planung und der Leistungsbeschreibung erdacht und geplant wurde. Während der Ausführungsphase kommt der Terminplan nun als Dokumentations- und Controlling-Instrument zum Einsatz.

Die Vorgaben für den Einsatz an Personal, die erwarteten Montageaufwendungen und -zeiträume und Interdependenzen müssen nun in der Ausführungsphase erfasst, dokumentiert und durch Vergleich mit den kalkulierten Ansätzen kontrolliert werden – dem SOLL-IST-Vergleich.

Der SOLL-IST-Vergleich darf jedoch nicht mit der Kontrolle enden. Vielmehr beginnt hier die Controlling-Aktivität, indem die Abweichungen bewertet und bei hinreichend großen Abweichungen Steuerungsmaßnahmen eingeleitet werden.

Als Steuerungsmaßnahmen kommen beispielweise in Betracht:

- Änderung der Abfolge der Montagetätigkeiten und der Montageorte,
- Änderung der eingesetzten Montagekräfte bzw. deren Anzahl oder Arbeitszeit,
- Änderung der eingesetzten Geräte, Materialien oder Bauverfahren.

Derartige Vergleiche müssen sich mit vertretbarem Aufwand vornehmen und auswerten lassen, damit die Bewertung der Ergebnisse möglichst zeitnah vorliegt und in Steuerungsmaßnahmen umgesetzt werden kann. Dies gelingt, wenn die Daten aller Dokumentationselemente einer einheitlichen Struktur unterworfen werden. Dazu gehören beispielsweise:

- Baustellen-Tagesberichte,
- Baufortschrittsdokumentation,
- Plan-Ein- und Ausgangsliste und
- Änderungsmanagement/Nachtragsmanagement.

Kernstück einer Baustellendokumentation ist das Bautagebuch. In kaum einem größeren Bauvorhaben wird heutzutage darauf verzichtet, die Geschehnisse und Aktivitäten auf der Baustelle in Form von Tagesberichten dokumentieren zu lassen.

Dabei sollten auftraggeberseitig klare Vorgaben gemacht werden, welche Daten in welcher Form zu erfassen sind.

Für eine effiziente und effektive Überwachung und Steuerung müssen die Daten aus dem Bautagebuch ohne weitere Transferaktivitäten an die richtige Stelle im Terminplan überführt werden können. Zweckmäßigerweise werden die Struktur und der Aufbau des Terminplans auf das Bautagebuch überführt.

Das Bautagebuch muss dabei nicht mit unzähligen, individuell aufgenommenen Detailinformationen versehen werden. Die Aufzeichnung individueller Daten ist zweitaufwändig, und dieser Zeitaufwand nicht zielführend, da die Daten nicht systematisch mit Hilfe einer elektronischen Datenverarbeitung erfasst und ausgewertet werden können.

Werden hingegen Einschränkungen und Vorgaben an die Erstellung der Bautagesberichte definiert, die sich an den Inhalten des Terminplans orientieren, kann mit gewohntem Aufwand eine signifikant erhöhte Datenqualität und -vergleichbarkeit generiert werden.

Für ein derartiges Bautagebuch sollten in größeren Bauvorhaben oder bei der Ausführung zahlreicher Gewerke Datenbanken verwendet werden.

4

BAUTAGEBUCH - Bauvorhaben Gewerk Trockenbau

Firmenlogo

Kolonne: _____

Gesamtanzahl
Facharbeiter: _____

Grundriss Bauvorhaben

Datum: _____   Arbeitszeit: _____ Uhr   bis _____ Uhr

Wochentag: _____   Pause: _____ Std

BTB-Nr.: _____   Wetter: _____ Temperatur: _____ °C

Bereich			Leistung							Tätigkeitsbeschreibung
			Bitte Gesamt-Monteur-Std eintragen							Bitte in Druckschrift schreiben
Nr	Geschoss: E-2, E-1, E0, E1,...	Bereich: A1, A2, B1, B2,...	S = Stütze W = Wand D = Decke	UK montieren	Beplanken	Fläche schließen	Öffnungen erstellen	Spachteln & Schleifen	Sonstige	Verweilzeit	Beschreibung der erbrachten Leistung Vorkommnisse / Anordnungen / Behinderungen / Bemerkungen:
Bsp	E2	A1	D	32						2	*Wartezeit wegen Restauratoren; Bsl. Angezeigt*
1											
2											
3											
4											
5											

Rechenhilfe
Gesamtstd

Facharbeiter	4 Std	5 Std	6 Std	7 Std	8 Std	9 Std	10 Std	11 Std
3	12	15	18	21	24	27	30	33
4	16	20	24	28	32	36	40	44
5	20	25	30	35	40	45	50	55
6	24	30	36	42	48	54	60	66

Ersteller: _____

BL/ Polier: _____

Name   Unterschrift

Datum   Unterschrift

Bild 4-45   Beispiel Vorlage Bautagebuch Gewerk Trockenbau

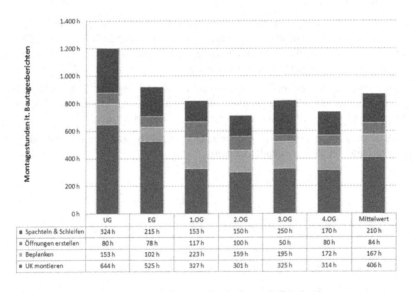

	UG	EG	1.OG	2.OG	3.OG	4.OG	Mittelwert
▪ Spachteln & Schleifen	324 h	215 h	153 h	150 h	250 h	170 h	210 h
▪ Öffnungen erstellen	80 h	78 h	117 h	100 h	50 h	80 h	84 h
▫ Beplanken	153 h	102 h	223 h	159 h	195 h	172 h	167 h
▪ UK montieren	644 h	525 h	327 h	301 h	325 h	314 h	406 h

Bild 4-46   Beispiel Auswertung Bautagebuch Gewerk Trockenbau

Wie in Bild 4-46 dargestellt, kann mit geringem Aufwand ein Bautagebuch danach ausgewertet werden, welche Aufwendungen in den einzelnen Bereichen notwendig waren, um die GK-Decken zu erstellen. Auf diese Weise kann überprüft werden, mit welcher Produktivität die Ausführenden am Werk sind. Daraus können Rückschlüsse gezogen werden, mit welchen Mannstärken zu rechnen sein wird oder ob der Ausführende noch Beschleunigungspotential hat.

In diesem Beispiel ist ein direkter Vergleich zulässig, weil die abrechenbare Leistung, nämlich die Quadratmeter GK-Decke, die mit dem dokumentierten Aufwand erbracht wurde, in allen Geschossen dieselbe ist.

So wird deutlich, dass der Aufwand in den Geschossen für die jeweiligen Arbeitsschritte sehr unterschiedlich war. Im Verlauf der Geschosse UG-EG-1.OG-2.OG ist eine kontinuierliche Abnahme des Montageaufwands erkennbar, was darauf hindeutet, dass die Produktivität der Monteure, etwa aufgrund eines Einarbeitungseffektes, steigt.

Hingegen war der Aufwand für „Spachteln & Schleifen" im 3.OG im Vergleich zu anderen Obergeschossen relativ hoch.

Die Erfassung und Zuordnung des Montageaufwands ist allerdings nur ein Teil der erforderlichen Dokumentation. Mit der bloßen Kenntnis des geleisteten Aufwands lässt sich noch keine Aussage darüber treffen, wie weit der Baufortschritt voran gekommen ist. Dazu bedarf es einer Baufortschrittsdokumentation, die den Leistungsfortschritt erfasst und bewerten lässt.

Dies gelingt, wenn beispielsweise die Daten der Baufortschrittsdokumentation ohne weitere Transferaktivitäten an die richtige Stelle im Terminplan überführt werden können. Zweckmäßigerweise werden die Struktur und der Aufbau des Terminplans daher auch auf die Baufortschrittsdokumentation angewandt.

Analog zum Bautagebuch gilt auch für die Baufortschrittsdokumentation, dass die Bewertung nur so viel Individualität wie notwendig aufweisen sollte, um den Zustand zutreffend zu beschreiben. Denn auch bei der Baufortschrittsdokumentation ist die Aufzeichnung individueller Daten zeitaufwändig, und dieser Zeitaufwand nicht zielführend, da die Daten nicht systematisch mit Hilfe einer elektronischen Datenverarbeitung erfasst und ausgewertet werden können. Zudem ist eine Baufortschrittsdokumentation auf Basis einer qualitativen Zustandserfassung der Bewertung des Fertigstellungsgrades in Prozent vorzuziehen.

Die Dokumentation des Baufortschritts soll dazu dienen, Abweichungen vom Zeitplan zu erkennen und ggf. Steuerungsmaßnahmen (s. o.) zu entwickeln. Die Erarbeitung von Steuerungsmaßnahmen kann nur dann zielgerichtet erfolgen, wenn dokumentiert wird, in welchem Fertigstellungsstand sich die Arbeiten befinden.

So ist beispielsweise die Aussage, dass die GK-Decken in einem Bereich zu 50% fertig gestellt sind, unzureichend, um daraus konkrete Auswirkungen abzuleiten und ggf. Steuerungsmaßnahmen zu entwickeln. Unklar ist beispielsweise, ob sich die Prozentangabe auf den kalkulierten Montageaufwand bezieht, oder auf die abrechenbare Leistung.

Zudem könnten in diesem Bereich nun beispielsweise:

a) alle Decken in der Fläche beplankt, gespachtelt und geschliffen sein, während in den Randbereichen noch keine Beplankung vorgenommen wurde – hier könnte der Elektriker beispielsweise seine Objektmontage (Leuchten, Brandmelder etc.) vornehmen, die Wände könnten aber noch nicht tapeziert werden.

b) die Hälfte aller Decken vollständig fertig gestellt sein, während die andere Hälfte gerade erst eine Unterkonstruktion aufweist – hier müsste in den fertigen Bereichen die Installation in der Zwischendecke bereits abgeschlossen sein, möglicherweise bereits der Maler zum Einsatz kommen.

c) oder alle Decken beplankt sein, während aber noch keine Öffnungen eingebracht wurden und die Decke nicht gespachtelt und geschliffen ist – in diesem Fall würde der Elektriker seine Objektmontage (Leuchten, Brandmelder etc.) nicht vornehmen können, während die Wände bereits tapeziert werden könnten.

Anders verhält es sich, wenn der Bautenstand durch eine qualitative Zustandserfassung beschrieben wird. Dabei wird der Leistungsfortschritt in verschiedenen Zuständen beschrieben, welche die bewertete Leistung erreichen kann.

Bei der Erstellung des Bewertungskataloges ist darauf zu achten, dass die zu bewertenden Zustände durch einfache, visuelle Ansprache ermittelt werden können. Nachfolgend ist ein Beispiel für die Montage von abgehängten GK-Decken dargestellt.

	Vorgang: UK montieren	Ergebnis: UK montiert	Zustand: Bewertung 2
	Vorgang: Platten verlegen	Ergebnis: Platten verlegt	Zustand: Bewertung 4
	Vorgang: Decke schließen	Ergebnis: Decke geschlossen	Zustand: Bewertung 6
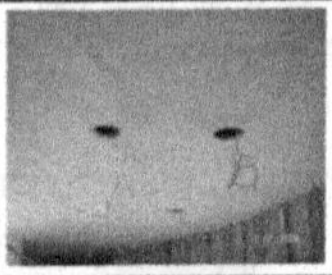	Vorgang: Öffnungen erstellen	Ergebnis: Öffnungen erstellt	Zustand: Bewertung 8
	Vorgang: Decke spachteln und schleifen	Ergebnis: Decke gespachtelt und geschliffen	Zustand: Bewertung 10

Bild 4-47 Beispiel Bewertungsmatrix Baufortschrittsdokumentation Gewerk Trockenbau

Bei dieser Art der Fortschrittsdokumentation können die kausalen Zusammenhänge zwischen einem Fertigstellungsgrad und den zu erwartenden Auswirkungen auf den weiteren Bauablauf – und damit auf die zu treffenden Steuerungsmaßnahmen – transparent dargestellt werden.

Die Darstellung in Bild 4-48 zeigt, welche Leistungen als Voraussetzung angenommen werden können, damit die Montage von Rauchmeldern erfolgen kann. Dabei ist jedes Leistungspaket in Teilpakete untergliedert, die entsprechend der Baufortschrittsdokumentation mit Bauzuständen benannt sind. Nun ist, wie im Beispiel der Decke aus Ortbeton oder der Malerarbeiten, die strenge Unterwerfung der Zustandsbewertung in dieses Raster nicht immer zweckmäßig, da nicht in jedem Fall fünf unterschiedliche, visuell ansprechbare Zustände erfasst werden können oder müssen.

Weiter zeigt die Darstellung, dass auch im Bereich der Verknüpfungen Prioritäten definiert werden können. Auf diese Weise kann beispielsweise eine Unterscheidung in technologische und präferentielle Verknüpfungen vorgenommen werden. Bei einigen Terminplanungsprogrammen (wie Asta Powerproject) lassen sich derartige Unterscheidungen vornehmen und als Variantenstudien vergleichend zur Berechnung des Terminplans verwenden.

Welche zeitlichen Auswirkungen aus dem dokumentierten Fertigstellungsgrad abgeleitet werden können, kann mit Hilfe des Terminplans dargestellt werden.

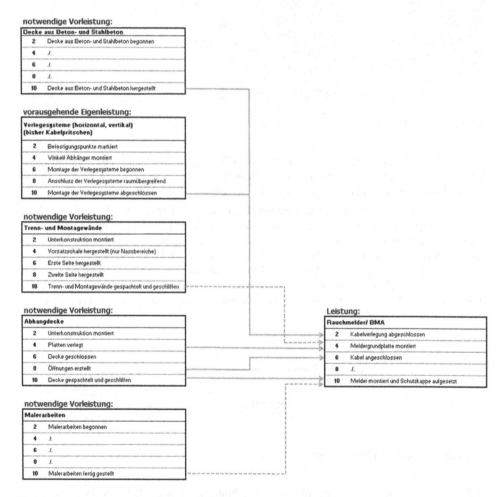

Bild 4-48 Darstellung kausaler Zusammenhänge von Bauzuständen am Beispiel BMA (Brandmeldeanlage)

Zur Verdeutlichung zeigt Bild 4-49 eine Sanierungs- und Umbaumaßnahme eines Museums-
gebäudes in Berlin. Auf dem Bild ist zu erkennen, dass das Ständergewerk für die Trockenbauwände gestellt ist.

Bild 4-49   Bautenstand

Der nachfolgende Terminplanausschnitt in Bild 4-50 zeigt in weißen, schmalen Balken den
geplanten Bauablauf, in Grautönen den aktuellen Bauablauf. Dabei sind in hellem Grau die
Trockenbauleistungen und in dunklem Grau die Leistungen des Elektrikers dargestellt.

In der Mitte des Balkenplanbereiches befindet sich die Fortschrittslinie, die im Bereich der
Zeilen zwei bis vier senkrecht verläuft. Im Bereich der Zeile 1 hingegen verspringt die Fortschrittslinie nach links. Das bedeutet, dass sich dieser Vorgang im Verzug befindet. Würde die
Linie nach rechts verspringen, würde dies darauf hinweisen, dass der Vorgang bereits vor seiner Fälligkeit in Arbeit ist. Der Vorgang „Trockenbauwände erstellen" verlängert sich nun.
Damit verspäten sich auch alle Vorgänge, die von ihm abhängig ist. Genauere Angaben, welche Leistung im Verzug ist, und warum sich die dargestellten Auswirkungen ergeben sollen,
lassen sich aus Bild 4-50 nicht entnehmen.

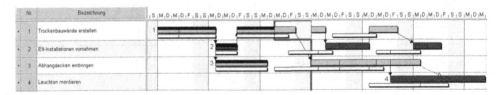

Bild 4-50   Visualisierung des Baufortschritts

In der detaillierten Darstellung in Bild 4-51 wird hingegen deutlich, dass für die Trockenbauwände in diesem Bereich der Vorgang „6 – Seite 2 beplanken" noch nicht abgeschlossen, der
Zustand „6 – Seite 2 beplankt" damit noch nicht erreicht ist.

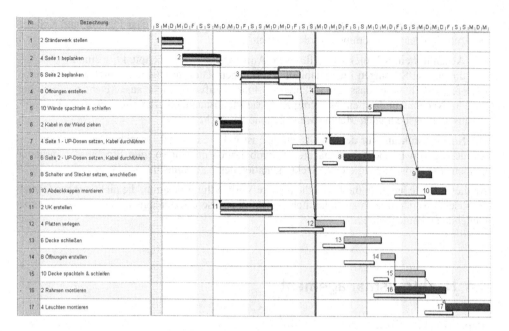

Bild 4-51   Visualisierung des Baufortschritts im detaillierten Terminplan

Von dem Zustand „6 – Seite 2 beplankt" hängt ausweislich des Terminplans der Vorgang „8 –
Öffnungen erstellen" der Trockenbauwände ab. Aus diesem Grunde verspäten sich die weiteren davon abhängigen Vorgänge der Elektroinstallation und des Trockenbaus. Weiter kann
gemäß dieses Terminplans mit dem Beplanken der Abhangdecken, Vorgang „4 – Platten verlegen", nicht begonnen werden. Daher verspäten sich auch die davon abhängenden Vorgänge.

Mit dem detaillierten Wissen um die Engpässe auf der Baustelle lässt sich der Bedarf an Ressourcen – vor allem an Montagekräfte – genau planen und koordinieren.

Da mit dem Detaillierungsgrad der Umfang des Terminplans anwächst, empfiehlt sich, mit
Unterterminplänen zu arbeiten, die in einem Masterterminplan zusammengeführt werden. Dies
vermeidet große Dateigrößen und lange Ladezeiten und erlaubt zudem, dass mehrere Bearbei-
ter zeitgleich an Terminplänen des Projektes arbeiten.

4.3.3.3 Bau nachbereitend

Nach Abschluss der Arbeiten sollte der Terminplan dazu verwendet werden, das Projekt noch
einmal im abschließenden SOLL-IST-Vergleich zu rekapitulieren. Im Nachhinein kann bei
detaillierter Dokumentation und sorgfältiger Fortschreibung ermittelt werden, welche Auswirkungen Störeinflüsse hatten, oder mit welchen Aufwendungen tatsächlich die erforderlichen
Arbeiten erbracht wurden.

Diese Erkenntnisse sollten unternehmerseitig in eine Nachkalkulation einfließen und als be-
triebsinterne Erfahrungswerte gesichert werden. Verbunden mit Falldiskussionen und Handlungsempfehlungen können diese Erfahrungen dazu dienen, bei einem Folgeprojekt die ge-
machten Fehler nicht zu wiederholen, oder zumindest zu mindern. Risiken können leichter

erkannt und treffender bewertet werden, was schließlich dazu führt, dass Planung und Kalkulation zutreffender vorgenommen werden können.

Der Abschluss eines Projektes ist für viele Auftragnehmer der Zeitpunkt, erstmalig die Auswirkungen von Störungen im Bauablauf zu erkennen. Dies geschieht beispielsweise dadurch, dass festgestellt wird, dass der kalkulierte Montageaufwand nicht ausgereicht hat. Folglich wird im Nachhinein noch ein Nachtrag zum gestörten Bauablauf erarbeitet, um diese Fehlstunden als störungsbedingten Mehraufwand geltend zu machen.

Die Nachweisführung für derartige Nachträge ist indes meist nicht machbar, oder nur mit Unterstützung von Baubetriebs-Gutachtern – wobei auch die nur so gute Ergebnisse erarbeiten können, wie es die baubegleitende Dokumentation des Auftragnehmers zulässt.

An dieser Stelle hat dann die Partei die bessere Verhandlungsposition, die nicht nur aus formaljuristischer, sondern auch aus inhaltlicher Sicht die bessere Aktenlage, also die bessere baubegleitende Dokumentation hat.

4.4 Nachtragsmanagement

Autor: Dr. Peter Wotschke

4.4.1 Grundlagen des Nachtragsmanagements

„Nachträge" sind nach Vertragsabschluss formulierte Forderungen, die Abweichungen des Bauentwurfs vom ursprünglichen Vertrags-Bauentwurf darstellen. Nachfolgend ist an einem einfachen Beispiel dargestellt, wie derartige Änderungen prinzipiell aussehen können.

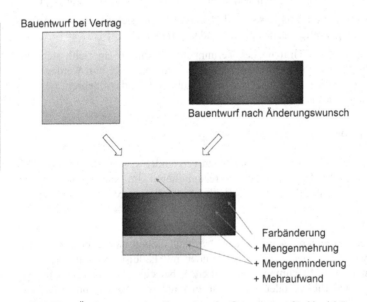

Bild 4-52 Änderungen des Bauentwurfs, Grundlagen für Nachträge

In Bild 4-52 ist eine Situation dargestellt, in der zu Vertragsabschluss vereinbart worden war, dass ein Quadrat in hellem Grau zu errichten sei. Im Zuge der Arbeiten des Auftragnehmers fällt dem Auftraggeber auf, dass ihm ein längliches Rechteck in dunklem Grau deutlich besser gefallen würde.

Im Falle des im Bauwesen weit verbreiteten VOB-Vertrages hat der Auftragnehmer diesen Änderungswunsch als Anordnung zu betrachten, der er Folge zu leisten hat, sofern er darauf eingerichtet ist, längliche Rechtecke in dunklem Grau zu erstellen. Im Gegenzug hat aber der Auftragnehmer Anspruch darauf, dass die vereinbarte Vergütung an die neue Situation angepasst wird. Aus diesem Grund hat der Auftragnehmer die Änderungen zu dokumentieren und zu bewerten.

Im vorliegenden Fall könnte der Auftragnehmer also anführen, dass sich ein Farbwechsel eingestellt hat. Weiter hat sich am rechten Rand des Quadrates eine Mengenmehrung ergeben, während in anderen Bereichen (oben und unten) Mengenminderungen festzustellen sind. Außerdem führt der Auftragnehmer einen erhöhten Aufwand an, da er mit dem ursprünglichen Auftrag schon begonnen und nun einen erhöhten Rück- und Neubauaufwand habe. Weiterhin sei der Aufwand der Lackierarbeiten in dunklem Grau höher, als in hellem Grau, weil die Farbgestaltung schwieriger zu handhaben sei.

Dieses Beispiel verdeutlicht, dass aus Änderungen nicht nur Mehrungen, sondern auch Minderungen entstehen können. Außerdem können in diesem Kontext Mehraufwände entstehen, die vordergründig nicht erkennbar und häufig auch nicht konkret ermittelbar sind – so wie hier der Aufwand für die Lackierarbeiten. Man unterscheidet daher Nachtragsforderungen – vereinfachend gesprochen – in technische Nachträge und Störungsnachträge.[208]

4.4.1.1 Technische Nachträge

Mengenänderungen, die konkret durch Vergleich zweier Planungszustände ermittelt werden können, gehören zu den technischen Nachträgen, Sachnachträgen oder „harten Nachträgen". Diese resultieren häufig aus geänderter Planung, einer technischen Änderung z. B. der Konstruktion. Für diese Änderungen kann der Auftragnehmer Vergütungsansprüche für geänderte oder zusätzliche Leistungen geltend machen. Den Anspruch ermittelt er mittels einer Nachtragskalkulation, die auf dem Preisniveau des Hauptauftrags aufbaut.

4.4.1.2 Störungsnachträge

Mit den messbaren Mengenänderungen gehen häufig Änderungen der Bauumstände einher. Dies kann zu einer Änderung des Montageaufwands führen. Da man diesen nicht exakt (auf-) messen kann, werden Störungsnachträge auch als „Weiche Nachträge" bezeichnet.

Änderung des Montageaufwands treten als Sekundärfolgen von Änderungsanordnungen auf und können Ansprüche auf Vergütung, Schadenersatz oder Entschädigung – und häufig auf Bauzeitverlängerung begründen.

4

---

[208] Eine derartige Kurzbeschreibung wird der Komplexität vieler Sachnachträge natürlich nicht gerecht. In der Baustellenpraxis ist der Nachweis des konkreten Änderungsumfangs und der damit verbundenen Vergütungsansprüche erheblich schwieriger darzulegen, als dies hier beschrieben werden kann. An dieser Stelle soll daher keine Wertung der Komplexität vorgenommen werden, sondern die eine Einordnung der Nachtragstypen.

Den Anspruch ermittelt der Auftragnehmer mittels einer Nachtragskalkulation, die auf dem Preisniveau des Hauptauftrags aufbaut, bzw. im Falle eines Schadenersatzanspruches auf den konkreten Mehrkosten, die dem Störungssachverhalt zuzuordnen sind.

Die Ursachen von Nachträgen sind in der Regel begründet durch:

- unvollständige Planung,
- Fehler in der Planung,
- nachträgliche Änderungen,
- zusätzliche Leistungen,
- Überlagerung von Planung und Bauausführung.

Bei Bestandsbauten können diese Ursachen verstärkt eintreten aufgrund:

- unvollständiger oder unzureichender Bestandsanalysen,
- nachträglich entdeckter Substanzschäden,
- nachträglich entdeckter Kontaminierungen,
- unvorhergesehene Ereignisse, wie Munitionsfunde oder während der Bauphase ergründete denkmalschutzrelevante Bauteile.

Durch solche Ereignisse werden oft wichtige und terminrelevante Entscheidungen aufgehalten, da die Anzahl der Entscheidungsträger zunimmt.

Eine weitere Ursache von Verzögerungen kann sein, dass aufgrund von Sonderanfertigungen (gerade in historischen Gebäuden sind davon Fenster, Heizkörper, Fußböden, usw. betroffen) alle Arbeiten im Gebäude einen gewissen Unikatcharakter haben. Deshalb kann auf übliche Standardbauteile nicht zurückgegriffen werden. Dadurch schwindet die Planbarkeit und Kalkulierbarkeit von Ausführungszeiten. Dieses Phänomen betrifft nicht nur die verlängerten Einbaudauern aufgrund nicht standardisierter Bauteile, sondern auch verlängerte Ein- und Ausbauzeiten durch Abweichungen zu Rohbaumaßen heutigen Standards.

Die genannten Ursachen führen häufig zu unvorhergesehenen Baustopps, Behinderungen und Bauablaufstörungen.

Folgen von Bauablaufstörungen können sein:

- längere Bauzeit,
- uneffektive Leistungserbringung, (z. B. durch Verlust des Einarbeitungseffekts, Abbrechen und Wiederaufnehmen der Arbeiten, häufiger Wechsel des Arbeitsplatzes etc.)
- ggf. hoher Beschleunigungsaufwand zur Kompensation zusätzlichen Zeitbedarfs und
- erhebliche Mehrkosten.

Damit diese Folgen kompensiert werden können, werden Nachträge formuliert. Unter Nachtragsmanagement versteht man darauf aufbauend, die Überwachung und Beurteilung von Abweichungen bzw. Änderungen des Bauentwurfs und von daraus resultierenden zeitlichen und monetären Folgen.

Das Nachtragsmanagement dient einerseits zur Ermittlung und Durchsetzung der eigenen Ansprüche, andererseits zur Abwehr von Forderungen der Vertragspartner.

4.4.2 Darstellung der Anspruchsgrundlage

Ansprüche auf Nachtragsforderungen können monetär grundsätzlich nur geltend gemacht werden, wenn dafür eine Anspruchsgrundlage besteht. Unter der Darstellung der Anspruchsgrundlage versteht man das nachvollziehbare Aufzeigen der Kausalkette von einem Ereignis hin zu einem Vergütungsanspruch.

Im Falle technischer Nachträge ist diese Kausalkette in vielen Fällen recht einfach dargestellt, weil die Änderungsanordnung exakt benannt und sich daraus ergebene Folgen konkret beziffert werden können. Die Berechnung von technischen Nachträgen ist in der Literatur umfangreich beschrieben und wird daher im Folgenden nicht im Detail vertieft, da sie sich nur unwesentlich vom Neubau unterscheidet.[209]

Schwieriger und für Bestandsprojekte typisch ist die Darstellung für Störungsnachträge, an die dieselben Maßstäbe gelegt werden. Auch hier muss die Kausalkette von einem (Stör-)Ereignis hin zu einem Vergütungsanspruch nachvollziehbar dargestellt werden.

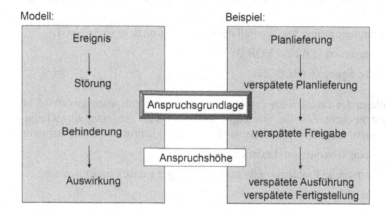

Bild 4-53   Einordnung des Begriffs der Anspruchsgrundlage

Das Bild 4-53 zeigt, dass allein der Hinweis auf ein Ereignis (z. B. eine Planlieferung) noch keine Grundlage für einen Vergütungsanspruch ist. Vielmehr muss dargelegt werden, dass ein Ereignis eine Störung dargestellt hat, die tatsächlich eine behindernde Wirkung hatte (z. B. eine verspätete Planlieferung, die zu einer verspäteten Freigabe führte).

Jeder Anspruch muss sich primär auf einer rechtlichen Anspruchsgrundlage gründen. Die Möglichkeiten der rechtlichen Anspruchsgrundlagen können wie folgt begründet sein:

- Über- und Unterschreitung der Mengenansätze (§ 2 Nr.3 VOB/B),
- Übernahme von beauftragten Leistungen durch den AG (§ 2 Nr.4 VOB/B i. V. m. § 8 Nr.1 Satz 2),

---

[209] Eine gut strukturierte Übersicht über das Nachtragsmanagement findet sich in Würfele, Falk / Gralla, Mike: *Nachtragsmanagement*, Werner Verlag 2006. Zudem ist ein Standardwerk: Kapellmann, Klaus D./Schiffers, Karl-Heinz: *Vergütung, Nachträge und Behinderungsfolgen beim Bauvertrag*, Band 1 und 2, 5. Auflage, Werner Verlag 2006

- Änderung des Bauentwurfs des AG (§ 1 Nr.3 VOB/B i. V. m. § 2 Nr.5 VOB/B),

- Koordinative und zeitl. Pflichten des AG (§ 4 Nr.1 VOB/B i. V. m. § 2 Nr.5 VOB/B),

- Im Vertrag nicht vorgesehen, erforderliche und vom AG geforderte zusätzliche Leistungen (§ 1 Nr.4 VOB/B i. V. m. § 2 Nr.6 VOB/B),

- Vergütungsanpassung bei vereinbarten Pauschalsummen (§ 2 Nr.7 VOB/B),

- Leistungen des AN ohne Auftrag (§ 2 Nr.8 VOB/B, in weiterer Folge § 2 Nr.5 VOB/B, § 2 Nr.6 VOB/B),

- Vom AG verlangte Zeichnungen, Berechnungen oder andere Unterlagen (§ 2 Nr.9 VOB/B),

- Stundenlohnarbeiten (§ 2 Nr.10 VOB/B i. V. m. § 15 VOB/B)

- Länger andauernde Ausführungsunterbrechung (§ 6 Nr.5 VOB/B),

- Höhere Gewalt und unabwendbare Ereignisse (§ 7 VOB/B i. V. m. § 6 Nr.5 VOB/B),

- (Teil-)Kündigung ohne besonderen Rechtsgrund („Freie" Kündigung) (§ 8 Nr. 1 VOB/B),

- Vertragsanpassung wg. Wegfall der Geschäftsgrundlage (§ 313 BGB),

- Schadenersatz (§ 6 Nr.6 VOB/B)

- Entschädigung (§ 642 BGB)

Ein grundlegendes Problem im Zusammenhang mit der Anspruchsgrundlage bei Bestandgebäuden besteht darin, dass die Störungsursachen oft nicht eindeutig zugewiesen werden können. So ist meist nicht klar, wem beispielsweise folgende Problempunkte zuzuordnen sind:

- Unzulänglichkeiten am bestehenden Gebäude,

- Risse/statische Probleme nicht mehr tragfähiger Konstruktionselemente,

- feuchtes Mauerwerk,

- unebene Untergründe,

- defekte Rohrleitungsinstallationen usw.

Hinzu kommt, dass häufig mehrere Gewerke, welche beim Neubau nacheinander tätig wären, bei einem Bestandgebäude zeitgleich tätig sind. Dies führt häufig zu Überschneidungen und zu Koordinationsproblemen auf der Baustelle.

Zudem gestaltet sich der Nachweis von Störungen und damit verbundener Mehraufwendungen häufig sehr schwierig, da generell an mehreren Stellen in dem bestehenden Gebäude gebaut werden könnte.

Wenn Monteure aufgrund oben genannter Ursachen an ihrem geplanten Einsatzort nicht weiterarbeiten können, wechseln sie häufig ihren Arbeitsplatz, ohne dass sie dazu aufgefordert werden müssten, und suchen sich Tätigkeiten in anderen Bereichen des Gebäudes. Ein diskontinuierlicher Arbeitsablauf ist daher bei Bestandsgebäuden als Baurealität anzusehen. Damit ist vom Ausführenden in seiner Kalkulation ein höherer Zeitansatz vorzusehen und als Personalanteil einzupreisen.

Bild 4-54 zeigt die Auswertung von Bewegungen einzelner Monteure anhand eines detaillierten Bautagebuchs. Darin ist zu erkennen, dass die Monteure „P1" und „P2" nahezu täglich ihren geplanten Einsatzort in Bauabschnitt „4.02" verlassen und scheinbar unkoordiniert in andere Bereiche wechseln. Bei jedem dieser Wechsel wird der planmäßige Bauablauf verlassen und es entstehen zusätzliche Aufwendungen.

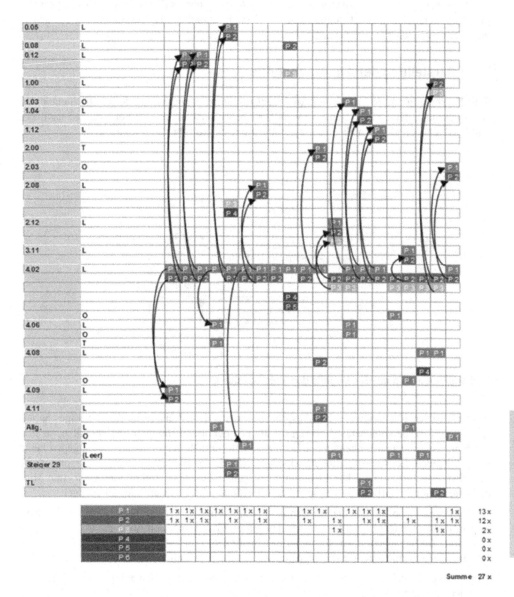

Bild 4-54 Beispiel Dokumentation von häufig wechselnden Einsatzorten

Der Nachweis, dass die Monteure häufig den Einsatzort gewechselt haben, kann also erbracht werden – doch der Grund, warum diese Monteure so häufig wechselten und nicht kontinuierlich im Bauabschnitt 4.02 arbeiteten, ist ungleich schwieriger ersichtlich.

Ein Zusammenhang zwischen Auftraggeber oder den Verhältnissen auf der Baustelle und dem unproduktiven Arbeiten der Monteure wegen häufigen Wechsels des Einsatzortes kann oft nicht eindeutig hergestellt werden, so dass dem Auftragnehmer der Nachweis der Anspruchsgrundlage letztendlich nicht gelingt. Dies ist jedoch unabdingbare Voraussetzung für den finanziellen Ausgleich entstandener Kosten.

4.4.3 Darstellung der Anspruchshöhe

Sind Darstellung und Nachweis der Anspruchsgrundlage gelungen, hat der Auftragnehmer die Anspruchshöhe darzulegen. Der Nachweis zur Anspruchshöhe, also zu Forderungen nach Zeit und Geld, gliedert sich gemäß Bild 4-54 an das Ende der zu führenden Kausalkette.

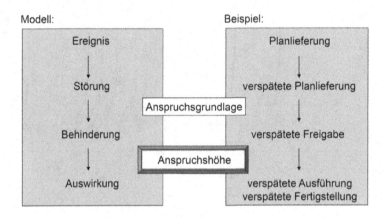

Bild 4-55   Einordnung des Begriffs der Anspruchshöhe

Bei technischen Nachträgen ist die Anspruchshöhe aus dem Preisniveau des Vertrages heraus abzuleiten. Sind entsprechende Leistungspositionen bereits im Hauptauftrag enthalten, so sind die damit verbundenen Einheitspreise heranzuziehen. Enthält der Hauptauftrag hingegen keine entsprechenden Leistungspositionen, sind zutreffende Positionen zu entwickeln und dafür Einheitspreise zu ermitteln. Die Ermittlung hat – unter Berücksichtigung von Mehr- und Minderkosten – auf der Grundlage vergleichbarer Positionen des Hauptauftrags zu erfolgen.

Die Bepreisung von Störungsnachträgen ist prinzipiell in der gleichen Art und Weise durchzuführen. Dies ist jedoch meist nicht nach demselben Muster möglich, weil die im Zusammenhang mit Störungsnachträgen formulierten Positionen (vor allem Baustellengemeinkosten, s. Kap. 4.2) meist nicht als Leistungspositionen detailliert kalkuliert werden.

Zudem gestaltet sich die genaue Ermittlung der Mehr- und Minderkosten häufig aus folgenden Gründen schwierig:

- Mehrkosten haben teilweise Prognosecharakter (Stichtagsbetrachtung),
- Mehrkosten treten nicht zwangsläufig im Störungszeitraum auf,
- Störungsereignisse treten in großer Anzahl parallel auf,
- theoretische Ausblendung von Einzelstörungen führt zu fiktiven Kosten,
- Bauabläufe sind teilweise flexibel, deshalb ist keine starre Betrachtung möglich,

- Dokumentation der Mehraufwendungen ist nur bedingt möglich,
- Nachweis von Produktivitätsminderungen ist besonders schwierig.

Im Zuge der Arbeitsvorbereitung plant der Auftragnehmer den Bauablauf auf Grundlage des vertraglich vereinbarten Leistungsumfangs und im Rahmen der vereinbarten Umstände. Zu dieser Planung gehört neben der Disponierung von Material und Gerät auch die Koordination der Montagekräfte. Er plant also den Einsatz seines Personals für dieses Bauvorhaben ein und verwendet dieses planmäßig nicht für andere Bauvorhaben. Störungsbedingt kommt der Auftragnehmer in die Situation, dass die von ihm für die Realisierung des Bauvorhabens bereitgehaltenen Kapazitäten (hier vor allem Monteure, ggf. Geräte) nicht wie geplant zum Einsatz kommen können. Die Monteure kommen im ungünstigsten Fall gar nicht dazu, ihre Arbeit leisten zu können – in jedem Fall aber in die Situation, nicht mit voller Produktivität leisten zu können.

Auf diese Situation muss der Auftragnehmer reagieren und von dem geplanten Bauablauf abweichen. In dem Fall, in dem keine Leistungserbringung möglich ist, müssen die Monteure anders eingesetzt werden. Die Möglichkeiten, Monteure spontan anderweitig wirtschaftlich einzusetzen sind allerdings stark begrenzt. Dieser Fall ist daher die Ausnahme.

In den meisten Fällen wird der Auftragnehmer bemüht sein, die Monteure auf der Baustelle zu halten und zu beschäftigen – oder sie beschäftigen sich von selbst mit ihren Arbeiten länger, als erforderlich. Derartige „Arbeitsbeschaffungsmaßnahmen" haben aber eine verminderte Produktivität zur Folge. Dieses Phänomen ist auch als „Parkinsons Gesetz"[210] bekannt. Gründe sind beispielsweise[211]:

- Hektische Betriebsamkeit auf der Baustelle, in der nach Arbeit „gesucht" wird,
- Arbeiten werden in ihrer Abfolge umgestellt, was zu zusätzlichen Umrüstarbeiten und Wegezeiten führt und Einarbeitungseffekte gänzlich zu Nichte macht,
- Arbeiten werden verzögert, um so lange tätig sein zu können, bis wieder neue Arbeit da ist,
- Arbeiten werden auch auf das Risiko hin vorgezogen, dass diese Arbeiten durch Planänderungen oder Änderungsanordnungen des Auftraggebers später falsch sind und abgerissen werden müssen.

Das Ausmaß dieser Produktivitätsminderungen lässt sich nicht exakt erfassen und damit nicht eindeutig nachweisen. Regelmäßig nicht zum Ziel führt dabei ein einfacher SOLL-IST-Vergleich an Montagestunden, weil ein solcher Vergleich keine verursachergerechte Unterscheidung erlaubt. Doch der Auftragnehmer hat einen Vergütungsanspruch nur für die Mehrstunden, die vom Auftraggeber zu vertreten sind.

Nachfolgend werden einige Methoden zur Ermittlung von Produktivitätsverlusten vorgestellt, die zumindest Anhaltspunkte für eine Schätzung darstellen können.

4

---

[210] Sinngemäß: Jede Arbeit dauert so lange, wie Zeit für sie zur Verfügung steht. Mitarbeiter nutzen die zur Verfügung stehende Zeit also unabhängig davon, wie viel Aufwand für die Aufgabe tatsächlich erforderlich ist. Vgl. Parkinson, Cyril N.: *The Pursuit of Progress*, Econ Verlag 1957

[211] Vgl. Bötzkes, Frank A.: *Gestörter Bauablauf: So kann der Nachweis der Mehrkosten gelingen*, Baumarkt + Bauwirtschaft, Bauverlag 2005, S. 26-30

Methode „Minderleistungskennwerte"

Bei dieser Methode werden die Arbeiten für einen bestimmten Zeitraum und/oder einen bestimmten Bauabschnitt aufgrund der festgestellten Minderleistungsursachen bewertet. Aufgrund der Schwere der jeweiligen Minderleistungsursache wird anhand einer durch die Literatur belegbaren Bandbreite ein Minderleistungsfaktoren abgeschätzt.

Soweit mehrere Minderleistungsursachen für einen bestimmten Zeitraum und/oder einen bestimmten Bauabschnitt zutreffend sind, werden die gewählten Minderleistungsfaktoren miteinander multipliziert. Daraus ergibt sich ein resultierender Minderleistungsfaktor.

Für die in dem bestimmten Zeitraum und/oder dem bestimmten Bauabschnitt vorgesehenen gewerblichen Montagestunden wird unter Berücksichtigung des gewählten Minderleistungsfaktors ein Mehraufwand aus Minderleistungen errechnet.

Tabelle 4.9   Beispiele für Minderleistungskennwerte aus der Literatur

Typ	Minderleistungsursache	Bandbreite in %	Quelle
A	Nicht optimale Kolonnenbesetzung	25,0–50,0	Vygen, Klaus/Schubert, Eberhard/Lang, Andreas: *Bauverzögerung und Leistungsänderung*, 5. Auflage, Werner Verlag 2008
B	Änderung der optimalen Abschnittsgröße	7,7–15,0	a. a. O.
C	Häufiges Umsetzen des Arbeitsplatzes, Sprungmontagen	5,0–50,0	a. a. O.
D	Unterbrechungen/Wiederaufnahme des Arbeitsflusses	10,0–30,0	Bauer, Hermann: *Baubetrieb 2: Bauablauf, Kosten, Störungen*, 2. Auflage, Springer Verlag 2005
E	Fehlende bzw. nicht ausreichende Planreichweite	6,0–26,0	Kapellmann, Klaus D./Schiffers, Karl-Heinz: *Vergütung, Nachträge und Behinderungsfolgen beim Bauvertrag*, 5. Auflage, Werner Verlag 2006
F	Arbeiten im Nacht-/Überstundenbereich	5,6–20,8	Lehmann, Gunther Curt: *Praktische Arbeitsphysiologie*, 3. Auflage, Thieme Verlag 1983

Diese Methode erlaubt es, ein schnelles Ergebnis an Mehraufwendungen für gestörte Arbeiten in bestimmten Bauabschnitten und/oder Zeitabschnitten festzustellen. Allerdings muss für jeden Einzelfall überprüft werden, ob die aus der Literatur zitierten Kennwerte auf die vorgetragene Situation auf das betroffene Gewerk übertragbar sind.

Methode: „Bauablauf-Kapazitätskosten-Differenzverfahren"

Eine Möglichkeit der graphischen Darstellung vom Leerstandskosten ist das von Prof. Dr.-Ing. Karlheinz Pfarr und Prof. Dr. rer. pol. habil. Rolf F. Toffel entwickelte Bauablauf-Kapazitätskosten-Differenzverfahren.[212]

---

[212] Das Bauablauf-Kapazitätskosten-Differenzverfahren wurde erstmals angewandt in einem Gerichtsgutachten für das Kammergericht Berlin gemäß Forderungen des Urteils des Bundesgerichtshofes VII ZR 286/84 vom 20.02.1986. Mit Urteil des Kammergerichts 21 U 1716/86 vom 04.05.1990 wurde die Methodik bestätigt.

Im Zuge dieses Verfahrens werden die Kapazitäten je Arbeitstag den Vorgängen im vereinbarten Bauablauf 1 (SOLL-0) zugewiesen und grafisch dargestellt. Anschließend erfolgt eine Modifikation des Bauablauf 1 zum Bauablauf 2 (SOLL-0 zu SOLL-1), um die Auswirkungen der modifizierenden Sachverhalte auf den Bauablauf darzustellen.

Die Kapazitätskosten der Bauabläufe sind gleich, jedoch fallen diese zeitlich anders verteilt an. Aus der zeitlichen Differenz ergeben sich Leerkosten. Sie entstehen in den Zeiten, in denen Arbeiten geplant waren, aber wegen der modifizierenden Sachverhalte nicht ausgeführt werden konnten.

Die Differenz zwischen Bauablauf 1 und Bauablauf 2, die sich graphisch als Flächendifferenz darstellen lässt, ist Ausdruck für das Maß an Leerstandszeiten der Kapazitäten. Mit dem in Bild 4-56 dargestellten Beispiel soll das Verfahren kurz verdeutlicht werden.

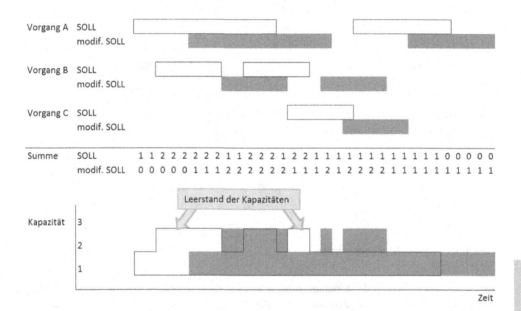

Bild 4-56   Beispiel zur Erläuterung des Kapazitätskosten-Differenzverfahrens

Hierbei sollen die Vorgänge A, B und C zur Ausführung kommen. Der ursprünglich vorgesehene und vereinbarte Bauablauf (SOLL) ist in Weiß dargestellt. Jeder Vorgang ist mit einer Kapazität von einem Monteur/Tag versehen. Im unteren Bereich der Darstellung sind die Kapazitäten aufsummiert und diese graphisch dargestellt.

Nun treten Ereignisse ein, die zu einer Modifikation des Bauablaufs führen. So kommt es beispielsweise zu verspäteten Anfangsterminen. Der Leistungsumfang bleibt allerdings unverändert – lediglich der Zeitpunkt der Leistungserbringung verzögert sich. Der sich nun ergebene Bauablauf ist als modifizierter Bauablauf (modif. SOLL) in grau dargestellt. Kämen alle Monteure zu dem Zeitpunkt zum Einsatz, wie es im SOLL vorgesehen war, würden die weißen Flächen vollständig von den grauen Flächen verdeckt. Damit liefe der Ablauf wie geplant – es käme nicht zu Leerzeiten.

Aus der Verschiebung des modif. SOLL zum SOLL treten die Zeiten als weiße Flächen hervor, in denen die vorgehaltenen Kapazitäten nicht produktiv zum Einsatz kommen können. So ergeben sich unproduktive Montagestunden, die in Leerzeiten begründet sind. Diese werden mit dem Stundenlohn multipliziert, um eine Anspruchshöhe zu ermitteln.

Methode: „Stundenkaskade"

Dieses Modell ermittelt durch Differenzierung in Stunden-Kategorien die unproduktiven Arbeitsstunden, welche aufgrund von fremdverschuldeten Behinderungen entstanden sind.[213] Hierzu wird von folgendem schematischen Modell ausgegangen.

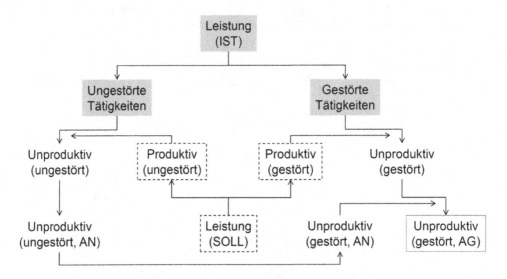

Bild 4-57   Modell Stundenkaskade

Im Bautagebuch werden die Montagestunden und die damit erbrachte Leistung dokumentiert, die tatsächlich für eine Tätigkeit aufgewendet wurden. Diese sind in Bild 4-57 als „Leistung (IST)"eingetragen und grau hinterlegt.

Diese Leistung lässt sich nun unterteilen in Leistungen, die erbracht wurden, während die ausgeführte Tätigkeit unter dem Einfluss einer Störung standen – hier bezeichnet als „Gestörte Tätigkeiten" – und solche, die ohne Störungen erbracht wurden. Hier bezeichnet als „Ungestörte Tätigkeiten". Die graue Hinterlegung verdeutlicht, dass es sich bei diesen Leistungen um Angaben aus dem Bautagebuch handelt.

Den IST-Daten werden die entsprechenden SOLL-Daten gegenüber gestellt. Die SOLL-Leistungen werden dabei der Kalkulation entnommen. Sie sind in Bild 4-57 als „Leistung (SOLL)" dargestellt und mit einer Strich-Linie umrandet.

---

[213]   Vgl. Wotschke, Peter/Wotschke, Michael: *Minderleistung durch gestörten Bauablauf – Kennwerte in Theorie und Praxis*, 8. Interdisziplinäre Tagung für Baubetriebswirtschaft und Baurecht, Tagungsband, Semina Verlag 2006, S. 62–73

Entsprechend des jeweiligen Leistungsumfangs lässt sich ermitteln, zu welchen Anteilen sich die SOLL-Leistung den tatsächlich geleisteten ungestörten und gestörten IST-Leistungen zuordnen lässt. Aus dieser Zuordnung ergeben sich die Leistungsanteile, die in Bild 4-57 als „Produktiv" bezeichnet werden. Dabei werden vereinfachend die Bezeichnungen „Produktiv" und „Kalkuliert" synonym verwendet.

Aus der Differenz zwischen SOLL- und IST-Leistungen ermitteln sich die tatsächlich erbrachten Mehrstunden. Diese sind, unabhängig davon, wodurch dies begründet ist, als unproduktiv anzusehen, da sie nicht zu einer abrechenbaren Leistung führen.

Da die unproduktiven Stunden differenziert werden müssen in solche, die der Auftraggeber zu vertreten hat und in solche, die der Auftragnehmer selbst zu vertreten hat, wird in einem ersten Schritt der Eigenanteil des Auftragnehmers ermittelt.

Dies geschieht durch Differenzbildung zwischen den ungestört erbrachten Stunden und solchen, die dafür kalkuliert waren. Im Ergebnis ergeben sich die ungestört unproduktiven Stunden. Diese hat der Auftragnehmer selbst zu vertreten. Daher sind sie in Bild 4-57 als „Unproduktiv (ungestört, AN)" bezeichnet.

In einem zweiten Schritt wird der Anteil des Auftraggebers ermittelt. Dazu wird unterstellt, dass der Auftragnehmer auch bei den gestörten Tätigkeiten nicht produktiver gewesen wäre, als bei den ungestörten Tätigkeiten. Folglich werden die gestörten, unproduktiven Stunden aus den ungestörten, unproduktiven Stunden abgeleitet und in Abzug gebracht. Im Resultat ergeben sich die unproduktiven Stunden, die durch auftraggeberseitig zu vertretende Störungen entstanden sind.

Methode: Messung des Mehraufwandes

Für eine exakte, verursachergerechte Differenzierung des Mehraufwandes ist es notwendig, den tatsächlichen Aufwand einzelfallbezogen zu erfassen und zu dokumentieren. Der Aufwand für die vollständige Erfassung von gestörten und ungestörten Montageaktivitäten ist indes gemessen am Resultat unverhältnismäßig. Die Aufnahmen können aus wirtschaftlicher Sicht nur stichpunktartig erfolgen.

Bei dieser Methode werden die Auswirkungen von störenden Einflüssen erfasst, der dafür erforderliche Zeitaufwand gemessen und aufaddiert. So wurde in dem nachfolgenden Beispiel in Bild 4-58 exemplarisch der Aufwand für den Abbruch von Arbeiten an einem Tag und die Wiederaufnahme der Arbeiten an einem späteren Tag (nicht der Folgetag) dokumentiert.

Ebenso wurde im nachfolgenden Beispiel in Bild 4-59 der durchschnittliche Aufwand für das unplanmäßige wechseln des Arbeitsplatzes innerhalb eines Gebäudes und innerhalb eines Tages dokumentiert.

Die so dokumentierten Aufwendungen bilden die Grundlage für die Ermittlung der damit verbundene Mehraufwendungen. Durch Multiplikation der nachweisbaren Vorkommnisse (Unterbrechungen und Wechsel) mit den Störungs-Leistungsbeschreibungen können Mehraufwendungen ermittelt werden.

Vorgang	Messwert
Abbruch der Arbeit	
Unterbrechung - Rücksprache Polier/ Bauleiter	2 min
Rückbau und Sicherung Arbeitsplatz für Stillegung	5 min
zusätzliche Transport -und Umschlagarbeiten (Material und Werkzeug)	10 min
Arbeitsplatz sichern gegen Unfallgefahren unbeteiligter Dritter	5 min
Wiederaufnahme der Arbeit	
zusätzliche Transportarbeiten für während der Unterbrechung abgezogenes Material und Werkzeug	10 min
Arbeitsplatz neu einrichten	3 min
Arbeitsplatz neu sichern/ absperren für Montagetätigkeit	5 min
Arbeitsvorbereitung: Plan erneut lesen	3 min
zusätzlicher Aufwand für Neuorganisation	2 min
Summe	**45 min**

Bild 4-58   Beispiel zur Aufwandsdokumentation für Abbruch und Wiederaufnahme der Arbeiten

Vorgang	Messwert
Arbeitsplatz sichern gegen Diebstahl und mutwillige Zerstörung	2 min
Arbeitsplatz sichern gegen Unfallgefahren unbeteiligter Dritter	1 min
Arbeitsplatz reinigen	2 min
unwirtschaftlicher Materialtransport, weil vorhandenes Material umgesetzt werden muß; unnötiger, lohnintensiver Umbau von Arbeitsplatzeinrichtungen, Werkzeugen und Geräten	10 min
zusätzliche Verteilzeit (Wegezeit für Besorgung von neuem Material und Werkzeug, Weg zum neuen Einsatzbereich)	20 min
Arbeitsvorbereitung: neuen Plan lesen	3 min
zusätzlicher Aufwand für Neuorganisation	2 min
Summe	**40 min**

Bild 4-59   Beispiel zur Aufwandsdokumentation für Wechsel des Arbeitsplatzes

4.4.4 Einsatz des Nachtragsmanagements

Die Besonderheiten bei der Installation eines Nachtragsmanagements bei Bestandsbauten besteht vor allem darin, dass die Abläufe nicht zwingend technologischem Abfolgen gemäß der Gebäudestruktur folgen müssen.

So entsteht das Gebäude nicht wie bei einem Neubau ebenenweise. Folglich ergeben sich keine technologisch bedingten klaren Abläufe und Abhängigkeiten, die sich aus dem Entstehen des Gebäudes begründen würden. Vielmehr kann es sein, dass in verschiedenen Bereichen und Ebenen des Bauwerks von Beginn an zeitgleich gearbeitet werden kann.

Für das Nachtragsmanagement bedeutet dies, dass die Herleitung kausaler Ketten und der Nachweis von Anspruchsgrundlagen mit weitaus größerer Detailgenauigkeit vorzunehmen ist als bei einem Neubau.

Die Vorbereitungsmaßnahmen bei der Installation des Nachtragsmanagements bei Bestandsbauten unterscheidet sich von den Vorbereitungsmaßnahmen bei einem Neubau vor allem dadurch, dass die vertraglichen Vereinbarungen mit den Gegebenheiten vor Ort abgeglichen werden müssen. Generell sind folgende Schritte erforderlich:

- Grundlagen ermitteln,
- Abläufe und Abhängigkeiten feststellen, SOLL-Terminplan aufstellen,
- vereinbarte Leistungen und damit verbundene Aufwendungen im Terminkalender festlegen,
- elektronisches Bautagebuch einrichten,
- Planmanagement installieren,
- Vorlagen für Bautenstandsfeststellungen schaffen usw.

4.4.4.1 Organisationsaufbau

Im Nachtragsmanagement vereinigen sich die Aufgabengebiete der technischen und der kaufmännischen Projektleitung mit dem Kompetenzbereich der Rechtsabteilung (s. Bild 4-60). Im Rahmen des Nachtragsmanagements müssen technische Änderungen unter kaufmännischen und rechtlichen Gesichtspunkten gewürdigt und bewertet werden. Das Nachtragsmanagement entwickelt daraus Handlungsempfehlungen, die wiederum von der Projektleitung und / oder Rechtsabteilung umgesetzt werden.

Bild 4-60 Einordnung des Nachtragsmanagements in eine Projektorganisation

Bei größeren Bauvorhaben sollte für das Nachtragsmanagement eine eigene Stelle eingerichtet werden, da der Arbeitsumfang mit meist mehreren hundert Sachverhalten so umfangreich ist, dass er von der Bau- bzw. Projektleitung nicht nebenbei mit abgewickelt werden kann.

4.4.4.2 Technische Durchführung

Bereits der zahlenmäßige Umfang der zu bearbeitenden Dokumente aus Briefwechsel, E-Mails, Plänen, Protokollen etc. macht den rechnergestützten Einsatz eines Dokumentenmanagementsystems erforderlich. Hinzu kommen noch technische, kaufmännische oder rechtliche Anforderungen, die eine weitere Vervielfältigung und Kategorisierung der Dokumente notwendig macht.

Während bei kleineren Mengen mit wenigen zehntausend Datensätzen der Einsatz von Tabellenkalkulationsprogrammen wie MS Excel ausreicht, empfiehlt sich bei größeren Datenmengen der Einsatz von Datenbanksystemen. In diese können Dokumente als PDF-Dateien erfasst, verschlagwortet und verlinkt werden. Auch die Verknüpfung von Dokumenten zur Darstellung von Prozessen kann mit datenbankgestützten Dokumentenmanagementsystemen vorgenommen werden. Dabei können die Datenbanken in lokalen Netzwerken installiert werden, oder internetbasiert sein.

Durch übersichtliche Darstellung der gesammelten Tagesinformationen für bestimmte Bereiche/ Ebenen können operativ Arbeiter und Monteure gezielt dort eingesetzt werden, wo Baufreiheit bzw. fertig gestellte Vorleistungen festgestellt wurden:

- Produktivitätsmindernde Wartezeiten, Leerwege etc. werden minimiert
- der Abarbeitungsstand der eigenen Leistungen ist ständig verfügbar
- durch nachgebesserte Vorleistungen nachzubessernde Eigenleistungen werden dokumentiert.

Auch bei insgesamt gestörten Bauabläufen wird auf diese Weise Mehraufwand reduziert, die Produktivität erhöht, und der AN kommt seiner Schadensminderungspflicht nach. Er kann damit genau dokumentieren, welche Störungen aufgetreten sind und welche Arbeiten er durchführen konnte.

Durch regelmäßige Baudurchgänge lässt sich anhand der Bautenstandsdokumentation leicht feststellen, ob Behinderungen noch vorhanden sind oder durch den Verursacher bereits beseitigt wurden. Durch die Verfolgung und Darstellung des Status im Terminplan lassen sich die Zusammenhänge schnell und recht anschaulich abbilden (s. Bild 4-61).

In der Regel kann ein Bauunternehmen nur durch ein professionelles und von Anfang an praktiziertes Dokumentieren aller Vorgänge und Behinderungen Schadensersatz auf Grund von Bauzeitverzögerungen geltend machen. Gerade im Bestand ist dies auf Grund zahlreicher Modifikationen am Bausoll jedoch oft die einzige Möglichkeit für das Unternehmen, mit positiver Bilanz ein Projekt abzuschließen.

Demgegenüber sind Architekten und Bauleiter des Auftraggebers in der Pflicht, unbegründete Nachtragsforderungen durch einen AN abzuwehren. Hierzu ist das dargestellte Wissen über die Abläufe auf Seiten des AN nützlich, um durch eine ebenfalls präzise Dokumentation Unstimmigkeiten aufdecken zu können. Auf Grund der hohen Ansprüche des Bundesgerichtshofes (BGH) an eine lückenlose bauablaufbezogene Schadensdarstellung können in der Vielzahl der Fälle Nachträge in Zweifel gezogen und somit durch den AN nicht durchgesetzt werden.

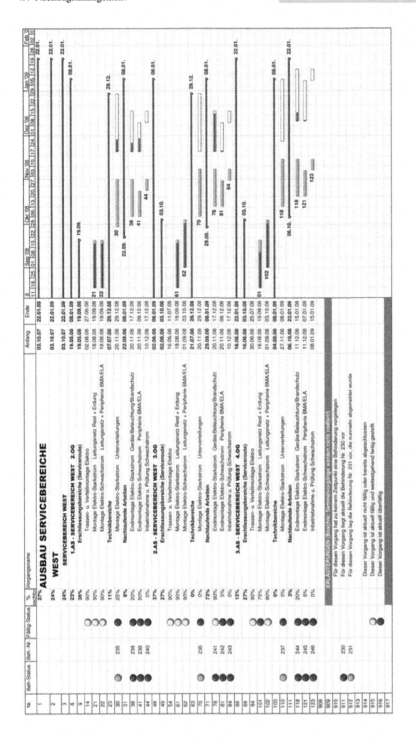

Bild 4-61 Terminplaneinsatz für Behinderungsmanagement

Literaturverzeichnis

- **Ackermann, Kurt:** *Tragwerke in der konstruktiven Architektur*, Deutsche Verlagsanstalt 1988
- **Ahnert, Rudolf/Krause, Karl Heinz:** *Typische Baukonstruktionen von 1860–1960*, Band I, 6. Auflage, Verlag Bauwesen 2000
- **Ahnert, Rudolf/Krause, Karl Heinz:** *Typische Baukonstruktionen von 1860–1960*, Band II, 6. Auflage, Verlag Bauwesen 2001
- **Ahnert, Rudolf/Krause, Karl Heinz:** *Typische Baukonstruktionen von 1860–1960*, Band III, 6. Auflage, Verlag Bauwesen 2002
- **Ahrens, Hannsjörg/Bastian, Klemens/Muchowski, Lucian:** *Handbuch Projektsteuerung – Baumanagement*, 2. aktualisierte Auflage, Fraunhofer IRB Verlag 2006
- **Arendt, Claus/Seele, Jörg:** *Feuchte und Salze in Gebäuden*, Verlagsanstalt Alexander Koch 2000
- **Bargmann, Horst:** *Historische Bautabellen*, 3. Auflage, Werner Verlag 2001
- **Bauer, Hermann:** *Baubetrieb 2: Bauablauf, Kosten, Störungen*, 2. Auflage, Springer Verlag 2005
- **Bielefeld, Bert:** *Basics Terminplanung*, Birkhäuser Verlag 2009
- **Bielefeld, Bert:** *Kalkulation des Unberechenbaren*, in Metamorphose 02/08
- **Bielefeld, Bert/Feuerabend, Thomas:** *Baukosten- und Terminplanung*, Birkhäuser Verlag 2007
- **Bielefeld, Bert/Vogel, Jan:** *Prüfung von Bauvorlagen im Wohnungsbau*, in Bundesbaublatt 06/2005
- **Blaich, Jürgen:** *Bauschäden Analyse und Vermeidung*, Fraunhofer IRB Verlag 1999
- **Blecken, Udo/Hasselmann, Willi:** *Kosten im Hochbau*, Rudolf Müller Verlag 2007
- **Bötzkes, Frank A.:** *Gestörter Bauablauf: So kann der Nachweis der Mehrkosten gelingen*, Baumarkt + Bauwirtschaft, Bauverlag 2005
- **Brauer, Kerry-U.:** *Grundlagen der Immobilienwirtschaft*, 5. Auflage, Gabler 2008
- **Cramer, Johannes:** *Handbuch der Bauaufnahme*, Deutsche Verlags-Anstalt 1984
- **Cramer, Johannes/Breitling, Stefan:** *Architektur im Bestand*, Birkhäuser Verlag 2007
- **Czarske, Jürgen:** *Laserinterferometrische Sensoren*, expert Verlag 2005
- **Cziesielski, Erich (Hrsg.):** *Lufsky Bauwerksabdichtung*, 6. Auflage, Vieweg+Teubner, Wiesbaden 2006
- **Dartsch, Bernhard:** *Bauen heute in alter Substanz*, Verlagsgesellschaft Rudolf Müller GmbH 1990
- **Dehio, Georg:** *Denkmalschutz und Denkmalpflege im neunzehnten Jahrhundert- Rede zur Feier des Geburtstages Sr. Majestät des Kaisers gehalten in ... der Kaiser-Wilhelm-Universität Straßburg am 27.1.1905*, Verlag Heitz 1905

- **Dehio, Georg:** *Was wird aus dem Heidelberger Schloß werden?*, Verlag Trübner 1901
- **Dehn, Frank/König, Gert/Marzahn, Gero:** *Konstruktionswerkstoffe im Bauwesen*, Ernst & Sohn 2003
- **Diederichs, Claus Jürgen:** *Immobilienmanagement im Lebenszyklus*, 2. Auflage, Springer-Verlag 2006
- **Docci, Mario/Maestri, Diego:** *Manuale di rilevamento architettonico e urbano*, Editori Laterza 1994
- **Donath, Dirk:** *Bauaufnahme und Planung im Bestand*, Vieweg+Teubner Verlag, Wiesbaden 2008
- **Eckstein, Günter:** *Empfehlungen für Baudokumentationen*, 2. Auflage, Landesdenkmalamt Baden Württemberg, Konrad Theiss Verlag 2003
- **Engel, Heino:** *Tragsysteme*, Deutsche Verlagsanstalt 1967, 1997
- **Erler, Klaus:** *Alte Holzbauwerke*, Verlag für Bauwesen 1993
- **Fouad, Nabil A./Richter, Torsten:** *Leitfaden Thermografie im Bauwesen. Theorie, Anwendungsbeispiele, praktische Umsetzung*, Fraunhofer IRB Verlag 2006
- **Franke, Lutz/Schumann, Irene:** *Schadensatlas – Klassifikaion und Analyse von Schäden an Ziegelmauerwerk*, Fraunhofer IRB Verlag 1998
- **Frössel, Frank:** *Mauerwerkstrockenlegung und Kellersanierung*, Fraunhofer IRB Verlag 2002
- **Führer, Wilfried/Hegger, Josef (Hrsg.):** *Ertüchtigen und Umnutzen*, Symposium an der RWTH Aachen zum Thema "Bauen im Bestand", Tagungsband 1999
- **Führer, Wilfried/Ingendaaij, Susanne/Stein, Friedhelm:** *Der Entwurf von Tragwerken*, Verlagsgesellschaft Rudolf Müller 1995
- **Gebeßler, Dr. A./Eberl, Dr. W. (Hrsg.):** *Schutz und Pflege von Baudenkmälern in der Bundesrepublik Deutschland*, Kohlhammer 1980
- **Giebeler, Fisch, Krause, Musso, Petzinka, Rudoplhi:** *Atlas Sanierung*, 1. Auflage, Birkhäuser Verlag 2008
- **Groß, Vera (Redaktion):** *Anforderungen an eine Bestandsdokumentation in der Baudenkmalpflege, Arbeitsmaterialien zur Denkmalpflege in Brandenburg*, Nr. 1, 2002, Hrsg: Brandenburgisches Landesamt für Denkmalpflege und Archäologisches Landesmuseum, Landeskonservator Prof. Dr. Detlef Karg, Michael Imhof Verlag 2002
- **Hankammer, Gunter:** *Schäden an Gebäuden*, Verlagsgesellschaft Rudolf Müller 2004
- **Härig, Siegfried/Günther, Karl/Klausen, Dietmar:** *Technologie der Baustoffe*, Verlag C.F. Müller 1994
- **Heinle, Erwin/Schlaich, Jörg:** *Kuppeln aller Zeiten – aller Kulturen*, Deutsche Verlagsanstalt GmbH 1996
- **Heller, Hanfried:** *Padia 1 – Grundlagen Tragwerkslehre*, Ernst & Sohn 1998
- **Henning, Otto/Knöfel, Dietbert:** *Baustoffchemie*, 6. Auflage, Verlag Bauwesen 2002
- **Hornuff, Maik, R.:** *Flexibilität in der Bauablaufplanung und ihre Nutzung bei Bauverzögerungen*. Schriftenreihe des Instituts für Bauwirtschaft Baubetrieb Braunschweig, Heft 36. Dissertation 2003
- **Kapellmann, Klaus D./Schiffers, Karl-Heinz:** *Vergütung, Nachträge und Behinderungsfolgen beim Bauvertrag*, Band 1 und 2, 5. Auflage, Werner Verlag 2006
- **Karsten, Rudolf:** *Bauchemie, Ursachen, Verhütung und Sanierung von Bauschäden*, C.F. Müller Verlag 2005

V

- **Kempe, Klaus:** *Dokumentation Holzschädlinge,* Verlag Bauwesen 1999
- **Klein, Ulrich:** *Bauaufnahme und Dokumentation,* Deutsche Verlags-Anstalt 2001
- **Knopp, Gisbert:** *Bauforschung – Dokumentation und Auswertung,* Rheinland-Verlag 1992
- **Krauss, Franz/Führer, Wilfried/Neukäter, Hans Joachim:** *Grundlagen der Tragwerklehre 1,* 9. Auflage, Verlagsgesellschaft Rudolf Müller 2002
- **Krauss, Franz/Führer, Wilfried/Willems, Claus-Christian:** *Grundlagen der Tragwerklehre 2,* Verlagsgesellschaft Rudolf Müller 1997
- **Krauss, Franz/Führer, Wilfried/Jürges, Thomas:** *Tabellen zur Tragwerklehre,* 10. Auflage, Verlagsgesellschaft Rudolf Müller 2007
- **Kuff, Paul:** *Tragwerke als Elemente der Gebäude- und Innenraumgestaltung,* Verlag W. Kohlhammer 2001
- **Langen, Werner/Schiffers, Karl-Heinz:** *Bauplanung und Bauausführung,* Werner Verlag 2005
- **Lehmann, Gunther Curt:** *Praktische Arbeitsphysiologie,* 3. Auflage, Thieme Verlag 1983
- **Leicher, Gottfried W.:** *Tragwerkslehre in Beispielen und Zeichnungen,* Werner Verlag 2002
- **Lippok, Jürgen/Korth, Dietrich:** *Abbrucharbeiten,* Rudolf-Müller-Verlag 2007
- **Lißner, Karin/Rug, Wolfgang:** Holzbausanierung, Springer Verlag 2000
- **Luhmann, Thomas/Müller, Christina (Hrsg.):** *Photogrammetrie Laserscanning Optische 3D-Messtechnik,* Herbert Wichmann Verlag 2007
- **Maier, Kurt M.:** *Risikomanagement im Immobilien- und Finanzwesen,* 3. Auflage, Fritz Knapp Verlag 2007
- **Metzger, Bernhard:** *Wertermittlung von Immobilien und Grundstücken,* 2. Auflage, Rudolf Haufe Verlag 2006
- **Ministerium für Bauen und Verkehr des Landes Nordrhein-Westfalen:** *Steuertipps für Denkmaleigentümerinnen und Denkmaleigentümer,* Veröffentlichungsnummer SB-262, Düsseldorf 2006
- **Mönck, Willi:** *Schäden an Holzkonstruktionen,* 3. Aufl., Verlag Bauwesen 1999
- **Mörsch, Georg.:** *Grundsätzliche Leitvorstellungen,* Methoden und Begriffe in der Denkmalpflege
- **Nagel, Ulrich:** *Facility Management,* 2007, Birkhäuser Verlag
- **Oehme, Peter / Vogt, Werner:** *Schäden an Tragwerken aus Stahl,* IRB-Verlag 2003
- **Ostendorf, Friedrich:** *Die Geschichte des Dachwerks,* Nachdruck (Original 1908), Th. Schäfer GmbH 1982
- **Parkinson, Cyril N.:** *The Pursuit of Progress,* Econ Verlag 1957
- **Pehnt, Wolfgang:** *Karljosef Schattner. Ein Architekt aus Eichstätt,* Hatje 1988, Neuauflage 1999
- **Pepperl, Rüdiger:** *Optische Abstandsmessung,* Vulkan-Verlag 1993
- **Petzet, Michael/Mader, Gert Thomas:** *Praktische Denkmalpflege,* Verlag W. Kohlhammer 1993
- **Petzold, Frank:** *Computergestützte Bauaufnahme als Grundlage für die Planung im Bestand,* Dissertation Bauhausuniversität Weimar, 2001

V

- **Pieper, Klaus:** Sicherung historischer Bauten, Ernst & Sohn 1983
- **Rau, Ottfried/Braune, Ute:** *Der Altbau*, 5. Auflage, Verlagsanstalt Alexander Koch 1992
- **Reul, Horst:** *Die Sanierung der Sanierung*, Fraunhofer IRB Verlag 2005
- **Reul, Horst:** *Handbuch Bautenschutz und Bausanierung*, 4. Aufl., Verlagsgesellschaft Rudolf Müller 2001
- **Richter, Sven/Huhnt, Wolfgang/Wotschke, Peter:** *Applying a New Approach for Generating Construction Schedules to Real Projects*, Computation In Civil Engineering – Computing in Engineering, Shaker Verlag 2009
- **Riedel, Alexandra/Heine, Katja/Henze, Frank:** *Von Handaufmaß bis High Tech II*, Verlag Philip von Zabern 2006
- **Rybicki, Rudolf:** *Bauschäden an Tragwerken – Teil 1 Mauerwerksbauten und Gründungen*, Werner-Verlag 1978
- **Rybicki, Rudolf:** *Bauschäden an Tragwerken – Teil 2 Beton- und Stahlbetonbauten*, Werner-Verlag 1979
- **Semmler, Arne:** Das *terrestrische Laserscanning als Dokumentationsmethode in Bauforschung und Denkmalpflege*, in: DVW-Schriftenreihe Band 48, Wißner-Verlag 2005
- **Schattner, Karljosef:** *Scarpa als Vorbild und Anregung,* in: Baumeister, Heft 10, Callwey 1981
- **Schäfer, Jürgen/Conzen, Georg:** *Praxishandbuch der Immobilien-Projektentwicklung*, 2. Auflage, Verlag C.H. Beck 2007
- **Schirmbeck, Egon:** *Zukunft der Gegenwart – über neues Bauen in historischem Kontext*, Deutsche Verlags-Anstalt 1994
- **Schmitt, Heinrich:** *Hochbaukonstruktionen,* Otto Maier Verlag 1967
- **Schmidt, Wolf:** *Das Raumbuch*, Arbeitshefte des bayerischen Landesamtes für Denkmalpflege, Band 44, Karl M. Lipp Verlag 2002
- **Schulte, Karl-Werner/Bone-Winkel, Stephan:** *Handbuch Immobilien-Projektentwicklung*, 2. Auflage, Rudolf-Müller-Verlag 2002
- **Schulte, Karl-Werner:** *Immobilienökonomie*, Oldenbourg Verlag 2008
- **Schuster, Norbert/Kolobrodov, Valentin G.:** *Infrarotthermographie*, WILEY-VCH Verlag 2004
- **Seul, Jürgen:** *Das Recht des Architekten*, Springer Verlag 2002
- **Siemon, Klaus D.:** *Baukosten bei Neu- und Umbauten*, 4. Auflage, Vieweg+Teubner Verlag, Wiesbaden 2009
- **Staatsmann, Karl:** *Das Aufnehmen von Architekturen Teil 1*, Konrad Grethlein's Verlag 1910
- **Staatsmann, Karl:** *Das Aufnehmen von Architekturen Teil 2*, Konrad Grethlein's Verlag 1910
- **Vygen, Klaus/Schubert, Eberhard/Lang, Andreas:** *Bauverzögerung und Leistungsänderung*, 5. Auflage, Werner Verlag 2008
- **Wangerin, Gerda:** *Bauaufnahme – Grundlagen Methoden Darstellung*, 2. Auflage, Vieweg 1992
- **Wapenhans, Wilfried (Hrsg.):** *Tragwerksplanung im Bestand*, Fraunhofer IRB Verlag 2005

- **Weferling, Ulrich/Heine, Katja/Wulf, Ulrike (Hrsg.):** *Von Handaufmaß bis High Tech*, Verlag Philip von Zabern 2001
- **Weiß, Björn/Wagenführ, André/Kruse, Kordula:** *Beschreibung und Bestimmung von Bauholzpilzen*, DRW-Verlag 2000
- **Wesche, Karlhans:** *Baustoffe für tragende Bauteile – Grundlagen*, Bauverlag GmbH 1996
- **Wotschke, Peter/Wotschke, Michael:** *Minderleistung durch gestörten Bauablauf – Kennwerte in Theorie und Praxis*, 8. Interdisziplinäre Tagung für Baubetriebswirtschaft und Baurecht, Tagungsband, Semina Verlag 2006
- **Würfele, Falk/Bielefeld, Bert/Gralla, Mike:** *Bauobjektüberwachung*, 1. Auflage, Vieweg Verlag, Wiesbaden 2007
- **Würfele, Falk/Gralla, Mike:** *Nachtragsmanagement*, Werner Verlag 2006
- **Zimmermann/Ruhnau:** *„Schadenfreies Bauen"*, Publikationsreihe, Fraunhofer IRB Verlag
- **Zwiener, Gerd:** *Handbuch Gebäude-Schadstoffe*, Verlagsgesellschaft Müller 1997

Vorschriften, Normen und Richtlinien

- Baugesetzbuch (BauGB)
- Bürgerliches Gesetzbuch (BGB)
- Bundes-Immissionsschutzgesetz (BImSchG)
- Charta von Venedig: Internationale Charta über die Konservierung und Restaurierung von Denkmälern und Ensembles (Denkmalbereiche), Venedig 1964
- Chemikalien-Verbotsverordnung (ChemVerbotsV)
- Denkmalschutzgesetz Mecklenburg-Vorpommern (DSchG M-V)
- DIN 1356: Technische Produktdokumentation – Bauzeichnungen – Teil 6: Bauaufnahmezeichnungen
- DIN 18195: Bauwerksabdichtungen
- DIN 18710: (Norm-Entwurf) Ingenieurvermessung – Teil 1: Allgemeine Anforderungen
- DIN 276-1: Kosten im Hochbau
- DIN 31051: Grundlagen der Instandhaltung
- DIN EN 832: Wärmetechnisches Verhalten von Gebäuden – Berechnung des Heizwärmebedarf: Wohngebäude
- DIN V 18599: Energetische Bewertung von Gebäuden – Berechnung des Nutz-, End- und Primärenergiebedarfs für Heizung, Kühlung, Lüftung, Trinkwarmwasser und Beleuchtung
- DIN V 4108-6: Wärmeschutz und Energieeinsparung in Gebäuden – Berechnung des Jahresheizwärme- und des Jahresheizenergiebedarfs
- DIN V 4701-10: Energetische Bewertung heiz- und raumlufttechnischer Anlagen – Teil 10: Heizung, Trinkwarmwasser, Lüftung

V

- Gefahrstoffverordnung (GefStoffV)

- GEFMA 100-1: Grundlagen

- HOAI 2009

- Richtlinie für die Bewertung und Sanierung schwach gebundener Asbestprodukte in Gebäuden (Asbest-Richtlinie)

- Technische Regeln für Gefahrstoffe (TRGS 519, TRGS 521, TRGS 524, TRGS 900)

- VDI Richtlinie 3822: Schadensanalyse

- Vereinigung der Landesdenkmalpfleger der Bundesrepublik Deutschland, Arbeitsblatt 3: Zur Verwendung neu entwickelter Ersatzstoffe bei der Instandsetzung von Baudenkmälern

- Vereinigung der Landesdenkmalpfleger der Bundesrepublik Deutschland, Arbeitsblatt 7: Ausbau von Dachräumen in historischen Gebäuden

- Vereinigung der Landesdenkmalpfleger der Bundesrepublik Deutschland, Arbeitsblatt 8: Hinweise zur Behandlung historischer Fenster bei Baudenkmälern

- Vereinigung der Landesdenkmalpfleger der Bundesrepublik Deutschland, Arbeitsblatt 25: Stellungnahme zur Energieeinsparverordnung (EnEV) und zum Energiepass

- Wertermittlungsrichtlinien (WertR 2006)

- Wertermittlungsverordnung (WertV)

- WTA-Merkblatt 1-1-08: Heißluftverfahren zur Bekämpfung tierischer Holzzerstörer

- WTA-Merkblatt: 1-2-05: Der Echte Hausschwamm (überarbeitete Fassung: März 2004, ersetzt Merkblatt 1-2-91/D)

- WTA-Merkblatt: 1-4-00: Baulicher Holzschutz Teil 2: Dachwerke

- WTA-Merkblatt: 2-3-92: Bestimmung der Wasserdampfdiffusion von Beschichtungsstoffen entsprechend DIN 55 945

- WTA-Merkblatt: 3-13-01: Zerstörungsfreies Entsalzen von Natursteinen und anderen porösen Baustoffen mittels Kompressen

- WTA-Merkblatt: 4-4-04: Mauerwerksinjektion gegen kapillare Feuchtigkeit (überarbeitete Fassung vom Oktober 2004, ersetzt Merkblatt 4-4-96/D)

- WTA-Merkblatt: 4-6-05: Nachträgliches Abdichten erdberührter Bauteile

- WTA-Merkblatt: 4-7-02: Nachträgliche Mechanische Horizontalsperren

- WTA-Merkblatt 8-5-08: Fachwerkinstandsetzen nach WTA V – Innendämmungen (überarbeitete Fassung: Mai 2008, ersetzt Merkblatt 8-5-00/D)

- WTA-Merkblatt 8-12-04: Fachwerkinstandsetzung nach WTA XII – Brandschutz bei Fachwerkgebäuden

V

Sachwortverzeichnis

V

V

V

V

V

Schwerpunkt Baubetrieb

Berner, Fritz / Kochendörfer, Bernd / Schach, Rainer
Grundlagen der Baubetriebslehre 1
Baubetriebswirtschaft
2007. XIV, 254 S. Br. EUR 24,90
ISBN 978-3-519-00385-4

Berner, Fritz / Kochendörfer, Bernd / Schach, Rainer
Grundlagen der Baubetriebslehre 2
Baubetriebsplanung
2008. XVI, 300 S. Br. EUR 24,90
ISBN 978-3-519-00391-5

Berner, Fritz / Schach, Rainer / Kochendörfer, Bernd
Grundlagen der Baubetriebslehre 3
Baubetriebsführung
2009. XVIIII, 365 S. mit 132 Abb. Br. EUR 24,90
ISBN 978-3-519-00514-8

König, Horst
Maschinen im Baubetrieb
Grundlagen und Anwendung
2., akt. u. erw. Aufl. 2008. XVI, 355 S. mit 398 Abb. u. 17 Tab. Br. EUR 34,90
ISBN 978-3-8351-0250-7

**VIEWEG+
TEUBNER**

Abraham-Lincoln-Straße 46
65189 Wiesbaden
Fax 0611.7878-400
www.viewegteubner.de

Stand Juli 2009.
Änderungen vorbehalten.
Erhältlich im Buchhandel oder im Verlag.

Weitere Titel aus dem Programm

Baukosten im Griff

Leimböck, Egon / Klaus, Ulf Rüdiger / Hölkermann, Oliver
Baukalkulation und Projektcontrolling
unter Berücksichtigung der KLR Bau und der VOB
11., überarb. Aufl. 2007. XIV, 186 S. mit 69 Abb. Geb. EUR 49,90
ISBN 978-3-528-21692-4

Siemon, Klaus D.
Baukosten bei Neu- und Umbauten
Planung und Steuerung
4., überarb. u. erw. Aufl. 2009.XI, 288 S. mit zahlr. Abb. u. Tab. Br. EUR 39,90
ISBN 978-3-8348-0627-7

Fröhlich, Peter J.
Hochbaukosten, Flächen, Rauminhalte
DIN 276 - DIN 277 - DIN 18960. Kommentar und Erläuterungen
15., überarb. Aufl. 2008. 332 S. mit 26 Abb. in Farbe Geb. EUR 84,90
ISBN 978-3-8348-0591-1

Toffel, Rolf f. /Toffel, Friedrich Wilhelm
Claim-Management
Bei der Planung, Ausführung, Nutzung und Stilllegung von Immobilien mit
15 Praxisbeispielen
2009. VIII, 150 S. Br. EUR 24,90
ISBN 978-3-8348-0590-4

**VIEWEG+
TEUBNER**
Abraham-Lincoln-Straße 46
65189 Wiesbaden
Fax 0611.7878-400
www.viewegteubner.de
Stand Juli 2009.
Änderungen vorbehalten.
Erhältlich im Buchhandel oder im Verlag.